数学之旅

数学的前世、今生与未来

孙和军　王海侠　编著

电子工业出版社
Publishing House of Electronics Industry
北京·BEIJING

内 容 简 介

本书旨在通过多元的视角、翔实的史料、生动的故事、丰富的案例以及前沿的探索，引导读者进行一场跨越时空的数学文化之旅，共同感受数学如何塑造人类的过去、影响现在，并预示未来。

全书共十三章，内容涵盖广泛，从数的起源与演变，到数系的不断扩充；从欧几里得几何的严谨体系，到非欧几何的创新突破；从微积分的诞生与发展，到数学悖论和数学危机的深刻反思；从中国古代数学的辉煌成就，到现代数学猜想的探索之路；再到分形几何的奇妙世界、混沌理论的复杂之美，以及数学在第四次工业革命中的未来展望。每一章都力求深入浅出，为读者呈现一个全面、生动、深刻的数学世界。

本书不仅注重数学知识的科普，更强调数学文化的挖掘与传播，同时，本书还从跨学科和前沿探索视角，利用众多案例展示数学在物理、通信、计算机、人工智能、医学、航天、天文等多个领域的应用，揭示了数学在推动科技进步、建设创新型国家中的巨大作用。

本书不仅适合高校各专业本科生、研究生作为数学文化类教材或教学参考书使用，也适合对数学感兴趣的读者作为科普读物阅读。无论是数学专业的学生，还是对数学抱有好奇心的普通读者，都能从本书中获得启发和收获，共同见证数学的魅力与力量，感受数学在推动人类文明进步中的重要作用。

图书在版编目（CIP）数据

数学之旅：数学的前世、今生与未来 / 孙和军，王

海侠编著. -- 北京：电子工业出版社，2024. 12.

ISBN 978-7-121-49388-1

Ⅰ. O1-49

中国国家版本馆 CIP 数据核字第 2024B0X349 号

责任编辑：王晓庆

印　　刷：三河市君旺印务有限公司

装　　订：三河市君旺印务有限公司

出版发行：电子工业出版社

　　　　　北京市海淀区万寿路 173 信箱　　　邮编：100036

开　　本：787×1092　1/16　印张：20.75　字数：531 千字

版　　次：2024 年 12 月第 1 版

印　　次：2024 年 12 月第 1 次印刷

定　　价：65.00 元

序

在人类文明的璀璨星河中，数学犹如永恒闪耀的星辰，以其独特的光芒照亮了人类探索世界的道路。数学不仅是科学的语言，更是人类聪明与智慧的源泉，它如同一座桥梁，连接着不同的学科与文化，引领着人类文明的进步与发展。然而，数学的抽象性与复杂性常常使其显得高深莫测，许多人因此对其望而却步，未能充分领略其深邃的内涵与广泛的应用价值。而由南京理工大学孙和军、王海侠老师编著的《数学之旅：数学的前世、今生与未来》一书犹如一盏明灯，跨越时空与学科的界限，打破认知的壁垒，引领读者步入数学的殿堂，感受其无限的魅力。

全书以时间为轴，从古至今，从数的起源与欧氏几何的奠基，到微积分与非欧几何的诞生，再到分形几何与混沌理论的探索，直至数学猜想的提出与第四次工业革命中数学的展望，作者以点带面，将数学的历史脉络与现代应用巧妙融合，为读者描绘了一幅波澜壮阔的数学发展长卷。在追寻数学足迹的同时，读者能够深刻体会到数学对人类社会的深远影响，感受到数学理论和数学技术的力量。值得一提的是，该书在讲述数学知识的同时，还穿插了大量数学家的精彩故事。从古代的毕达哥拉斯、柏拉图、欧几里得、祖冲之，再到笛卡儿、费马、牛顿、莱布尼茨、高斯、罗巴切夫斯基、黎曼、希尔伯特、庞加莱、罗素、香农、图灵等，这些数学巨匠的传奇故事和卓越成就不仅构成了数学史上最为动人的篇章，还为读者树立了追求科学真理、勇于探索的光辉榜样。

此外，该书还从跨学科和前沿探索视角，通过丰富的案例展示数学在物理、通信、计算机、人工智能、医学、航天、天文等领域的广泛应用。这种跨学科的视角不仅拓宽了读者的视野，还激发了读者对数学的兴趣与热情，让读者深刻认识到数学与现实世界的紧密联系。

在当前国家科技创新的征程中，数学已成为推动科技进步、解决关键问题的核心动力。该书详尽展现了华罗庚、陈省身、吴文俊、陈景润等中国现代数学家在各自领域的突出贡献和爱国事迹，深刻剖析了数学在提升国家综合实力、建设创新型国家中的巨大作用。这种对中国数学发展和国家科技创新的深切关注，不仅提高了本书的时效性和实用性，还激发了读者的爱国情怀和民族自豪感。

综上所述，《数学之旅：数学的前世、今生与未来》是一部集知识性、前沿性、趣味性、思想性和实用性于一体的数学文化力作。它不仅是大学数学文化通识教育的优选教材，还是所有对数学充满好奇与热爱的读者的优秀读物。通过阅读本书，读者将能够全面而深入地理解数学，感受数学之美，激发对数学的好奇心与热爱。

因此，我诚挚地推荐本书给所有对数学感兴趣的读者，愿它能成为你们探索数学世界、领略数学之美的得力助手。让大家一同在数学的海洋中扬帆远航，共同追寻那些隐藏在数与形之中的真理和智慧，共同见证数学的无穷魅力与光辉未来！

朱传喜

国家级教学名师、国家"万人计划"教学名师、

国家高层次人才特殊支持计划领军人才

2024 年 11 月

前　言

在人类文明的长河中，数学始终扮演着举足轻重的角色。它不仅是探索宇宙奥秘、理解自然规律的重要工具，更是推动科技进步、解决国家"卡脖子"问题的关键力量。从古至今，数学以其独特的魅力，跨越时间的长河，连接着我们的过去、现在与未来。

作为孕育未来工程师、科学家和技术精英的摇篮，理工科大学肩负着培养兼具创新精神与实践能力的高素质人才的重任，而数学正是这一培养过程中不可或缺的重要依托。然而，在传统理工科教学的框架下，数学的文化价值往往被掩盖于公式与定理之下，未能得到充分的挖掘与展现。数学常常被简化为一种工具或手段，其深厚的历史底蕴、哲学思考、文化韵味、美学追求以及广泛的应用价值被有意无意地边缘化。这种片面的认识不仅限制了学生对数学全面而深入的理解，更在一定程度上导致了学生对数学的畏惧或厌倦情绪，阻碍了他们在数学乃至理工科领域的深入探索与成长。实际上，这一现象的本质是科学和人文的割裂与对立导致的课程教学和人才培养问题。

鉴于此，自 2016 年起，作者连续多年开设数学文化通识教育课，旨在通过课程挖掘和展示数学的文化魅力，实现科学素养和人文精神的深度融合与相互滋养，为理工科创新型人才培养做些有益的尝试。而本书正是作者在多年的数学文化教学实践的基础上精心撰写而成的，其中包含对数学文化教学的一些思考和探索。

《数学之旅：数学的前世、今生与未来》是一部跨越时空的数学文化之旅，旨在通过多元的视角、生动的故事、丰富的案例和前沿的探索，打破数学给人的刻板印象，带领读者探索数学的起源、发展、内涵、应用及其对人类未来的影响。

本书总体以时间为序，从古至今，以点带面，全书共十三章内容，包括数的起源与发展、数系的扩充、欧氏几何、非欧几何、微积分、数学悖论和数学危机、中国数学、分形几何、混沌、数学猜想、第四次工业革命与数学的未来。从最初的石头记数和柏拉图立体，到今日的分形与混沌，再到第四次工业革命，我们希望带领读者进行一次跨越时空的数学文化之旅。在"前世"部分中，我们带领读者穿越回那个充满好奇与探索的时代，追溯数学的起源，从不同古文明记数系统到欧几里得《几何原本》、柏拉图立体，感受数学如何在人类文明的早期播下了理性的种子；在"今生"部分中，我们希望与读者一起明晰微积分、非欧几何、分形、混沌等现代数学的历史发展脉络及其广泛应用，分析数学如何成为连接不同学科领域的桥梁，揭示数学如何成为现代科技大厦的基石以及如何深刻影响着我们的人类社会；而在"未来"部分中，则以第四次工业革命为背景，探讨人工智能、量子通信等新兴领域对数学的新需求与挑战，展望数学的未来发展趋势，畅想数学将如何继续引领人类前行，创造更美好的明天。

数学家如同璀璨星辰，他们曲折的人生、思维的火花、对未知世界的不懈追求构成了数学史上最为动人的篇章。在这场跨越数学时空的旅程中，我们给读者精心安排了与几百位科学家邂逅的机会，进行或详尽或短暂的对话：古希腊数学家毕达哥拉斯的"万物皆数"理念深深影响着我们对数学本质的理解；欧几里得《几何原本》的公理化方法和演绎体系孕育出了理性精神和世界观；希帕提娅的学识与智慧如同璀璨星辰，照亮了那个时代对数学和天文学的探索之路；牛顿和莱布尼茨发明的微积分不仅为物理学、工程学等领域提供了强有力的数学工具，还通过工业革命推动了人类社会的发展进程；高斯、罗巴切夫斯基和雅诺什·鲍耶勇敢地挑战欧几里得几何的权威，开创了数学的新纪元；黎曼创立的黎曼几何不仅为广义相对论提供了数学基础，更为我们理解宇宙的结构打开了新的视野；图灵提出的图灵机与图灵测试为现代计算机科学和人工智能的发展奠定了基石；香农提出的信息熵、信道容量等概念不仅深刻揭示了信息的本质和传输规律，还为后来的通信技术、网络技术等提供了有力的数学支撑……他们不仅为我们留下了宝贵的数学遗产，更为我们树立了追求真理、勇于探索的榜样。各位读者朋友不妨将这些数学家视为自己的良师益友，与他们促膝长谈，聆听他们的故事，了解他们为了探索真理而付出的艰辛努力，感受他们的智慧，汲取前行的力量。

　　在国家科技创新的征程中，数学已成为推动科技进步、解决"卡脖子"问题的关键引擎。数学以其独特的抽象和普适性，为科学家和工程师提供了强大的思维工具与方法论。通过数学模型的构建和分析，我们可以发现新的科学现象，更加深入地理解科学问题的本质，提出新的理论假设。同时，数学也为技术创新提供了重要的支撑和保障，帮助我们突破技术瓶颈，实现关键技术的自主可控。在本书中，从跨学科和前沿探索视角，我们利用众多案例展示数学在物理、通信、计算机、人工智能、医学、航天、天文、音乐、密码学等领域的广泛应用，涉及麦克斯韦方程组、广义相对论、量子力学、引力波、电磁波、信息熵、图灵测试、人工神经网络、深度学习、机器人、数学机械化、极化码、5G通信、暗淡蓝点、光锥、黑洞、引力奇点、宇宙大爆炸、暗物质等科技热点，分析数学在国家实力、科技创新、"卡脖子"问题解决中的重要作用，让读者更加深入地了解数学与现实世界的密切联系和其应用价值，感受数学在推动科技进步、建设创新型国家中的巨大力量。

　　科学探索的领域广阔无垠，不受国界所限，科学家的心中却深深烙印着祖国的印记。一代又一代的中国数学家，以他们非凡的智慧和不懈的汗水，不仅在数学这一人类智慧的巅峰上留下了深刻的足迹，还为中华民族的荣誉与尊严铸就了辉煌的篇章。本书注重历史与现实的结合，我们既介绍祖冲之、秦九韶、朱世杰等中国古代数学家的杰出成就，又展示华罗庚、陈省身、陈景润、张益唐等中国现代数学家在各个领域的突出贡献和爱国事迹。同时，我们还特别解析华为、"神威·太湖之光"、"墨子号"、玉兔号月球车、"祝融号"火星车、"中国天眼"等近年来中国在5G通信、超级计算机、量子通信、航天、天文等领域的最新进展，让读者更加清晰地了解数学在国家强盛和民族复兴中的贡献，激发民族自豪感和自信心。这些中国数学家用自己的行动诠释了什么是真正的科学家精神，什么是真正的爱国情怀。希望广大读者特别是青年大学生朋友能以他们为榜样和典范，"国之所向、心之所往"，将个人利益与国家利益紧密结合起来，为国家的繁荣富强和中华民族的伟大复兴贡献自己的力量。

本书不仅是一部数学知识和历史的概览图书，更是一次对人类智慧、精神和审美的致敬。我们相信，数学不仅仅是知识的积累，更是一种思维方式和创新精神的培养，一种对美的追求。通过这本书，我们希望能够激发更多人对数学的兴趣，无论是学生、教师，还是对数学抱有好奇的普通读者，都能从数学文化的多元视角更加全面地认识数学，更加深刻地理解数学与人类文明的紧密联系，感受数学之美，从而在心中种下热爱数学、追求真理的种子，进而更加热爱并投身于这个充满无限可能的领域，为人类文明的进步贡献更多的智慧和力量。

让我们一同踏上这场跨越时空的数学之旅，探寻那些隐藏在数字与公式背后的故事，共同见证数学如何塑造我们的过去，影响我们的现在，并引领我们走向一个更加辉煌的未来！

在编写本书的五年时光中，作者阅读和参考了国内外大量的相关书籍、论文和资料，并有幸获得了诸多专家、同仁及朋友的帮助与鼓励，在此表示衷心的感谢。感谢南京理工大学重点规划教材项目对本书的支持。特别向电子工业出版社的王晓庆编辑致以深切的谢意，对其严谨细致的工作态度和为本书出版所付出的辛勤劳动表示由衷的敬意与感谢。

限于作者的水平，如有疏漏之处，期待广大读者朋友的反馈、指正和建议。

孙和军、王海侠
2024 年 11 月

目　录

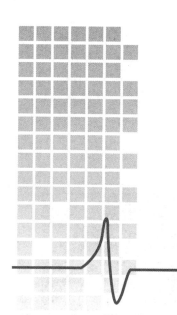

第一章

数学与数学文化

> 数学：
> 她赋予我们在它的世界中的发现以生命；
> 她令我们思维活跃，精神升华；
> 她烛照我们的内心，消除我们与生俱来的蒙昧与无知。
>
> ——普罗克洛斯

数学是人类最古老的科学知识之一。从人类社会的发展史来看，数学与科学、数学与文明是并肩而立的。德国数学家克莱因（C. F. Klein）说过："一个时代的总体特征在很大程度上与这个时代的数学活动密切相关。"数学反映了客观世界的发展规律，成为人类理解自然、改造自然的有力武器。

本章先从大众对数学的误解和偏见开始讲起，分析数学教育中存在的问题；在介绍数学的内涵、特点和数学历史发展阶段的基础上，分析数学文化的内涵和价值；通过对柯尼斯堡七桥问题、抽屉原理、海王星的发现这三个数学应用实例进行分析，阐明数学的抽象性、逻辑的严谨性、应用的广泛性；最后，结合事例分析数学与国家竞争力、个人发展之间的关系。

1.1　什么是数学

1.1.1　对数学的误解、畏惧和偏见

历史上，有无数的名人大家论述过数学、数学教育的重要性。英国唯物主义哲学家、思想家、作家培根（F. Bacon）是实验科学、近代归纳法的创始人，是科学研究程序进行逻辑组织化的先驱，如图 1.1.1 所示。德国哲学家费尔巴哈说："培根是近代自然科学直接

的或感性的缔造者。"而马克思（K. Marx）和恩格斯（F. Engels）（图1.1.2）将培根誉为"英国唯物主义的第一个创始人"。这位被很多人赞誉的伟人曾经用精练的话语阐述数学的重要性："数学是锻炼思维的体操""数学是打开科学大门的钥匙"。此外，古希腊哲学家柏拉图（Plato）说："数学是一切知识中的最高形式。"英国著名的数学家巴罗（I. Barrow）说："数学——科学不可动摇的基石，促进人类事业进步的丰富源泉。"德国数学家高斯（C. F. Gauss）则将数学称为"科学的女王"。马克思说："一门学问只有当它能够成功地运用数学时，才算是真正的科学。"

图 1.1.1　培根

图 1.1.2　马克思和恩格斯

　　回顾人类几千年的教育史，不难发现数学一直是从未缺席的几大核心基础教育科目之一。与其他学科相比，数学在培养人的逻辑思维能力、空间想象能力方面具有独特的学科优势。我国著名数学家、北京大学原校长丁石孙说："数学注重抽象思维，它可以培养你的思想方法，调整你考虑问题、分析问题的角度……数学有助于抓住最主要的矛盾，扬弃次要的琐碎的问题。"而英国科学史家休厄尔（W. Whewell）指出："几何、理论算术和代数，在定义、公理和演绎的过程中，综合了简单性、复合性、严密性和一般性，这些特性是其他学科不具备的。"数学在提高思维的逻辑性、严密性、精确性等方面的有效性已经被几千年的教育史所证明。

　　虽然说数学是重要的，但很多人对数学的记忆是灰色的、负面的。如果以"数学不好"为关键词在搜索引擎中进行检索，你会得到惊人数量的检索结果。美国数学家波利亚（G. Polya）曾经说过："数学在各门课程中是最不得人心的一门功课，其名声不佳……"进入大学不久，许多学生都会从学长那里听到一个绘声绘色的传说："在大学校园中，有棵邪恶而又有魔性的'树'，叫高数。这棵'树'上挂了很多人，其景象惨不忍睹……"如果再去找学完高等数学、线性代数等数学课程的学长问，他们中的大多数人都会说，这些课程很难、很抽象……而且，培根的一句名言也被好事者修改成："你说，数学是思维的体操；我说，我一做操就备受煎熬！"事实上，这种灰色的、负面的数学记忆连一些名人也不能幸免，甚至考过零分。

　　那么，这种灰色的、负面的印象和记忆是什么原因造成的呢？

　　首先，归结于数学的学科特点。数学是严格的、抽象的，因此，相较于其他学科，这种特性决定了数学先天就不讨喜。而数学的学习对人的思维能力、理解能力等具有较高的要求，当学习者在数学学习中遇到困难时自然会产生挫败感。

其次，对数学的负面情绪和偏见很大程度上来源于对数学的错误认识。很多人不清楚数学的广泛应用，不知道数学与现实世界的密切联系，不了解数学家的爱恨情仇。由于缺乏对数学正确全面的认识，很多人把数学看作超越普通人智商承载能力的、只有少部分人喜爱的由公式、符号、逻辑、推理等构成的烧脑游戏，把数学家想象成不食人间烟火的另类。对此一个形象的比喻是：一个充满活力的数学美女，在不明白数学的人眼中，只剩下一副 X 射线照片上的骨架，这就使得他们对数学心生畏惧、避之不及。

最后，不当的数学教育方式、机械的数学学习方法、数学学习的功利化倾向扼杀了很多学习者的学习兴趣，导致数学学习效果不佳。美国著名数学家柯朗（R. Courant）在名著《数学是什么》的序言中写道："今天，数学教育的传统地位陷入严重的危机。数学教学有时竟变成一种空洞的解题训练。"而国际数学大师、菲尔兹奖得主丘成桐（S. T. Yau）曾经谈及部分学生为了升学择校而参加数学奥林匹克竞赛的现象，指出："许多学生带着目的去学数学、拿奖牌。没有几个人真正欣赏数学，是为了数学而去做数学的。"将数学的教与学等同于定义、公式、定理、例题，将数学学习局限于单纯的刷题，将数学素养的提升曲解为提高解题能力，再加上功利性的目的，必然会将数学变得单调、枯燥、乏味，甚至面目可憎。

一段美好的文字是这么说的：

Love is just something until you find that it can give some different feelings!

数学是一篇多姿多彩的乐章，不理解它的人觉得刺耳与苦涩，理解它的人觉得美妙动听。因此，克服对数学负面情绪的最有效的办法就是真正地去了解数学、多角度地认识数学。当我们真正走近、走进数学的世界时，就会像古希腊哲学家、新柏拉图主义的集大成者普罗克洛斯（Próklos）说的那样，发现数学是这样的：

她赋予我们在它的世界中的发现以生命；

她令我们思维活跃，精神升华；

她烛照我们的内心，消除我们与生俱来的蒙昧与无知。

1.1.2　数学的内涵

数学是以数量、结构、空间及其变化等为研究主题的一个学科。从人类有文字记录时开始，数学就一直是人类重要的实践活动之一。数学是从记数、计算、测量及对物体的形状和运动等问题的系统研究中发展而来的。数学家根据对客观世界的观测，将实际问题进行抽象，提出新的猜想，依靠逻辑、推导来解决猜想的真实性或虚假性。一些数学问题的解决可能需要数年甚至数百年的持续探究。数学的理论、思想和方法可以给人以对客观世界的洞察力，对一些问题和现象做出合理的判断和预测。有时，数学发展的速度会远远超前于人类的生产、生活实践，一些数学结论甚至需要几十年甚至上百年才会得到佐证，以及发现实际应用的价值。

伽利略（G. Galilei）说："宇宙是用数学语言编写而成的，字符是三角形、圆和其他几何形状。在我们学会语言并熟悉它所用的字符之前，宇宙是无法读取的。没有数学，意味着人类没办法理解宇宙的哪怕一个单词。没有数学，人类就会在黑暗的迷宫中徘徊。"希尔伯特（D. Hilbert）谈到数学时说："在这里，我们不能有任何意义上的随意性。数学不是一个由随意规定的规则决定的游戏，相反，它是一个具有内在必然性的概念系统。"

马克思曾经系统学习和研究函数、微分、泰勒定理、曲边形面积等微积分问题，撰写了许多读书笔记和研究草稿，并将其应用于经济学研究。马克思还与恩格斯长期通信并讨论相关数学问题，所以，马克思和恩格斯对数学是有深入了解的。恩格斯曾这样描述数学：数学是研究现实中数量关系和空间形式的科学。虽然时间已过去 100 多年，这一答案大体上还是恰当的，不过应该对"数量"和"空间"进行广义意义上的理解。数量不仅是实数，还是向量、张量，甚至是有代数结构的抽象集合中的元；而空间也不仅指三维空间，还有 n 维、无穷维及具有某种结构的抽象空间。这样，恩格斯的答案已基本包含了数学的主要内容，尽管还有一些重要的篇章（如数理逻辑等）不包括在内。

数学教育学家齐民友指出："人总有一个信念：宇宙是有秩序的，数学家更进一步相信，这个秩序是可以用数学来表达的，因此人应该去探索这种深层的内在的秩序，以此来满足人的物质需要。因此，数学作为文化的一部分，其永恒的主题是'认识宇宙，也认识人类自己'。在这个探索过程中，数学把理性思维的力量发挥得淋漓尽致。它提供了一种思维的方法与模式，提供了一种最有力的工具，提供了一种思维合理性的标准，给人类的思想解放打开了道路。"

粗略地说，数学可分为三大部分：基础数学、应用数学和计算数学，它们既有各自的特点又紧密联系。

基础数学也称纯粹数学、纯数学，是数学的核心，也是最纯粹、最抽象的部分。它大致由分析、代数和几何这三个分支组成。这三者相互交叉和渗透，从而产生了解析几何、解析数论、代数几何等数学分支。此外，研究随机现象的概率论、研究形式推理的数理逻辑等也都属于基础数学。虽然偏重于理论研究，基础数学却有着无穷的魅力，"纯数学是魔术家真正的魔杖"。哥德巴赫猜想、黎曼猜想、费马猜想（费马大定理）等都是基础数学领域的重要公开问题，是人类智慧王冠上的颗颗珍珠。随着人类社会的发展，基础数学的重要性日益凸显，现代科学技术的许多原始创新都来源于基础数学的研究成果。

顾名思义，应用数学研究现实中具体的、实际的数学问题。它采用基础数学的理论、思想和方法来解决科学技术、经济建设、军事国防等领域中的实际问题。随着科学技术和社会生产力的发展，应用数学的领域也在不断拓展。在应用数学的研究过程中，需要从实际问题中提炼抽象数学模型、寻找解决问题的新思想和新方法，这为基础数学提供了研究挑战和发展动力，推动了基础数学的发展。运筹学、控制论与数理统计等学科的大部分内容都属于应用数学；而经济数学、生物数学等则是比较标准的应用数学。

计算数学偏重于计算，早期致力于求出代数方程、微分方程、微积分方程等各种方程的数值解。在很多问题中，我们很难通过推导计算获得问题的解析解。此时，就要借助计算数学的相关思想和方法寻求问题的数值解。近 50 年来，计算数学有了极其迅速的发展，这主要得益于电子计算机的出现。计算机计算的高效性使许多过去无法求解的问题变得可解，从而大大扩展了数学的应用范围。例如，短期天气预报、高速运行器的控制问题，离开计算数学和计算机是不可能的。利用数学软件进行问题研究如图 1.1.3 所示。计算机模拟、计算辅助证明（如四色问题的证实）在人工智能中的应用，以及计算几何、计算物理、计算力学、计算化学、计算概率等新分支的不断诞生，使得计算数学的威力不断增强。人们已把计算作为与理论、实验鼎足而立的第三种科学方法应用于科学研究。

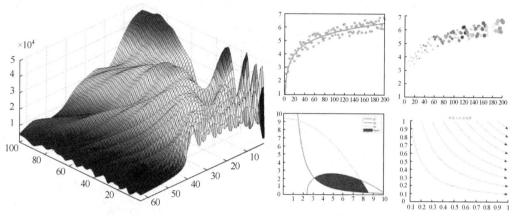

图 1.1.3　利用数学软件进行问题研究

　　实际上，一个重大的数学问题，特别是从实际中提出的数学问题，都需要上述三种数学的内容和方法。建立数学模型，寻求解题方法，需要基础数学和应用数学，而使解题方法得以实现，离不开计算数学。这三大部分互相补充，互相渗透，大大促进了整个数学学科的发展。

　　网络上流传着这样一段有趣的文字：

　　"很久很久以前，在拉格朗日照耀下，有几座城：分别是常微分方城和偏微分方城这两座兄弟城，还有数理方城、随机过城。从这几座城里流出了几条溪，比较著名的有：柯溪、数学分溪、泛函分溪、回归分溪、时间序列分溪等。其中某几条溪和支流汇聚在一起，形成了解析几河、微分几河、黎曼几河三条大河。

　　"河边有座古老的海森堡，里面生活着亥霍母子，穿着德布罗衣、卢瑟服、门捷列服，这样就不会被开尔蚊骚扰，被河里的薛定鳄咬伤。城堡门口两边摆放着牛墩和道尔墩，出去便是鲍林。鲍林里面的树非常多：有高等代树、抽象代树、线性代树、实变函树、复变函树、数值代树等，还有长满了傅里叶、开满了范德花的级树……人们专门在这些树边放了许多的盖（概）桶、高桶，这是用来放尸体的。因为，挂在上面的人太多了，太多了……

　　"这些人死后就葬在微积坟，坟的后面是一片广阔的麦克劳林，林子里有一只费马，它喜欢在柯溪喝水，溪里撒着用高丝做成的ε-网，有时可以捕捉到二次剩鱼。

　　"后来，芬斯勒几河改道，几河不能同调，工程师李群不得不微分流形，调河分溪。几河分溪以后，水量大涨，建了个测渡也没有效果，还是挂了很多人，连非交换代树都挂满了，不得不弄到动力系桶里扔掉。

　　"有些人不想挂在树上，索性投入了数值逼井（近）。结果投井的人发现井下生活着线性回龟和非线性回龟两种龟，前一种最为常见的是简单线性回龟和多元线性回龟……"

这段文字用谐音字的方法形象地概括了大学生可能学到的数学课程名称、数学名词、数学家姓名。如果对这段文字中的各种数学课程、数学名词、数学家耳熟能详，那么一定能领略这座数学之城的美丽风景。

1.1.3 数学的特点

数学区分于其他学科的明显特点有四个：一是抽象性，二是精确性，三是逻辑性，四是应用的广泛性。正如古希腊数学大师毕达哥拉斯（Pythagoras of Samos）所说："数统治着宇宙。" 数学所拥有的这些特性，造就了数学作为"一切科学的基础"，具有特殊地位，数学统治着科学。

1. 数学的抽象性

数学的抽象性是与生俱来的，也是数学有别于其他学科的重要特征。事实上，从其诞生之日开始，数学就一直既来源于现实世界又高于现实世界。数学为透过表象抓住事物的本质、对事物的结构与模式进行本质性描述提供了工具和方法。希尔伯特说："当我听别人讲解某些数学问题时，常觉得很难理解，甚至不可能理解。这时便想，是否可以将问题化简些呢？往往，在终于弄清楚之后，实际上，它只是一个更简单的问题。"同时，这种抽象性为数学理论的普适性提供了保证。也就是说，抽象性带来的一个好处是，我们研究一个领域中的问题所获得的数学理论也可以成为研究其他领域中的问题的工具。比如，同一个拉普拉斯方程，我们既可以用它来描述热平衡态、溶质动态平衡、弹性膜的平衡位置，也可以用它来刻画静态电磁场、真空中的引力势等。

2. 数学的精确性

有这样一个有趣的故事。一个天文学家、一个物理学家、一个数学家去苏格兰度假。当他们从火车车厢的窗口向外看时，看见田地中央有一只黑色的羊。天文学家评论："所有的苏格兰羊都是黑色的。"物理学家不同意，说："不，某些苏格兰羊是黑色的"。数学家则指出："在苏格兰至少存在着一块田地，至少有一只羊，这只羊至少有一侧是黑色的"。显然，数学家的表述最为精确。数学的这种精确性是人类追求确定性而发展起来的最令人敬佩的能力。能以数学公式描述、用数学定量刻画的事物是人们最有把握谈论的事物。

3. 数学的逻辑性

英国物理学家亥维赛（O. Heaviside）曾经这样强调逻辑的重要性："逻辑能够很有耐性，因为它是永恒的。"而数学无疑是最富逻辑性的一门学科。柯朗说："数学，作为人类智慧的一种表达形式，反映生动活泼的意念、深入细致的思考，以及完美和谐的愿望，它的基础是逻辑和直觉、分析和推理、共性和个性。"基于数学逻辑性的公理化方法使得每个数学结论不可动摇。著名物理学家爱因斯坦（A. Einstein）说："数学之所以比一切其他科学更受到尊重，一个理由是它的命题是绝对可靠和无可争辩的，而其他的科学经常处于被新发现的事实推翻的危险中。"

数学作为一门基础科学，其重要目标之一就是培养学生的理性精神、逻辑思维能力，养成严谨的思考习惯。这对一个人的心智发展起到至关重要的作用。美国数学史学家、数学哲学家、数学教育家克莱因（M. Kline）曾说："数学是一种精神，一种理性的精神，正是这种精神，激发、促进、鼓舞并驱使人类的思维得以运用到最完善的程度。"而爱因斯坦就曾经这样论述欧氏几何的逻辑性对人类心智培养的意义："世界第一次目睹了一个逻辑体系的奇迹，这个逻辑体系如此精密地一步一步推进，以致它的每个命题都是绝对不容置疑的——我这里说的是欧几里得几何。推理的这种可赞叹的胜利，使人类的理智获得了为取得以后成就所必需的信心。"

4. 数学应用的广泛性

数学的抽象性、逻辑性决定了数学理论、思想和方法的广泛适用性，即数学应用的广泛性。即使是根源于数学自身学科的内在逻辑性获得的纯数学结果，假以时日，也会在意想不到的领域发现其应用价值。俄国数学家罗巴切夫斯基（N. l. Lobachevsky）就曾经这样刻画数学的应用价值："不管数学的任一分支是多么抽象，总有一天会应用在这实际世界上。"比如，德国数学家黎曼（B. Riemann）创立的黎曼几何这一基础数学分支，其核心研究对象是抽象的高维流形。在其创立后的很长一段时间里，人们都没有发现黎曼几何的应用价值。但在其创立几十年后，爱因斯坦将黎曼几何作为语言和工具，创立了广义相对论。

事实上，数学已被广泛应用于人类生产、生活的方方面面，同时被应用于大至宏观宇宙、小至微观的粒子研究。1959 年 5 月，数学家华罗庚（图 1.1.4）在《人民日报》上发表的《大哉数学之为用》，精彩地概括了数学的多种应用领域："宇宙之大，粒子之微，火箭之速，化工之巧，地球之变，生物之谜，日用之繁，无处不用数学。"在后续章节中，我们将具体展示数学在不同领域中的应用案例。当然，随着人类文明和科技的发展，数学的应用领域还在不断丰富与拓展中。例如，大型客机被称为"现代工业之花"，而风洞试验、试飞是现代客机研发和定型的重要环节。从 20 世纪 70 年代开始，以数学和计算机技术为基础的计算流体力学、计算数学在大型客机的

图 1.1.4 华罗庚

研发中发挥了越来越重要的作用。通过对相关流体力学问题进行模拟和分析，求解流体力学的控制方程，可以大大减小风洞试验、试飞的次数，降低研发费用和缩短研发周期。例如，波音 777 客机是世界航空工业史上首次完全采用计算机数字设计和模拟组装的民用飞机。研发过程中的许多关键性的试验都是利用数值模拟的方法通过计算机完成的。通过利用数值模拟，机翼的风洞试验次数从波音 767 的 77 次大幅减小到波音 777 的 18 次。以上方法也被应用于波音 787 梦想客机的研发。与波音 777 相比，虽然波音 787 设计中计算流体力学的计算量增大了 60 倍，但在空气动力学方面表现得更为优异，飞机性能也得到提升。同样，计算流体力学、计算数学、数值模拟等在我国的"大国重器"——国产大飞机 C919 的研制过程中也发挥了重要作用。

1.1.4 数学的历史发展阶段

一部数学史，浩瀚数千年。如果用盲人摸象的方式了解数学，也许我们终其一生也无法了解数学的全貌。数学的发展是具有规律性、阶段性的。研究者根据一定的原则可以把数学史分成若干历史时期，一种划分方法是将数学史划分为以下五个历史时期。

1. 公元前 600 年以前，数学萌芽时期

这是人类建立最基本的数学概念的时期。人类从石头记数、结绳记数和刻痕记数开始逐渐建立了自然数的概念和简单的计算法，并认识了最基本、最简单的几何形式，算术与几何还没有分开。

2. 公元前 600 年至 17 世纪中叶，初等数学时期

这个时期也称为常量数学时期。时间上从公元前 5 世纪至 17 世纪，持续了 2000 多年，几何、代数是这一时期的主要数学分支。在这个时期形成了特点不同的两大数学体系：以希腊数学为代表的重视逻辑、理论的数学体系，以及以中国数学、印度数学、阿拉伯数学等为代表的重视应用的数学体系。

3. 17 世纪中叶至 19 世纪 20 年代，变量数学时期

笛卡儿（R. Descartes）和费马（P. de Fermat）创立的解析几何推动了数学进入变量数学发展时期。牛顿（I. Newton）和莱布尼茨（G. W. Leibniz）创立微积分，研究的函数的极限、微分、积分及有关概念和应用成为数学重要的研究主题。在此时期，还诞生了射影几何、数论、概率论等数学分支，出现了纯粹数学与应用数学的明确区分。

4. 19 世纪 20 年代至 20 世纪 40 年代，近代数学时期

这一时期开始的标志是法国数学家柯西（A. L. Cauchy）的《分析教程》。柯西、魏尔斯特拉斯（K. T. W. Weierstrass）和戴德金（J. W. R. Dedekind）等人完成了微积分的严格化工作，将微积分建立在严格的数学基础上，解决了第二次数学危机。在这一时期，罗巴切夫斯基、黎曼等人创立了非欧几何。这是人类依靠数学逻辑思维战胜自身根深蒂固的传统信念的一次胜利，对数学和科学的发展、人类认识世界的信念都有极为重要的意义。

5. 20 世纪 40 年代至今，现代数学时期

随着电子计算机、原子能、航空航天、分子生物学、高能物理合成材料等新兴领域的发展，数学渗透到科学研究和应用的各个领域，产生了一系列新的数学分支和交叉应用理论，数学的分支更为精细化，数学对社会生产力和科学技术发展的支撑作用日益增强。

1.2 什么是数学文化

数学是一门交叉、外延、涉及多方面的综合学科，每个知识的提出都有它的历史和背景，这就是文化。同时，数学科学具有悠久的历史，与自然科学相比，数学更是积累性科学，其概念和方法更具延续性，如古代文明中形成的十进位值制记数法和四则运算法则，我们今天仍在使用，诸如费马猜想、哥德巴赫猜想等历史上的难题，一直是现代数论领域中的研究热点，数学传统与数学史材料可以在现实的数学研究中获得发展。而且，数学家前赴后继、孜孜不倦地追求真理的进程推动了数学的发展。数学家是数学文化的构建者，数学文化中包含由他们的创新精神和意志凝结而成的精神财富，这也是培养创新精神和创新意志的重要内容。因此，要想深入地了解数学，我们必须把数学当作一种文化来检视。

狭义的数学文化：数学的思想、精神、方法、观点、语言，以及它们的形成和发展。广义的数学文化：除上述内涵外，还包含数学家、数学史、数学美、数学教育，以及数学发展中的人文成分、数学与社会的联系、数学与各种文化的关系等。

数学文化在人才培养方面具有重要价值，但这是建立在数学对人的思维和能力培养、人格塑造的独特作用基础之上的。数学对陶冶情操、锻炼思维能力、提升综合素质都非常有效。例如，柏拉图（Plato）是西方哲学乃至整个西方文化领域最伟大的哲学家和思想家之一，创办了欧洲第一所综合性学校——柏拉图学院，培养数学、哲学、政治、法律等方面的人才。在他创办的柏拉图学院的门口写着：不懂几何者不得入内。这句话的意思是没有学习过欧氏几何知识的人，就不能进入柏拉图学院学习。这说明柏拉图认为，数学是人们认识具体事物的一个基础和中介，只有具备一定数学基础的人才能学习柏拉图学院所设置的哲学、政治、法律、自然科学课程，才能真正领悟课程的内容和精神，进而实现知识和才能的提升，达到柏拉图学院的人才培养目标。而柏拉图学院确实培养了一大批各类优秀人才，如哲学家亚里士多德（Aristotle）、数学家欧几里得（Euclid）、数学和天文学家欧多克索斯（Eudoxus of Cnidus）等。柏拉图与柏拉图学院遗址如图 1.2.1 所示。

图 1.2.1　柏拉图与柏拉图学院遗址

国内外许多著名的数学大师都具有深厚的数学文化修养，并善于从数学文化素材中汲取养分，做到古为今用，推陈出新。中国著名数学家、中国科学院院士吴文俊（图 1.2.2）就是其代表。吴文俊从 20 世纪 70 年代开始研究中国数学史。在研读《九章算术》《周髀算经》等中国古代数学典籍的基础上，吴文俊发现了中国古代数学不同于西方数学的算法性、构造性的数学机械化思想，建立了被誉为"吴方法"的关于几何定理机器证明的数学机械化方法。2001 年，因在数学机械化等方面的创新工作，他获得首届国家最高科学技术奖。

图 1.2.2 吴文俊

从人类科技发展的进程来看，理工学科与人文学科是相互支撑、共同发展的关系，当今世界科技的许多创新成果都来源于文理的交叉融合中。所以，创新型人才的培养也应建立在文理素养全面发展的基础上。较高水平的综合素养可以造就创新型人才更为开阔的知识视野，在人文科学领域的素养可以赋予理工科创新型人才在理性思维之外的感性思维能力，为创新活动中的成功起到助推作用。作为一门涉及数学、历史学、哲学、文化学等的交叉学科，数学文化将数学教学与人文科学知识普及、科学素质教育与人文素质教育有机融合。通过数学文化这条纽带，在学习数学知识的同时，也可以接收人文科学领域的养分，提高综合素养，为将来在创新活动中的成功奠定坚实的基础。

科学思想方法是创新型人才从事创新实践的重要工具，可以帮助创新型人才在创新过程中少做无用功、少走弯路。作为其重要组成部分，数学思想方法是人们在数学研究和应用过程中所形成的对数学理论和方法的本质性认识，属于数学文化的范畴。大学数学理论蕴含丰富的数学思想方法，如公理化思想、最优化思想、抽象与概括方法、观察与类比方法、归纳与猜想方法等。这些数学思想方法在问题解决过程中发挥着重要作用，例如，最优化方法可以帮助我们用尽可能少的试验尽快找到生产中的最优方案。

因此，数学的学习与训练绝不是实用主义的单纯传授知识，数学的文化理念和文化素质在造就一流人才中起关键性作用。由此可见，数学的文化性体现在：它可以帮助我们更好地认识自然、了解世界、适应生活；它可以促使我们有条理地思考，有效地表达与交流，运用数学分析问题和解决问题；它可以发展我们的主动性、责任感和自信心，培养我们实事求是的科学态度和勇于探索的创新精神。可以这么说，良好的数学修养是人可持续发展的基础。

日本著名数学教育家米山国藏（K. Yoneyama）在《数学的精神、思想和方法》中指出：无论对于科学工作者、技术人员，还是对于数学教育工作者，最重要的是数学的精神、思想和方法，而数学知识只是第二位的。事实上，大多数人都会把学生时代所学的那些非实用性数学知识忘得一干二净。然而，不管他们将来从事什么工作，那种铭刻于头脑中的数学精神、思维方法和数学文化理念，都能使他们终身受益。他们当年所受到的数学训练，一直会在他们的思维方式中潜在地起根本性作用，这就是数学文化给人的素质、品格带来的价值。

在《今日数学与应用》一文中，王梓坤院士指出："数学文化具有比数学知识体系更为丰富和深邃的文化内涵，数学文化是对数学知识、技能、能力和素质等概念的高度概括。我们学习数学不仅是为了获取知识，更能通过数学学习接受数学精神、数学思想和数学方法的熏陶，提高思维能力，锻炼思维品质。"

借助数学文化之桥，可以把握数学发展的历史脉络和主要进程，了解数学与现实世界的密切联系，欣赏看似抽象甚至"枯燥无味"的数学理论背后所蕴含的数学之美，感受看似冰冷的数学温暖人心的一面，体会数学家在追求真理过程中所展现的人格魅力和精神品质；借助数学文化之桥，一定能深入、全面地认识数学，深刻领略"数学是一种语言，一切科学的语言；数学是一把钥匙，一把打开科学大门的钥匙；数学是一种工具，一种思维的工具；数学是一门艺术，一门创造性艺术"。

1.3 数学应用实例

伽利略曾说过，自然界这部巨著仅可以被那些懂得它的语言的人读懂，而这种语言就是数学。曾获得诺贝尔物理学奖的美国著名物理学家费曼（R. P. Feynman）也曾经说过："对于那些不了解数学的人来说，要想领略自然的美，那种深刻的美，是非常困难的……如果你希望理解自然、欣赏自然，就必须掌握理解它所必备的语言。"

数学是学习和研究其他科学的基础。其外在表现就是数学在不同学科、不同种类的问题解决中有广泛的应用。下面从数学文化的视角，通过几个例子来分析数学在我们认识自然、探求真理的过程中所发挥的作用，同时让大家领略数学的抽象性、精确性、逻辑性和应用的广泛性等特点。

1.3.1 柯尼斯堡七桥问题

1255 年，波希米亚国王普热米斯尔·奥托卡二世（Přemysl Otakar Ⅱ）在桑比亚半岛南部捐资兴建了一座城堡，这座城堡被命名为"柯尼斯堡"，意为国王之山。1454 年，柯尼斯堡成为条顿骑士团国（State of the Teutonic Order）的首都，柯尼斯堡历史风貌如图 1.3.1 所示。1525 年，柯尼斯堡成为普鲁士公国（Duchy of Prussia）的首都。1701 年，柯尼斯堡成为普鲁士王国（Kingdom of Prussia）的首都。历史上，柯尼斯堡曾是德国重要的文化发祥地和文化中心之一。被誉为"欧洲启蒙运动时期的最后一位主要哲学家"——康德（I. Kant）、数学家哥德巴赫（C. Goldbach）、物理学家基尔霍夫（G. R. Kirchhoff）、数学家希尔伯特都曾在此生活过。

一个著名的数学问题就发生在这座历史名城。在柯尼斯堡，普列戈利亚河穿城而过，形成了城市中间的两个称为 Kneiphof 和 Lomse 的小岛。柯尼斯堡大教堂就位于 Kneiphof 岛上，康德安葬在这个教堂里。有七座桥将这两个小岛与普列戈利亚河两岸的柯尼斯堡陆地相连，也就是说，七座桥将两个岛屿和两块陆地相连。

这个地方风景秀丽，城市的居民经常在此散步。渐渐地，在居民中流传着这样一个问题：在每座桥只能经过一次的前提下，是否存在一条一次把七座桥都走遍再回到起点的路线？

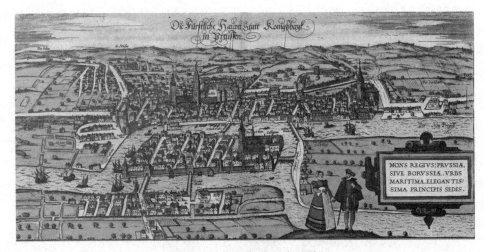

图 1.3.1　柯尼斯堡历史风貌

问题流传开以后，有很多居民带着这个问题投入狂热的散步消遣活动，试图验证能找到这样一条路线。但这样的验证实验都无功而返。实际上，利用简单的数学知识可知：每座桥均走一次，那走遍七座桥的路线实际上变成一个排列问题，一共有 $7! = 5040$ 条路线。要一一验证这么多条路线，将会是很大的工作量。

图 1.3.2　欧拉

这个问题一直未能解决，成为 18 世纪的一个著名的数学问题，被称为"柯尼斯堡七桥问题"（简称七桥问题）。

1735 年，有几名大学生写信给当时正在俄罗斯圣彼得堡科学院任职的数学家欧拉（L. Euler）。为了解决这一问题，欧拉（图 1.3.2）来到柯尼斯堡进行了实地观察。他一开始试图找到这个问题肯定答案的一条路线，但始终没成功。于是，他开始猜测七桥问题是无解的。

1735 年 8 月 26 日，欧拉向圣彼得堡科学院提交了他的工作报告。1741 年，他的以题为《关于位置几何问题的解》的论文发表在刊物 *Commentarii academiae scientiarum Petropolitanae* 上。

欧拉首先发现：陆地、岛屿的形状和大小是无关紧要的，在两块陆地和两个岛屿内部的行走路线的选择也是无关紧要的。路线的重要特征是经过连接这些陆地和岛屿的每座桥的先后顺序，这使他能够消除一些与问题解决无关的细节，抓住问题的关键，用抽象的数学术语重新表述这一问题（这也是奠定图论的基础）。我们可以用称为"顶点"（vertex）或节点（node）的点代替每块陆地、每个岛屿，用称为"边"（edge）的线代替每座桥，这样就用抽象的方式刻画了哪对陆地、岛屿是相连的。在现代数学中，这样的图形称为图（graph）。由于只有连接信息是相关的、重要的，连接两个顶点的边有多长、是直的还是弯的，都是不重要的，对问题的解决不会产生影响。

这样，欧拉将七桥问题抽象出来：每块陆地、每个岛屿都被看成一个点，连接两块陆地的桥以线表示。若分别用 A、B、C、D 四个点表示柯尼斯堡的四个区域，用七条线反映陆地和岛屿的连接情况。这样，七桥问题就转化为是否能够用一笔不重复地画出过这七条线的问题了。

接下来，欧拉进一步观察到：除起点（终点）外，如果一个人通过桥进入每个顶点，那么他仍要通过这座桥离开这个顶点。除起点（终点）外，一个人进入顶点的次数等于他离开顶点的次数。这个要求对起点也成立。连接每个顶点的边的数量应该是偶数。然而，在原始问题中，一个岛屿被五座桥与其他陆地和桥相连，其余三块陆地和岛屿都被三座桥与其他陆地和岛屿相连。换句话说，所有的陆地和桥都被奇数座桥相连，加以抽象表示成图像，即图 1.3.3，这就说明柯尼斯堡七桥问题是无解的。

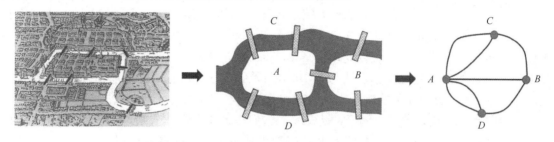

图 1.3.3　欧拉解决柯尼斯堡七桥问题的方法

图论是在计算机、大数据、通信工程和交通运输等领域有着广泛应用的一个数学分支。在现代图论中，图是由若干给定的点及连接两点的线所构成的图形。图通常用来描述某些事物之间的某种特定关系：用点代表事物，用连接两点的线表示相应两个事物间具有某种关系。因此，用现代数学来看，柯尼斯堡七桥问题就是图的一笔画问题，属于图论的研究范畴。

欧拉发现：在每边都经过一次的前提下，走遍一个图的可能性取决于顶点的度（接触它的边的数量）。欧拉证明了：图可以一笔画的必要条件是图中具有奇数度的顶点个数是 0 个或 2 个。事实上，这也是充分条件。德国数学家希尔霍尔泽（C. Hierholzer）后来也证明了这一结果。

欧拉的解决办法非常巧妙，欧拉证明了数学家处理实际问题的独特之处——把一个实际问题抽象成合适的"数学模型"。这种研究方法就是"数学模型方法"，将问题进行抽象是解决难题的一个关键。

欧拉关于七桥问题的工作被认为是现代图论理论中的第一个定理，是网络理论（组合数学的一个分支）中的第一个证明。为了纪念欧拉的工作，一笔画的路线被后人称为欧拉路径（Eulerian Path）。七桥问题的答案不依赖陆地和岛屿的形状，也不依赖桥的长度和形状，而是依赖陆地、岛屿的连接方式。欧拉的工作也预示了拓扑学这个新的数学分支的诞生，我们现在生活中的地铁线路、通信网络都用到了拓扑学。

1.3.2 抽屉原理

图 1.3.4 狄利克雷

把 3 个苹果放进 2 个抽屉，一定有一个抽屉放了 2 个或 2 个以上的苹果。这个人人皆知的常识是著名的抽屉原理在日常生活中的应用结果。抽屉原理是组合数学的一个基本原理，又称鸽巢原理，是由德国数学家狄利克雷（J. P. G. L. Dirichlet）（图 1.3.4）最先明确地提出来的，因此，这个原理也被称为狄利克雷原理。

例如，有 22 只鸽子要飞回鸽巢，鸽巢是由 4 个木板小屋组成的。在每个小屋都有鸽子的前提下，至少有 1 个小屋里有 6 只或 6 只以上的鸽子。我们可以利用反证法加以证明：如果每个小屋里的鸽子都不超过 5 只，那么所有小屋里的鸽子加起来不超过 20 只，这与有 22 只鸽子是矛盾的。又比如，有 10 本书，共有文学类、史学类、数学类三类，那么，至少有一类书有 4 本或 4 本以上。事实上，也可以利用反证法来证明这个结论：如果每类书都不超过 3 本，那么所有书加起来不超过 9 本，这与有 10 本书矛盾。这个问题同样可以用抽屉原理解释，相当于把 10 本书装进 3 个抽屉，那么有一个抽屉至少有 4 本书。

可以看到：无论是苹果、鸽子，还是书，它们在本质上没有差别，都是待分配的东西，是元素；而抽屉、鸽巢、类是集合。我们需要做的是把这些元素分配到一些集合中，这就是抽屉原理相关问题的实质。我们可以用数学语言来刻画一般形式的抽屉原理。

原理 1 把 $n+1$ 个元素分到 n 个集合中，那么至少有一个集合中有 2 个或 2 个以上的元素。

原理 2 把 n 个元素分到 k 个集合中，那么至少有一个集合中有 $\left[\dfrac{n}{k}\right]$ 个以上的元素，其中 $\left[\dfrac{n}{k}\right]$ 表示不超过 $\dfrac{n}{k}$ 的最大整数。

利用抽屉原理还可以解决一些相当复杂甚至无从下手的问题，获得看似更为神奇的预言：在任意 6 个人中，一定可以找到 3 个互相认识的人，或者 3 个互相不认识的人。事实上，证明如下：把 6 个人看成标记为 A、B、C、D、E、F 的 6 件物品。以 F 为基准，将 A、B、C、D、E 这 5 件物品分成"与 F 认识"和"与 F 不认识"这两类，这就相当于把 A、B、C、D、E 这 5 件物品放进两个抽屉。那么，两个抽屉中必有一个抽屉至少有 3 件物品。如果"与 F 认识"的抽屉里有 3 个人，不妨设为 A、B、C，这时，就有三种情况：①如果 A、B、C 彼此不认识，那么结论已经成立；②如果 A、B、C 中有两人认识，不妨设 A、B 认识，加上与 F 认识，结论也成立；③如果 A、B、C 彼此都认识，结论显然成立。如果"与 F 不认识"的抽屉里有 3 个人，类似推理可证结论成立。

通过以上分析，我们不难发现：掌握了数学的逻辑性，用好逻辑推理就可以把自己变成预知真相的"先知"。

1.3.3 海王星的发现

天王星是太阳系八大行星之一，其体积在太阳系中排名第三。它环绕太阳公转一周的时间为 84 个地球年，与太阳的平均距离大约为 30 亿千米。因为距离遥远，其上的阳光强度只有地球的 1/400。历史上，在被认可为行星之前，天王星曾多次被观察过。但那时，它通常被误认为是一颗恒星。最早的观察结果源于古希腊天文学家、地理学家、数学家喜帕恰斯（Hipparchus of Nicaea）。他在公元前 128 年将其记录在他的星表中，这个记录后来被纳入天文学家托勒密（C. Ptolemy）的《天文学大成》。喜帕恰斯和托勒密如图 1.3.5 所示。1781 年 3 月 13 日，英国天文学家赫歇尔（F. W. Herschel）（图 1.3.6）发现了太阳系第七颗行星——天王星。

图 1.3.5 喜帕恰斯和托勒密　　　　　　　　图 1.3.6 赫歇尔

1821 年，法国巴黎天文台台长布瓦尔（A. Bouvard）对 1781 年以后 40 年的天王星观测数据进行了整理和分析，基于牛顿运动定律与万有引力定律发布了天王星的运行轨道表。但此后的对天王星的观测结果表明他的预测结果有较大的偏差。到了 1845 年，这个偏差甚至达到了 2 度之多。经过反复思考，布瓦尔认为一种可能性是天王星周围有一颗没被发现的未知行星在通过引力影响天王星的运行轨道，天文学将这种现象称为摄动。但让人郁闷的是，在随后的 80 年观测中，人们一直没有发现这颗新行星的踪迹。

1846 年 9 月 23 日，德国柏林天文台台长加勒（J. G. Galle）收到一封来自法国的勒威耶（U. L. Verrier）写给他的信，详细告知他按照什么样的方式就可以观测到人们一直在苦苦寻找的这颗未知行星："请将望远镜对准摩羯座的 δ 星之东约 5 度的地方，您就会发现一颗新的行星。它的小圆面的视直径约为 3 角秒，其运动速度为每天后退 69 角秒……"加勒怀着试试看的心态把望远镜对准勒威耶所指的区域，结果发现了一个亮点，和信中所说的位置差不到 1 度，这个亮点就是太阳系的第八大行星——海王星。

写信者勒威耶当时只是法国某技校的一位天文助教。在兴奋之余，加勒决定去法国见一见这个年轻人。见面后，加勒希望看一看勒威耶的观测记录，但勒威耶只拿出一大堆写满方程和验算公式的稿纸。面对着充满疑惑的加勒，勒威耶对他说："先生，我是算出来的！"加勒听后更加惊异，十分急切地问道："你是怎么算出来的？"勒威耶回答："我发现木星、土星、天王星轨道的半径差不多都是后一个是前一个的两倍，于是我假设那颗未知的行星的轨道半径也是天王星的两倍，然后列出方程就算出来了。"加勒既惊奇又佩服，这颗行星原来是勒威耶用笔算出来的。

实际上，勒威耶通过对比其他行星与太阳的距离、半径等数据，假设未知行星的半径是天王星的两倍，然后列出 33 个方程进行计算。计算结果与天王星的观测结果有误差。结果经过修正、计算、再修正、再计算，逐步逼近。就这样几年的时光过去了，最后终于达到理想的目标，误差小于 1 角秒。

取得这一成就时，他不过 30 岁，有的天文学家观测一辈子都不得其果。而这样一位不知名的年轻人用一支笔、用数学就找到了答案，发现了未知的行星。

图 1.3.7　巴黎天文台前的勒威耶塑像

在勒威耶的工作之前，英国天文学家亚当斯也预言了海王星的存在，但是受到格林威治天文台台长阿里的怀疑和压制，导致海天星没被发现。后来，大家承认海王星是勒威耶、亚当斯同时发现的，他们后来分别成为巴黎天文台的台长、剑桥大学天文台的台长。巴黎天文台前的勒威耶塑像如图 1.3.7 所示。

1.4　数学与国家竞争力、个人发展

历史上，有无数科学家、名人强调过数学的重要性。回顾人类社会科技发展的进程，我们不难发现：数学为现代科学提供了人类认识世界、改造自然、发展现代科学技术的语言和工具，提供了学科知识系统化的公理化方法，提供了对学科问题进行严格、明确、定量化分析和解决的手段。数学之所以成为现代科学，一个决定性的原因是使自己数学化，从定性描述进入定量分析计算是一门学科相对成熟的标志。马克思就曾经说过："一门科学只有当它达到能够成功运用数学时，才算真正发展起来。"物理学家爱因斯坦也曾经指出："数学比其他一切科学都受到更特殊的尊重，一个理由是它的命题是绝对可靠的和无可争辩的……还有另一个理由，那就是数学给予精密自然科学以某种程度的可靠性，没有数学，这些科学是达不到这种可靠性的。"

历史上，拿破仑（B. Napoléon）曾经说过："一个国家只有使数学蓬勃地发展，才能展现它国力的强大。数学的发展和至善与国家繁荣昌盛密切相关。"而现在，"国家的繁荣富强关键在于高新的科技和高效率的经济管理"是当代有识之士的一个共同见解，已被发达国家的发展历史所证实。而数学是科学技术的基础。2012—2016 年，数学家张恭庆院士以"数学与国家实力"为题多次为国务院干部培训班做过报告，他指出：数学实力往往影响着国家实力，世界强国必然是数学强国。著名数学教育家齐民友也曾经指出：数学教育和研究水平是一个国家不可替代的资源，是一个国家综合国力的一部分。

数学对一个国家的发展至关重要，发达国家把保持数学领先地位作为国家发展的重大战略需求之一。事实上，英国、法国、德国、美国等世界强国都是数学强国。历史证明，强大的数学教育和研究在这些国家的国力增长中发挥了重要作用。

提到冯·诺依曼（J. von Neumann），我们首先想到他是"计算机之父"。他提出了世界上第一个通用存储程序计算机的设计方案，还参加了原子弹的制造工程，在内向爆炸理论、核爆炸的特征计算等方面发挥了重要作用。另外，他还与摩根斯特恩（O. Morgenstern）合著了《博弈论与经济行为》，被视为"博弈论的奠基之作"。1957 年，美国国家科学院在冯·诺依曼去世前询问他："你一生中最伟大的三个成就是什么？"然而，冯·诺依曼的回答出乎众人意料："我最重要的贡献是希尔伯特空间自伴算子理论、量子力学的数学基础和遍历性定理。"冯·诺依曼如图 1.4.1 所示。

图 1.4.1 冯·诺依曼

1957 年，苏联率先将第一颗人造地球卫星送上了天。为了提升国家的科技水平，感受到差距的美国随之出台了鼓励数学、物理人才培养的政策，加大对数学研究和数学教育的资金投入，使本来在科技、经济、军事等方面就有良好应用数学基础的美国迅速成为数学强国。20 世纪 90 年代，美国著名数学家、物理学家、科学院院士格利姆（J. G Glimm）和一批重量级科学家向美国政府机构提交了一份影响深远的进言报告——《数学科学·技术·经济竞争力》。该报告指出："美国经济的继续昌盛根本上取决于其在高技术中的领先地位及其保持的强大技术基础""数学科学是美国尤有竞争力的学科，如果美国希望在下一世纪仍能保持当今的地位，应该保持这种优势，也应把它们与美国的竞争力联系起来"。2006 年，时任美国总统布什在《国情咨文》中指出：保持美国竞争力最重要的办法是继续保持美国人在知识技能和创造性方面的领先优势。为此，他宣布实施"美国竞争力计划"：增加对数理基础教育的投入，在 10 年时间里把用于数学、物理等基础学科教育和研究的财政预算翻倍；鼓励美国青少年学习更多、更深入的数学、物理等基础科学知识；增加培养约 7 万名高中教师，其中包括 3 万名数学、物理和科学研究学科的教师等。

当代科技的一个突出特点是定量化。人们在许多现代化的设计和控制中，从一个大工程的战略计划、新产品的制作、成本的结算、施工、验收，到储存、运输、销售和维修等，都必须十分精确地规定大小、方位、时间、速度、成本等数字指标。定量思维是对当代科技人员共同的要求，所谓定量思维，是指人们从实际中提炼数学问题，抽象为数学模型，用数学方法计算出此模型的解或近似解，然后回到现实中进行检验，必要时修改模型使之更切合实际，最后编制解题的软件包，以便得到更广泛的、方便的应用。

　　"高技术本质上是一种数学技术"，这种观点已为越来越多的人所接受。许多西方公司意识到：利用计算技术解决复杂的方程和最优化问题，已改变了工业过程的组织和新产品的设计。数学大大地增强了它们在经济竞争中的力量，格利姆院士不仅称数学为非常重要的科学，还说它是授予人以能力的技术。他说："数学对经济竞争力至为重要，数学是一种关键的普遍适用的，并授予人以能力的技术。"时至今日，数学已兼有科学与技术两种品质，这是其他学科所少有的，不可不知。

　　欧洲建立了"欧洲工业数学联合会"，以加强数学与工业的联系，同时培养工业数学家，满足工业对数学的要求。在一篇有关报告中列举了欧洲工业中提出的 20 个数学问题，其中包括齿轮设计、冷轧钢板的焊接、海堤安全高度的计算、密码问题、自动生产线的设计、化工厂中定常态的决定、连续铸造的控制、霜冻起伏的预测、发动机中汽轮机构件的排列、电化学绘图等。

　　数学对经济学的发展起了很大的作用。今天，一位不懂数学的经济学家绝不会成为杰出的经济学家。1969—1981 年，共颁发了 13 个诺贝尔经济学奖，其中，有 7 个获奖者的工作是相当数学化的，包括 Kantorovich 由于对物资最优调拨理论的贡献而在 1975 年获奖，Klein 因为设计预测经济变动的计算机模式而在 1980 年获奖，Tobin 因为投资决策的数学模型的贡献而在 1981 年获奖等。

　　当前，人类社会正在进入第四次工业革命所开创的人工智能时代。德国、美国、法国等欧美发达国家纷纷出台推动新技术革命、新经济发展的国家战略计划。我国也实施了"国家创新驱动发展""一带一路""互联网+"等，力图突破核心关键技术，促进新技术、新产业、新经济的发展，提升我国的国家竞争力，例如，如图 1.4.2 所示，工业机器人已成为我国智能制造的重要支撑，为制造业的转型升级和可持续发展做出了重要贡献。

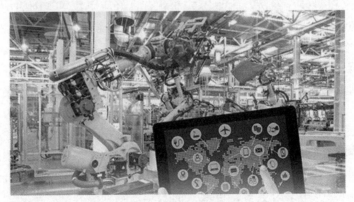

图 1.4.2　工业机器人

　　国家的科技进步、经济发展和竞争力提升需要强大的人才支撑。未来，面对复杂的工程技术问题，只有具备坚实的数学理论和方法的高素质人才，才能在原发性的工程创新工作中占有一席之地。例如，大数据分析是工业 4.0 核心内容所列的九大先进技术之一。徐宗本院士曾经指出："大数据科学研究意味着一种新的科学研究范式的出现，需要探讨从数据到信息、从信息到知识、从知识到决策的基本科学与技术问题。"这意味着从事大数据科学的工程创新人才需要综合运用数学、计算机科学、管理科学、信息处理等学科的理论。

科技创新和工程研发的三大基本方法——理论研究、科学实验与科学计算，无不需要扎实、宽广的数学基础，数学的分析、建模、模拟仿真等方法为理论应用、问题解决和理论创新提供了工具，因此，运用数学理论、数学方法处理实际问题的能力是衡量工程技术人才进行工程技术创新的关键因素之一。

古人云：天下兴亡，匹夫有责。孔子云：修身、齐家、治国、平天下。经过长期努力，中国特色社会主义已进入新时代。作为实现中华民族伟大复兴的一分子，当代大学生要自觉地将个人梦想融入中华民族伟大复兴的中国梦中。数学是一切科学技术的基础，从这个角度来说，学好数学就是提高将来报效祖国、实现梦想的能力的途径。而对数学文化的学习将改变数学的刻板印象，激发对数学的兴趣，赋予走近数学的动力，提高对数学的认识，提升数学素养，让我们认识到：数学是生机勃勃的，数学是有血有肉的，数学是光彩照人的！

思　考　题

1. 谈谈你对数学学习的感受和对数学的认识。
2. 数学文化的内涵是什么？学习数学文化的价值是什么？
3. 通过查阅资料，列举和分析数学应用的若干实例。
4. 通过查阅资料，梳理现代图论和拓扑学的发展情况。
5. 谈谈你对数学与国家竞争力、个人发展的关系的认识。

第二章

万物皆数——数的起源与发展

古者，伏羲氏之王天下也，始画八卦，造书契，以代结绳之政，由是文籍生焉。

——《尚书·序》

数学的历史可以看作人类对客观世界认识不断抽象升华的过程。而数量概念的形成无疑是人类最早的数学抽象实践。有了数，才会有数学，才会有建构在数学基础之上的科学技术的发展和社会。现在，数数（算术）是每个人从小就要学的一种基本技能，因此，数不仅是数学中的基本概念，还是人类文明的重要组成部分。那么，你知道数的起源和曲折的发展过程吗？本章主要介绍数的起源、发展和应用。首先介绍数字的起源和记录方式的变迁；然后以世界不同文明的历史发展为背景，分析了象形数字、楔形数字、甲骨文数字、阿提卡数字、筹算数码、玛雅数字等数字系统；最后介绍了阿拉伯数字的形成和传播过程、幻方和元幻方铁板、用数字传情达意等与数字有关的数学文化案例。

2.1　数字的起源和记录方式

早在原始时代，人类就开始注意一只羊与许多羊、一头狼与整群狼在数量概念上的差异，意识到两只羊和两头狼在数量概念上的相等。随着时间的推移，人类慢慢产生了数的概念。除明白如何计算物体的数量外，史前人类也可能已经认识到如何计算时间、天数、季节、年等问题。

行为学家认为，这种"数觉"并非人类独有。原始的数觉似乎在某些动物身上也有显露。例如，许多鸟类具有数觉，鸟巢里若有 4 个蛋，偷偷拿去一个，鸟可能不会发现，但如果拿去 2 个，这只鸟通常就逃走了，这表明鸟用某种方法辨别 2 和 3。与这样具有数觉的动物不同，人类智慧的卓越之处在于发明了种种记数方法并加以应用。事实上，数的概念的形成可能与火的使用一样古老，大约在 30 万年以前人类创造了记数方法，这对人类文明的意义绝不亚于火的使用。最早人们利用自己的 10 根手指头来记数，当手指头不够用时，人类发明了"石头记数""结绳记数""刻痕记数"。

石头既是远古人类用来捕获猎物的工具，也是用于计算捕获猎物数量的工具。例如，在我国云南怒江傈僳族自治州的古代族人就采用卵石来记录牲口物件的数量，如图 2.1.1 所示。

图 2.1.1　云南少数民族用于记数的石头

在发明文字之前，原始社会的人类除使用石头外，也常用在绳索或类似物件上打结的方法来记录相关客观活动及其数量关系。这种方式称为结绳记数。中国自古就有关于结绳记数的记载，古代日本、波斯、埃及、墨西哥、秘鲁都曾盛行这一记数方法。

在《周易·系辞》中，写道："上古结绳而治。"《说文解字·序》载有："……及神农氏，结绳为治，而统其事……黄帝之史仓颉……初造书契。"《尚书·序》："古者，伏羲氏之王天下也，始画八卦，造书契，以代结绳之政，由是文籍生焉。"关于结绳的方法，《易九家言》记载着："事大，大结其绳；事小，小结其绳，结之多少，随物众寡。"也就是说，根据事件的性质、规模或所涉数量的不同，结系出大大小小不同的绳结。民族学资料表明，直到近现代，我国有些少数民族仍在采用结绳的方式来记录客观活动和数量关系。

古代秘鲁印加人赋予细绳和结的数目、大小、相互排列位置、颜色以特定的意义，进行了广泛的结绳记数应用。例如，无色细绳用来记数或用来记录具有重大意义的日期；带颜色的绳结则用于记录更复杂的信息，比如黑色用来表示死亡、灾祸，红色用来表示战争，白色用来表示和平，黄色用来表示金子，绿色则用来表示玉米。卢旺达和秘鲁发行的结绳记数邮票如图 2.1.2 所示。

图 2.1.2　卢旺达和秘鲁发行的结绳记数邮票

自称"王中之王，诸国之王"的古波斯帝国君主大流士一世（Darius Ⅰ）在一生中先后打了 18 次大战役，使波斯帝国重归一统。在一次出征前，被后人尊称"铁血大帝"的大流士一世给他手下的指挥官们一根打了 60 个结的绳子，并对他们说："爱奥尼亚的男子汉们，从你们看见我出征塞西亚人的那天起，每天解开绳子上的一个结，到解完最后一个结那天，要是我不回来，就收拾你们的东西，自己开船回去。"由此可以知道，古波斯人使用了结绳记数的方法来计算天数。

相对于结绳记数，更为先进的刻契记数（图 2.1.3）则是一种以刻契某种物体而通过物体遗留痕迹的形式反映客观经济活动及其数量关系的记录方式。刻契材料包括木头、石头、甲骨、泥板、陶坯等，刻契的主要功能是记录数目。汉朝刘熙在《释名·释书契》中提到："契，刻也，刻识其数也。"这句话清楚地表明了刻契记数的作用。将数目以一定的线条作为符号刻在竹片或木片上，作为双方的"契约"，这就是古时的"契"。后来人们把契从中间分开，分作两半，双方各执一半，以二者吻合为凭。相比结绳记数，刻契记数更为便捷、先进。甚至在我国农业合作社阶段，刻契记数还作为通行于少数民族地区行之有效的记数方式而被使用。而在英国，直到 1826 年英国财政部才停止采用符契作为法定记数器。

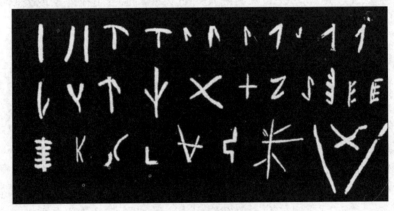

图 2.1.3　刻契记数

2.2　早期数字系统

在经历了数万年的发展后，直到距今 5000 多年前，才出现了书写记数以及相应的记数系统。在不同的自然环境和社会条件等因素的影响下，不同的文明创造了迥然不同的数字系统和记数方法。早期的数字系统有公元前 3400 年左右的古埃及象形数字、公元前 2400年左右的巴比伦楔形数字、公元前 1600 年左右的中国甲骨文数字、公元前 500 年左右的古希腊阿提卡数字、公元前 500 年左右的中国筹算数码、年代不详的玛雅数字。

2.2.1　古埃及象形数字

1798 年，为了争夺在非洲大陆的霸权、切断英国通往印度的道路，拿破仑（B. Napoléon）率领远征军攻打土耳其奥斯曼帝国所属的埃及和叙利亚。启蒙时代以来的"东方热"、他个人对亚历山大大帝（Alexander the Great）和凯撒大帝（G. I. Caesar）的崇拜，都使拿破仑对埃及的历史、文化向往。拿破仑组建了一支由 167 名技术专家、学者组成的被称为"科学和艺术委员会"的团队，随法国远征军一起前往埃及。五卷本的权威著作《远征埃及，1798—1801》详细列出了这 167 名技术专家、学者的组成状况：数学家 21 人、天文学家 3 人、博物学家和矿物学工程师 15 人、民用工程师 17 人、地理学家 15 人、建筑师 4 人、建筑工程学员 3 人、绘图员 8 人、雕塑师 1 人、机械师 10 人、火药工匠 3 人、秘书 10 人、翻译人员 15 人、卫勤官员 9 人、检疫人员 9 人、印刷工 22 人、乐师 2 人。不难发现，数学家的人数仅次于印刷工，而这些数学家包括著名的蒙日（G. Monge）、傅里叶（J. B. J. Fourier），如图 2.2.1 所示。

图 2.2.1　蒙日和傅里叶

在对古埃及历史、文化的考古发现方面，这次远征取得了意外的重要成果，揭开了古埃及象形文字这一失落了 2000 多年的文字之谜，催生了欧洲对古埃及文化研究的热潮和埃及学。

法国远征军在开罗的一处神庙附近发现了后来被称作"埃及艳后之针"（Cleopatra's Needle）的方尖碑，如图 2.2.2 所示。方尖碑是古埃及崇拜太阳的纪念碑，也是除金字塔外古埃及文明最富特色的象征。方尖碑采用整块花岗岩制成，碑的高度不等，碑身刻有象形文字的阴刻图案。

在"埃及艳后之针"被发现之后，古埃及的方尖碑后来被大量搬运到西方国家。1836 年，建于 1757 年的法国巴黎协和广场就树立起一块古埃及方尖碑。据说这块高 23

图 2.2.2　古埃及的方尖碑

米、重达 230 吨的方尖碑原供于埃及卢克索神庙前，上面刻满了古埃及象形文字，主要内容是赞颂埃及法老拉美西斯二世的丰功伟绩。这块精美的方尖碑历时 3 年经过尼罗河、地中海、大西洋、塞纳河被运到法国巴黎，又用了 3 年被矗立在协和广场的正中。

1799 年 7 月 15 日，在距埃及港口城市罗塞塔东北方向几英里处的朱利安堡防御工事的修建过程中，法国远征军军官布沙尔中尉（P. F. Bouchard）意外发现了一块带有铭文的黑色花岗岩石碑。因为是在罗塞塔发现的，因此这块石碑被命名为"罗塞塔石碑"（Rosetta Stone），这块石碑上的文字引起了人们极大的兴趣。随后，这块被分为上、中、下三段且刻着文字的石碑被运往开罗。发现石碑的事情也通过科考队报告给拿破仑，拿破仑在 1799 年 8 月回法国前查看了石碑。1799 年 9 月，法国科考队的官方报纸《埃及信使报》报道了这件事情。法国人制作了石碑的摹本并带回欧洲研究。

经过对石碑的深入研究，学者们大胆假设：这是同一篇文献的三种文字版本，分别为古埃及象形文字、古埃及通俗体文字、希腊文。上部的象形文字共 14 行，左部残破，每行都有文字残缺；中部的古埃及通俗体文字共 32 行，其中 14 行在左部轻微残缺；下部的希腊文共 54 行，前 27 行保存完好。

历史上，古埃及先后被希腊人、罗马人、阿拉伯人和土耳其人占领。古埃及的历史、文化逐渐被淹没在历史的尘埃中。到了 18 世纪，已经没有人能够读懂古埃及的象形文字了。这块意外发现的石碑成为破解古埃及象形文字的一把钥匙：既然碑上的三段文字是同一篇文献的三种不同文字版本，而希腊文又为人们所认识，那么在正确地译出那段希腊文以后，再设法找到希腊文字和相应象形文字之间的对应关系，就能揭开古埃及象形文字之谜。通过多年坚持不懈的学习和研究，法国语言学家、东方学学者商博良（J. F. Champollion）借助带有圈号的国王名字（图 2.2.3）找到了破译象形文字的钥匙。商博良和黑色玄武石碑如图 2.2.4 所示，罗塞塔石碑想象复原图如图 2.2.5 所示。1822 年，他将对罗塞塔石碑的翻译成果提交给法兰西科学院。

图 2.2.3　罗塞塔石碑上的王名圈

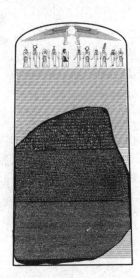

图 2.2.4　商博良和黑色玄武石碑　　　　图 2.2.5　罗塞塔石碑想象复原图

随后，又经过 7 年的研究，商博良编制出了完整的古埃及象形文字符号和希腊字母的对照表，为后来解读大量的古埃及遗留下的纸草文书提供了非常有用的工具，这也成为打开古埃及历史文化的钥匙，其中就包括对古埃及数学发展成果的破译和研究。

值得一提的是，法国远征军收集到的古埃及文物的绝大部分都被英国海军截获，后来被保存在大英博物馆，其中就包括罗塞塔石碑。英国人于 1801 年从法国人手里抢到这块意义非凡的罗塞塔石碑，并于 1802 年带回英国，将其收藏在大英博物馆。而目前法国卢浮宫中收藏了 5000 余件古埃及文物，其中约 50 件就收集于1799—1801 年的法国远征埃及期间。

图 2.2.6　商博良给出的古埃及 24 个文字

古埃及人以象形的方式把数字刻下或者写下来，其数字体系是以 10 为基数的。单位数字由一条竖线┃表示，而 10 的幂次（从 10、100、1000、10 000、100 000 到 1 000 000）依次用 ∩、 、莲花、手指头、蝌蚪、神这几个不同的符号来表示。1 000 000 也被记作"我数不清的数字"。古埃及人把倍数完整地写下来而不用缩写，比如 9 写成 9 条竖线，3244 写成 3 个 1000、2 个 100、4 个 10 和 4 个 1。埃及的数字系统不是位值制的，古埃及没有表示零的符号。商博良给出的古埃及24 个文字如图 2.2.6 所示。

2.2.2　巴比伦楔形数字

底格里斯河和幼发拉底河之间的两河流域是人类最古老的文化摇篮之一，因此诞生于此的美索不达米亚文明被称为两河文明。它是世界上最早的文明之一，主要包括苏美尔、阿卡德、巴比伦、亚述、赫梯等文明。三四千年前的文学作品《吉尔伽美什史诗》《汉谟拉比法典》、由重达 30 多吨的人面带翼神兽守卫的亚述王宫、传说中的巴别塔和巴比伦空中花园等都是两河文明的代表。

1472 年，一个叫巴布洛的意大利人在古波斯的设拉子附近一些古老寺庙的墙壁上，见到了一种奇怪的、以前从未见过的铭文符号。这些铭文符号几乎都有呈三角形的尖头，在外形上很像钉子。在很长的一段时间里，这些符号被当成装饰。之后，这种铭文符号在泥板、雕刻等物品上被更多地发现。直到 1700 年，英国东方学者海德（T. Hyde）才将其称为"楔形文字"（cuneiform）。后据考证，楔形文字是苏美尔人在公元前 3200 年左右发明的。

19 世纪中期，英国旅行家、考古学家、艺术史学家和外交官莱亚德（A. H. Layard）主持的对亚述帝国首都尼尼微（距伊拉克摩苏尔市 30 千米处）的考古挖掘让更多刻有楔形文字的泥板重见天日。图 2.2.7 所示的 19 世纪版画展示了莱亚德正在指挥人们搬动尼姆鲁德古城遗址中的一个舍杜。1849 年，在发掘尼尼微的尼姆鲁德古城遗址的过程中，莱亚德发现了亚述巴尼拔国王的图书馆。3 年后，他的助手在遗址土堆的另一面发现了另一个图书馆。

亚述巴尼拔（Ashurbanipal）是新亚述帝国的最后一位伟大国王。莱亚德发现的这座图书馆是亚述巴尼拔国王的私人图书馆，收藏了 3 万册泥板书。藏书多数刻有国王的名字，有的注明是国王本人亲自修订的，有的则注明是由他收集的。泥板书上往往还刻有"宇宙之王、亚述之王亚述巴尼拔"的字样。

公元前 612 年，亚述王朝覆灭。而亚述巴尼拔图书馆的大量泥板因隐没在废墟中而得以保存下来，巴比伦楔形文字泥板如图 2.2.8 所示。在现今已发掘的古文明遗址中，亚述巴尼拔图书馆是保存最完整、规模最宏大、书籍最齐全的图书馆之一。在时间上，亚述巴尼拔图书馆要比后来著名的埃及亚历山大图书馆早 400 年。据古波斯人和亚美尼亚人的说法，亚历山大大帝正是因为知道了亚述巴尼拔图书馆的情况，才创建了亚历山大图书馆。

图 2.2.7　19 世纪版画：莱亚德指挥尼姆鲁德古城遗址的发掘　　　　图 2.2.8　巴比伦楔形文字泥板

由于材质的特殊性，亚述巴尼拔图书馆的泥板书得以大部分保存至今。目前，约有两万多块泥板保存在英国的大英博物馆。出土的这些泥板门类齐全，涉及哲学、数学、语言学、医学、文学以及占星学等各类著作。其中的王朝世袭表、史事札记、宫廷敕令以及神话故事、歌谣和颂诗，为后人了解亚述帝国乃至整个亚述-巴比伦文明提供了钥匙。在文学类泥板中，载有世界史上第一部伟大的英雄史诗《吉尔伽美什史诗》。

值得一提的是，建于公元前 13 世纪的尼姆鲁德有"亚述珍宝"之称，是联合国教育、科学及文化组织世界遗址候选名单。但让人痛心的是，尼姆鲁德在 2015 年被夷为平地。

楔形文字的破译吸引了 18、19 世纪许多欧洲学者的目光。1761—1767 年，德国探险家、地图学家、数学家尼布尔（C. Niebuhr）制作了许多在波斯波利斯遗址中发现的楔形文字的复制品。1778 年，尼布尔公布了这些铭文。1802 年，德国金石学家、语言学家格罗特芬（G. F. Grotefend）投入对楔形文字的研究，并在随后的几十年中公布了他的一系列研究成果。

楔形文字破译的关键过程与古埃及象形文字的破译过程极为相似。破解的钥匙来源于大流士一世歌颂自己战绩的一个雕刻。公元前 522 年，大流士一世（Darius Ⅰ）成为波斯国王。大流士一世曾建立世界上第一个地跨亚洲、欧洲的大帝国。为了颂扬自己，他让人在今伊朗克尔曼沙阿省的石灰岩悬崖上制作了绘有自己、他的 2 个仆人、9 个被俘首领的石雕，并将自己的战绩用古波斯语、埃兰语、阿卡德语三种不同语言的楔形文字刻在悬崖上，史称"贝希斯敦铭文"（Behistun Inscription），如图 2.2.9 所示。该铭文共 1200 多行，主要记述从波斯冈比西斯二世去世后到大流士一世重新统一帝国期间的史事，其中包括高墨塔政变、大流士镇压政变和各地起义、大流士出征等重要事件。

图 2.2.9 大流士一世雕刻和贝希斯敦铭文的第一段

1598 年，英国人谢利（R. Sherley）在代表奥地利对波斯进行外交访问时看到了这一石刻，随后这一石刻引起了西欧学者的注意。但早期的学者认为这个石刻刻画的是基督和他的十二使徒。到了 1835 年，英国东印度公司军官、东方学者罗林森（H. C. Rawlinson）在一个偶然的机会发现了这个铭文，并制成拓本。1843 年，他译解了贝希斯敦铭文中的古波斯文，然后又将古波斯文与楔形文字对照，终于读懂了楔形文字，由此解开了楔形文字之谜。1850 年 2 月，因为在楔形文字中古波斯语、巴比伦语和亚述文字破译方面所做出的关键贡献，以及在美索不达米亚和中亚的文献学、古迹学和地理学的研究方面的众多工作，罗林森当选为英国皇家学会会员。他还参与了莱亚德主持的挖掘工作，而这些挖掘中出土的楔形文字泥板使其对楔形文字研究的突破起了重要的推动作用。这些泥板记录了美索不达米亚古老文明的辉煌成就。与古埃及数学相关资源稀缺相比，亚述巴尼拔图书馆发掘出土的泥板中有许多是数学类的。在已经发掘出土的各类写有楔形文字的泥板中，已经发现涉及数学的泥板 400 多块，这对于我们研究和了解巴比伦的数学无疑是难得的资源。这些数学泥板涵盖的主题包括分数、代数、二次方程和三次方程以及毕达哥拉斯定理等，人们得以通过这些在亚述巴尼拔图书馆发掘出土的泥板了解巴比伦的数学成果。

公元前 3000 年，美索不达米亚的古代苏美尔人开始建立一个复杂的记数系统。从公元前 2600 年起，苏美尔人在泥板上写下乘法表，并处理了几何和除法问题。最早的巴比伦数字也可追溯到这一时期。

具有特色的是，巴比伦的数字系统是六十进制（sexagesimal）的。数字 60 是一个优越的高度复合数，具有 1、2、3、4、5、6、10、12、15、20、30、60 的因子，非常便于计算分数。现代使用的 1 分钟等于 60 秒、1 小时等于 60 分钟、1 周等于 360 度等都基于六十进制。

非常巧妙的是，巴比伦人只用两个符号（ 表示 1， 表示 10）就能表示 59 个非零数字，如图 2.2.10 所示。这些符号及其值组合在一起形成一个符值相加计数法的数字，例如，组合  和 表示数字 23。

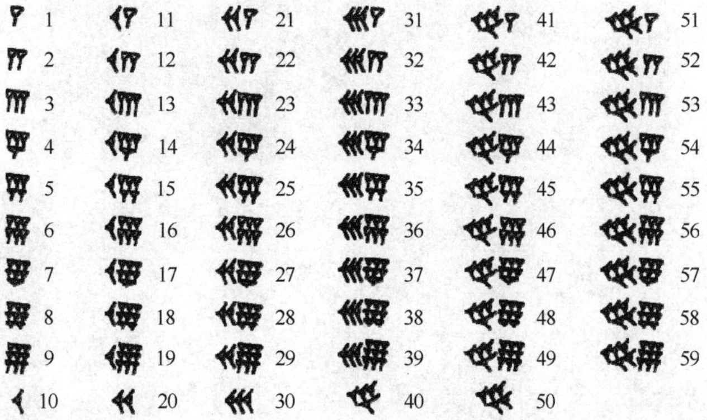

图 2.2.10　楔形数字

而且，巴比伦数字系统被认为是第一个已知的位值制数字系统。所谓位值制，就是同一数字符号如果处在不同的位置（数位），就有不同的位置值（也叫权）。也就是说，数字符号取决于数字本身及其所在的位置。在巴比伦数字系统中，左边写的数字代表更大的数值。因为非位值制数字系统需要独特的符号来表示基的每个幂（10、100、1000 等），这可能使计算更加困难。而位值制数字系统克服了这一困难，因此，在数系的发展过程中，位值制是一项非常重要的进展。

虽然人们理解零的意思，但巴比伦的数字系统中没有零的概念，也没有专门的符号表示零。巴比伦人用空格来表示没有值的地方，类似于现在的零。后来，巴比伦人设计了一个标志代表空格。但是，巴比伦的数字系统缺少符号来提供小数点的功能，所以单位的位置必须根据上下文推断。例如， 可能代表 23 或 23×60 或 23×60×60 或 23/60 等。

巴比伦人有测量体积和面积的基本公式：他们测量圆的周长等于直径的 3 倍，圆的面积为圆周的平方的 1/12。当然，如果将圆周率 π 近似取成 3，上述公式就是正确的。巴比伦天文学家保存了有关恒星上升和下降、行星运动以及日食和月食的详细记录，这些记录都需要熟悉天球上角距离的测量。为了计算天体的运动，巴比伦人还使用了基本的算术和基于黄道的坐标系。巴比伦人在公元前 747 年就能对日食和月食进行准确的预测，这些都说明巴比伦数学发展到了较高水平。

2.2.3 中国甲骨文数字

根据中华文明探源工程的研究成果：在距今 5000 年前，中国已从部落联盟阶段进入古国时代，出现了国家，步入文明阶段。早期的华夏先民分为大大小小许多部落，活跃于黄河中下游。其中比较著名的首领有伏羲、少昊、颛顼、黄帝、炎帝、帝喾、祝融、伯益、舜帝、尧帝。上古时期，黄帝和炎帝在中原为争夺部落联盟首领而爆发了阪泉之战，炎帝部落战败，并入黄帝部落，炎黄联盟初具雏形。后来，黄帝进一步统一各部落，创立九州，建立古国体制，设官司职，肇造华夏文明。因此，轩辕黄帝也被后人尊称为“中华人文始祖”。

到原始公社末期，中国已开始用文字符号取代结绳记数。《易经・系辞下》曰：“上古结绳而治，后世圣人易之以书契。”中国古代陶器上的一些刻画符号实际上就是初文字时期的一种书契。书，就是写下来的文字；契，即用硬物刻。在距今六千多年的半坡文化遗址中，一些彩陶上刻画的符号很可能就是最原始的文字和数字。中国古代陶器上的数学符号如图 2.2.11 所示。相传，中国数字就是由黄帝的一位臣子——隶首发明的。《世本》记载：“隶首作算数。”公元前 2000 年的二里头夏都遗址出土的陶器上有字符数字丨、〢、〣、㐅、𠄡、亠、亖、亖、夊、十，分别表示 1、2、3、4、5、6、7、8、9、10。

图 2.2.11 中国古代陶器上的数学符号

夏、商、西周三代时期，数字符号逐渐规范，这一发展与被称为契文的甲骨文有重要联系。甲骨文是迄今为止中国发现的年代最早的成熟文字系统，其发现过程非常曲折。1899 年，国子监祭酒（相当于中央教育机构的最高长官）王懿荣偶然在用作中药材的“龙骨”上发现了一些刻痕。凭着深厚的文化底蕴和金石研究功底，王懿荣推断这是商代的一种文字，并收集了 1500 余片甲骨。因为王懿荣对甲骨文的发现做出了至关重要的贡献，后人将他称为“甲骨文之父”。

在王懿荣去世后，他所收藏的甲骨被他的好友、《老残游记》的作者刘鹗所收藏。经过不断的扩充，刘鹗所藏甲骨增至 5000 多片，成为当时最著名的甲骨收藏大家。在金石学家罗振玉的建议和帮助下，刘鹗于 1903 年 11 月拓印《铁云藏龟》一书，将甲骨文资料第一次公开出版。语言学家孙诒让根据《铁云藏龟》的资料写出了甲骨文研究的第一部专著《契文举例》。随后，罗振玉探访确定了甲骨大多来自安阳市小屯村一带，并先后搜集到近两万片甲骨。1910 年，他在甲骨文中释读出了 10 位殷王的名谥，证明这些有字甲骨确为商朝殷王室的遗物，并进一步推断安阳市小屯村正是古文献所载的殷墟遗址。他出版的《殷墟书契前编》《殷墟书契菁华》为甲骨文的研究奠定了基础。国学大师王国维、文学家和历史学家郭沫若、文史学者董作宾等都曾对甲骨文进行卓有成效的考释和研究。因为罗振玉、王国维、董作宾、郭沫若的号（字）分别为雪堂、观堂、彦堂、鼎堂，因此他们也被并称"甲骨四堂"。

这种镌刻或写在龟甲和兽骨上的文字绝大多数是王室占卜用的文字，截至目前共发现了甲骨 15 万余片、4500 多个单字，迄今已释读出的字约有 2000 个。

在公元前 14 世纪到公元前 11 世纪的甲骨文卜辞中有许多数字。甲骨文数字系统采用十进位值制，有 13 个记数单字，包括 1～9 这 9 个数字符号，以及十、百、千、万这 4 个位置值符号。记数的时候先将两组符号通过乘法结合在一起，以表示位值的若干倍。也就是说，记数将个位数词与单位词通过乘法结合而成，如图 2.2.12 所示，将表示 4 的符号与表示 10 的符号通过乘法结合可以表示 40；同样，将表示 5 的符号与表示 100 的符号结合可以表示 500。如果是非整数的数字，例如 3359，则将表示 3000、300、50 和 9 的 4 个符号并列联合书写。目前已经发现的最大甲骨文数字是 30000。

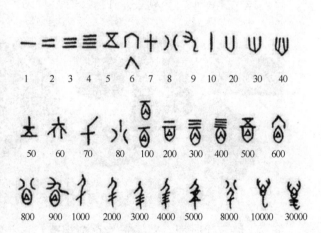

图 2.2.12　甲骨文中的数字

十进位值制是中国数学的一大发明，是古代世界中最先进、科学的一种记数法。所谓位值制，就是一个数码表示什么数，要看它所在的位置。与其他文明相比，中国最早使用十进制记数法并且认识到进位值制。例如，使用十进位值制的古埃及并不是位值制的。著名的英国科学技术史专家李约瑟（J. T. M. Needham）曾说："总体说来，商代的数字系统比同一时代的古巴比伦和古埃及更为先进、更为科学。"同时，他赞扬："如果没有这种十进制，就几乎不可能出现我们现在这个统一化的世界了。"出现于春秋时期的乘法歌诀《九九歌》，更是将十进位值制、中国语言文字的博大精深展现得淋漓尽致。

2.2.4　古希腊阿提卡数字

古希腊人创造了一套使用希腊字母表示数字的系统，称为米利都数字、亚历山大数字或字母数字。古希腊最早的记数系统是首字母（acrophonic）的阿提卡数字。它同罗马数字的原理非常相似（事实上罗马数字借鉴了希腊数字），使用字母 I、Γ、Δ、H、X、M 分别表示 1、5、10、100、1000、10000。而 50、500、5000 和 50000 则用 5 与 10、100、1000、10000 的符号拼在一块生成：$\overline{}$=50、$\overline{}$=500、$\overline{}$=5000、$\overline{}$= 50000。

希腊化时期，天文学家将希腊记数系统扩展为六十进制的位置编号系统，将每个位置限制为最大值为 59 且包含零的符号。这套系统可能在公元前 140 年左右由喜帕恰斯改编自巴比伦数字系统。这套系统随后被托勒密（Claudius Ptolemy）、席恩（Theon of Alexandria）和希帕提娅（Hypatia）使用。

2.2.5　中国筹算数码

中国古代是以筹为工具来记数、列式和进行各种数与式的演算的。筹，也称策、筹策、算筹，后来又被称为算子。它最初是小竹棍一类的自然物，后来逐渐发展成专门的计算工具，且质地与制作也愈加精致。相关文献记载，算筹除竹筹外，还有木筹、铁筹、骨筹、玉筹和牙筹，并且有盛算筹的算袋和算子筒。目前已在陕西、湖南、江苏、河北等省发现多批算筹实物，其中发现得最早的是 1971 年陕西省宝鸡市千阳县出土的西汉宣帝时期的骨制算筹。

在商周时代，人们开始使用竹制、木制或骨制的小棍作为计算工具，这些小棍就是"算筹"。古人在地面或盘子里摆弄、移动这些算筹进行计算，所以用"运筹"这个词表示计算的意思。春秋战国时期的《老子》中有"善数者不用筹策"的记述，说明当时算筹已作为专门的计算工具被普遍采用了。祖冲之就用算筹作为工具在世界上最先将圆周率精确到小数点后的第 6 位。《事林广记·算法类》（图 2.2.13）保存了算筹摆放的数字，展示了南宋末年算码的情况，是目前所见较早的成系列算码。

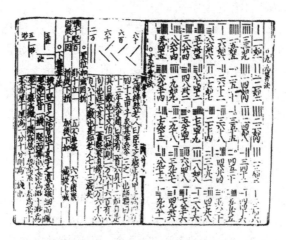

图 2.2.13　《事林广记·算法类》

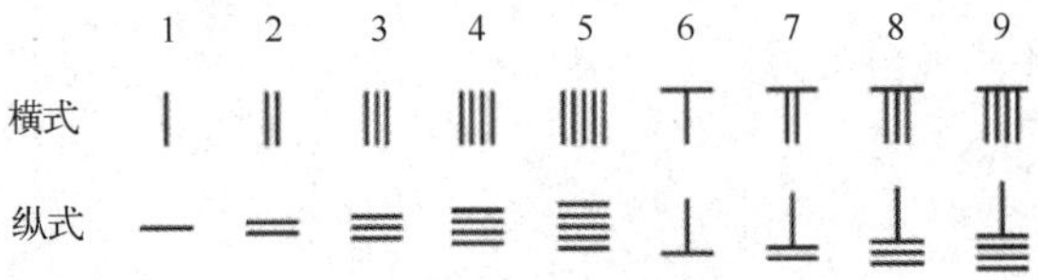

算筹分纵式和横式两种。图 2.2.14 中的第一行为横式筹码，而第二行为纵式筹码。记数时，起始的位用纵式筹码，然后纵横相间。例如，839726 可以用算筹记为

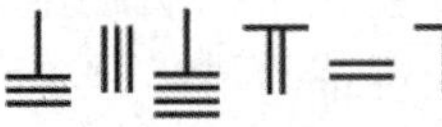

图 2.2.14 算筹记数法

	1	2	3	4	5	6	7	8	9
横式									
纵式									

南北朝时期的《孙子算经》中记载了算筹记数的口诀："凡算之法，先识其位，一纵十横，百立千僵，千十相望，万百相当。"而在唐代的《夏侯阳算经》中记载："满六以上，五在上方，六不积算，五不单张。"

在最初的算筹记数法中是没有零这个符号的，而用空位来表示。但这样的表示方式很容易出错，影响计算的效率和正确率。后来，人们借用古文中的缺字记号"□"来表示零，而这个记号后来就演化成符号"○"，并在宋朝和元朝的算术中得到非常广泛的使用。

作为算筹的一种演化形式，算盘是中国人创造发明的一种简便的计算工具，如图 2.2.15 所示。算盘的发明起源时间说法不一。清代数学家梅启照认为算盘起源于东汉、南北朝时期。其依据是，在东汉数学家、天文学家徐岳的《数术记遗》中著录的14 种算法包括称为"珠算"的算法，写有："珠算，控带四时，经纬三才。"在北宋画家张择端的名画《清明上河图》中，赵太丞家药铺的柜台上清晰地画有一副算盘，而且，这副算盘与我们现今使用的

图 2.2.15 算盘

算盘无异。这说明算盘的发明不晚于北宋，而且在北宋时期算盘已经被应用于日常。因此，很多学者认为，算盘大概发明于经济文化繁荣发达的唐朝。由于运算方便、快速，几千年来算盘一直是中国古代劳动人民普遍使用的计算工具，即使现代最先进的电子计算器也不能完全取代算盘的作用。人们往往将算盘与中国古代四大发明相提并论，英国学者李约瑟就曾经说过："算盘是中国的第五大发明。"

以算盘为工具进行加、减、乘、除、开方等运算的计算方法称为珠算。珠算是具有一定的运珠规则的，可以总结成加法、减法、乘法等口诀。例如，减法口诀共有 26 句，分为直接减、破五减、退十减和退十补五减这 4 种。而"九上九，九去一进一，九上四去五进一"就是一句加法口诀。在珠算时，人们根据口诀进行拨珠，进而获得计算结果。2013 年，联合国教科文组织正式将中国珠算项目列入人类非物质文化遗产名录，这也是我国第 30 项被列为非遗的项目。

2.2.6 玛雅数字

作为古代印第安人的一支，玛雅人在公元前约 2500 年就已定居今墨西哥南部、危地马拉、伯利兹以及萨尔瓦多和洪都拉斯的部分地区，是美洲唯一留下文字记录的民族。他们拥有 800 个符号和图形组成的象形文字，词汇量多达 3 万个。而玛雅数字是玛雅人所创造发明的二十

进制记数系统，如图 2.2.16 所示。

　　玛雅人使用点、横线、贝形符号来表示数字，玛雅数字由 3 个符号的组合构成：贝形符号（代表 0）、点（代表 1）、横线（代表 5），例如，19 写作 3 根横线上另加 4 个点。

　　特别是玛雅数字系统中"0"这个符号的发明和应用具有重要意义。玛雅数字中的"0"不但在世界各古代文明中的数字写法中别具一格，而且从时间上看，它的发明与使用比古亚非文明中最先使用"0"这个符号的印度数字还要早一些，比欧洲人更是早了大约 800 年。

　　通过考古学，我们可以发现玛雅人在数学方面的造诣使他们能解决许多科学和技术活动中的难题。借助数学上的深刻认识，玛雅人在没有分数概念的情况下，精确地计算出太阳历一年的时间，其精确度比我们现在所通用的格雷戈里历法还要精确。玛雅人的历法可以维持到 4 亿年以后，计算的太阳年与金星年的差数可以精确到小数点后的 4 位数字。玛雅人的古天文台遗址如图 2.2.17 所示。

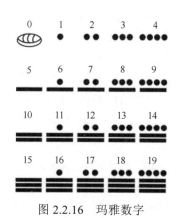

图 2.2.16　玛雅数字

图 2.2.17　玛雅人的古天文台遗址

2.3　"名不副实"的阿拉伯数字

　　现在广泛使用的阿拉伯数字可以说是"名不副实"的。实际上，阿拉伯数字并不是由阿拉伯人发明的，它的发明和传播过程是一个曲折有趣的故事。

　　公元前 2500 年前后，古印度出现了一种称为哈拉巴数码的铭文记数法，后来出现了卡罗什奇数字和婆罗门数字两种数字。公元 3 世纪，古印度的科学家巴格达发明了阿拉伯数字，但并没有得到大范围的传播和使用。后来古編人在此基础上发明了表达数字的 1、2、3、4、5、6、7、8、9、0 这 10 个符号，特别是数字"0"的出现是数学史上的一大创造。这个符号是由最初的点号逐渐演变而成的，公元 876 年出土的印度瓜廖尔石碑上有记载无误的"0"。天文学家阿叶彼海特在简化数字方面做出了重要贡献：他把数字记在一个又一个格子里，规定同样的数字符号在不同的格子里是具有不同含义的。例如，一个圆点符号放在第一格里代表 1，放到第二格里代表 10，而放在第三格里代表 100。这样，数字所在的位置就被赋予了含义，而这就是位值法（位值制计数法）的思想。这些符号和表示方法就是今天阿拉伯数字的祖先。

　　公元 632 年，阿拉伯人建立了阿拉伯帝国，其最强盛时疆域东起印度，西从非洲到西班牙，是继波斯帝国、亚历山大帝国、罗马帝国之后又一个地跨亚、欧、非三洲的大帝国，唐代以来的中国史书称其为大食。后来，这个大帝国分裂成东、西两个国家。在东都——巴格达，西来的希腊文化、东来的印度文化汇聚在一起，阿拉伯人将这两种文化理解和消化，从而创造了独特的阿拉伯文化。大约公元700年，在征服印度的旁遮普地区的过程中，阿拉伯人吃惊地发现被征服地区的数学比他们的数学先进得多。公元771年，一些被裹挟到巴格达的印度数学家开始给阿拉伯人传授新的数学符号和体系，以及印度式的计算方法。由于印度数字和印度计数法简单、方便，远远超过其他计算法，因此阿拉伯人非常愿意学习和应用这些先进知识。

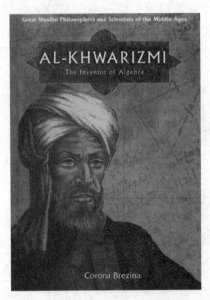

图2.3.1　花拉子米

被誉为"代数之父"的花拉子米（Al-Khwarizmi）是著名的阿拉伯数学家、天文学家、地理学家，如图2.3.1所示。据说他曾到过阿富汗、印度，后长期定居巴格达，主持当时巴格达著名图书馆、翻译和研究机构——"智慧之家"（House of Wisdom）的工作。他负责收集、整理、翻译了大量散失的古希腊和东方的科学技术及数学著作，这些著作通过后来的拉丁文译本对欧洲近代科学的诞生产生了积极影响。

花拉子米在阿拉伯数字和印度数学的传播过程中发挥了重要作用，他在公元825年写成的《印度数字算术》中对印度-阿拉伯数字系统在中东及欧洲的传播尤其重要。这本书介绍了印度的十进位值制记数法和以此为基础的算术知识。在12世纪，这本书被翻译成拉丁语并传入欧洲，译本的书名为《花拉子米算术》。

伴随着这本书的流传，花拉子米引入的印度数学和发展的算术后经意大利数学家斐波那契（Fibonacci）引入欧洲，逐渐代替了欧洲原有的算板计算及罗马记数系统。具有纪念意义的是，欧洲人把"Al-khwarizmi"这个名字拉丁化为gurismo或algorithm，用gurismo表示十进位数，而用algorithm表示运用印度阿拉伯数字来进行计算的算术。后来算术转用"arithmetic"这个词来表示，而"algorithm"这个词成为计算机领域的"算法"这一专业名词。

阿拉伯数字先经过阿拉伯人传入西班牙。公元10世纪，又由教皇奥里亚克（Great Pape Sylvestre Ⅱ）传入欧洲其他国家。1200年左右，欧洲的学者正式采用了这些符号和体系。1202年，在斐波那契出版的《计算之书》中系统地介绍和运用了印度数字，标志着新数字正式在欧洲得到认可。教皇奥里亚克、斐波那契如图2.3.2所示。渐渐地，普通欧洲人也开始采用阿拉伯数字。

需要注意的是，那时的阿拉伯数字的形状与现代的阿拉伯数字尚不完全相同，只是比较接近，为使它们变成今天的1、2、3、4、5、6、7、8、9、0的书写方式，又有许多数学家花费了不少心血。15世纪，欧洲人对阿拉伯数字的使用达到了非常普遍的程度。图2.3.3所示为16世纪乌普萨拉大教堂的大钟，其上带有阿拉伯数字和罗马数字两种数字，而且其上的阿拉伯数字与现代的阿拉伯数字一模一样。有趣的是，埃及等阿拉伯国家使用的是两套数字记法，一套是现代阿拉伯数字，另一套则是他们独有的数字记法。

图 2.3.2　教皇奥里亚克、斐波那契

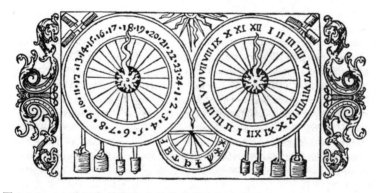

图 2.3.3　16 世纪乌普萨拉大教堂的带有阿拉伯数字和罗马数字的大钟

2.4　幻方和元幻方铁板

幻方是一个由数字构成的方格图，将若干数字按照一定的规则排成方阵，使在纵行、横列和对角线上的数的和都相等，因此，幻方也被称为纵横图、魔方、魔阵、数独。

相传幻方起源于我国的河图、洛书，如图 2.4.1 所示。上古伏羲氏是华夏民族的人文始祖，其所处的时期为新石器时代中晚期。根据古代典籍，在伏羲氏时，有龙马背负着"河图"从黄河中出现，有神龟背负着"洛书"从洛水中出现。伏羲氏受这种"图""书"的启发而发明了八卦。另一种传说是黄帝和大禹分别发现了河图和洛书：黄帝在龙马身上看到河图；而大禹在治理洛水时，看到了一只巨龟在洛水中游弋，而这只巨龟背上带有由点构成的图案，而纵横六线的点数及两条对角线上的 3 个数加起来都等于 15。于是，大禹从中获得了治水和管理国家的想法，设立华夏九州，制定九章大法。有很多典籍都记载了上述传说，例如，《尚书·顾命》孔安国传注："伏羲王天下，龙马出河，遂则其文以画八卦，谓之河图。"《汉书·五行志》记载："刘歆以为伏羲氏继天而王，受河图，则而画之，八卦是也。"《易·系辞上》记载："河出图，洛出书，圣人则之。"因此，在某种意义上，河图和洛书也是华夏文化的重要源头。河图、洛书传说在 2014 年入选国家级非物质文化遗产名录。

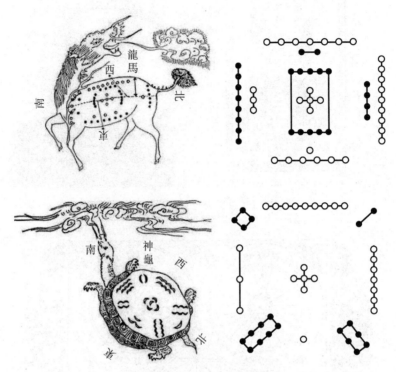

图 2.4.1　河图、洛书

在《大戴礼记·明堂篇》中，西汉礼学家戴德（出生时间不早于公元前 99 年，去世于公元前 37 年至公元前 23 年间）记载了"二、九、四、七、五、三、六、一、八"的洛书九宫数。东汉时期的数学著作《数术记遗》也有类似的幻方记载，称为九宫算："二四为肩，六八为足，左三右七，戴九履一，五居中央。五行参数者，设位之法依五行"。1977 年，在安徽省阜阳县双古堆西汉汝阴侯夏侯颇的墓中出土的太乙九宫占盘则是洛书九宫图的实物佐证。

在《续古摘奇算法》中，南宋数学家杨辉记载了 20 个被其称为"纵横图"的幻方，其中有方形的幻方 13 个，包括 1 个洛书图（三阶幻方）、2 个花十六图（四阶幻方）、2 个五五图（五阶幻方）、2 个六六图（六阶幻方）、2 个衍数图（七阶幻方）、2 个易数图（八阶幻方）、1 个九九图（九阶幻方）、1 个百子图（十阶幻方）。另外，还包括聚五图、聚六图、聚八图、攒九图、八阵图、连环图等其他形状的幻方。同时，他还给出了三阶幻方、四阶幻方的构造方法，例如，三阶幻方的构造方法为"九子斜排，上下对易，左右相更，四维挺出，戴九履一，左三右七，二四为肩，六八为足"，意思是：首先将九个自然数按照从小到大的递增次序斜排；然后把上、下两个数对调，把左、右两个数也对调；最后把中部四个数各向外面挺出，幻方就构造好了。杨辉给出的三阶幻方、四阶幻方、五阶幻方、九阶幻方如图 2.4.2 所示。

幻方一直是中国古代数学的一个研究内容。在杨辉之后的后世数学家的著作中也收录了幻方。明代数学家王文素的《算学宝鉴》、程大位的《算法统宗》和清朝数学家方中通的《数度衍》中都记载了多种幻方。

31	76	13	36	81	18	29	74	11
22	40	58	27	45	63	20	38	56
67	4	49	72	9	54	65	2	47
30	75	12	32	77	14	34	79	16
21	39	57	23	41	59	25	43	61
66	3	48	68	5	50	70	7	52
35	80	62	28	73	10	33	78	15
26	44	62	19	37	55	24	42	60
71	8	53	64	1	46	69	6	51

1	23	16	4	21
15	14	7	18	11
24	17	13	9	2
20	8	13	9	6
5	3	10	22	25

2	16	13	3
11	5	8	10
7	9	12	6
14	4	1	15

4	9	2
6	5	7
8	1	6

图 2.4.2　杨辉给出的三阶幻方、四阶幻方、五阶幻方、九阶幻方

　　公元 130 年，古希腊数学家席恩第一次提到了幻方。公元 587 年，印度出现了有据可考的第一个四阶幻方。大约在公元 983 年，三阶到九阶幻方的例子出现在印度数学家巴格达的百科全书中。12 世纪末，已经有了构建幻方的一般方法。12—13 世纪，印度数学家研究了四阶泛对角幻方。如图 2.4.3 所示，在印度中央邦城市克久拉霍的一座寺庙的墙壁上刻有一个有趣的四阶幻方，这个幻方包含 1～16 这 16 个数字，纵列、横行、对角线上的数字之和都等于 34。而且，四个角的数字之和、中间的 2×2 方阵的数字之和都是 34，甚至泛对角线上的数字之和也是 34。因此，这个幻方是已知的最古老的最完美幻方（Most-perfect Magic Squares）之一。

7	12	1	14
2	13	8	11
16	3	10	5
9	6	15	4

图 2.4.3　印度克久拉霍寺庙墙壁上的四阶幻方

　　在欧洲，幻方第一次出现在天文学的著作中是在 11 世纪。在文艺复兴时期，通过阿拉伯数学著作的翻译和传播，欧洲人知道了更多的幻方。1514 年，在创作的版画《忧郁》中，德国文艺复兴时期的著名画家丢勒（A. Dürer）绘制了一个行、列、对角线上的数之和都等于 34 的四阶幻方。而且，幻方下面一行中间两格的数连起来正好是 1514，即版画创作的时间，这是欧洲的艺术品中第一次出现幻方。该幻方还有很多神奇的性质：幻方 4 个角和中心位置 5 个由 4 个数组成的小正方形的数字之和为 34（图 2.4.4），即

$$16+3+5+10=34 ， 2+13+11+8=34 ， 9+6+4+15=34 ，$$
$$7+12+14+1=34 ， 10+11+6+7=34$$

图 2.4.4　丢勒的版画《忧郁》

幻方的上下半部、左右半部、各奇数行、各偶数行、各奇数列、各偶数列、两条对角线、全部非对角线上的 8 个数字的和相等，即

$$16+3+2+13+5+10+11+8=68，\quad 9+6+7+12+4+15+14+1=68，$$
$$16+3+5+10+9+6+4+15=68，\quad 2+13+11+8+7+12+14+1=68，$$
$$16+3+2+13+9+6+7+12=68，\quad 5+10+11+8+4+15+14+1=68，$$
$$16+5+9+4+2+11+7+14=68，\quad 3+10+6+15+13+8+12+1=68，$$
$$16+10+7+1+13+11+6+4=68，\quad 3+5+9+15+14+12+8+2=68$$

而且它们的平方和也相等，即

$$16^2+3^2+2^2+13^2+5^2+10^2+11^2+8^2=748，\quad 9^2+6^2+7^2+12^2+4^2+15^2+14^2+1^2=748，$$
$$16^2+3^2+5^2+10^2+9^2+6^2+4^2+15^2=748，\quad 2^2+13^2+11^2+8^2+7^2+12^2+14^2+1^2=748，$$
$$16^2+3^2+2^2+13^2+9^2+6^2+7^2+12^2=748，\quad 5^2+10^2+11^2+8^2+4^2+15^2+14^2+1^2=748，$$
$$16^2+5^2+9^2+4^2+2^2+11^2+7^2+14^2=748，\quad 3^2+10^2+6^2+15^2+13^2+8^2+12^2+1^2=748，$$
$$16^2+10^2+7^2+1^2+13^2+11^2+6^2+4^2=748，\quad 3^2+5^2+9^2+15^2+14^2+12^2+8^2+2^2=748$$

幻方的两条对角线上各数的立方、非对角线上各数的立方都为 9248，即

$$16^3+10^3+7^3+1^3+13^3+11^3+6^3+4^3=9248，\quad 3^3+5^3+9^3+15^3+14^3+12^3+8^3+2^3=9248$$

幻方有如此奇妙的性质，很多数学家都被它深深迷住。数学家费马、欧拉也都研究过幻方。1977 年，美国发射了旅行者 1 号、旅行者 2 号外层星系空间探测器，这两艘飞船携带了四阶幻方，以数学的语言向可能存在的外星文明展示地球文明、传达人类的美好愿望。

幻方包含数学原理，而且不同的数字本身也被人们赋予特殊的含义。所以，古人往往将幻方视为神秘物，甚至认为幻方具有保护生命、医治疾病、避邪降魔的巨大力量。1957 年，人们在陕西省西安市的元代安西王府遗址中发掘出土了一块铁板。这块铁板也被称为元幻方铁板，如图 2.4.5 所示，边长 14 厘米，厚 1.5 厘米，目前收藏于陕西历史博物馆。该铁板是由阿拉伯数字构成的一个六阶幻方，纵列、横行、对角线上 6 个数字之和都是 111，共 14 组。而且，该幻方的第 1 行、第 6 行中的 6 个数的平方和都等于 3095。第 1 列、第 6 列中的 6 个数的平方和都等于 2947，即

$$28^2 + 4^2 + 3^2 + 31^2 + 35^2 + 10^2 = 3095，27^2 + 33^2 + 34^2 + 6^2 + 2^2 + 9^2 = 3095，$$
$$28^2 + 36^2 + 7^2 + 8^2 + 5^2 + 27^2 = 2947，10^2 + 1^2 + 30^2 + 29^2 + 32^2 + 9^2 = 2947$$

28	4	3	31	35	10
36	18	21	24	11	1
7	23	12	17	22	30
8	13	26	19	16	29
5	20	15	14	25	32
27	33	34	6	2	9

图 2.4.5 元幻方铁板

这个幻方还是一个回整幻方，即去掉最外面一圈，中间剩下的数字构成一个四阶幻方。这个中间幻方是由 11～26 这 16 个数构成的，它的每行、每列、两条对角线上的 4 个数之和都是 74，即

$$18+21+24+11=74，23+12+17+22=74，13+26+19+16=74，20+15+14+25=74，$$
$$18+23+13+20=74，21+12+26+15=74，24+17+19+14=74，11+22+16+25=74，$$
$$18+12+19+25=74，11+17+26+20=74$$

而且，更奇妙的是，这个回整幻方还是一个完美幻方，即各条泛对角线上的各数之和都是 74，即

$$21+17+16+20=74，24+22+13+15=74，11+23+26+14=74，$$
$$24+12+13+25=74，21+23+16+14=74，18+22+19+15=74$$

这个幻方集二次幻方、回整幻方、完美幻方于一体，堪称奇特。

这块元幻方铁板是我国数学史上应用阿拉伯数学最早的实物记录，也是 13 世纪中西方科技交流的重要物证。西汉时期，汉武帝派张骞出使西域，开辟了以都城长安（现在的西安）为起点，最终到达罗马和威尼斯的陆上丝绸之路，陆上丝绸之路是连接亚欧大陆的古代东西方文明的交汇之路，因为丝绸是当时最具代表性的货物，故而得名。元朝时，丝路畅通，欧亚大陆各种层次的经济和文化交流非常密切。

虽然早在 13—14 世纪，阿拉伯数字就传入我国，但在随后的很长一段时间里，阿拉伯数字在我国并没有得到普及和运用。20 世纪初，阿拉伯数字才在我国慢慢得到推广。1908 年，刘孟扬著的《中国音标字书》是我国最早的关于阿拉伯数字使用规定的著作，它规定了汉字与阿拉伯数字之间的对应关系。例如，"一"对应"1"，"二"对应"2"，"三"对应"3"，"四"对应"4"，"五"对应"5"，"六"对应"6"，"七"对应"7"，"八"对应"8"，"九"对应"9"，"十"对应"10"，"百"对应"100"，"千"对应"1000"，"万"对应"10000"，"十万"对应"100000"，"百万"对应"1000000"，"千万"对应"10000000"，"万万"对

应"100000000"。1956 年，我国开始规定汉字采用横排横写的方式，阿拉伯数字的写法就完全固定下来并得到迅速的普及。现在，阿拉伯数字已成为中国人学习、生活和交往中最常用的数字。

1999 年 12 月 20 日，澳门回归祖国，成立澳门特别行政区。与澳门隔海相望的珠海特别修建了板樟山森林公园以纪念这一重要时刻。在最高处的山顶平台设置了一块展现数学知识和充满寓意的澳门回归百子碑，上面刻了一个由 100 组数字构成的、幻和为 505 的十阶幻方。这个幻方的幻和与杨辉百子图一样，所以得名"回归百子碑"。这个十阶幻方包含一系列具有寓意的数字，比如，中间四组数字为 19、99、12、20，正好构成 1999.12.20，寓意澳门回归祖国的时刻。第二行数字 18、87 构成 1887，寓意清政府与葡萄牙于 1887 年签订了不平等条约《中葡和好通商条约》，让后人铭记外国列强对中华民族的欺辱。第七行数字 49 则寓意中华人民共和国于 1949 年成立，中国人民从此站起来了。第九行数字 88 则寓意 1988 年中葡两国签订的《关于澳门问题的联合声明》正式生效。澳门自回归祖国以来，社会稳定、经济繁荣，取得了令人瞩目的发展成就。澳门回归百子碑上的十阶幻方很好地展现了澳门 400 年的沧桑巨变。中国澳门 2014 年发行的幻方邮票如图 2.4.6 所示。

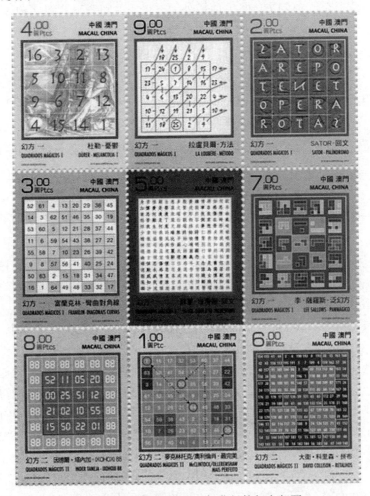

图 2.4.6　中国澳门 2014 年发行的幻方邮票

2.5 谁说数学不浪漫——用数字传情达意

数字不是无情物，道是无情却有情。谁说数学不浪漫？古往今来，外国、中国有许多人赋予看似冷冰的数字以含义。

毕达哥拉斯学派认为：

"1"是数的第一原则，万物之母，也是智慧；

"2"是对立和否定的原则，是意见；

"3"是万物的形体和形式；

"4"是正义，是宇宙创造者的象征；

"5"是奇数和偶数，雄性与雌性的结合，也是婚姻；

"6"是神的生命，是灵魂；

"7"是机会；

"8"是和谐，也是爱情和友谊；

"9"是理性和强大；

"10"包容一切数目，是完满和美好。

下面来了解古今数字家书的故事，体会数字作为情感载体的浪漫一面。

2.5.1 古代才女卓文君的数字家书

下面介绍一个古代才女卓文君挽回"花心"丈夫司马相如的故事。这个故事中，卓文君巧妙利用数字家书，成就了一段千古爱情佳话。

司马相如是中国文化史、文学史上杰出的代表，是西汉盛世汉武帝时期的杰出文学家、政治家。汉赋是汉代文学的代表，而司马相如是汉赋的代表人物，他被称为"辞宗""赋圣"。在司马迁的《史记》中，专为文学家立的传只有《屈原贾生列传》《司马相如列传》两篇，并全文收录了司马相如的三篇赋、四篇散文。鲁迅在《汉文学史纲要》中指出："武帝时文人，赋莫若司马相如，文莫若司马迁。"

中国古代封建社会中，女子无才便是德，可是卓文君有才有德，她姿色娇美，精通音律，善弹琴，有文名。相传《白头吟》中的名句"愿得一心人，白头不相离"就是出自她之口。她与蔡文姬、李清照、上官婉儿被后人称为"中国古代四大才女"。她与司马相如的爱情故事曲折而婉转：她16岁时嫁人，几年后，丈夫过世，返回娘家住。一次偶然的机会，卓文君见到了来家里做客的司马相如，司马相如专门为她创作了《凤求凰》，用古琴曲表达自己对卓文君的爱意。

凤求凰

有一美人兮，见之不忘。

一日不见兮，思之如狂。

凤飞翱翔兮，四海求凰。

无奈佳人兮，不在东墙。

将琴代语兮，聊写衷肠。

何日见许兮，慰我彷徨。

愿言配德兮，携手相将。

不得於飞兮，使我沦亡。

凤兮凤兮归故乡，遨游四海求其凰。

时未遇兮无所将，何悟今兮升斯堂！

有艳淑女在闺房，室迩人遐毒我肠。

何缘交颈为鸳鸯，胡颉颃兮共翱翔！

凰兮凰兮从我栖，得托孳尾永为妃。

交情通意心和谐，中夜相从知者谁？

双翼俱起翻高飞，无感我思使余悲。

卓文君被深深打动，虽然她是富家的千金小姐，而司马相如当时还是身无分文的穷小子，但她决意将余生托付给司马相如。丧偶的女子大胆地追求爱情，这在封建社会无疑是离经叛道的行为。但卓文君毅然和司马相如私奔到成都，当垆卖酒，一起过苦日子。最终迫使她的父亲同意她的婚事，终于幸福地走到一起。

后来，司马相如辞别妻子卓文君到长安为官。他通过《子虚赋》《上林赋》等展示出他的文学造诣，因而得到汉武帝赏识，被封为侍郎。此时，意气风发、志得意满的司马相如就打算冷淡卓文君，而纳茂陵女子为妾。但羞于和卓文君直接说此事，便写了一封特殊的信寄给卓文君。

在家苦苦守候的卓文君打开司马相如发来的信，只见信上只有中文数字：

一、二、三、四、五、六、七、八、九、十、百、千、万。

聪颖过人的卓文君看过信，立即明白了丈夫司马相如的意思：因为这些数字中缺少"亿"，这表明丈夫对她已无"意"，已有外心。此时的卓文君又气又恨，但她既没有逆来顺受，也没有撒泼大闹。她给司马相如写了一封信，交给来人带回。看完卓文君的回信后，司马相如羞愧难当、心乱如麻，越读越觉得对不起才貌出众、对自己一片痴情的妻子。于是，司马相如亲自回乡，用驷马高车将卓文君接到长安，白头偕老。

原来，在给司马相如的回信中，卓文君用数字写了一首诗：

一别之后，

两地相思，

只说是三四月，

却谁知是五六年。

七弦琴无心抚弹，

八行书信不可传，

九连环从中折断，

十里长亭望眼欲穿。

百相思，

千系念，

万般无奈把郎怨。

万语千言道不尽，

百无聊赖十凭栏，

重九登高看孤雁，

八月中秋月圆人不圆。

七月半，烧香秉烛问苍天，

六月三伏天，人人摇扇我心寒，

五月石榴花如火，偏遇阵阵冷雨浇花端，

四月枇杷黄，我欲对镜心意乱。

急匆匆，

三月桃花随水流。

飘零零，

二月风筝线儿断。

噫！

郎呀郎，巴不得一世你为女我为男。

这个故事让我们看到：作为一个有思想、有勇气、敢爱敢恨的才女，卓文君是如何用聪明、巧妙的方式借助数字来传情达意的。她用她的智慧阻止了丈夫的背弃，用心守护住了自己的爱情、婚姻和幸福，使他们最初的爱恋坚守到最后，传为千古佳话。

2.5.2　现代中国铁路建设施工者的数字家书

2008 年 8 月，中国首条设计时速为 350 千米/小时的高速铁路——京津城际铁路开通运营。在此之后，中国高速铁路线路串珠成线、连线成网，为我们提供了便捷高效的出行方式，打破了距离的阻隔，拉近了城市与城市之间的距离，勾连起祖国的大江南北，如图 2.5.1 所示。截至 2024 年 1 月，中国高速铁路运营里程已经达到 4.5 万千米，稳居世界第一，中国已经成功拥有世界先进的高铁集成技术、施工技术、装备制造技术和运营管理技术。而且，中国高铁已经走出国门、走向世界，成为"中国制造"与对外合作的亮丽名片。根据 2018 年的调查，中国高铁在海外认知度最高的中国现代科技成就中名列第一。2023 年 10 月，中国、印度尼西亚合作建设的雅万高铁正式开通运营，这条高速铁路是"一带一路"倡议和中国、印度尼西亚两国务实合作的标志性项目，也是中国高铁首次全系统、全要素、全产业链在海外的建设项目，全线采用中国技术、中国标准。

中国高铁建设的成就离不开中国铁路建设技术人员和施工者所做出的巨大贡献。在网络上，流传着中国铁路建设技术人员和施工者写给家人的一封数字家书：

图 2.5.1　中国高铁

一经别离，
二地挂牵。
只言三四载，
哪知五六年。
七窍聪慧难言，
八句律诗述不全，
九曲回肠寸断，
十里长亭古道边。
百般思，
千翻唤，
万缕相思谁人见。
万里疆域铁旗传，
千方百计助企攀，
百舸争流志扬帆，
十年寒窗铁建缘。
九九重阳筑路欢，
八月十五建桥涵，
七日一周无假天，
六载峥嵘立局前。
五湖四海手相牵，
三生有幸结姻缘。
二月春风述婵娟，
一片赤诚天地鉴。
但求功成圆满时，
高奏凯歌把家还。

这是一封有趣的藏头数字家书，将一、二、三、四、五、六、七、八、九、十、百、千、万藏在文中。这份家书充分展示了当代铁路建设者为了国家的铁路发展而牺牲小我、成就大我的奉献精神。

思 考 题

1. 分析象形数字、楔形数字、甲骨文数字、阿提卡数字、筹算数码、玛雅数字等在书写载体、表示符号、进位等方面的差异。

2. 阿拉伯数字是阿拉伯人发明的吗？它的形成和传播过程是什么？

3. 中国在数的发明和使用方面有哪些成就？

4. 你知道哪些有趣的数字应用的例子？

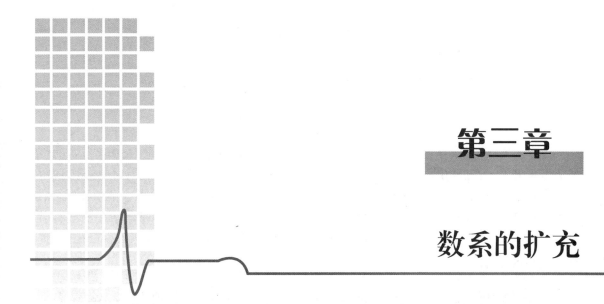

第三章

数系的扩充

虚数是奇妙的人类精神寄托，它好像是存在与不存在之间的一种两栖动物。

——莱布尼茨

数的发展经历了从整数到分数、负数、有理数、无理数、复数、四元数等的多次扩充过程。数的概念的每次扩充都标志着数学的巨大飞跃，人们对数的认识与应用程度反映了当时数学发展的水平。在本章中，我们将通过实例和数学家的贡献介绍数系的扩充过程。

3.1　分数与负数

3.1.1　分数

在生活中，我们常常会遇到在整数范围不能均分的情况，比如 4 个人分 5 块饼，这就是数学中所说的不能整除的情况。于是，分数应运而生。在数学史上，分数的出现被认为是数的第一次扩充。

人类认识的第一个数系是自然数系。但是，随着人类社会生产活动的发展，自然数系的不足和缺陷逐渐显露出来。从对数量的表示方面看，自然数是离散量，自然数系不是稠密的。自然数只能用于表示单位量的整数倍，而无法表示它的部分。同时，从运算的角度看，自然数系对加法和乘法运算是封闭的，但对减法和除法运算不是封闭的。在自然数系中只能施行加法和乘法，而不能自由地施行它们的逆运算。这样的不足和缺陷，促进了分数和负数的出现。

早在公元前 2100 多年，巴比伦人就开始使用分数。巴比伦的分数是六十进位的，即分母是 60。而古埃及的分数采用的是单分数（Unit Fraction），即分子为 1 的分数。在公元前 1850 年左右的古埃及算学文献中，即开始使用象形数字表示分数。古埃及用嘴的符号 ⬭ 加分母上的数字来表示单分数。比如，⫶ 表示 $\frac{1}{3}$，⫶ 表示 $\frac{1}{331}$。而 $\frac{1}{2}$ 则用专门符号 ⟜ 来表示。除 $\frac{2}{3}$ 用 ⫙、$\frac{4}{3}$ 用 ⫙ 表示外，其他分数都写成单位分数的和，如

$$\frac{7}{10} = \frac{1}{2} + \frac{1}{5}$$

在古埃及底比斯（今卢克索附近）的一片废墟中发现的成书于公元前 1550 年左右的《莱因德纸草书》，是已发现的世界上最古老的数学著作之一，如图 3.1.1 所示。1858 年，被英国古文物学家莱因德（A. H. Rhind）购得。从 1865 年开始，被收藏于伦敦大英博物馆。《莱因德纸草书》全长 544 厘米，宽 33 厘米，是为当时的贵族、祭司等知识阶层所作的教科书，由僧侣阿姆士（Ahmose）抄写自古埃及第十二世国王阿蒙涅姆赫特三世（Amenemhat Ⅲ）时期的教科书。

图 3.1.1 《莱因德纸草书》

《莱因德纸草书》的第一部分提供了一个分数分解表，把分母 n 是 3～101 范围内奇数的分数分解为因子不超过 4 个的单位分数之和。例如，$\frac{2}{15}$ 将写为 $\frac{2}{15} = \frac{1}{10} + \frac{1}{30}$，$\frac{2}{101} = \frac{1}{101} + \frac{1}{202} + \frac{1}{303} + \frac{1}{606}$。这个表的后面还有一个小得多的表。该表包含 1～9 除以 10 的分解方法，例如，$\frac{7}{10}$ 分解为 $\frac{2}{3}$ 和 $\frac{1}{30}$。

在这两个表之后，《莱因德纸草书》共记录了 91 个问题，这些问题已被后人归纳并编号为问题 1～问题 87，有 4 个问题被编号为问题 7B、问题 59B、问题 61B 和问题 82B，每个问题都给出了解答。

问题 1～问题 6 是上面第二个表的一些应用问题。例如，问题 3 是关于 10 个人如何分 6 个面包。问题 7～问题 20 是分数的乘法运算。问题 21～问题 23 是分数的减法问题。问题 24～问题 38 的内容在今天可归为一元一次方程，其解题过程使用了假位法。其中，问题 35～问题 38 是关于古埃及体积量器海克特（hekat）的使用问题。问题 39 和问题 40 是关于面包分配的问题，涉及等差数列（Arithmetic Progression），其中，问题 40 为：把 100 个面包分给 5 个人，使每人所得成等差数列，且使最大的三份之和的七分之三是最小的两份之和，得多少？而在其他问题（如问题 41～问题 46、问题 48～问题 55、问题 56～问题 60）中，分数被应用于粮仓面积、粮仓体积、金字塔的坡度等几何问题中。

一个关于分数的有趣问题与代数之父——丢番图（Diophantus of Alexandria）有关，如图 3.1.2 所示。他是生活在古希腊亚历山大城的一位重要学者和数学家，以编撰出版《算术》闻名于世，是代数学的创始人之一。关于丢番图的生平，大多来自公元 5 世纪的《希腊诗文选集》（*Greek Anthology*），其中收录了由公元 6 世纪古希腊伊壁鸠鲁学派哲学家迈特罗多鲁斯（Metrodorus of Lampsacus）收集的 45 首与数学有关的短诗。

图 3.1.2　丢番图

据说，丢番图用了一个包含分数的代数题概括了他一生的经历，并把这道代数题刻在了墓碑上。丢番图的墓碑上是这么写的

坟中安葬着丢番图，多么令人惊讶，它忠实地记录了所经历的道路。

上帝给予的童年占六分之一。

又过了十二分之一，两颊长胡。

再过七分之一，点燃起结婚的蜡烛。

五年之后，天赐贵子。

可怜的迟来孩子，享年仅及其父之半，便进入冰冷的坟墓。

悲伤只有用数的研究去弥补，又过了四年，他也走完了人生的旅途，告别数学，离开了人世。

那么，丢番图究竟活了多长时间？我们从上述墓志铭中可知：丢番图的一生，幼年占 $\frac{1}{6}$，青少年占 $\frac{1}{12}$，又过了他一生的 $\frac{1}{7}$ 才结婚，5 年后生子，他的儿子比他早 4 年去世，而且他的儿子去世时的年纪是他去世时的一半。设丢番图去世时的年纪为 x 岁，那么可列出方程

$$x = \frac{1}{6}x + \frac{1}{12}x + \frac{1}{7}x + 5 + \frac{1}{2}x + 4$$

这样易知 $x = 84$，即丢番图去世时的年龄是 84 岁。丢番图是多少岁开始当父亲的？由条件

列式：$84 \times \left(\dfrac{1}{6} + \dfrac{1}{12} + \dfrac{1}{7} \right) + 5 = 38$ 岁 。丢番图儿子死时，丢番图的年龄是 84−4=80 岁。

在我国春秋时期的《左传》中，规定了诸侯的都城大小：最大不可超过周文王国都的 1/3，中等的不可超过 1/5，小的不可超过 1/9。到战国时期，分数的四则运算法则已相当完备。秦始皇时期的历法规定：一年的天数为三百六十五又四分之一，这说明分数在我国很早就用于社会生产和生活。在用算筹做除法运算时，遇到除不尽的情况，就把余数作为分子，除数作为分母，即产生了一个分子在上、分母在下的分数筹算形式。在中国的筹算分数之后的五六百年，印度才出现了有关分数理论的论述，我们现在用分数线来表示分数的方法则是由阿拉伯人发明的。

俄国文学家列夫托尔斯泰（L. Tolstoy）曾用分数给出了一句发人深省的名言："一个人就好像分数，他的实际才能好比分子，而他对自己的估价好比分母，分母越大，则分数的值就越小。"

3.1.2　负数

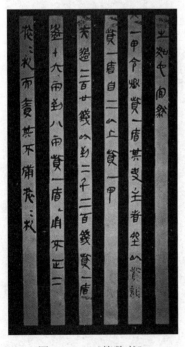

图 3.1.3　《算数书》

在生活中，我们经常需要表示具有相反意义的量，如做生意，需要把盈利记为正，把亏损记为负。但负数的出现比分数要晚很多年，而且负数的普及与应用是一个曲折漫长的过程。

中国是世界上最早应用负数的国家。20 世纪 80 年代，在湖北省荆州市江陵县张家山出土了千余支西汉初年的竹简。经整理辨别，这批竹简中包含一部名叫《算数书》的数学算书，如图 3.1.3 所示。该书成书于公元前 202—公元前 186 年，是我国现已发现的最古的一部算书。全书有 200 多支竹简，总共约 7000 字，有"方田""少广""金价""合分""约分""经分""分乘""相乘""增减分""贾盐""息钱""程未"等 60 多个小标题。在《算数书》中出现了负数的概念及其加、减法运算。而在《九章算术》中，记载"正负术曰：同名相除，异名相益，正无入负之，负无入正之。其异名相除，同名相益，正无入正之，负无入负之"。这段话的意思是：减法遇到同符号数字应相减其数值，遇到异符号数字应相加其数值，零减正数的差是负数，零减负数的差是正数。刘徽给出了用算筹区别表示正数、负数的方法："正算赤，负算黑；否则以斜正为异。"意思是说，用红色的小棍摆出的数表示正数，用黑色的小棍摆出的数表示负数；也可以用斜摆的小棍表示负数，用正摆的小棍表示正数。

在印度，数学家、天文学家婆罗摩笈多（Brahmagupta）于公元 628 年认识到负数可以是二次方程的根。但在欧洲，直到 15—17 世纪，很多数学家仍不接受负数。法国数学家丘凯（N. Chuquet）和德国数学家斯蒂弗尔（M. Stifel）都称负数是荒谬的数。法国数学家、物理学家帕斯卡（B. Pascal）（如图 3.1.4 所示）认为用 0 减去 4 是纯粹的胡说。帕斯卡的

一位朋友还提出一个有趣的说法来反对负数，因为他认为

$$(-1):1=1:(-1)$$

那么较小的数与较大的数的比怎么能等于较大的数与较小的数比呢？直到 1712 年，莱布尼茨仍然认为他朋友反对负数的这种说法是合理的。

1629 年，荷兰数学家吉拉德（A. Girard）将负数看成具有与正数同等地位的方程的根。1655 年，在《无穷算术》中，英国数学家沃利斯（J. Wallis）在平面上引入了负的纵坐标和横坐标，使解析几何中的曲线范围扩展到整个平面。而在 1685 年的代数著作《代数论》中，沃利斯进一步接受并使用了负数。

1831 年，英国著名代数学家德·摩根（A. de Morgan）（图 3.1.5）仍认为负数是虚构的，并构造了这样一个例子来支持自己的观点："父亲 56 岁，其子 29 岁，何时父亲年龄将是儿子的 2 倍？"设需要经过 x 年，父亲的年龄将达到儿子年龄的 2 倍，那么可以列出方程

$$56+x=2\times(29+x)$$

由此解得 $x=-2$。时间怎么能倒流？因此，他认为这个解是荒唐的。

图 3.1.4 帕斯卡

图 3.1.5 德·摩根

随着 19 世纪整数理论基础的建立，负数在逻辑上的合理性得以真正建立起来。负数的出现和应用是数系扩充的重要步骤，具有重要意义，它不但推广了算术的范围，而且为代数学的发展拓宽了道路。

3.2 毕达哥拉斯学派、有理数和无理数

3.2.1 有理数是有道理的数吗

有了负数和分数，我们就自然有了有理数的概念：所有可以写成两个整数的商（$\frac{p}{q}$）的数都是有理数。当 $q=1$ 时，$\frac{p}{q}$ 就是整数。因此，有理数包括整数和真分数。

从名称上理解，是不是有理数比其他的数更有道理、更合理呢？

实际上，有理数的名称是历史上数学名词翻译过程中的一个美丽的失误。有理数的英

语单词是 Rational Number，而 Rational 通常的意义确实有"理性的"意思。但是，Rational 用在数学中是有不同含义的，这个词来源于古希腊，其英文词根 Ratio 是比率的意思，所以，Rational Number 这个词在英文中是成比例的数的意思。中国在近代翻译西方数学著作时，依据日语中的翻译方法，以讹传讹，把它译成了"有理数"。

对于真分数形式的有理数，可以写成循环小数，例如

$$\frac{1}{7} = 0.142857142857142857\cdots$$

有理数关于加法和乘法构成的数域，称为有理数域，记为 $\mathbb{Q}$，这个符号是由意大利数学家佩亚诺（G. Peano）在 19 世纪末引入的。有理数是比较完美的数集：

（1）对加法、减法、乘法、除法（除数不为零）运算封闭；

（2）有几何表示，每个有理数都可以用数轴上的一个点对应；

（3）具有稠密性，任何两个有理数之间都有有理数。

有理数域是最小的数域。实际上，数域必须包含 0 和 1，并且对四则运算封闭（除数不为 0）。因为 1 属于数域，所以由加法封闭性可知：任意正整数 n 都属于该数域；又因为 0 属于该数域，所以由减法封闭性可知：任意负整数（$-n = 0 - n$）也属于该数域。这样，任意整数都属于该数域。再由除法封闭性可知，任意两个整数之比都属于该数域。所以，任意有理数都属于该数域。因此，有理数域是最小的数域，任意数域都包含有理数域。

3.2.2 毕达哥拉斯学派和无理数

与有理数相对的是无理数。不能表示为两个整数之比的数就是无理数，也可以说，无限不循环的小数就是无理数。常见的无理数包括 $\sqrt{2}$、π、e 等。无理数的发现和实数是数系的第二次扩充。

古希腊数学家、哲学家毕达哥拉斯出身于爱琴海中的萨摩斯岛的一个贵族家庭。他自幼聪明好学，曾在名师门下学习几何学、自然科学和哲学。因为向往东方的智慧，他曾游历当时世界上的文明古国——巴比伦、古印度及古埃及，吸收了这些文明古国的文化精华。据推测，公元前 520 年前，在一次去希腊或埃及的旅程中，毕达哥拉斯应该遇到过另一位希腊伟大的哲学家、数学家、天文学家泰勒斯（Thales of Miletus），并跟随这位希腊数学的奠基人学习数学。毕达哥拉斯和泰勒斯如图 3.2.1 所示。

公元前 540 年左右，毕达哥拉斯来到意大利南部的克罗敦（Croton）吸收信徒，创建一个叫"毕达哥拉斯学派"的团体，传授数学及他的哲学思想。毕达哥拉斯认为妇女也有和男人一样求知的权利，因此他的学员中有男有女，且地位平等。学派的组织纪律严密，一切财产都归公有，要发誓永远不能泄露学派的秘密和学说。每个学员都进行严格的训练和考核，要在学术上达到一定的水平。

约公元前 508 年，毕达哥拉斯学派的活动场所遭到焚毁破坏，毕达哥拉斯被迫移居他林敦（今意大利塔兰托），并于公元前 495 年去世。在毕达哥拉斯去世后，他的一些门徒继续在塔兰托进行数学哲学研究、政治活动，而另一些门徒在希腊弗利奥斯重新建立立足地。

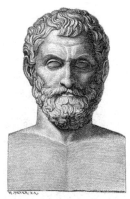

图 3.2.1 毕达哥拉斯和泰勒斯

"万物皆数"是毕达哥拉斯学派的哲学基石，他们相信：万物的本原不是可以感觉的事物，而是抽象的数，数是万物的本原，数包含万物的实质。一产生二，从一和二产生出无穷个数。事物的性质是由某种数量关系决定的，万物按照一定的数量比例而构成和谐的秩序。他们将万物皆数的信念应用于对音乐、天体运行的理解，最早发现了"黄金分割"，获得了关于比例的形式美的规律。

毕达哥拉斯最重要的贡献是发现了形如 $a^2 + b^2 = c^2$ 的毕达哥拉斯定理，用演绎法证明了：直角三角形斜边平方等于两直角边平方之和。据说，在毕达哥拉斯定理被发现后，毕达哥拉斯学派的成员曾经杀了 100 头牛来大摆筵席，以示庆贺，因此，毕达哥拉斯定理也被称为"百牛定理"，这个定理对后世产生了巨大影响。公元前 4 世纪，古希腊数学家欧几里得在《几何原本》（第 I 卷命题 47）中给出毕达哥拉斯定理的一个证明。1876 年，加菲尔德（J. A. Garfield）在《新英格兰教育日志》上发表了勾股定理（毕达哥拉斯定理）的一个全新证法。1940 年出版的《毕达哥拉斯命题》收集了 367 种不同的证法。

首先发现无理数的是毕达哥拉斯学派的成员希帕索斯（Hippasus of Metapontum）。他恰恰利用勾股定理发现边长为 1 的正方形对角线的长度并不是一个有理数，但令他意想不到的是这给他惹了大祸。因为毕达哥拉斯学派的信条是"万物皆数"，即世界上的一切没有不可以用数来表示的，但是，这个"数"指的是整数与整数的比，即有理数。也就是说，毕达哥拉斯学派认为：除有理数外，不可能存在其他的数。希帕索斯的发现表明：除有理数外，世界上真的有其他的数存在，这个数就是 $\sqrt{2}$。这个数是不能用毕达哥拉斯学派的学说加以解释的，动摇和摧毁了毕达哥拉斯学派赖以存在的根基，这无疑引起了毕达哥拉斯的恐慌。为了阻止这个发现的流传，希帕索斯被残忍地抛入大海。毕达哥拉斯和希帕索斯如图 3.2.2 所示。

希帕索斯用生命的代价第一次向人们揭示了有理数系的缺陷：有理数并没有布满整个数轴，有理数集不能与连续的无限直线等同看待，在数轴上存在不能用有理数表示的"孔隙"。

毕达哥拉斯三元数组（也称为勾股数）是由使 $s^2 + l^2 = h^2$ 成立的三个正整数 s、l、h 组成的，通常写成 (s,l,h)，众所周知的例子是勾股数 $(3,4,5)$。容易知道，如果 (s,l,h) 是毕达哥拉斯三元数组，那么 (ks,kl,kh)（k 是任何正整数）都是毕达哥拉斯三元数组。原始的毕达哥拉斯三元数组中的 s、l、h 是互质的（它们没有大于 1 的公约数）。如果一个直角三角形的边长等于毕达哥拉斯三元数组，我们称之为毕达哥拉斯三角形。但是，具有非整数边的直角三角形不会形成毕达哥拉斯三元数组，例如，两条直角边都等于 1 的直角三角形不是毕达哥拉斯三角形，因为 $\sqrt{2}$ 不是整数。

图 3.2.2　毕达哥拉斯和希帕索斯

斜边长小于 100 的毕达哥拉斯三元数组共有 16 个，如下：

(3, 4, 5)	(5, 12, 13)	(8, 15, 17)	(7, 24, 25)
(20, 21, 29)	(12, 35, 37)	(9, 40, 41)	(28, 45, 53)
(11, 60, 61)	(16, 63, 65)	(33, 56, 65)	(48, 55, 73)
(13, 84, 85)	(36, 77, 85)	(39, 80, 89)	(65, 72, 97)

实际上，早在毕达哥拉斯之前，古巴比伦、中国、古埃及就发现了勾股数。1922 年左右，纽约出版商普林顿（George Plimpton）以 10 美元的价格从一位古董商手中购买了他在 1900 年发现的一块泥板，并于 20 世纪 30 年代中期将其遗赠给了哥伦比亚大学，因此，这块泥板被称为"Plimpton 322"，如图 3.2.3 所示。这块泥板宽约 13 厘米、高 9 厘米、厚 2 厘米，据推测，这块泥板来自公元前 1822—公元前 1784 年的古巴比伦。

图 3.2.3　古巴比伦泥板"Plimpton 322"

这块数学泥板成为数学史上最重要的研究素材之一。一开始，人们并不知道古巴比伦人构建出这 15 对三元数组的方法和真正目的。后来，经数学家研究推测，泥板"Plimpton 322"是一个用古巴比伦的六十进制表示法写成的数字表，共 4 列 15 行，用楔形文字写了 60 个数字。第 4 列只是一个行号，按从上到下的顺序写有 1～15，它列出了 15 个毕达哥拉斯三元数组。在每行中，第 2 列中的数字是直角三角形的短直角边 s，第 3 列中的数字是同一个直角三角形的斜边 h。第 1 列中的数字是 s^2/l^2 或 h^2/l^2，其中 l 表示直角三角形的长直角边。因此，表 3.2.1 每行的第 2 列和第 3 列都列出了能满足毕达哥拉斯定理的三个数中的两个数。这个表中涉及的直角三角形的一个角度从 45° 减小到 31°。根据数学家的研究分析，古巴比伦人使用比率而不是角度来描述直角三角形的形状。

表 3.2.1　古巴比伦泥板"Plimpton 322"上的数字

第 1 列	第 2 列	第 3 列	第 4 列
（1）.9834028	119	169	1
（1）.9491586	3 367	4 825	2
（1）.9188021	4 601	6 649	3
（1）.8862479	12 709	18 541	4
（1）.8150077	65	97	5
（1）.7851929	319	481	6
（1）.7199837	2 291	3 541	7
（1）.6927094	799	1 249	8
（1）.6426694	481	769	9
（1）.5861226	4 961	8 161	10
（1）.5625	45	75	11
（1）.4894168	1 679	2 929	12
（1）.4500174	161	289	13
（1）.4302388	1 771	3 229	14
（1）.3871605	56	106	15

这块泥板上所给出的毕达哥拉斯数是如此之多、如此之大，不得不让人惊叹古巴比伦人的数学成就。第 4 行的毕达哥拉斯数甚至超过万位！很难想象如果没有高深的数学支撑，古巴比伦人如何造出这块泥板。

另一块巴比伦泥板同样令人惊叹。编号为 YBC 7289 的巴比伦数学泥板是耶鲁大学以摩根（J. P. Morgan）捐赠为基础收藏的众多泥板中的一块，如图 3.2.4 所示。其上画有一个带两条对角线的正方形，写有 7 个用六十进制表示的数字。对角线上的 4 个六十进制数字为 1、24、51、10，给出了 $\sqrt{2}$ 的近似值

$$1+\frac{24}{60}+\frac{51}{60^2}+\frac{10}{60^3}=\frac{30547}{21600}\approx1.414213$$

正方形一边上的数字是 30，剩下的 3 个数字分别是 42、25、35，转化计算可知其表示 $\sqrt{2}$ 的近似值乘 30，即 42.42639。

图 3.2.4　带有注释的巴比伦数学泥板 YBC 7289

中国古代数学研究者在处理开方问题时，不可避免地会碰到无理根数。中国古代数学专著《九章算术》系统总结了战国、秦、汉时期的数学成果，是《算经十书》中最重要的一种。对于这种"开之不尽"的数，《九章算术》直截了当地"以面命之"予以接受。魏晋期间伟大的数学家、中国古典数学理论的奠基人之一的刘徽著有《九章算术注》，他的注释中的"求其微数"实际上是用十进小数来无限逼近无理数。这本是一条完成实数系统的正确道路，但由于刘徽的思想远远超越了他的时代，他的工作未能引起后人的重视。不过，中国传统数学关注的是数量的计算，对数的本质并没有太大的兴趣。

无理数的发现，击碎了毕达哥拉斯学派"万物皆数"的美梦。它的破灭，在以后两千多年时间内对数学的发展产生了深远的影响。15 世纪，达芬奇（L. da Vinci）把它们称为"无理的数"（Irrational Number），开普勒（J. Kepler）称它们是"不可名状的数"。这些"无理"而又"不可名状"的数，虽然在后来的运算中渐渐被使用，但是它们究竟是不是实实在在的数，一直是一个困扰人的问题。

17—18 世纪微积分的发展几乎吸引了所有数学家的注意力，恰恰是人们对微积分基础的关注，使实数域的连续性问题再次凸显。因为，微积分是建立在极限运算基础上的变量数学，而极限运算需要一个封闭的数域，无理数正是实数域连续性的关键。由无理数引发的数学危机一直延续到 19 世纪下半叶。

现在，我们知道：无理数就是无限不循环小数。由无理数和有理数构成的实数布满整个数轴。换句话说，有理数之间存在的空隙，是由无理数填上的。可以用整数加小数点加整数序列的办法表示无理数。例如，$\frac{1}{7}$ 是有理数，因为小数点右边是整数序列 142857 的无限反复循环；而 $\sqrt{2}$ 是无限不循环小数

$$\sqrt{2} = 1.414213562373056\cdots$$

小数点右边是无限的不反复循环的序列数，即不管小数后有多少位，都不会呈现明显的规律。值得指出的是，现代的计算机已经能把任意一个无理数算到小数点后十几万位。

3.3　复数与四元数

3.3.1　"虚无缥缈"的复数

复数概念的进化是数学史中最奇特的一章，因为数系的历史发展完全没有教科书所描述的逻辑连续性。人们没有在实数的逻辑基础建立之后才去尝试新的征程，在数系扩充的历史过程中，往往许多中间地带尚未得到完全认识，而天才的直觉随着勇敢者的步伐已经到达了遥远的前哨阵地。

起初人们认为负数是不能开方的，例如，方程 $x^2 = -1$ 是无解的。此时的欧洲人尚未完全理解负数、无理数，然而他们又面临一个新的"怪物"的挑战。16 世纪，意大利米兰学者卡尔达诺（G. Cardano）在 1545 年发表的《重要的艺术》一书中，公布了三次方程的一般解法，被后人称为"卡当公式"。他是第一个把负数的平方根写到公式中的数学家，并且在讨论是否可能把 10 分成两部分，使它们的乘积等于 40 时，他把答案写成：

$$\left(5+\sqrt{5}\right)\left(5-\sqrt{5}\right)=40$$

尽管他认为这两个表示式是没有意义的、想象的、虚无缥缈的，但他还是把 10 分成了两部分，并使它们的乘积等于 40。德国发行的卡尔达诺邮票如图 3.3.1 所示。

图 3.3.1　德国发行的卡尔达诺邮票

给出"虚数"这一名称的是法国数学家笛卡儿，他在 1637 年发表的《几何学》中使"虚的数"与"实的数"相对应，从此，虚数才流传开来。

数系中发现一颗新星——虚数，于是引起了数学界的一片困惑，很多大数学家都不承认虚数。德国数学家莱布尼茨在 1702 年说："虚数是奇妙的人类精神寄托，它好像是存在与不存在之间的一种两栖动物。"牛顿也持有同样的观点。

然而，真理性的东西一定可以经得住时间和空间的考验，最终占有一席之地。在 1685 年的代数著作《代数论》中，英国数学家沃利斯使用了复数。法国数学家达朗贝尔（J. R. d'Alembert）在 1747 年指出，如果按照多项式的四则运算规则对虚数进行运算，那么它的结果总是 $a+bi$ 的形式（a、b 都是实数）。欧拉在 1777 年的论文《微分公式》中第一次用 i 来表示 -1 的平方根，首创了用符号 i 作为虚数的单位。

1831 年，高斯用实数组代表复数，使复数的某些运算像实数那样"代数化"。他在 1832 年第一次提出了"复数"这个名词，还将表示平面上同一点的两种不同方法——直角坐标法和极坐标法加以综合。高斯不仅把复数看作平面上的点，而且看作一种向量，并利用复数与向量之间一一对应的关系，阐述了复数的几何加法与乘法。至此，复数理论才比较完整和系统地建立起来。德国发行的纪念高斯和复数的邮票如图 3.3.2 所示。

在澄清复数概念的工作中，爱尔兰数学家哈密顿（W. R. Hamilton）是非常重要的，如图 3.3.3 所示。哈密顿所关心的是算术的逻辑，并不满足于几何直观。他指出：复数 $a+bi$ 不是加法意义上的一个真正的和，加号的使用是历史的偶然，而 bi 不能加到 a 上去。复数 $a+bi$ 只不过是实数的有序数对 (a,b)，并给出了有序数对的四则运算，同时，这些运算满足结合律、交换律和分配律。在这样的观点下，复数被逻辑性地建立在实数的基础上。

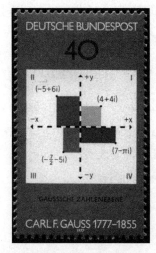

图 3.3.2　德国发行的纪念高斯和复数的邮票

图 3.3.3　哈密顿

在复数理论的发展和完备过程中，德国数学家做出了卓越的贡献。除高斯外，库默尔（E. E. Kummer）、克罗内克（L. Kronecker）、德·摩根、莫比乌斯（A. F. Mobius）、狄利克雷等人都做出了贡献。

许多数学家付出了长期不懈的努力，深刻探讨并发展了复数理论，才使在数学领域游荡了 200 年的幽灵——虚数揭去了神秘的面纱，显现出它的本来面目，原来虚数不"虚"。虚数成为数系大家庭中的一员，实数集才扩充到了复数集，这就实现了数系的第三次扩充。

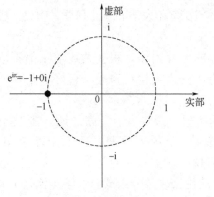

图 3.3.4　欧拉公式示意图

数学家获得了很多与复数有关的优美公式，例如棣莫弗（A. de Moivre）发现的公式

$$(\cos\theta + i\sin\theta)^n = \cos n\theta + i\sin n\theta$$

及著名的欧拉公式（如图 3.3.4 所示）

$$e^{i\pi} = -1$$

3.3.2 四元数的发明和数系扩充的终结

在人们澄清了复数的概念后，新的问题是：是否还能在保持复数基本性质的条件下对复数进行新的扩充呢？答案是否定的。

当哈密顿试图寻找三维空间复数的类似物时，他发现自己被迫要做两个让步：第一，他的新数要包含4个分量；第二，他必须牺牲乘法交换律。这两个让步都是对传统数系的革命，他称这种新的数为"四元数"。

1843年10月，哈密顿和他的妻子沿着都柏林的皇家运河散步，突然，四元数的思想火花如电光火石一样闪现在他的脑海里。为了避免忘记，哈密顿急忙用他随身携带的小折刀将四元数的如下基本公式

$$i^2 = j^2 = k^2 = ijk = -1$$

刻在附近布鲁穆桥（Brougham Bridge，现称为金雀花桥）上，如图3.3.5所示。这个事情标志着哈密顿在复数的基础上创造出四元数。

图3.3.5 布鲁穆桥上刻有四元数公式的纪念石碑

实际上，此处的 i、j 和 k 为单位向量，所以，下面均用黑斜体以表示向量。由此，形如 $a + bi + cj + dk$ 的满足运算规律

$$i^2 = j^2 = k^2 = -1 ， i \cdot j = -j \cdot i = k ，$$

$$j \cdot k = -k \cdot j = i ， k \cdot i = -i \cdot k = j$$

的四元数被哈密顿创造出来。不难发现，四元数放弃了可交换性这一要求。当时还没有向量和矩阵的概念（事实上，vector这个词也是哈密顿按照现代含义首先加以使用的），因此，这在当时是非常前卫的思想。

四元数具有精美的数学结构，哈密顿对其寄予厚望，将随后大部分的精力都贡献于四元数的应用和推广工作。但在他创立四元数时，以及他去世后的很多年里，四元数并没有

充分展示其威力。

在 1864 年的论文《电磁场的动力理论》中，为了解释电力、磁力和电磁场的关系，英国物理学家、数学家麦克斯韦（J. C. Maxwell）将四元数及当时尚未成熟的向量分析并用，以致他写出的麦克斯韦方程组由 20 个方程组成。后来，自学成才的英国物理学家亥维赛仅用 4 个向量微分方程就表示出了麦克斯韦方程。在 1893 年出版的《电磁理论》的第一章中，亥维赛指出：“四元数是由非凡的天才数学家哈密顿爵士发现的。它既不是一个向量，也不是一个数量，而是两者的结合体，是一个高度抽象的数学概念，没有对应的物理意义。”他认为四元数要求一个向量的平方等于负数是反自然的，是数学家纯依靠逻辑玩的无用符号游戏。美国数学家威尔逊（E. B. Wilson）在《向量分析》的评论中写道：“当把四元数应用于电磁学时，我发现它是不适合的。四元数是反物理的、不自然的，并且与通常数值的数学不协调。因此，我将四元数拆分成数量和向量。”

不可否认的是，四元数为向量分析的发展、成熟发挥了重要的推动作用。20 世纪中叶，向量分析成为强有力的现代数学工具。牛顿力学、电磁学、物理学、工程学使用的都是向量分析的语言，而四元数极少使用。例如，狄拉克将其用于相对论量子力学的狄拉克矩阵。但这样的应用范围与哈密顿爵士最初的期待相去甚远。

20 世纪末，随着计算机技术的发展，四元数被用于表示旋转和变换算子，终于展示出其更多的应用价值。事实上，在三维几何旋转的计算中，四元数比矩阵具有更大的优势，已经被广泛应用于计算机图形学、控制理论、信号处理、轨道力学、晶体学、机器人等领域。例如，为了保证航天器能高效、准确地完成诸如太阳能帆板的光能吸收、对地观测等诸多的空间任务，需要航天器具备理想的姿态控制性能，航天器姿态控制问题成为航天技术领域的重要课题。而航天器姿态控制是一类强非线性和强耦合的控制问题。经过技术攻关，人们发现四元数描述法是解决航天器姿态控制问题的有效方案，可以实现使用最少的参数、全局无奇异性的目的。

从四元数的发展我们可以看出：数学的理论研究往往领先于实际应用。很多数学理论在创立的很长一段时间里都找不到应用的落脚点。但假以时日，人类终会领教作为人类心智荣耀代表的数学的巨大威力，在意想不到的地方发现那些看似无用的数学理论的应用价值。

“四元数”的出现昭示着传统观念下数系扩充的结束。

回顾本章前述内容，我们可以发现：数的概念的每次扩充都标志着数学的进步，但是这种进步并不是按照数学教科书的逻辑步骤展开的。古希腊人关于无理数的发现暴露出有理数系的缺陷，而实数系的完备性一直到 19 世纪才得以完成。负数早在《九章算术》中就被中国数学家所认识，然而 15 世纪的欧洲人仍然不愿意承认负数的意义。

同时，数系的历史发展似乎给人这样一种印象：数系的每次扩充，都是在旧的数系中添加新的元素，如分数添加于整数，负数添加于正数，无理数添加于有理数，复数添加于实数。但是，现代数学的观点认为：数系的扩充，并不是在旧的数系中添加新元素，而是在旧的数系之外构造一个新的代数系，其元素在形式上与旧的可以完全不同，但是，它包含一个与旧的代数系同构的子集，这种同构必然保持新旧代数系之间具有完全相同的代数构造。

数学的思想一旦冲破传统模式的藩篱，就会产生无可估量的创造力。哈密顿的四元数的发明，使其他数学家认识到既然可以抛弃实数和复数的交换性而构造一个有意义、有作用的新"数系"，那么就可以较为自由地考虑甚至偏离实数和复数的通常性质的代数构造。虽然数系的扩充就此终止，但是通向抽象代数的大门被打开了。

3.4　伽罗瓦与抽象代数

抽象代数（Abstract Algebra）又称近世代数（Modern Algebra），它产生于 19 世纪。1832 年，法国天才数学家伽罗瓦（É. Galois）提出了"群"的概念，并运用这一工具彻底解决了用根式求解代数方程的可能性问题。这样，代数学由作为解方程的科学转变为研究代数运算结构的科学，即抽象代数。因此，伽罗瓦也被公认为抽象代数的创始人之一，如图 3.4.1 所示。

图 3.4.1　伽罗瓦

伽罗瓦一生坎坷，他和挪威数学家阿贝尔（N. H. Abel）、印度数学家拉马努金（S. Ramanujan）是世界上公认的最具传奇色彩的三位不幸英年早逝的青年天才数学家。

上中学时，伽罗瓦成绩优异，酷爱数学。1827 年，他报考了巴黎综合工科学校，却因主考官而名落孙山。1829 年，伽罗瓦将他在代数方程解的结果呈交给法国科学院。柯西负责审阅他的论文，可是，柯西将文章连同摘要都弄丢了。当伽罗瓦第二次要报考巴黎综合工科学校时，他的父亲因被人在选举时恶意中伤而自杀身亡。在进入高等师范学院就读后的第二年，伽罗瓦将他对方程论的研究结果整理成三篇论文，参加法国科学院数学大奖的评比。但是，在送到傅里叶的手中后，文章却因为傅里叶患病离世而被蒙尘。伽罗瓦只能眼睁睁看着大奖落入阿贝尔与德国数学家雅可比（C. G. J. Jacobi）的手中。

1831 年 5 月，在法国七月革命中，由于支持共和主义，伽罗瓦两度被捕。在监狱中，伽罗瓦仍顽强地进行数学研究，修改他关于方程论的论文及进行其他数学工作。伽罗瓦去世于 1832 年 5 月。一种具有浪漫主义的说法是，他在狱中爱上了一个医生的女儿。因为这段感情，他陷入一场决斗，在决斗前夜，自知必死的伽罗瓦奋笔疾书，将他的数学成果整理概述出来，并时不时在一旁写下"我没有时间"，结果他在决斗中不幸身亡。

在伽罗瓦去世后，他的朋友遵照他的遗愿，将他的数学论文寄给了高斯与雅可比，但仍然石沉大海。直到 1843 年，刘维尔才发现和肯定了伽罗瓦结果的正确性、独创性与深邃性，并在 1846 年将之发表。

抽象代数是研究各种抽象的公理化代数系统的数学分支，包含代数、群、环、伽罗瓦理论、格论等研究领域。它与数学的其他分支结合产生了代数几何、代数数论、代数拓扑、拓扑群等数学分支。抽象代数是基础数学的重要组成部分，也是现代计算机理论的基础之一。

美国数学家伯克霍夫（G. D. Birkhoff）、冯·诺依曼等人在 1933—1938 年所做的工作奠定了格论在代数学的地位。中国数学家曾炯之、周炜良和华罗庚等在抽象代数学的研究方面也取得了有意义和重要的成果。

思 考 题

1. 中国在数系的扩充方面做出了哪些贡献？
2. 通过查阅资料，扩展了解和分析复数、四元数的理论与应用情况。
3. 通过查阅资料，概括和分析抽象代数的发展与应用情况。

第四章

没有王者之路——欧氏几何

为犹将多，尔居徒几何？

——《小雅·巧言》

几何是研究空间结构及性质的一门学科。它是数学中最基本的研究内容之一，与分析、代数等具有同样重要的地位，并且关系极为密切。本章中，我们将从几何学的起源讲起，介绍欧几里得、希帕提娅、祖冲之、徐光启等数学家，分析《几何原本》的流传、化圆为方和圆周率的计算，展现古希腊和古代中国在几何学发展方面的贡献。

4.1 欧氏几何

4.1.1 几何学的起源

欧洲近代自然科学之父伽利略曾经说过："自然界这本伟大的书是用数学语言写成的"，而"其特征是三角形、圆和其他几何图形。如果没有这些几何图形，人们只能在黑暗的迷宫中做毫无结果的游荡"。

人类很早就有了对几何图形的朴素认识。在距今 7000 年前的中国河姆渡遗址中，人们发现了圆筒、圆珠等。而在中国新石器时代的陶器上，人们发现了规则的几何图案。随着人类文明的发展，出于满足建筑、测绘、天文、制作等生产、生活需要，关于长度、角度、面积和体积等的经验原理的积累导致几何学的早期发展。

古埃及是几何学的早期发祥地之一。受上游来水的影响，古埃及的尼罗河每年都会定期泛滥。洪水来时，尼罗河会淹没两岸农田；洪水退后，会留下一层厚厚的淤泥，形成肥沃的土壤，但田地的界线也被洪水冲毁了。这时，人们就要重新测定土地的面积，划定界线。被称为"历史之父"的古希腊历史学家希罗多德（Herodotus）曾写道："每次尼罗河泛滥，都会破坏耕地界线，因此经常需要测量土地，几何学自然会成为发达的学科。"事实上，几何对应的英文"Geometry"一词最早来自古希腊语"γεωμετρία"。"Geometry"由"geo"（earth，土地）和"metron"（measurement，测量）两个词合成，指的是土地测量。

英国巨石阵（stonehenge）是位于英格兰威尔特郡的一座史前文化遗迹，建于约公元前3000年至公元前2000年。它由一排每块高约13英尺（4.0米）、宽约7英尺（2.1米）、重约25吨的立石组成，如图4.1.1所示。它的主轴线、通往石柱的古道和夏至日早晨初升的太阳在同一条线上；另外，其中还有两块石头的连线指向冬至日落的方向。根据其现存的状况推断，其原貌应该呈圆形分布，因此它也被称为斯托肯立石圈、索尔兹伯立石环。

图4.1.1 英国巨石阵

根据现在遗留的土坑和立石日推断，在70多米的直径内，原来排列着两个同心圆。外圈有56根石柱，8根为一组，共7组；内圈有30块巨石块，5块为一组，共6组。外圈的7组石柱和内圈的6组石块对应成奇妙的错位。有学者推断，巨石阵就是写于公元前50年的古希腊历史著作《古代世界史》中提到的太阳神庙：凭借日月光线在两个圆圈内穿过石块缝隙间的交叠变化，古人可以确定季节的更迭，可以用来计算日食和月食的周期。虽然到目前为止对巨石阵的修建目的还没有定论，但我们知道：在约公元前3000年至公元前2000年的英国，古人已经知道将几何学应用于建筑或天文观测。

古埃及人很早就将几何学应用于生产、生活实践。成书于公元前17世纪的古埃及数学著作《莱因德纸草书》记录了如何计算土地的面积、粮仓的体积、金字塔的坡度等问题，其中，问题41～问题46是关于如何计算圆柱体和长方体粮仓的体积问题。问题41给出了计算圆柱体粮仓的体积的方法。设 d 为直径，h 是高度，那么圆柱体粮仓的体积 V 为

$$V = \left[\left(1 - \frac{1}{9}\right)d\right]^2 h$$

若将直径记为 $d = 2r$，上式变为

$$V = \frac{256}{81}r^2 h$$

而分数 $\frac{256}{81}$ 近似为3.1605，约等于 π 的值，误差小于1%。问题48～问题55讨论了如何计

算圆、三角形、梯形等的面积问题，指出：圆的面积与其外接正方形的面积之比为 $\frac{64}{81}$，即圆的面积是直径的 $\frac{8}{9}$ 的平方，这与体积问题中的圆周率 π 的近似值取为 $\frac{256}{81}$ 是一致的。问题 56～问题 60 研究了金字塔的坡度问题。在成书时间稍早一点的《莫斯科纸草书》中，问题 14 研究了如何计算金字塔平截头的体积。

中国也是几何学的早期发祥地之一。在西安半坡遗址出土的陶器上，有用圆点组成的等边三角形和将正方形分为 100 个小正方形的图案。同时，半坡遗址的房屋基址都呈圆形或者方形。为了画圆作方、确定平直，人们还创造了规、矩、准、绳等作图工具与测量工具。据《史记·夏本纪》记载，大禹治水时已使用了这些工具，如图 4.1.2 所示。

图 4.1.2 大禹治水

中文中的"几何"一词，最早由明代数学家徐光启在 1607 年与意大利传教士利玛窦（M. Ricci）合译并出版《几何原本》的过程中所创。当时并未给出依据，后世多认为几何一方面可能是拉丁化的希腊语 GEO 的音译，另一方面由于《几何原本》中也有利用几何方式来阐述数论的内容，也可能是 magnitude（多少）的意译，因此一般认为几何是 geometria 的音意兼译。事实上，"几何"一词古已有之并有多重含义。例如，"所获几何"表示多少、若干，用于询问数量或时间；"对酒当歌，人生几何"表示没有多久，所剩无几；"其为宝也，几何矣"表示询问什么时候。

最迟在东汉初期成书的《九章算术》系统地总结了我国从先秦到西汉中期的数学成就，如图 4.1.3 所示。现今流传的是在三国时期魏元帝景元四年（公元 263 年）刘徽所作的注本。在这一版本《九章算术》第一卷《方田》中，问题一："今有田广十五步，从十六步。问为田几何？"这里"几何"表示的就是多少、若干的意思。因此，徐光启使用这一词是凿凿可据、恰如其分、含义隽永的。

1607 年出版的《几何原本》中关于几何的译法在当时并未通行，同时代也存在另一种译名——形学，如狄考文（C. W. Mateer）、邹立文、刘永锡编译的《形学备旨》，在当时也有一定的影响。在 1857 年清朝数学家李善兰与英国汉学家伟烈亚力（A. Wylie）续译的《几何原本》后 9 卷出版后，几何之名虽然得到了一定的重视，但是直到 20 世纪初才有了较明显的取代"形学"一词的趋势，如在 1910 年《形学备旨》第 11 次印刷成都翻刊本中，徐树勋就将其改名为《续几何》。直至 20 世纪中期，才鲜有"形学"一词的出现。

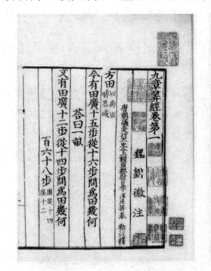

图 4.1.3　《九章算经》

4.1.2　神圣几何——勾股定理和柏拉图立体

早在毕达哥拉斯定理产生之前 500 年左右，中国的商高就提出了勾股定理。商高，黄帝二十五子之昆孙，周朝数学家。在周成王时，他被封爵为商子。在成书于公元前 1 世纪、我国古老的天文学和数学著作《周髀算经》中，记录了商高提出的勾股定理的故事。

"昔者，周公问于商高曰：'窃闻乎大夫善数也，请问昔者包牺立周天历度——夫天不可阶而升，地不可得尺寸而度，请问数安从出？'

"商高曰：'数之法出于圆方，圆出于方，方出于矩，矩出于九九八十一。故折矩，以为勾广三，股修四，径隅五。既方之，外半其一矩，环而共盘，得成三四五。两矩共长二十有五，是谓积矩。故禹之所以治天下者，此数之所生也。'"

这段话的大意如下。

从前，周公（姬旦）问大臣商高："听说你的数学造诣深厚，请问：古代的伏羲是如何确定天球的度数的？既然没有台阶可以登上天庭，也没有能测量大地的尺子，那么天有多高，地有多广？"

商高答道："数理的基础是圆和方，圆是从方转化而来的，而方形可以用矩画出。如果一个直角三角形的勾宽是三，股长是四，那么直角三角形的斜边长为五。"

"勾三股四弦五"即由此而来，这就是中国著名的勾股定理。

同时，在《周髀算经》卷上叙述周公后人荣方与陈子的对话中，还明确记载了勾股定理的公式："若求邪至日者，以日下为勾，日高为股，勾股各自乘，并而开方除之，得邪至日。"《周髀算经》关于勾股定理的记载如图 4.1.4（a）所示。

《九章算术》中，赵爽描述勾股圆方图："勾股各自乘，并之为玄实。开方除之，即玄。案玄图有可以勾股相乘为朱实二，倍之为朱实四。以勾股之差自相乘为中黄实。加差实亦成玄实。以差实减玄实，半其余。以差为从法，开方除之，复得勾矣。加差于勾即股。凡并勾股之实，即成玄实。或矩于内，或方于外。形诡而量均，体殊而数齐。勾实之矩以股玄差为广，股玄并为袤。而股实方其里。减矩勾之实于玄实，开其余即股。倍股在两边为从法，开矩勾之角即股玄差。加股为玄。以差除勾实得股玄并。以并除勾实亦得股玄差。令并自乘与勾实为实。倍并为法。所得亦玄。勾实减并自乘，如法为股。股实之矩以勾玄差为广，勾玄并为袤。而勾实方其里，减矩股之实于玄实，开其余即勾。倍勾在两边为从法，开矩股之角，即勾玄差。加勾为玄。以差除股实得勾玄并。以并除股实亦得勾玄差。令并自乘与股实为实。倍并为法。所得亦玄。股实减并自乘如法为勾，两差相乘倍而开之，所得以股玄差增之为勾。以勾玄差增之为股。两差增之为玄。倍玄实列勾股差实，见并实者，以图考之，倍玄实满外大方而多黄实。黄实之多，即勾股差实。以差实减之，开其余，得外大方。大方之面，即勾股并也。令并自乘，倍玄实乃减之，开其余，得中黄方。黄方之面，即勾股差。以差减并而半之为勾。加差于并而半之为股。其倍玄为广袤合。令勾股见者自乘为其实。四实以减之，开其余，所得为差。以差减合半其余为广。减广于玄即所求也。"

用现代的数学语言描述上面这段话就是：黄实的面积等于大正方形的面积减去四个朱实的面积。

在许多数学分支、建筑以及测量等方面，勾股定理有着广泛的应用。古埃及人用他们对这个定理的知识来构造直角，他们把绳子按3、4和5单位间隔打结，然后把三段绳子拉直形成一个三角形。他们知道所得三角形最大边所对应的角总是一个直角。2002年，第24届国际数学家大会在我国北京举行，徽标如图4.1.4（b）所示。

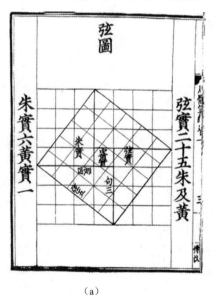

（a）

（b）

图4.1.4　《周髀算经》关于勾股定理的记载和第24届国际数学家大会的徽标

古希腊人在哲学、诗歌、建筑、科学、文学、戏剧等许多方面都取得了辉煌的成就，是西方文明的重要来源之一。其中，数学无疑是最为绚烂的篇章之一，对后世数学、科学的发展产生了极为重要的影响，而柏拉图立体无疑是古希腊数学的重要代表性成果，如图 4.1.5 所示。

柏拉图，古希腊伟大的哲学家，也是西方哲学乃至整个西方文化最伟大的哲学家和思想家之一。他和他的老师古希腊哲学家苏格拉底（Socrates）、他的学生亚里士多德并称"希腊三贤"。柏拉图曾跟随苏格拉底学习哲学，同时从毕达哥拉斯学派吸收了许多数学观点。公元前 399 年，在苏格拉底被判死刑后，柏拉图开始在意大利、西西里岛、埃及、昔兰尼等地游历。约公元前 387 年，柏拉图返回雅典，在雅典城外的一个叫 Akademia 的橄榄树林地创立了柏拉图学院，这所学院成为西方文明最早的有完整组织的高等学府之一。后世的高等学术机构（academy）也因此而得名。学院存在了 900 多年，直到公元 529 年被东罗马帝王查士丁尼一世（F. P. S. Justinianus）关闭。学院课程设置类似于毕达哥拉斯学派，包括算术、几何学、天文学以及声学。哲学家亚里士多德、数学家欧几里得、数学和天文学家欧多克索斯都曾在柏拉图学院学习过。可以说，柏拉图学院对古希腊文明的发展产生了重要影响。

所谓正多面体，是指多面体的各个面都是全等的正多边形，并且各个多面角是全等的。与我们的想象不同，正多面体的个数屈指可数。事实上，柏拉图指出正多面体只有 5 种：由 4 个等边三角形组成的正四面体（tetrahedron）、由 6 个正方形组成的正六面体（cube/hexahedron）、由 8 个等边三角形组成的正八面体（octahedron）、由 12 个正五边形组成的正十二面体（dodecahedron）、由 20 个等边三角形组成的正二十面体（icosahedron），它们也被称为柏拉图立体，如图 4.1.5 所示。

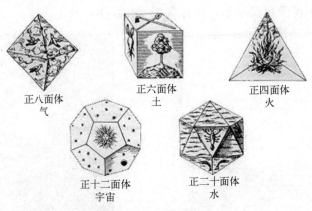

正八面体
气

正六面体
土

正四面体
火

正十二面体
宇宙

正二十面体
水

图 4.1.5　柏拉图立体

在柏拉图之前的毕达哥拉斯认为：由点产生线，由线产生面，由面产生体，而由体可以产生感觉的一切形体，产生出水、火、土、气 4 种"元素"。而这 4 种元素又以各种不同的方式相互作用、转化，由此产生有生命、有精神的、球形的世界。柏拉图继承了毕达哥拉斯的这种观点，赋予 5 种柏拉图立体以火、气、土、水和宇宙的含义，认为它们就是组成世界的元素。事实上，毕达哥拉斯和柏拉图的这种观点具有神秘主义色彩，但有趣的是，自然界形成的一些物质确实具有正多面体的形状，例如，食盐的结晶体是正六面体，而明矾的结晶体是正八面体。

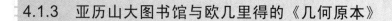

4.1.3　亚历山大图书馆与欧几里得的《几何原本》

亚历山大大帝位列欧洲历史上最伟大的四大军事统帅之首，曾师从古希腊著名学者亚里士多德。位于尼罗河口的亚历山大城是亚历山大为其东征而建立的重要后方基地。在漫长的历史岁月里，亚历山大城经历了希腊、罗马、拜占庭、阿拉伯帝国和奥斯曼帝国几个时期，自建成到公元 641 年一直是埃及的首都。

在亚历山大英年早逝后，他的部将托勒密一世（Ptolemy I Soter）以亚历山大城为都城建立托勒密王朝，托勒密王朝的最后一任女法老——埃及女王克利奥帕特拉七世（埃及艳后）自杀，托勒密王朝历经 275 年。作为托勒密王朝的首都，自其建城后，亚历山大城很快便成为当时世界上重要的文明中心和贸易枢纽之一，希腊文化、埃及文化、犹太文化在此交流融合。

位于亚历山大城港口的法罗斯岛灯塔（也称为亚历山大灯塔，Lighthouse of Alexandria 或 Pharos of Alexandria）是古代世界七大建筑奇迹之一，建成于托勒密二世（Ptolemy II）统治期间的公元前 279 年，如图 4.1.6 所示。这座灯塔的高度超过 100 米，在地中海的黑夜中发出耀眼的光芒，照耀整个亚历山大港，引导着往来的船只。历经一千多年的风雨沧桑，法罗斯岛灯塔在 1480 年因为地震而完全沉入海底。现在，我们仍然能够在古代的壁画、钱币、陶器上领略这座灯塔的雄伟壮观。这座灯塔无疑是托勒密王朝国力强大和科技领先的佐证。

与法罗斯岛灯塔遥遥相望的就是著名的亚历山大图书馆，如图 4.1.7 所示。公元前 259 年，作为博学园的一部分，托勒密一世开始在布鲁却姆（Brucheium）修建亚历山大图书馆。建立以后，通过多种手段和方法，亚历山大图书馆收藏了数量庞大的图书，包括希腊文、古埃及文、腓尼基文、希伯来文等多种文字的许多珍贵书籍的原著、手抄本和手稿，涉及哲学、诗歌、文学、医学、宗教、伦理和其他科学。这些书籍大多是以纸莎草卷轴的形式保存的。由于位于布鲁却姆的亚历山大图书馆总馆藏书量迅速增大，托勒密二世又在撒帕轮神庙（Temple of Sarapeum，也称为六翼天使神庙）设立分馆。由于年代久远、资料散失，我们现在已经难以知道当时亚历山大图书馆藏书的精确数字。但从后世一些名人记载的资料中可以想见亚历山大图书馆藏书的浩瀚。古希腊诗人卡利马科斯（Callimachus）曾在托勒密二世和托勒密三世时期负责亚历山大图书馆书目的调查工作。据他的说法，当时亚历山大图书馆的藏书量是 49 万卷，另一种说法是 70 万卷。据现在保守的推测，其藏书量应该在 4 万～40 万卷。经过历代君主的不断经营，直到公元前 30 年罗马帝国攻占埃及，亚历山大图书馆一直是当时最大、最重要的图书馆。有人说，亚历山大的图书馆收藏的图书资料涵盖了当时"古代世界已知的一切学问"。

亚历山大博学园和图书馆是当时地中海世界的学术和文化中心，吸引了包括欧几里得、地理学之父埃拉托色尼（Eratosthenes）、力学之父阿基米德（Archimedes）、三角学创始人喜帕恰斯等一大批杰出的科学家、哲学家、思想家、艺术家。他们或担任亚历山大图书馆的馆长，或在此从事学术研究、讲学，这使亚历山大城成为"世界上最有学问的地方"，成为当时世界的学术之都、文明灯塔。

生于雅典的欧几里得就是这些曾经在亚历山大城图书馆活跃的学者一员。欧几里得的生平事迹主要来自古希腊数学家帕普斯（Pappus of Alexandria）和古希腊新柏拉图主义者普罗克洛斯的著作。根据普罗克洛斯的说法，欧几里得曾经在柏拉图建立的柏拉图学院学习，是柏拉图的再传弟子。公元前 300 年左右，欧几里得受托勒密之邀来到亚历山大城工作，长期从事教学、研究和著述。他写过不少数学、天文、光学和音乐方面的著作，而以《几何原本》最闻名于世。

图 4.1.6　法罗斯岛灯塔

图 4.1.7　亚历山大图书馆

在欧几里得之前，兴起于公元前 7 世纪古埃及的几何学，经古希腊毕达哥拉斯学派的系统奠基，逐渐积累了一些几何学研究成果。缺乏系统性是当时几何学最大的缺点和不足。被称为"几何之父"的欧几里得写成了《几何原本》，这部书基本囊括了几何学从公元前 7 世纪的古埃及到公元前 4 世纪前后的古希腊的数学发展成果。全书以平面和立体几何为主，也包括数论和几何代数的一些内容。

《几何原本》成书于约公元前 300 年，原书应该是写在当时地中海沿岸常见的书籍材料——莎草纸上。在欧几里得之后，有许多人为《几何原本》的流传做出了贡献。在《几何原本》成书六七百年后，古希腊著名数学家席恩对各种流传的《几何原本》手抄本进行了对比分析，竭力还原《几何原本》的原貌，并进行了注记，世界上第一位女数学家——席恩的女儿希帕提娅也参与了这项工作，希帕提娅和她父亲席恩编译的《几何原本》如图 4.1.8 所示。19 世纪以前，人们往往认为这一版本的《几何原本》是已知最早有记录的、最忠实于原著的希腊文版本，因此，这一版本的《几何原本》在 19 世纪以前得到广泛的传播。目前发现的最早抄本是公元 888 年的君士坦丁堡抄写本。1808 年，佩拉德（F. Peyrard）在梵蒂冈宗座图书馆发现一份公元前 9 世纪的《几何原本》希腊文抄本，其内容明显早于席恩的版本。该版本被称为海博本，现在被视为《几何原本》的定本。

1896—1906 年，来自英国牛津大学王后学院的两位研究员——格非（B. P. Grenfell）和亨特（A. Hunt）在埃及古城俄克喜林库斯发掘出一批莎草纸古文书。之后，又有更多的莎草纸古文书被发掘。这些莎草纸古文书被后人称为"俄克喜林库斯古卷"（Oxyrhynchus Papyri），其成书时间介于公元前 3 世纪的托勒密王朝和公元 640 年的古罗马占领埃及时期之间，前后共计一千年时间。在这些莎草纸古文书中，研究人员意外地发现了目前已知最古老的《几何原本》残片，其在时间上可追溯到公元100年左右。俄克喜林库斯古卷发掘现场和《几何原本》残片如图4.1.9所示。

图 4.1.8 希帕提娅和她父亲席恩编译的《几何原本》

图 4.1.9 俄克喜林库斯古卷发掘现场和《几何原本》残片

阿拉伯人于公元760年左右在拜占庭接触到《几何原本》。公元800年左右，拉希德（H. al-Rashid）将其翻译成阿拉伯语。1120年，英国阿德拉德（Adelard of Bath）进一步将阿拉伯语版本的《几何原本》翻译成拉丁语。这样，《几何原本》传入西欧。

最早的《几何原本》印刷版本出现于1482年，该版本基于意大利数学家、天文学家坎帕努斯（Campanus of Novara）的1260年拉丁语版本。在1482年印刷版本之后，《几何原本》被翻译成多种语言，出版了1000种版本。1533年，席恩编注的《几何原本》在欧洲被再次发现。《几何原本》是除《圣经》外版本最多、发行量最大的一种书籍。

是什么原因使得《几何原本》有这么多版本，这么被后人所推崇呢？

《几何原本》全书共ⅩⅢ卷。第Ⅰ卷：几何基础；第Ⅱ卷：几何与代数，研究如何把三角形变成等面积的正方形；第Ⅲ卷：圆与角；第Ⅳ卷：圆与正多边形，讨论圆内接四边形和外切多边形的尺规作图作法和性质；第Ⅴ卷：比例，讨论比例理论；第Ⅵ卷：相似，研究相似多边形；第Ⅶ卷、第Ⅷ卷、第Ⅸ卷、第Ⅹ卷：初等几何数论，其中占篇幅最大的第Ⅴ卷主要讨论无理数（与给定的量不可通约的量）；第Ⅺ卷：立体几何；第Ⅻ卷：立体的测量；第ⅩⅢ卷：正多面体。

人们将《几何原本》中与几何有关的部分称为欧氏几何。欧几里得之前的许多数学家都为《几何原本》的最终诞生做出了贡献。据推测，《几何原本》的第Ⅰ卷、第Ⅱ卷的大部分可能来自毕达哥拉斯（Pythagoras of Samos）的工作。第Ⅲ卷可能来自希俄斯的希波克拉底（Hippocrates of Chios）的工作，而不是更知名的科斯的希波克拉底的工作。第Ⅴ卷可能来源于欧多克索斯（Eudoxus of Cnidus）的工作。而第Ⅳ卷、第Ⅵ卷、第Ⅺ卷和第Ⅻ卷可能来自毕达哥拉斯或雅典的其他数学家。另外，《几何原本》可能还基于希俄斯的希波克拉底的早期教科书。

虽然《几何原本》中的许多结论来源于其他数学家，但这并不影响欧几里得和《几何原本》的伟大。究其原因，欧几里得不是把他收集来的前人结果进行简单的堆砌，而是采用了不同于前人的一种全新的公理化方法，将前人的一些结果纳入一个严密的逻辑系统：将不需要证明的自明之理作为"公理"，利用逻辑推理演绎的方法获得其他"定理""命题"等。恩格斯曾说过：数学上的所谓公理是数学需要用作自己出发点的少数思想上的规定。《几何原本》包含 5 个公设（postulates）、5 个公理（common notions）、131 个定义（definitions）和 465 个命题（propositions）。其中，公设也称为几何公理，是几何学中不需要证明的基本原理，而公理指的是所有数学分支都适用、不需要证明的基本原理。

表 4.1.1 　《几何原本》各卷内容数量统计表 　　　　　　　　单位：个

卷	Ⅰ	Ⅱ	Ⅲ	Ⅳ	Ⅴ	Ⅵ	Ⅶ	Ⅷ	Ⅸ	Ⅹ	Ⅺ	Ⅻ	ⅩⅢ	总计
公设	5	0	0	0	0	0	0	0	0	0	0	0	0	5
公理	5	0	0	0	0	0	0	0	0	0	0	0	0	5
定义	23	2	11	7	18	4	22	0	0	16	28	0	0	131
命题	48	14	37	16	25	33	39	27	36	115	39	18	18	465

《几何原本》的 5 个公设如下。

公设 1：任意两个点可以通过一条直线连接；

公设 2：任意线段能无限延伸成一条直线；

公设 3：给定任意线段，可以以一个端点作为圆心，以该线段作为半径作一个圆；

公设 4：所有直角全等；

公设 5：若两条直线都与第三条直线相交，并且在同一边的内角之和小于两个直角，则这两条直线在这一边必定相交。

其中，公设 5 等价于：在平面内，过直线外一点，只可作一条直线与已知直线平行，因此，也被称为平行公设（parallel axiom）。

《几何原本》的 5 个公理如下。

公理 1（等量代换公理）：与同一个量相等的两个量相等（若 $a=c$ 且 $b=c$，则 $a=b$）；

公理 2（等量加法公理）：等量加等量，其和相等（若 $a=b$ 且 $c=d$，则 $a+c=b+d$）；

公理 3（等量减法公理）：等量减等量，其差相等（若 $a=b$ 且 $c=d$，则 $a-c = b-d$）；

公理 4（移形叠合公理）：完全叠合的两个图形是全等的；

公理 5（全量大于分量公理）：全量大于分量（$a+b>a$）。

这 5 个公设、5 个公理是不证自明的，是推导其他命题的基础。欧几里得用公理化的方法将那些零散的、看似没有联系的、经验性的几何结论纳入一个具有严密逻辑结构的体系：所有的定理、命题、结论都与这 5 个公设和 5 个公理紧密相连，它们都可由公设和公理通过精妙的分析、推导、归纳、证明而获得。

欧几里得不仅为后世留下了一本《几何原本》，更重要的是他所创造、使用的公理化方法。书中呈现了由已知到未知、由简到繁、化难为易等思想方法，使书中的每个结论都是不容置疑、牢不可破的，而它们的推导又是精妙绝伦、回味无穷的，这使得《几何原本》成为一本逻辑严密的经典著作。柏拉图学派晚期导师普罗克洛斯曾经这样评价欧几里得的工作："欧几里得收集和整理了欧多克索斯的定理，将泰阿泰德的许多工作精确化，对前人只是稀松证明的一些东西进行了无懈可击的推导证明。"

公理化方法成为将零散的知识系统化、演绎成一个严密逻辑知识体系的有效科学方法。而且，公理化方法也是我们在不同科学理论上探索事物发展规律时新发现的一种重要方法。德国数学家、数学史家汉开尔（H. Hankel）曾经说过："就大多数学科而言，一代人摧毁的正是另一代人所建立的，而他们所建立的也必将为另一代人所破坏。只有数学不同，每一代人都是在旧的建筑物上加进新的一层。"数学发展的这一特点，在一定程度上归因于数学学科发展的公理化方法。

在普罗克洛斯的《几何学发展概要》中记载着这样一则故事：在欧几里得的推动下，几何学成为人们生活中的一个时髦话题，以至于当时亚历山大国王托勒密一世也想赶这一时髦学些几何学。在发现欧氏几何并不容易学时，他问欧几里得："学习几何学有没有什么捷径可走？"欧几里得答道："抱歉，陛下！学习数学和学习一切科学一样，是没有什么捷径可走的。学习数学，人人都得独立思考，就像种庄稼一样，不耕耘是不会有收获的。在这一方面，国王和普通老百姓是一样的。"从此，"几何无王者之路"（在几何学里，没有专为国王铺设的大道）这句话成为千古传诵的学习箴言。

两千多年来，《几何原本》一直是人们学习数学的必备入门教材，成为训练逻辑思维能力、空间想象能力的重要载体，16 世纪 70 年代的数学课本《几何原本》如图 4.1.10 所示。众多名人曾经以此书开启心智，从中吸取养分。许多名人都曾经描述《几何原本》和欧氏几何给自己带来的冲击、震撼和促进。

图 4.1.10　16 世纪 70 年代的数学课本《几何原本》

英国大师罗素（B. A. W. Russell）在哲学、数学、逻辑学、教育学、社会学、政治学和文学等多个领域有杰出的贡献，是分析哲学的主要创始人，曾获得诺贝尔文学奖。他从《几何原本》中读出初恋般的美妙："我十一岁时开始跟哥哥读欧几里得，这是一生中的大事，宛如初恋，我从没想到世上竟然有如此甘美的事情。"

美国物理学家爱因斯坦创立了狭义相对论和广义相对论，成功解释了光电效应，获得诺贝尔物理学奖，被公认是继伽利略、牛顿以来最伟大的物理学家。他这样形容《几何原本》给他带来的震撼："十二岁刚开学时，我经历了人生奇妙的事。一本关于欧氏几何的小书，里面提到三角形的三高交于一点，这件事绝非显然，但是书上以不容置疑的确定性证明了这个命题。那种清澈与确定的感觉，让我留下难以形容的印象。再举个例子，我拿到这本神圣几何小书前，舅舅曾经告诉过我勾股定理。经过一番奋斗后，我用相似三角形的方法'证明'了这个定理，任何人第一次经历这种事，都会觉得人类竟然能够达到这样的确定性与纯粹思考，实在是不可思议。"晚年时，爱因斯坦曾说过："如果欧几里得未激发你少年时代的科学热情，那你肯定不是天才科学家。"

4.1.4 数学缪斯——希帕提娅

希帕提娅生活在古罗马时期的亚历山大城，在她生活的那个年代，亚历山大城是仅次于雅典的哲学之都。她的父亲席恩是亚历山大博学园（mouseion）的负责人。为了将希帕提娅打造成一个完美的人，席恩亲自给希帕提娅教授数学、哲学和天文学，训练她的语言表达能力，进行跑步、远足、骑马、划船和游泳等体育锻炼。在作家与艺术家的想象中，她具有女神雅典娜般的美貌，被誉为"柏拉图的头脑被按放在阿佛洛狄忒的身体上"。1753年、1908年书籍上的希帕提娅形象如图 4.1.11 所示。

图 4.1.11 1753 年、1908 年书籍上的希帕提娅形象

在意大利和雅典游学后，希帕提娅在亚历山大城的新柏拉图学院教授数学和哲学，并在后来主持了该学院的工作。她逐渐成长为亚历山大城新柏拉图主义的领导者，给来自地中海各地区的学生讲授柏拉图和亚里士多德的著作。她和他的父亲席恩对《几何原本》进行了修订，除此以外，她还参与修订了天文学家托勒密在公元 140 年前后编纂的天文学和

数学百科全书《天文学大成》。为了计算太阳在绕地轨道一天中转过的角度，地心说的集大成者托勒密提出了一个除法问题。在希帕提娅的编注中，她针对这个问题首创了一种天文表的表格方法。另外，希帕提娅还独立编注了代数学创始人之一——丢番图 13 卷本的《算术》、阿波罗尼奥斯（Apollonius of Perga）8 卷本的《圆锥曲线论》。另外，她还发明了一种星盘、一种水的密度测量仪和一种液位测量系统。

基督教史学家索克拉蒂斯（Socrates of Constantinople）在他所著的《教会史》中，对希帕提娅做出如下描绘：“亚历山大城中有个名为希帕提娅的女人，她是哲学家席恩的女儿。她在文学与科学领域造诣甚深，她的哲学见解也远远超越与她同时代的哲学家们。她继承了柏拉图与普罗提纳斯的学派，向听讲者阐述他们的哲学理念。许多人不远千里而来，只求能获得她的点拨。基于良好的教养，她有一种沉着从容、平易近人的气质，她经常出现在公共场合、出现在当地的行政长官面前，从不因参与男人的集会而羞窘或难为情。而对于男人而言，由于她具有超凡的尊严与美德，因此他们只会更敬爱她。”

在《罗马帝国衰亡史》中，英国历史学家吉本（E. Gibbon）写道：“数学家席恩之女希帕提娅，受其父学说启蒙，她以渊博的评注，精准完备地阐释了阿波罗尼奥斯与丢番图的理论；她也在雅典与亚历山大城公开讲授亚里士多德与柏拉图的哲学。这位谦逊的处子颜如春花初绽，却有成熟智慧。她拒绝情人的求爱，全心教导自己的门徒。最荣耀、最显赫的大人物们，个个迫不及待地想要拜访这位女哲人。”

英国理论物理学家、科普作家辛格（S. Singh）在《费马大定理》中写道：“希帕提娅是亚历山大博学园一位数学教授的女儿，她的演讲极受欢迎，并且是最优秀的解题者，她因此而出名。一些数学家在对某个问题久攻不下时就会写信给她寻求解法，希帕提娅很少使她的崇拜者失望。她着迷于数学和逻辑证明，当被问及为什么她一直不结婚时，她回答说她已和真理订了婚。”

在古希腊宗教和神话中，缪斯（Muse）是主管文学、科学和艺术的女神。作为亚历山大城新柏拉图学派的领导者，希帕提娅拥有突出的地位、广泛的知名度和众多追随者。来自世界各地的信件被寄到这位被认为是雅典娜女神化身的希帕提娅手中。有的信件地址上只有一个简单的单词“缪斯”或“哲学家”。

公元 379 年，狄奥多西一世（Theodusius Ⅰ）就任罗马帝国皇帝，亚历山大城也随之成为教派冲突的风口浪尖。而希帕提娅仍然保持一贯的中立，继续对科学真理进行探寻和传播。公元 415 年，亚历山大城大主教西里尔（Cyril of Alexandria）下令处死希帕提娅，这位集美貌与智慧于一体的女数学家以非常惨烈的方式离开了世界。在《罗马帝国衰亡史》中，吉本对希帕提娅殉难的过程进行了描绘，人类历史上第一位女科学家、数学家、天文学家、哲学家和教育家被虐杀了。1866 年出版的书籍中描绘希帕提娅去世时场景的插图如图 4.1.12 所示。而与希帕提娅的死同样令人扼腕叹息的是亚历山大图书馆的焚毁。

希帕提娅这位兼具雅典娜智慧与美貌的女性，在生命的最后时刻仍然坚持其对哲学的信仰和对真理的追求。她对数学、科学的探索和对真理的坚持，在千百年后仍然熠熠生辉，就像法罗斯岛灯塔一样长明于科学的殿堂中。

图 4.1.12　1866 年出版的书籍中描绘希帕提娅去世时场景的插图

《雅典学院》是画家拉斐尔（Raphael Sanzio da Urbino）在 1509—1511 年为梵蒂冈教皇宫签字厅创作的《神学》《诗学》《哲学》《法学》四幅壁画中的一幅。它以古希腊哲学家柏拉图所建的雅典学院为题，描绘了柏拉图、亚里士多德、苏格拉底、毕达哥拉斯、欧几里得、阿基米德等众多先哲的形象，其中也包括希帕提娅。画家拉斐尔的《雅典学院》如图 4.1.13 所示。

图 4.1.13　画家拉斐尔的《雅典学院》

在当代的影视作品中，我们也能找到对希帕提娅和这段历史的刻画。2009 年，电影《城市广场》呈现了公元 4 世纪的亚历山大城和亚历山大图书馆，展现了希帕提娅的最后时光，电影《城市广场》如图 4.1.14 所示。

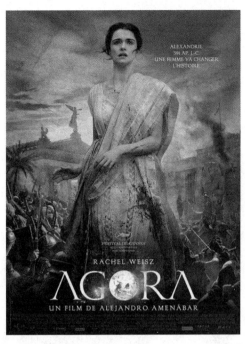

图 4.1.14 电影《城市广场》

在希帕提娅殉难几十年后，公元 476 年，西罗马帝国灭亡。作为希腊化古埃及新柏拉图主义的重要领导者，希帕提娅的殉难象征着希腊化古埃及亚历山大城的没落，标志着一个古典时代的终结，欧洲从此进入了一个科技发展相对停滞的漫长黑暗时期。

4.2 《几何原本》在中国的传播

13 世纪末，意大利旅行家、商人马可·波罗（Marco Polo）的游记，把东方描绘成遍地黄金、繁荣富庶的乐土，激发了西方探索东方的渴望。15—18 世纪是人类历史上发生重大变革的时代，欧洲一些国家相继开始了全球性海上扩张活动，争相开辟到东方的新航路。这期间，涌现了许多著名的航海家，包括哥伦布（C. Columbus）、达·伽马（V. da Gama,）、迪亚士（B. Dias）、麦哲伦（F. de Magallanes）等人。地理大发现开启了大航海时代，欧洲的船队出现在世界各处的海洋上，寻找着新的贸易路线和贸易伙伴。

事实上，中国人探索世界、进行经济和文化交流的脚步要远远早于欧洲。西汉时期，汉武帝于公元前 138 年和公元前 119 年两次派遣张骞出使西域，向西域传播了中华文化，也引进了西域文化成果。后来形成了从长安（今西安）到罗马的绵延 6440 千米的陆上丝绸之路。根据《汉书·地理志》，秦汉时期形成了以广州等为起点的海上丝绸之路，中国的船队到达了印度、斯里兰卡等地。隋唐时期，广州已成为中国的第一大港、世界著名的东方港口城市，由广州经南海、印度洋到达波斯湾各国的航线，是当时世界上最长的远洋航线。宋元时期，海上丝绸之路达到鼎盛时期。明朝时，郑和下西洋标志着海上丝绸之路发展到了极盛时期。南海丝绸之路从中国经中南半岛和南海诸国，穿过印度洋，进入红海，抵达东非和欧洲，途经 100 多个国家或地区，成为中国与外国贸易往来的海上大通道，推动了沿线各国的共同发展。

随着经济、贸易和人员的往来，中西方的科技、文化也在不断交流互鉴。其中，与数学相关的一个成果就是《几何原本》在中国的传播。而意大利的传教士、学者利玛窦（图 4.2.1）为中西方的科技、文化交流做出了重要贡献，特别是《几何原本》在中国的传播。他的名字 Matteo Ricci 的中文直译为玛提欧·利奇，利玛窦是他的中文名字，号西泰。1577 年 5 月，利玛窦被派往中国，他历经 5 年的时间辗转来到中国。从利玛窦开始，一个中西交流的新纪元开始了。

利玛窦从西方带来的物品包括他的老师——克拉维乌斯（C. Clavius）编纂的 15 卷本欧几里得的《几何原本》，这也是他在罗马学院学习时用的课本，利玛窦带来的《几何原本》如图 4.2.2 所示。本来欧几里得的《几何原本》有 13 卷，克拉维乌斯在后面又增添了 2 卷注释，共 15 卷。前 6 卷为平面几何，卷 7 至卷 10 为数论，卷 11 至卷 15 为立体几何。

 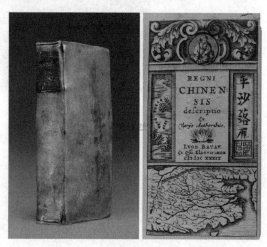

图 4.2.1 利玛窦　　　　　　　图 4.2.2 利玛窦带来的《几何原本》

利玛窦是第一位阅读中国文学并对中国典籍进行钻研的西方学者。他广交中国官员和社会名流，传播西方天文、数学、地理等科学技术知识。利玛窦传播的西方科学技术知识吸引了很多中国知识分子，其中就包括徐光启，徐光启邮票如图 4.2.3 所示。

图 4.2.3 徐光启邮票

在徐光启眼里，"西泰诸书，致多奇妙"。与之相比，学习八股文如同"爬了一生的烂路，甚可笑也"，而利玛窦等人"其教必可以补儒易佛，而其绪余更有一种格物穷理之学，凡世间世外、万事万物之理，叩之无不河悬响答，丝分理解，退而思之穷年累月，愈见其说之必然而不可易也。格物穷理之中，又复旁出一种象数之学。象数之学，大者为历法、为律吕，至其他有形有质之物，有度有数之事，无不赖以为用，用之无不尽巧妙者"。

截至 1606 年，徐光启已跟利玛窦学习了很多西方科技，体会到当时西方科技的精妙和先进。于是，向利玛窦建议出版有关欧洲科学的书籍。根据这个建议，利玛窦开始翻译《几何原本》。徐光启先是推荐了他的一位朋友做利玛窦的翻译助手，但两人合作翻译的效果并不好。后来，徐光启亲自与利玛窦合作进行翻译。然而，利玛窦虽然熟悉《几何原本》，但不精通中文；而徐光启尽管熟悉中文，但数学基础有所欠缺。他们想办法克服困难，在翻译时，先由利玛窦用中文将拉丁文的《几何原本》逐字逐句地口头翻译出来，再由徐光启草录下来。译完一段，再由徐光启进行修改润色，然后由利玛窦对照原著进行核对。在翻译的过程中，庞迪我、熊三拔、杨廷筠、李之藻、叶向高、冯应京等人也提供了帮助。

截至 1607 年 5 月，利玛窦和徐光启完成了《几何原本》前 6 卷平面几何部分的翻译工作。他们创造了许多中文数学名词，如点、线、面、平面、曲线、曲面、直角、钝角、锐角、垂线、平行线、对角线、三角形、四边形、多边形、圆、圆心、平边三角形（等边三角形）、斜方形（菱形）、相似、外切、几何等，这些数学名词一直使用到今天。梁启超就曾评价利玛窦和徐光启翻译完成的《几何原本》为：徐利合译之《几何原本》，字字精金美玉，是千古不朽的著作。现保存于罗马中央国立图书馆的 1610 年版《几何原本》如图 4.2.4 所示。

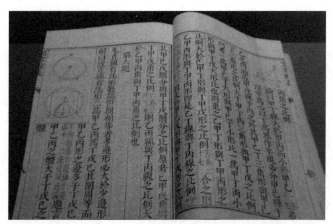

图 4.2.4　现保存于罗马中央国立图书馆的 1610 年版《几何原本》

在译完前 6 卷之后，徐光启又撰写了《几何原本引》《刻几何原本序》《几何原本杂议》，阐明了数学的重要性、《几何原本》的高明之处和他学习《几何原本》的体会。徐光启在介绍《几何原本》时说过："此书为益，能令学理者祛其浮气，练其精心；学事者资其定法，发其巧思，故举世无一人不当学。"其大意是：读《几何原本》的好处在于能去掉浮夸之气，练就精思的习惯，会按一定的法则，培养巧妙的思考，所以全世界人人都要学习几何。同时，他也指出："能精此书者，无一事不可精；好学此书者，无一事不可学。"

下面是《几何原本杂议》全文，从中可以看到中译本《几何原本》的魅力：

"下学功夫，有理有事。此书为益，能令学理者祛其浮气，练其精心；学事者资其定法，发其巧思，故举世无一人不当学。闻西国古有大学，师门生常数百千人，来学者先问能通此书，乃听入。何故？欲其心思细密而已。其门下所出名士极多。

"能精此书者，无一事不可精；好学此书者，无一事不可学。

"凡他事、能作者能言之，不能作者亦能言之；独此书为用，能言者即能作者，若不能作，自是不能言。何故？言时一毫未了，向后不能措一语，何由得妄言之。以故精心此学，不无知言之助。

"凡人学问，有解得一半者，有解得十九或十一者。独几何之学，通即全通，蔽即全蔽，更无高下分数可论。

"人具上资而意理疏莽，即上资无用；人具中才而心思缜密，即中才有用；能通几何之学，缜密甚矣。故率天下之人而归于实用者，是或其所由之道也。

"此书有四不必：不必疑，不必揣，不必试，不必改。有四不可得：欲脱之不可得，欲驳之不可得，欲减之不可得，欲前后更置之不可得。有三至、三能：似至晦，实至明，故能以其明明他物之至晦；似至繁，实至简，故能以其简简他物之至繁；似至难，实至易，故能以其易易他物之至难。易生于简，简生于明，综其妙在明而已。

"此书为用至广，在此时尤所急需，余译竟，随偕同好者梓传之。利先生作序，亦最喜其亟传也，意欲公诸人人，令当世亟习焉，而习者盖寡，窃意百年之后必人人习之，即又以为习之晚也。而谬谓余先识，余何先识之有？

"有初览此书者，疑奥深难通，仍谓余当显其文句。余对之：度数之理，本无隐奥，至于文句，则尔日推敲再四，显明极矣。倘未及留意，望之似奥深焉，譬行重山中，四望无路，及行到彼，蹊径历然。请假旬日之功，一究其旨，即知诸篇自首迄尾，悉皆显明文句。

"几何之学，深有益于致知。明此、知向所揣摩造作，而自诩为工巧者皆非也，一也。明此、知吾所已知不若吾所未知之多，而不可算计也，二也。明此、知向所想象之理，多虚浮而不可挼也，三也。明此、知向所立言之可得而迁徙移易也，四也。

"此书有五不可学，躁心人不可学，粗心人不可学，满心人不可学，妒心人不可学，傲心人不可学。故学此者不止增才，亦德基也。

"昔人云'鸳鸯绣出从君看，不把金针度与人'，吾辈言几何之学，政与此异。因反其语曰：'金针度去从君用，不把鸳鸯绣与人'，若此书者、又非止金针度与而已，直是教人开草冶铁，抽线造针，又是教人植桑饲蚕，涑丝染缕，有能此者，其绣出鸳鸯，直是等闲细事。然则何故不与绣出鸳鸯？曰：能造金针者能绣鸳鸯，方便得鸳鸯者谁肯造金针？又恐不解造金针者，菟丝棘刺，聊且作鸳鸯也！其要欲使人人真能自绣鸳鸯而已。"

利玛窦和徐光启翻译完成的《几何原本》揭开了西方数学传入中国的新篇章。不同于中国古代数学书籍的传统编写方式，《几何原本》引入了公理化方法，使用了推导证明。在出版后，中文版的《几何原本》产生了极大的影响，使当时一大批中国学者开始接触西方数学发展的成果，开阔了眼界，推动了中国数学、科技的进步。明末名将孙元化（徐光启的学生）在学习了《几何原本》之后，接连出版了《几何体论》《几何用法》《泰西算要》三本研究著作。到了清朝初年，又有一大批几何书籍陆续出版，包括方中通于1611年出版的《几何约》、李子金于1679年出版的《几何易简录》、梅文鼎于1692年出版的《几何通解》、杜知耕于1700年出版的《几何论约》等。

中文版的《几何原本》也是除阿拉伯世界外的第一个东方译本，它在出版时间上早于西方许多国家的译本。例如，俄罗斯、瑞典、丹麦、波兰等文字的《几何原本》译本分别最早出现于1739年、1744年、1745年和1817年。

需要指出的是，利玛窦和徐光启只合作翻译了《几何原本》前6卷。1607年5月，也就是《几何原本》前 6 卷的翻译刚刚完成的时候，恰逢徐光启的父亲去世，徐光启需要回乡守孝 3 年。等到 1610 年 12 月丁忧期满，徐光启回到北京时，利玛窦已去世半年有余。两人阴阳相隔，再也没有合作翻译的机会了。

除了《几何原本》，利玛窦还和徐光启合作翻译了《测量法义》等著作，如图 4.2.5 所示，与李之藻合作编译了《同文指算》等书籍。

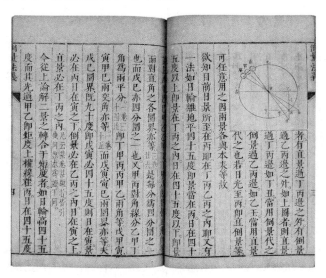

图 4.2.5 《测量法义》

1610 年 5 月，利玛窦病逝于北京。1611 年，经过万历皇帝的批准，利玛窦被安葬在北京。因对中西方文明交流做出了贡献，利玛窦被誉为"沟通中西文化的第一人"。英国著名科学技术史专家李约瑟评价利玛窦和徐光启的工作："由于当时东西两大文明仍互相隔绝，这种交流作为两大文明之间文化联系的最高范例，仍然是永垂不朽的……"

"海纳百川，有容乃大"，2014 年，习近平总书记在联合国教科文组织总部发表演讲时指出："文明因交流而多彩，文明因互鉴而丰富。文明交流互鉴，是推动人类文明进步和世界和平发展的重要动力。"只有通过交流互鉴，一种文明才能充满生命力。顺应人类历史和文明发展大趋势，借用中国古代陆上丝绸之路和海上丝绸之路的历史符号，我国在 2013 年提出了建设"丝绸之路经济带"和"21 世纪海上丝绸之路"（以下简称"一带一路"）的合作倡议。"一带一路"高举和平发展的旗帜，依靠中国与有关国家既有的双多边机制，积极发展与沿线国家的经济合作伙伴关系，共同打造政治互信、经济融合、文化包容的利益共同体、命运共同体和责任共同体。

4.3 几何魔法——正多边形尺规作图和圆周率的计算

4.3.1 正多边形尺规作图

圆形、正方形因简洁、对称、平衡而给人以美感，古今中外，对圆、正方形等更是赋予了神圣含义。天圆地方是中国古代的哲学理念，"天如圆盖、地如棋盘"是中国古人对天地的认识，认为天是圆的、地是方的。在其他文明中，也有类似的观念。圆代表着天，正方形代表着地。而且，我们知道：圆旋转可以产生球体，正方形可以构筑立方体。而立方体是 5 个柏拉图立体之一，代表土元素。

图 4.3.1 阿那克萨戈拉

化圆为方问题（Problem of Quadrature of Circle）是古希腊人提出的三大几何作图问题之一，即求作一个正方形，使其面积等于已知圆的面积。这一问题的研究前提是几何作图只许使用没有刻度的直尺（只能作直线的尺）和圆规，即尺规作图。最早提出化圆为方问题的是古希腊哲学家、原子唯物论的思想先驱——阿那克萨戈拉（Anaxagoras），如图 4.3.1 所示。他因先进的科学观点而被抓入监狱，到了晚上，圆圆的月亮透过正方形的铁窗照进牢房。即使身处牢笼，阿那克萨戈拉也没有停止好奇和思考。随着不断变换观察的位置，他发现圆一会儿比正方形大，一会儿比正方形小。这样，他想到了能否使用尺规作图来解决"求作一个正方形，使它的面积等于已知的圆面积"的问题，即化圆为方问题，但他并没有找到答案。后来，经过好朋友的帮助，阿那克萨戈拉获释出狱。出狱后，他把这个自己未能解决的问题公布出来。

事实上，一些正多边形容易用圆规和没有刻度的直尺作出来，而另一些正多边形却根本作不出来。古希腊数学家就知道如何利用尺规作图作出正三边形、正方形、正五边形，而且，他们知道如何利用尺规作图作出边数是不能尺规作图的正多边形边数 2 倍的正多边形。这自然导致如下问题：能否用尺规作图作出所有的正多边形？如果不能，哪些正多边形是可以作出来的，而哪些正多边形是作不出来的？

下面是一个广为流传的与上述尺规作图有关的故事。1796 年，在德国哥廷根大学，一位年轻人在吃完晚饭后，开始做导师单独布置给他的三道数学题。在两小时内前两道题顺利完成了，而第三道题是单独写在一张小纸条上的，要求用圆规和没有刻度的直尺画出一个正十七边形。他感到非常吃力，但是困难激起了他的斗志。当早晨的第一缕阳光照进屋内时，这位年轻人终于做完了这道难题。见到导师时，这位年轻人有些内疚和自责地对导师说："我竟然用了一个通宵才做出您给我布置的第三道题，我辜负了您对我的教育。"导师拿到学生的作业一看，大吃一惊，激动地说："了不起，年轻人！你解开了一桩有两千多年历史的数学悬案。阿基米德没有解决，牛顿也没有解决，你竟然一个晚上就解出来了。你是一个天才！"原来，导师也一直想解开这道难题。那天，他误将写有这个问题的纸条交给了这位年轻人，这位年轻人就是"数学王子"高斯。

高斯为人非常谦虚，据说，每当提起这件事时，他总是说："如果有人告诉我，这是一道有两千多年历史的数学难题，我可能永远也没有信心将它解出来。"一个广为流传的说法是，高斯将正十七边形的尺规作图看作其生平得意之作，特别交代要把正十七边形刻在他的墓碑上。但负责刻碑的石匠拒绝了他的请求，在石匠看来，正十七边形和圆几乎重叠了，在墓碑上刻出正十七边形是一个很难完成的任务。另一种说法是，石匠把正十七边形刻成了正十七角星，因为在他看来这两种图形没有多大区别。正十七边形和高斯的墓碑如图 4.3.2 所示。

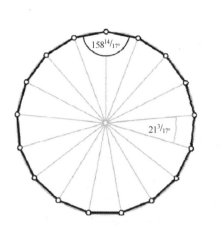

图 4.3.2 正十七边形和高斯的墓碑

这个故事不知道有多少后人演绎、杜撰的成分在里面。历史上，1795—1798 年，高斯确实在德国哥廷根大学读书。1796 年，18 岁的高斯确实证明了正十七边形可以用尺规作图作出来，但他并没有给出如何用尺规作图作出正十七边形的方法。事实上，他的证明方法是代数的，而非几何的。1796 年 3 月 30 日，高斯开始在笔记中记录他的科学发现，高斯称之为"日志录"，后来称为"科学日记"。1898 年，人们在高斯孙子保留的高斯遗物中偶然发现了这本日记。在 1796 年 3 月 30 日的日记中，高斯写道："圆的分割定律，如何以几何方法将圆分成十七等份。"正十七边形尺规作图的方法是由名不见经传的厄钦格在 1825 年公开的。目前，我们在一些书籍上见到更多的是后来的卡莱尔圆（Carlyle Circle）法。

圆内接正十七边形的尺规作图方法如图 4.3.3 所示，正十七边形尺规作图的一种作法的步骤如下。

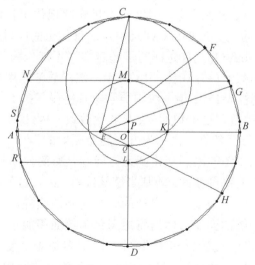

图 4.3.3 圆内接正十七边形的尺规作图方法

（1）给定圆心为 O 的一个圆周，作两条垂直的直径 AB、CD；

（2）在 OA 上作 E 点使 $OE = \dfrac{1}{4} AO$，连接 CE；

（3）作 $\angle CEB$ 的平分线 EF；

（4）作 $\angle FEB$ 的平分线 EG，交 CO 于点 P；

（5）作 $\angle GEH = \dfrac{\pi}{4}$，交 CD 于点 Q；

（6）以 CQ 为直径作圆，交 OB 于点 K；

（7）以点 P 为圆心，PK 为半径作圆，交 CD 于点 L、M；

（8）分别过点 M、L 作 CD 的垂线，交圆周于点 N、R；

（9）作弧 $\overset{\frown}{NR}$ 的中点 S，以 SN 为半径将圆周分成 17 等份。

1801 年，在他的《算术研究》一书中，高斯进一步给出了正多边形可以用尺规作图作出来的充分条件。他指出：如果正多边形的边数是 2 的幂和不同费马数（形如 $2^{2^n} + 1$ 的数）的乘积，那么这个正多边形可以用尺规作图作出来。但是，高斯没有给出这个结论的证明。1837 年，法国数学家汪策尔（P. L. Wantzel）给出了证明，因此，这个定理也被称为 Gauss-Wantzel 定理。

现在回到化圆为方问题。在阿那克萨戈拉把化圆为方问题公布出来之后，许多数学家都曾尝试解决这个有趣的问题，但都没有成功。研究这样问题的数学家包括希波克拉底、安提丰（Antiphon）、希庇亚（Hippias of Elis）等。阿基米德曾尝试将化圆为方问题转化：已知一个圆的半径是 r，圆的周长就是 $2\pi r$，圆的面积是 πr^2。由此若能作一个直角三角形，其夹直角的两边长分别为 $2\pi r$ 和 r，则这个三角形的面积是

$$\frac{1}{2} \times 2\pi r \times r = \pi r^2$$

即与已知圆的面积相等，而由这个直角三角形不难作出同面积的正方形来。但如何用尺规作图作出直角三角形的一条长度等于已知圆周长的边，阿基米德就想不到解决办法了。

实际上，化圆为方问题就是用没有刻度的直尺和圆规作出长度为 $\sqrt{\pi}$ 的线段问题。19 世纪，有人证明了若任意给定长度单位，则尺规作图可作出的线段长必为代数数。1844 年，法国数学家刘维尔（J. Liouville）首先证明了超越数（不能作为任何有理系数多项式方程根的实数，即不是代数的数）的存在性。1873 年，法国数学家埃尔米特（C. Hermite）证明了自然对数底 e 的超越性。1882 年，法国数学家林德曼（C. L. F. von Lindemann）进一步证明了 π 也是一个超越数，这就说明 $\sqrt{\pi}$ 并非代数数，因此，也就无法用尺规作图作出长度为 $\sqrt{\pi}$ 的线段，这说明著名的"化圆为方问题是无解的"。

如果没有只能用尺规作图的限制，化圆为方问题是有简便易行的解决办法的。例如，利用古希腊数学家希庇亚的割圆曲线、阿基米德螺线等。意大利文艺复兴三杰之一、科学家、发明家、画家达芬奇用已知圆为底、圆半径的一半为高的圆柱，在平面上滚动一周，这样所得的矩形面积恰为已知圆的面积，然后将矩形化为等面积的正方形即可。

如果限制圆和正方形的位置，可获得圆内接正多边形。更一般地来说，有圆内接正多边形（Inscribed Regular Polygon of Circle）的概念。圆内接正多边形是一类重要

的正多边形，指的是顶点都在同一圆周上的正多边形，而该圆称为正多边形的外接圆。为解决化圆为方问题，安提丰提出了穷竭法，其大意是指先作圆的内接正方形（或正六边形），然后每次将边数加倍作内接正八边形、内接正十六边形、内接正三十二边形……如此下去，他相信最后作出来的正多边形必与圆重合，这样就可以化圆为方了。穷竭法是近代极限论的雏形，虽然他获得的结论是错误的，但他的方法提供了求圆近似面积的步骤，并成为包括古希腊数学家阿基米德在内的一些西方数学家计算圆周率方法的先导。

4.3.2 圆周率的计算

与化圆为方问题有关的是圆周率的计算问题，这是一个古老而经典的问题。为便于计算，在求圆的周长和面积时，古巴比伦人往往将圆周率近似取为 3。1936 年，伊朗出土了一块可追溯到公元前 19 世纪—公元前 17 世纪的古巴比伦泥板，在这块泥板上给出的 π 的近似值为 $\frac{25}{8} = 3.125$。

当内接正多边形的边数不断增大时，圆的内接正多边形的周长将趋于圆的周长，而它的面积则趋于圆的面积。古希腊和中国古代数学家正利用了这种朴素的极限思想进行圆周率近似值的计算。

阿基米德开创了人类历史上计算圆周率近似值的先河。他先用圆的内接正六边形求出圆周率的下界为 3，再用外接正六边形并借助勾股定理求出圆周率的上界小于 4。接着，他对内接正六边形和外接正六边形的边数分别加倍，将它们分别变成内接正十二边形和外接正十二边形，再借助勾股定理改进圆周率的下界和上界，进而继续对内接正多边形和外接正多边形的边数进行加倍，直到内接正九十六边形和外接正九十六边形。最后，在《圆的测定》中，他首创用上界、下界来确定 π 的近似值，给出圆周率的下界和上界分别为 $\frac{223}{71}$ 和 $\frac{22}{7}$，并取它们的平均值 3.141851 作为圆周率的近似值。在这一方法中，阿基米德用到了迭代算法和两侧数值逼近的思想。在公元 150 年左右，古希腊天文学家、数学家托勒密最先给出了保留小数点后 4 位的 π 的准确值 3.1416。

中国古代数学家在圆周率计算方面获得了许多领先的成果。成书于西汉时期中约公元前 1 世纪的《周髀算经》原名《周髀》，它与《九章算术》《海岛算经》《张丘建算经》《夏侯阳算经》《五经算术》《缉古算经》《缀术》《五曹算经》《孙子算经》并称《算经十书》，是隋唐时代国子监算学科的教科书。在这本中国最古老的天文学和数学著作中，"径一而周三"的记载，即表示 π 的值为 3。西汉学者刘歆制作了圆柱形的标准量器"新莽铜嘉量"。根据量器的铭文计算，他所用的圆周率是 3.1547，世称"刘歆率"。

东汉时期的著名天文学家张衡得到 $\frac{\pi^2}{16} \approx \frac{5}{8}$，即圆周率为 $\sqrt{10} \approx 3.16$。

阿基米德的计算方法与中国古代数学家计算圆周率的方法不谋而合。根据魏晋时期数学家刘徽的记载，在他之前的古人求证圆面积公式时，用圆内接正十二边形的面积来代替圆

图 4.3.4 刘徽的邮票

面积，应用出入相补原理将圆内接正十二边形拼补成一个长方形，从而借用长方形的面积公式来论证《九章算术》的圆面积公式。

在此基础上，刘徽进一步大胆地将早期的极限和无穷小分割思想引入数学证明，首创割圆术，建立了圆周率的计算，提供了严密的理论和完善的算法，刘徽的邮票如图 4.3.4 所示。他从圆内接正六边形开始割圆，"割之弥细，所失弥少，割之又割，以至不可割，则与圆周合体，而无所失矣"。也就是说，将圆内接正多边形的边数不断加倍，则它们与圆的面积差就越来越小，而当边数不能再加的时候，圆内接正多边形的面积的极限就是圆的面积。通过计算正 192 边形的面积，刘徽求出圆周率的近似值为 3.14。他将这个数值与新莽铜嘉量的直径和容积进行检验，发现 3.14 这个数值偏小。于是，他继续割圆到 1536 边形，求出 3072 边形的面积，得到令自己满意的圆周率近似值 $\frac{3927}{1250} \approx 3.1416$。

中国南北朝时期数学家、天文学家祖冲之在圆周率计算方面做出了杰出贡献。《隋书·律历志》中记载了祖冲之在圆周率计算方面的工作："宋末，南徐州从事史祖冲之，更开密法，以圆径一亿为一丈，圆周盈数三丈一尺四寸一分五厘九毫二秒七忽，朒数三丈一尺四寸一分五厘九毫二秒六忽，正数在盈朒二限之间。密率，圆径一百一十三，圆周三百五十五。约率，圆径七，周二十二。"这段话的意思如下。祖冲之把一丈化为一亿忽，以此为直径求圆周率。他计算的结果共有两个数：一个是盈数（过剩的近似值），为 3.1415927；另一个是朒数（不足的近似值），为 3.1415926。换句话说，圆周率的真实值介于朒数 3.1415926 和盈数 3.1415927 之间。他还巧妙地用分数给出了圆周率的两个近似值：一个是约率 $\frac{22}{7}$，另一个是密率 $\frac{355}{113}$。其中，密率的值约为 3.1415929。事实上，密率是一个很好的分数近似值，要取到 52163/16604 才能得出比密率更为精确的圆周率近似值。

在他之后的 1000 年里，祖冲之计算出的圆周率数值一直都是最准确的。他的密率在西方直到 1573 年才被德国数学家、天文学家奥托（V. Otho）得到。1586 年，荷兰数学家、工程师安东尼茨（A. Anthonisz）也单独发现了圆的周长和直径的比例约等于 $\frac{355}{113}$。1625 年，这一结果被发表于安东尼茨的儿子——荷兰几何学家、工程师安托尼斯（A. Metius）的著作中，因此，欧洲也将密率 $\frac{355}{113}$ 称为 Metius 数（Metius' Number）。

祖冲之所在的时代没有计算尺，更没有计算机，只能借助中国古代的计算工具——筹算。祖冲之凭借坚强的毅力和高超的计算技巧，一直算到圆的内接正 24576（$2^{13} \times 3$）边形，从而获得了理想的结果。祖冲之和圆周率计算的邮票如图 4.3.5 所示。

图 4.3.5 祖冲之和圆周率计算的邮票

日本数学史家三上义夫（Y. Mikami）指出："祖冲之的约率 22/7 不比早几百年的阿基米德所获得的结果要好。但是，祖冲之获得的密率 $\frac{355}{113}$ 在古希腊、印度、阿拉伯的早期文献中都没有记录。直到 1585 年，荷兰数学家安东尼茨才获得这个分数结果。中国早于欧洲一千年获得了这个圆周率的神奇分数近似计算结果。"因此，三上义夫建议将 $\frac{355}{113}$ 称为祖分数

图 4.3.6 祖冲之纪念币

（Zu's Fraction）。祖冲之纪念币如图 4.3.6 所示。

著名数学家华罗庚在《从祖冲之的圆周率谈起》一书中写道："祖冲之不仅是一位数学家，还通晓天文历法、机械制造、音乐，并且还是一位文学家。祖冲之制定的《大明历》，改革了历法，他将圆周率算到了小数点后 7 位，是当时世界上最精确的圆周率数值，而他创造的'密率'闻名于世。"祖冲之利用他的"祖率"校正了汉朝刘歆所造的"新莽铜嘉量"。

公元 800 年，数学家花拉子米算得的圆周率的近似值是 3.1416。1424 年，阿拉伯数学家、天文学家卡西（J. al-Kashi）求得的圆周率精确到了小数点后 16 位。1610 年，德国数学家科伊伦（L. van Ceulen）用毕生的心血将 π 值算到小数点后 35 位数，该数值用他的名字称为鲁道夫数（Ludolphine Number）。

随着数学工具的发展，人们开始摆脱割圆术的繁复计算，采用无穷级数等工具计算圆周率的近似值。出现了无穷乘积式、无穷连分数、无穷级数等多种表达式，使圆周率的计算精度不断提高。

1706 年，英国数学家琼斯（W. Jones）首先使用希腊字母 π 这个符号表示圆周和直径的比值。但直到 1737 年欧拉采用了这一方法以后，π 的表示方法才为大家所接受。同年，英国数学家梅钦（John Machin）给出了计算圆周率的快速收敛级数，他利用如下公式

$$\frac{\pi}{4} = 4\arctan\frac{1}{5} - \arctan\frac{1}{239}$$

将圆周率的计算精度提高到小数点后 100 位，类似方法称为"梅钦类公式"。

1761 年，瑞士数学家、物理学家、天文学家和哲学家朗伯（J. H. Lamber）证明了 π 是无理数。1775 年，欧拉指出 π 是超越数的可能性。1794 年，勒让德（A. M. Legendre）证明了 π^2 是无理数（这样 π 也是无理数），同时，他还提及了 π 是超越数的可能性。1882 年，德国数学家林德曼证明了 π 是超越数，即不是任意整系数代数多项式的根。

之后，人们利用分析法不断提高圆周率的计算精度。1874 年，英国业余数学家尚克斯（W. Shanks）耗费了 15 年时间将圆周率计算到小数点后 707 位。遗憾的是，1946 年，英国弗格森（D. F. Ferguson）验证发现尚克斯的结果非全对，只有 527 位小数是对的。而弗格森的计算借助了桌上机械计算器，计算到小数点后 808 位。1949 年，弗格森和美国的伦奇（J. W. Wrench）合作使用机械计算器，将圆周率计算到小数点后 1120 位。

电子计算机的出现，使圆周率的计算精度飞速提高。1949 年，匈牙利裔美国数学家、计算机专家冯·诺依曼等人使用世上首台电子数字积分计算机（Electronic Numerical Integrator and Computer，ENIAC）只花了 70 小时就计算到小数点后 2037 位。1958 年 1 月，法国的弗朗索瓦裘纽斯用一台 IBM 704 计算机将圆周率计算到小数点后 1 万位。1987 年 1 月，日本人金田康正（Yasumasa Kanada）使用一台 NEC SX-2 计算机将圆周率突破小数点后 1 亿位，计算到小数点后 134 214 700 位。1989 年，美国哥伦比亚大学研究人员楚诺维斯基兄弟用克雷–2 型（Cray-2）和 IBM-3090/VF 型巨型电子计算机计算出 π 值的小数点后 4.8 亿位，后又继续算到小数点后 10.1 亿位。2002 年，金田康正首次突破 1 万亿位，达到 1 241 100 000 000 位小数。值得一提的是，金田康正使用的就是梅钦公式，该公式中，$\arctan\dfrac{1}{p}$ 的展开式是一个级数形式，可以使用普通的方法来计算，也可以使用二分扩散（Binary Splitting）方法使得计算效率更高。2010 年 8 月，日本近藤茂利用家用计算机和云计算相结合，将圆周率计算到小数点后 5 万亿位，他使用的是一位年轻的计算机天才余智恒（A. Yee）编写的程序。2011 年 10 月，近藤茂又将记录更新到小数点后 10 万亿位。2016 年 11 月，皮特（Peter Trueb）利用余智恒开发的计算圆周率的程序将圆周率计算精度提高到小数点后 22.4 万亿位，整个计算花费了 105 天。

4.3.3 圆周率日

美国麻省理工学院首先倡议将 3 月 14 日定为国家圆周率日。2009 年 3 月，美国众议院很郑重地通过一项法案，把 3 月 14 日定为"国际圆周率日"，也就是"π 日"。推动数学科普和数学文化的一些美国专家希望通过这个决议可以为学校创造机会，让学生对圆周率产生兴趣，积极学习数学。

一些大学的数学系师生庆祝 π 日仪式通常定在 3 月 14 日下午 1 时 59 分开始，因为圆周率的 6 位近似值是 3.14159。也有人把派对定在凌晨 1 时 59 分或下午 3 时 9 分。

实际上，许多数学爱好者早就把 3 月 14 日作为自己的节日，国外还有 π 协会，在这一天聚会庆祝，会上要分享馅饼——因为英语的馅饼（pie）和圆周率 π 的发音相同。圆周率日的蛋糕如图 4.3.7 所示。

庆祝圆周率日的方式有很多，比如吃派，喝一种名字中含有 pi 的鸡尾酒（piña colada），玩和 pi 发音相近的彩罐游戏等。

这一天常见的庆祝方式如下。

（1）阅读 π 的悠久历史，学习有关 π 的数学知识。

（2）背诵 π。π 是无理数，很多人通过背诵圆周率 π 小数点后面的数字来表现记忆力。日本人 Akira Haraguchi 在 2005 年将 π 背到了小数点后第 83431 位。

图 4.3.7　圆周率日的蛋糕

（3）观看电影《死亡密码 π》（1998 年讲述一个偏执数学家故事的惊悚电影）、《少年派的奇幻漂流》（一个名为 pi 的少年的冒险故事）。

（4）做一个以 π 为主题的派。

（5）欣赏以 π 为主题的音乐，如圆周率之歌。

3 月 14 日也是爱因斯坦的生日，爱因斯坦在普林斯顿生活了超过 20 年，因此普林斯顿在这一天举办了众多的活动，庆祝圆周率日兼爱因斯坦诞辰。除了常规的吃派以及 π 值背诵比赛等活动，在这一天还有一个爱因斯坦角色扮演（cosplay）比赛。

2010 年的圆周率日，谷歌为表庆祝，推出了 π 的下单表涂鸦（Google Doodle），图中元素颇丰，不仅包含圆周率的定义、π 值范围、圆的周长与面积公式，还包含球体积公式以及圆周的外切多边形和内切多边形示意图，如图 4.3.8 所示。

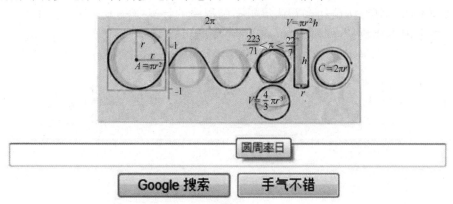

图 4.3.8　谷歌搜索引擎的 Logo

类似的纪念日，还有 π 近似值日（Pi Approximation Day）和 τ 日。因为 $\frac{22}{7}$ 是圆周率的近似值之一，而分数的另一种写法 22/7 也是英文中 7 月 22 日的表示方法，所以 7 月 22 日成为 π 近似值日。而 τ 日的出现则涉及圆周率表示的问题。

2001 年，美国数学家鲍勃（Bob Palais）在《数学情报》上发表了一篇题为《π 是错误的!》的论文，称圆周率用 2π 即希腊字母 τ 表示更合适。实际上，这是一个使用习惯和约定俗成的问题。历史上，数学家最早使用 π 来表示圆的周长和直径的比值，当然，如果我们使用 τ 也可以使一些与圆周率有关的公式变得更为简洁。例如，圆的周长公式从 $C=2\pi r$ 变成 $C=\tau r$。又如，普朗克常数 h 是量子力学中重要的物理参数，而 $\bar{h}=\dfrac{h}{2\pi}$ 被称为狄拉克常数（Dirac Constant）或约化普朗克常数（Reduced Planck Constant），如果使用 τ，狄拉克常数 $\bar{h}=\dfrac{h}{\tau}$ 也非常简洁。因此，有数学家反对，但也有很多学者赞同鲍勃的观点。

美国数学家哈特尔（Michael Hartel）专门建立了网站，宣传推广更换圆周率的表示，呼吁人们用 τ 来表示"正确的"圆周率。新圆周率 τ 的支持者还选择在每年的 6 月 28 日（3.14 的 2 倍是 6.28，即 6 月 28 日）庆祝他们心目中"真正的"圆周率日。有趣的是，从 2012 年开始，麻省理工学院都会将录取信息的网上公布时间定在每年 3 月 14 日的下午 6 时 28 分，即圆周率 π 日的 τ 时（Pi Day，Tau Time）。

思 考 题

1. "几何无王者之路"是什么意思？
2. 分析柏拉图立体的数学性质。
3. 阅读了希帕提娅的生平故事，你有什么感想？
4. 《几何原本》的公理化思想对数学、科学的贡献是什么？
5. 简述《几何原本》和几何学在中国传播的过程。
6. 通过查阅资料，给出用尺规作图作出若干圆内接正多边形的画法。
7. 圆周率的计算方法是什么？计算机在圆周率的计算中发挥了什么作用？
8. 列举中国古代数学当时领先世界的研究成果。

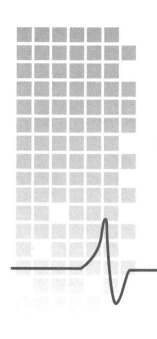

第五章

向欧几里得发起的挑战
——非欧几何的创立与发展

有几何兮，名曰"非欧"，自己嘲笑，莫名其妙！

——歌德《浮士德》

在本章中，我们将在第四章内容的基础上，梳理从欧氏几何到解析几何再到非欧几何的发展历程；并重点介绍高斯、雅诺什·鲍耶、罗巴切夫斯基、黎曼的生平故事和贡献。希望读者通过对他们生平故事的了解，还原他们在科学研究的过程中遇到的困难、挫折、非议乃至攻击，展现他们所表现出来的创新、游移、彷徨、逃避、不平、坚定、执着。

5.1 几何的代数化——解析几何

16世纪以后，由于生产和科学技术的发展，天文、力学、航海等方面都对几何学提出了新的需求。比如，德国天文学家、数学家开普勒发现行星是绕着太阳沿着椭圆轨道运行的，太阳处在这个椭圆的一个焦点上。意大利科学家伽利略发现投掷物体是沿着抛物线运动的。这些发现都涉及圆锥曲线，要研究这些比较复杂的曲线，原先的一套方法显然已经不适应了，这就导致解析几何的出现。

解析几何的创立被认为是数学史上的伟大转折之一。解析几何（Analytic Geometry）又称坐标几何（Coordinate Geometry）或卡氏几何（Cartesian Geometry），早先被叫作笛卡儿几何，是一种借助解析式进行图形研究的几何学分支。解析几何通常使用二维的平面直角坐标系研究直线、圆、圆锥曲线、摆线、星形线等一般平面曲线，使用三维的空间直角坐标系来研究平面、球等一般空间曲面，同时研究它们的方程，并定义一些图形的概念和参数。

5.1.1 我思故我在——笛卡儿和解析几何

笛卡儿，法国著名哲学家、物理学家、数学家。作为欧洲近代哲学的奠基人之一，他开拓了"欧陆理性主义"哲学，他的哲学名言"我思故我在"流传至今，黑格尔称他为"近代哲学之父"。笛卡儿是解析几何的创立人之一，笛卡儿在麦克尔-哈特的历史上影响最大的 100 人的列表中排第 49 位。笛卡儿邮票如图 5.1.1 所示。

图 5.1.1　笛卡儿邮票

数学史上一直流传着这样一个美丽而悲伤的爱情故事：17 世纪的一个宁静午后，在瑞典斯德哥尔摩的街头，无家可归的笛卡儿正潜心于他的数学世界。忽然，一位年轻秀丽的女孩出现在他面前，问道："你在干什么呢？"通过交谈，笛卡儿发现这个偶然邂逅的美丽女孩不仅拥有美丽的容颜，而且思维敏捷，对数学有着浓厚的兴趣，这个女孩就是瑞典公主克里斯蒂娜（Christina of Sweden）。

后来，笛卡儿被国王招进宫里做了克里斯蒂娜的数学老师，克里斯蒂娜从此走进了奇妙的数学世界，如图 5.1.2 所示。每天的形影不离和兴趣相投，使笛卡儿与克里斯蒂娜互生爱慕之心。但国王反对他们的恋情，笛卡儿被放逐回国，克里斯蒂娜则被软禁在宫里。回到法国的笛卡儿正赶上流行黑死病，不幸染上了重病。在离开人世之前，他每天坚持给日夜思念的克里斯蒂娜写信，期盼能得到她的回信，然而，这些信件都被国王拦截了，公主一直没有收到笛卡儿的任何消息。在第十三封信寄出以后，笛卡儿便永久地离开了这个世界，此时，克里斯蒂娜仍在宫中思念着远方的爱人。

在笛卡儿写的最后一封信上没有一句话，只有一个方程式

$$r = a(1 - \sin\varphi)$$

国王看不懂，请了全城的数学家来解这个方程式，也无人知道这个方程式是什么意思，于是，就把这封信交给了克里斯蒂娜。看到这个方程式，克里斯蒂娜的泪水夺眶而出，立即明白了其中的意思。她拿出纸和笔，把方程式的图形画了出来。这条曲线，就是著名的笛卡儿心形线，不同极坐标方程的笛卡儿心形线如图 5.1.3 所示。

后来，克里斯蒂娜继承了王位，做了瑞典女王。据说这封情书至今仍保存在笛卡儿纪念馆里……

图 5.1.2　笛卡儿给克里斯蒂娜上课场景

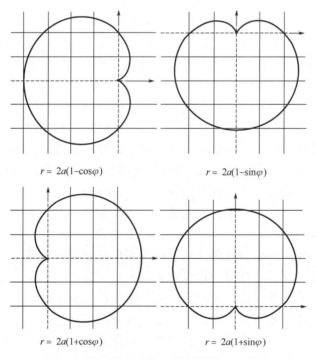

$r = 2a(1-\cos\varphi)$ 　　　　　　　$r = 2a(1-\sin\varphi)$

$r = 2a(1+\cos\varphi)$ 　　　　　　　$r = 2a(1+\sin\varphi)$

图 5.1.3　不同极坐标方程的笛卡儿心形线

　　那么这个故事是真的吗？在历史上，笛卡儿和克里斯蒂娜的确有过交集。1649 年 10 月 4 日，笛卡儿应克里斯蒂娜的邀请来到瑞典，当时克里斯蒂娜已成为瑞典女王，如图 5.1.4 所示。那时的笛卡儿 53 岁，而克里斯蒂娜女王只有 23 岁，两人相差 30 岁。笛卡儿与克里斯蒂娜谈论的主要是哲学问题而不是数学。有资料记载，由于克里斯蒂娜女王的时间安排很紧，笛卡儿只能在早晨 5 时与她探讨哲学。笛卡儿真正的死因是天气寒冷加上过度操劳患上的肺炎，而不是黑死病。克里斯蒂娜于 27 岁放弃王位，此举震惊了整个欧洲。关于其弃位原因的争论一直延续至今，有一种说法是，她从笛卡儿处接受的新哲学思想对她产生了影响。

另外，心形线的英文名称是"cardioid"，最早是由意大利数学家萨尔维尼（G. Salvemini）在 1741 年的《皇家学会哲学汇刊》上发表的，意为"像心脏的"，因此，心形线的发现晚于笛卡儿、克里斯蒂娜的时期近百年。

这个凄美的爱情故事应该更多的是后世赋予数学、数学家、心形线浪漫色彩的一个善意之举。心形线确实给人美感，实际上，有很多人利用各种形式的数学方程式绘制出各种形状的心脏形的曲线，甚至利用数学软件编程绘制出立体的心。考虑到解析几何是由笛卡儿创立的，他给我们开启了发现包括各种曲线在内的几何图形以及用代数方程研究几何图形的手段，心形线的故事、各种心脏形曲线的绘制无疑是对他最好的纪念。

图 5.1.4　瑞典女王克里斯蒂娜

据说，笛卡儿的智商高达 210，这种高智商在历史长河中少有。他甚至曾经和一位叫 Francine 的女性机器人一起旅行，这个虚构的故事很可能起源于他关于心智的评论。事实上，笛卡儿死后坟墓遭盗墓贼挖掘，其头骨几经易手现存于法国巴黎夏乐宫的人类博物馆。

1637 年，笛卡儿发表了其最有名的著作《正确思维和发现科学真理的方法论》，通常简称《方法论》。笛卡儿在《方法论》中指出，研究问题的方法分四个步骤。

（1）永远不接受任何自己不清楚的真理，就是说要尽量避免鲁莽和偏见，只能接受根据自己的判断非常清楚和确定、没有任何值得怀疑的地方的真理。就是说只要没有经过自己切身体会的问题，不管有什么权威的结论，都可以怀疑，这就是著名的"怀疑一切"理论。例如，亚里士多德曾下结论说，女人比男人少两颗牙齿，但事实并非如此。

（2）可以将要研究的复杂问题尽量分解为多个比较简单的小问题，一个一个地分开解决。

（3）将这些小问题从简单到复杂排列，先从容易解决的问题着手。

（4）将所有问题解决后，再综合起来检验，看是否完全、是否将问题彻底解决了。

现在一般把笛卡儿《方法论》的附录"几何学"作为解析几何的起点。笛卡儿的《几何学》共三卷：第一卷讨论尺规作图；第二卷是曲线的性质；第三卷是立体和"超立体"作图，但实际上是从代数角度探讨方程根的性质，如图 5.1.5 所示。从《几何学》中可以看出，笛卡儿的中心思想是试图建立一种具有普遍性和意义的数学，把算术、代数、几何统一起来。他试图把任何数学问题都转化为代数问题，再把代数问题归结为求解方程式。为了实现上述设想，他从经纬度规定出发，指出平面上的点和实数对 (x, y) 的对应关系。x, y 的不同数值可以确定平面上许多不同的点，这样就可以用代数的方法研究曲线的性质，这就是解析几何的基本思想。这样，在二维平面、三维空间中建立坐标系后，二维平面或三维空间中一点的坐标就与二元数组、三元数组相对应，平面、空间上的一条曲线就可由带两个变量的一个代数方程来表示。因此，运用笛卡儿的这一思想，确实可以把形与数、变量与函数密切联系起来，将几何问题代数化、代数问题几何化。

笛卡儿也将这种思想应用于实际问题的研究，图 5.1.6 展示的是他利用解析几何解释彩虹形成的视觉原理。

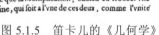
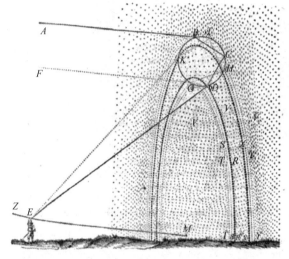

图 5.1.5　笛卡儿的《几何学》　　　　图 5.1.6　笛卡儿用解析几何解释彩虹形成的视觉原理

解析几何的创立是数学发展中具有标志性的历史转折点：变量被引入数学，数学的研究对象被大大拓展，数学开始进入变量数学的全新发展时期，以变量为主要研究对象的微积分和更多的现代数学分支如雨后春笋般陆续出现，涌现出一系列新的研究思想、手段和方法。恩格斯曾做过如下评价："数学中的转折点是笛卡儿的变数，有了变数，运动进入了数学；有了变数，辩证法进入了数学；有了变数，微分和积分也就立刻成为必要的了……"

从解析几何的观点出发，几何图形的性质可以归结为方程的分析和代数性质，几何图形的分类问题就可以转化为方程的代数特征分类问题，即寻找代数不变量的问题。例如，几何中的球面、椭球面、锥面、双曲面等二次曲面分类问题就归结为代数学中的二次型不变量问题。

5.1.2　业余数学之王——费马和解析几何

很多人不知道，费马也是解析几何的创立者之一。实际上，费马应该和笛卡儿共享解析几何创立者的殊荣。

费马出身于一个富有的商人家庭，父亲是一个皮货商、地区执政官，母亲出身于法官家庭。费马姓名中的 "de" 就是贵族姓氏的标志。在大学尚未毕业时，他就拥有了律师和参议员的职位。

费马堪称 17 世纪法国最伟大的一位数学家：他是解析几何的创立者之一，是概率论的创立者，在微积分、数论、物理学等方面都做出了杰出的贡献。有趣的是，费马一生从未受过专门的数学教育，他的数学研究是他在担任地方议会议员、议会发言人、调查参议员

图 5.1.7 位于博蒙德洛马格的费马雕像

等时的业余爱好。美国著名数学史学家贝尔（E. T. Bell）认为费马这位非科班出身的业余数学家比同时代的大多数专业数学家都更有成就，称其为"业余数学家之王"。位于博蒙德洛马格的费马雕像如图 5.1.7 所示。

丹麦统计学家哈尔德（A. Hald）说过："费马的数学基础包括古希腊的数学论著和韦达的新代数方法。"与费马有点相同的是，16 世纪法国最杰出数学家之一的韦达（F. Viète）曾做过律师，作为皇家顾问为亨利三世和亨利四世效力，数学也是他的业余爱好。韦达在欧洲被尊称为"代数学之父"：他是第一个有意识地、系统地使用数学符号的人，他用字母表示未知量、未知量的乘幂、方程中的一般系数。韦达的新代数思想成为费马开展解析几何方面工作的基础之一。

同时，与欧几里得、阿基米德齐名的古希腊数学家阿波罗尼奥斯的《圆锥曲线论》详细讨论了圆锥曲线的切线、共轭直径、极与极轴、点到锥线的最短与最长距离等问题，几乎囊括了圆锥曲线的各种性质。在 1629 年前，费马就开始对阿波罗尼奥斯失传的《平面轨迹》重写。费马对古希腊几何的相关研究成果进行系统化，对阿波罗尼奥斯圆锥曲线论进行了总结和整理，直线和圆称为平面轨迹，椭圆、抛物线、双曲线等称为立体轨迹。他用代数方法对阿波罗尼奥斯关于轨迹的一些失传的证明做了补充，对曲线做了一般研究。1630 年，他完成了拉丁文论文《平面与立体轨迹引论》，用代数方法研究了点在平面和立体空间中运动画出的轨迹。在这篇论文中，他指出："当两个未知量出现于一个最后的方程中时，我们就有一条轨迹，其中一个未知量的端点描述出一条直线或曲线。直线是简单的、唯一的；曲线则有无穷多类——圆、抛物线、双曲线、椭圆等。"因此，与笛卡儿从轨迹来寻找它的方程不同，费马是从方程出发来研究它的轨迹。费马的工作比笛卡儿出版的《方法论》、发现解析几何的基本原理还早 7 年。费马的从方程到轨迹对应的是代数的几何化思想，而笛卡儿的从轨迹到方程对应的是几何的代数化思想，这正是解析几何两个有趣的方向。

1636 年，费马开始和梅森（M. Mersenne）、罗贝瓦尔（G. P. de Roberval）通信，谈及自己的一些数学工作。后两位数学家都是数学界的权威人士：梅森是 17 世纪法国著名的数学家和修道士，因梅森素数的研究而闻名于世，入选 100 位在世界科学史上有重要地位的科学家之一，如图 5.1.8 所示；罗贝瓦尔是法国数学家、物理学家，法国科学院的创始院士。在 1643 年的一封信里，费马谈到了柱面、椭圆抛物面、双叶双曲面和椭球面，指出：含有三个未知量的方程表示一个曲面，并对此做了进一步研究。

遗憾的是，《平面与立体轨迹引论》直到 1679 年才得以出版。这时，费马已经去世14 年。因此，在 1679 年以前，很少有人了解费马在解析几何方面的工作。人们自然把荣誉给了笛卡儿，甚至把解析几何称为笛卡儿几何。当然，现在看来，费马在解析几何方面的工作是独立的、具有开创性的，因此，后世公认他应该和笛卡儿共同分享创立解析几何这一荣誉。

图 5.1.8　梅森

5.2　春天一到，紫罗兰竞相开放——非欧几何的诞生

5.2.1　对欧几里得的怀疑——第五公设的独立性

欧几里得的《几何原本》是将欧氏几何的大厦建立在五条公设和五条公理基础之上的，使用公理化的方法对这 10 条公设、公理进行推导、证明，就可以获得其他定理、命题和推论。

第五公设（Euclid's Fifth Postulate）说："如果平面内的一条直线和另外两条直线相交，并且在直线同侧的两个内角之和小于 180°，则这两条直线经无限延长后必在这一侧相交。"我们不难发现，第五公设的叙述相较于其他四条公设显得更为冗长、不那么显而易见，历史上，有无数的数学家也有类似的感觉。而且，有数学家发现：《几何原本》的前 28 个命题的推导根本用不到第五公设，《几何原本》的第 29 个命题的证明才用到第五公设，而且在此之后第五公设再也没有被使用过。从数学家的直觉来看，这是一件非常奇怪且有趣的事情，也意味着他们即将有工作可以做。一些数学家就提出：第五公设能不能不作为公设，而作为定理呢？也就是说，能不能用前四条公设来证明第五公设呢？这就是几何发展史上最著名的第五公设独立性讨论。从《几何原本》出现开始算起，这场关于欧氏几何独立性的讨论一直持续了两千多年，最终导致非欧几何的产生。

公元 5 世纪的古希腊哲学家普罗克洛斯，11 世纪的阿拉伯学者海什木（H. I. al. Haytham），12 世纪的波斯数学家、天文学家海亚姆（O. Khayyam）、13 世纪波斯博学家图西（Nasir al-Din al-Tusi）等都曾尝试找到用从前四条公设证明第五公设的办法，但这些尝试都以失败告终，他们的证明要么有错误，要么暗中使用了与第五公设等价的命题。

在对第五公设的研究过程中，有数学家给出了与第五公设等价的且更为简洁明了的叙述。例如，1741 年，法国数学家克莱罗（A. C. Clairaut）给出了如下等价的说法："如果四边形的三个内角是直角，那么第四个内角也必定是直角。"1785 年，英国数学家卢德拉姆（W. Ludlam）将第五公设叙述如下："两相交直线不能同时平行于第三条直线。"1795 年，苏格兰数学家普莱菲尔（J. Playfair）给出了说法："过直线外一点，有且只有一条直线与该直线平行"。这条公设被后人称为普莱菲尔公设（Playfair's Axiom）。因为它非常简洁并易想象，后人就用普莱菲尔的平行公设取代了欧几里得的原始说法，把它作为第五公设。1899 年，希尔伯特在写名著《几何基础》时，就用普莱菲尔公设作为欧氏几何的第五公设，因此，我们现在一般把欧氏几何的第五公设称为平行公设（Parallel Postulate）。克莱罗和普莱菲尔如图 5.2.1 所示。

图 5.2.1　克莱罗和普莱菲尔

图 5.2.2　萨开里所著的《欧几里得几何无懈可击》

由于第五公设的证明问题始终得不到解决，人们逐渐怀疑证明的路子走得对不对，第五公设到底能不能证明。许多数学家对第五公设的研究采用的是归谬法，即从否定第五公设出发，通过逻辑演绎推理，看看能否导出与欧氏几何的其他命题相矛盾的结论。

18 世纪初，意大利数学家萨开里（G. Saccheri）对第五公设进行了深入的研究，获得了具有启发性的结论。1733 年，在其出版的《欧几里得几何无懈可击》一书（图 5.2.2）中，他考虑了图 5.2.3 所示的一对相邻两角为直角、一对边长度相等的四边形。这个四边形后来被称为萨开里四边形，它的两角 $\angle A = \angle B = 90°$，一对边 $AD = BC$。在没有第五公设成立的要求下，不难证明 $\angle C = \angle D$。这样，$\angle C$ 和 $\angle D$ 只有如下三种情况。

（1）直角假设：$\angle C$ 和 $\angle D$ 都是直角；

（2）钝角假设：$\angle C$ 和 $\angle D$ 都是钝角；

（3）锐角假设：$\angle C$ 和 $\angle D$ 都是锐角。

萨开里首先证明了直角假设和第五公设等价。在钝角假设下，他推导出的结论与第二公设相矛

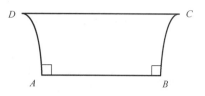

图 5.2.3 萨开里证明所用的四边形

盾。在锐角假设下，他推导一系列有趣的结果：三角形内角和小于180°，过直线外一点有很多条直线与已知直线平行……

他先后获得了 40 条类似的"古怪"结论。从欧氏几何的已有结论来看，在锐角假设下得到的这些结论明显是"荒谬的""与事实不符的"。萨开里就是这么认为的，他认为锐角假设导出了矛盾结果，因此，他声称完成了第五公设的证明。

事实上，萨开里的判断是错误的。德国数学家、物理学家克吕格尔（G. S. Klügel）指出：在锐角假设下导出的结论之间并无逻辑上的矛盾，它们只是与已有的经验和认知相矛盾。实际上，萨开里所认为的矛盾是在与第五公设相对立的前提下所获得的结论，与他所用的前提假设并无逻辑上的矛盾。他没有分清逻辑上的矛盾和不合情理之间的差别。有人曾形象地将萨开里的工作比喻成：他已经闯进了新几何的大门，但他对新几何学视而不见。虽然萨开里没能否定第五公设的独立性，但他的工作给后来的数学家以启示，克吕格尔已经产生了能否证明欧几里得第五公设非独立性的怀疑。

同样在没有第五公设限制的前提下，瑞士博学家朗伯进一步考察了三个角都是直角的四边形，第四个角只能是直角、钝角、锐角。在锐角假设下，他也获得了许多与欧氏几何大相径庭的结论。与萨开里不同的是，朗伯认为：只要所有命题之间没有矛盾，就提供了一种新几何产生的可能。

5.2.2 秘而不宣的数学王子——高斯和非欧几何

图 5.2.4 高斯

19 世纪，有 4 个人接受了萨开里的方法，开始研究：是否有一种几何系统，在其中，过直线外一点，存在超过一条直线与给定直线平行？德国数学家、物理学家、天文学家高斯（图 5.2.4）很早就探究过这种与欧氏几何公设不同的几何系统。

高斯是与阿基米德、牛顿和欧拉齐名的对数学发展产生重要影响的四位数学家之一。1877 年，汉诺威王乔治五世（George V）特别为高斯做了一个纪念奖章，上面刻着："汉诺威王乔治 V. 献给数学王子高斯（Georgius V. rex Hannoverage Mathematicorum principi）。"自此之后，高斯就以"数学王子"著称于世。

作为一位数学天才，高斯在年轻时就已展现他在数学方面的天赋。据他的同事、好朋友——德国地质学家沃尔特豪森（W. S. F. von Waltershausen）所说：当高斯只有 3 岁时，他就纠正了他父亲的数学错误。在他 7 岁的时候，他就找到了将 1 到 100 的所有相邻数求和的快速方法，比他同班的 100 名学生中的任何一个人都要快，这个故事也流传至今。16 岁时，他发现了二项式定理。19 岁时，他解决了困扰世人 200 年之久的正十七边形尺规作图的可行性问题。1798 年，在他 21 岁时，高斯完成了他的名著《算术研究》，这项工作为数论发展成数学的一个重要分支奠定了坚实的基础。22 岁时，他取得博士学位。27 岁时，他当选英国皇家学会会员。30 岁时，他开始担任哥廷根大学教授，直到去世。

高斯非常勤奋，但他正式公开发表的文章并不多。原因在于他是一位完美主义者，对数学结果追求完美。他拒绝发表他认为不成熟、容易招致别人质疑和非议的结果，这符合他的个人座右铭"少而精"。而且，高斯通常拒绝透露他那些绝妙证明背后的直觉：他习惯抹去他如何发现它们的所有痕迹，更喜欢让它们看起来是"凭空而来"的。

高斯有个独特的习惯，那就是写科学日记。与常人的日记不同，他的日记中的大多数条目是用拉丁语写成的，只有寥寥几个词、数学符号，简短甚至含混不清，但代表着他一些重要的思考结果和重大的数学发现。例如，他的日记中的第一个条目写于 1796 年 3 月 30 日，用拉丁语写着："Principia quibus innititur sectio circuli, ac divisibilitus eiusdem geometrica in septemdecim partes etc." 这记录了他对正十七边形尺规作图的研究发现。又如，1796 年 7 月 10 日，他在日记的第 18 个条目中写着

$$EYPHKA! \ num = \Delta + \Delta + \Delta$$

这个条目含混不清甚至神秘，需要结合数学史破译。EYPHKA 的中文翻译是：尤里卡，来源于希腊语 εὕρηκα heúrēka，意思是：我找到了、我发现了，是用来庆祝重要数学发现和发明时候的感叹词。这个词的出现归功于阿基米德，据说阿基米德在洗澡时发现浮力原理时，就高兴地喊着："Eureka! Eureka!" 高斯发现了一个正整数可以表示为至多 3 个三角形数的和，这个发现是费马多边形数定理的特例。于是，他用三角形表示三角形数记录了他的这个令他激动不已的重要发现。

高斯的科学日记记录了他从 1796 年到 1814 年的数学发现。在他去世后，他给世人留下了 20 个这样的日记本。这些日记本于 1897 年被发现，后来由克莱因（C. F. Klein）在 1903 年出版了。通过研究他的这些日记，我们可以发现：在同时代人发表之前数年甚至数十年，他已经做了多项类似重要的数学发现。美国数学家、作家贝尔曾经指出：如果高斯及时公布了他的所有发现，那么这些发现能将数学发展的历史进程提前 50 年。

高斯的几个学生后来都成了有影响力的数学家，包括抽象代数学创立人之一的戴德金（图 5.2.5）和黎曼几何的创立人黎曼。但高斯并不喜欢和热衷于教学，另外，他一生只参加过 1828 年在柏林举行的一次科学会议。高斯的这种科研习惯与他的个性密切相关，也与他对知识追求的目的有关。在 1808 年 9 月 2 日给他的同学、好友——匈牙利数学家法卡斯·鲍耶（F. Bolyai）的一封信中，高斯总结了他对追求知识的看法："带给我巨大快乐和满足的不是知识，而是学习的行为；不是占有，而是到达那里的行为。在深入并完全弄懂

一个主题后，为了再次进入黑暗，我就会毅然转身离开这个熟悉的主题。永远不满足的人是如此奇怪：他搭建完成了一个建筑，不是为了在此安居乐业，而是为了开始下一个建筑。我想那些不知疲倦的世界征服者必然有类似的感受：在一个王国几乎被征服之后，他就会立即攻打下一个王国。"

图 5.2.5　戴德金

高斯去世第二年，他的同事、好朋友——德国地质学家沃尔特豪森出版了著名的《高斯回忆录》。我们现在熟知的数学名言"数学是科学的皇后"（Mathematics is the queen of the sciences）以及高斯在孩童时期发现的一组相邻数求和简便方法的故事都来源于这本书。

1818—1826 年，高斯主持了德国汉诺威公国的大地测量工作。他从 30 岁开始到去世一直担任哥廷根大学的天文台长。利用不多的观测数据，他成功地计算出当时发现不久的谷神星运行轨道，这一计算结果为后来的天文观测所证实。这一工作让世人被他的数学才能深深折服，也反映出高斯利用掌握的数学工具对客观世界和宇宙的探寻与思考。

高斯在年轻时就开始对欧氏几何平行公设进行研究，并预见应该有一种不同于欧氏几何的几何学的存在。早在 1792 年，他就已经产生了非欧几何思想，1817 年已达到成熟程度。他把这种新几何最初称为"反欧几何"，后称"星空几何"，最后称"非欧几何"。事实上，非欧几何这个词就是由高斯创造出来的，不过，他用这个词来指代他所发明的双曲几何。

高斯写于 1829 年的信件可以证实他在此之前已经和他的朋友晦涩地讨论过第五公设的问题。为了检验非欧几何的可能性，高斯曾测量由 3 个山峰构成的三角形的内角和，如图 5.2.6 所示。他发现地球表面上的三角形内角和并不正好等于 180°，这个工作即表明他在验证非欧几何在球面上的实现问题。

但是，高斯一直没把自己的这一重大发现公布于众，只是谨慎地把部分成果写在日记和与朋友的往来书信中。

在古希腊神话中，泰坦（也译成提坦）是古希腊神话中奥林匹斯众神统治前的世界主宰者。依据赫西俄德的《神谱》，12 位泰坦神分别是欧申纳斯、科俄斯、克利俄斯、许珀里翁、伊阿珀托斯、忒亚、瑞亚、忒弥斯、谟涅摩绪涅、福柏、泰西斯、克洛诺斯。这个家族是天穹之神乌拉诺斯和大地女神盖亚的子女，他们曾统治世界。2003 年，邓宁顿（W. Dunnington）以《高斯：科学的泰坦》为题撰写了高斯传记。在书中，他指出：在 1829年，非欧几何的一位发现者——雅诺什·鲍耶（J. Bolyai）出版他的非欧几何研究结果之前，高斯就完全掌握了非欧几何。但由于害怕引起公开论战，他选择不公开他的相关的任何研究结果。

图 5.2.6　高斯测量三角形内角和

5.2.3　命运多舛的执着和信念——雅诺什·鲍耶和非欧几何

数学发展证明了高斯在第五公设研究上的直觉和发现——非欧几何后来被俄国数学家罗巴切夫斯基和匈牙利数学家雅诺什·鲍耶各自再次独立发现。

提到雅诺什·鲍耶，首先要提到他的父亲——法卡斯·鲍耶。法卡斯·鲍耶从 1796 年开始先后在德国的耶拿大学、哥廷根大学系统学习数学。在哥廷根大学，他和高斯成为了非常好的朋友。即使在他毕业以后，他和高斯也保持着密切的书信往来。1799 年，他回到克卢日-纳波卡市。1802 年，他的儿子雅诺什·鲍耶出生。不久之后，他接受了特尔古穆列什市的教职，成为一名数学、物理教师。法卡斯·鲍耶曾写过《写给好学青年的数学原理》，尝试对几何、算术、代数和分析建立严格与系统的基础。法卡斯·鲍耶曾耗费大半生的心血对欧氏几何第五公设进行研究，但最终没有取得有价值的成果。匈牙利发行的雅诺什·鲍耶和法卡斯·鲍耶的邮票如图 5.2.7 所示。

图 5.2.7　匈牙利发行的雅诺什·鲍耶和法卡斯·鲍耶的邮票

在其父亲指导下，雅诺什·鲍耶学习了"微分几何"和"分析力学"等当时非常高深前沿的课程。雅诺什·鲍耶多才多艺，会说包括中文在内的9种语言，学过小提琴并曾在维也纳表演。1818年，法卡斯·鲍耶曾打算送雅诺什·鲍耶去哥廷根大学读书，但未能如愿。后来，雅诺什·鲍耶以优异的成绩考取了维也纳皇家工程学院。1822年，雅诺什·鲍耶大学毕业，他用4年时间学完了7年的课程。先是被留校进行特种军事工程研究，后被征召到军队成为一名军官。在读大学期间，雅诺什·鲍耶投入第五公设的研究中。但当法卡斯·鲍耶得知这件事后，他极力阻止雅诺什·鲍耶的后续研究。1820年，法卡斯·鲍耶在给雅诺什·鲍耶的信中写道："你必须停止对欧几里得平行公设的研究，我知道这条道路的结局是什么。我已经经过了漫长的黑夜，耗尽了我生命中的阳光和快乐。希望你从我的身上吸取教训。"但雅诺什·鲍耶不为所动，仍然执着于研究。

1820—1823年，雅诺什·鲍耶完成了一篇关于非欧几何完备体系的论文《空间的绝对科学》。他发现：第五公设独立于几何的其他公设；与欧氏几何不同的无矛盾的新几何可以通过从与第五公设相对立的命题建构起来。雅诺什·鲍耶发展出一种几何——依赖参数 k 的欧氏几何和双曲几何，他指出：我们不能仅仅依靠数学推理来评定物理宇宙的几何到底是欧氏的还是非欧的。1823年，在写给他父亲的信中，雅诺什·鲍耶写道："我发现了如此美好的事情，我吃惊地发现我从虚无之中创造了一个奇怪的新宇宙。"但法卡斯·鲍耶并不太相信他的儿子解决了那么多数学家以及自己耗费大半生心血都未能解决的千古难题。鲍耶父子的塑像如图5.2.8所示。

1826年，雅诺什·鲍耶把写好的论文翻译成德文，寄给母校维也纳皇家工程学院评审。但论文未能获得重视，最后还被弄丢了。执着的雅诺什·鲍耶又转而说服他的父亲，最终，法卡斯·鲍耶同意将雅诺什·鲍耶的论文作为附录加在他自己编写的书中出版。但为了节约印刷费用，雅诺什·鲍耶不得不对他的论文进行精简压缩。1832年，雅诺什·鲍耶的论文作为附录发表在他父亲法卡斯·鲍耶的书中，只有24页。由于精简压缩，加上这是一个开创全新几何学的工作，内容显得越发深奥难懂，这严重影响了这一工作的传播。

在书籍出版之后，法卡斯·鲍耶将书籍寄给他的好友高斯并请他评判一下他儿子的工作。读完附录后，高斯在给他的一个朋友的信中写道："我认为雅诺什·鲍耶是一流的数学天才。"在给法卡斯·鲍耶的信中，高斯称赞了雅诺什·鲍耶具有极高的数学天赋，对雅诺什·鲍耶独自取得这样的研究成果感到惊讶，但他写道："去赞美这个工作就等同于赞赏我自己，整个工作的内容几乎和占据我

图 5.2.8　鲍耶父子的塑像

心灵三十到三十五年的冥思苦想完全一致。"事实上，高斯确实很早就研究过第五公设问题，并且在1816年就得出了与雅诺什·鲍耶相类似的结果。在给友人的信中，高斯曾经表示没

有勇气发表这一方面的研究成果。高斯的回信无疑是对雅诺什·鲍耶巨大的打击，极大地挫伤了他研究数学的兴趣。

1833 年，由于车祸导致残疾，雅诺什·鲍耶被迫退役。在一个偏僻的小乡村，他结婚生子，生活贫困潦倒，父子关系紧张。即使遭遇事业的坎坷和生活的不幸，他也没有彻底丧失对数学研究的热爱与执着。1833 年，在得知莱比锡大学的数学研究机构征询关于"虚量的严格几何构造"的学术成果时，他立刻整理并投寄了一篇关于复数理论的论文，发展了复数的严格几何概念。但是，这项成果同样没有引起数学界的关注。1843 年，爱尔兰数学家哈密顿发现了四元数，完满地解决了这个难题，这对雅诺什·鲍耶来说又是一次打击。

1848 年，雅诺什·鲍耶得知俄罗斯数学家罗巴切夫斯基早在他的附录出版三年前就发表了一篇和他工作类似的文章，他甚至一度怀疑这是高斯在幕后操纵的闹剧。他的父亲写信劝慰他："许多思想都有自己产生的时代。在同一时代它们又在不同的地点被发现，恰似春天的紫罗兰在阳光明媚的大地上到处开放一样。"

一再的打击、一再的失之交臂，让雅诺什·鲍耶对公开发表学术研究成果心灰意冷。除作为附录出现在他父亲书中的那篇 24 页的论文《空间的绝对科学》外（图 5.2.9），他再也没有公开发表过一篇论文。但是他并没有停止数学研究，1860 年 1 月 17 日，雅诺什·鲍耶在贫病交加中死于肺病，死后被埋葬在奥匈帝国的一个偏僻小镇的墓地里。他留下了多达两万页的数学手稿，这些手稿现在罗马尼亚特尔古穆列什市的图书馆中。

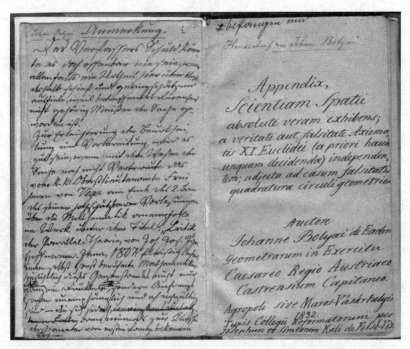

图 5.2.9 雅诺什·鲍耶的论文《空间的绝对科学》

1905 年，匈牙利科学院为了纪念雅诺什·鲍耶这位非欧几何的创立人，宣布设立"鲍耶奖"，以奖励为数学的进步做出重大贡献的数学家。第一届"鲍耶奖"授予了数学大师庞加莱。1910 年，第二届"鲍耶奖"授予了数学大师希尔伯特。1915 年，希尔伯特提名将第三届"鲍耶奖"授予物理学家爱因斯坦，爱因斯坦将广义相对论的思想完全解析化，从而证明了把宇宙空间看作非欧几何空间的真实性。

5.2.4　几何学界的哥白尼——罗巴切夫斯基和非欧几何

俄罗斯数学家、几何学家罗巴切夫斯基因非欧几何的发现而闻名于世。罗巴切夫斯基的画像和签名如图 5.2.10 所示。

图 5.2.10　罗巴切夫斯基的画像和签名

罗巴切夫斯基是从 1815 年着手研究平行线理论的。开始他也是循着前人的思路，试图给出第五公设的证明。在保存下来的他的学生听课笔记中，就记有他在 1816—1817 年在几何教学中给出的一些证明。可是，很快他便意识到自己的证明是错误的，前人和自己的失败从反面启迪了他，使他大胆思索问题的相反提法：可能根本就不存在第五公设的证明。于是，他便调转思路，着手寻求第五公设不可证的解答。这是一条全新的，也是与传统思路完全相反的探索途径。

他运用了反证法：为证"第五公设不可证"，首先对第五公设加以否定，然后用这个否定命题和其他公理、公设组成新的公理系统，并由此展开逻辑推演。依照这一逻辑思路，罗巴切夫斯基对第五公设的等价命题——"过平面上直线外一点，有且只有一条直线与已知直线不相交"加以否定，得到否定命题"过平面上直线外一点，有无数多条直线与已知直线不相交"，用这个否定命题和其他公理、公设组成新的公理系统并进行推导。他得到一连串古怪、非常不合乎常理的命题。但是，经过仔细审查，没有发现它们之间存在任何逻辑矛盾。于是，富有洞察力的罗巴切夫斯基大胆断言，这个"在结果中并不存在任何矛盾"的新公理系统可构成一种新的几何，它的逻辑完整性和严密性可以与欧几里得几何相媲美。而这个无矛盾的新几何的存在，就是对第五公设可证性的反驳，也就是对第五公设不可证性的逻辑证明。由于尚未找到新几何在现实中的原型和类比物，罗巴切夫斯基慎重地把这个新几何称为"想象几何"。这就是后来人们所说的罗氏几何，也称双曲几何（Hyperbolic Geometry），它是非欧几何的一种。

1826 年 2 月 23 日，在喀山大学物理数学系学术会议上，罗巴切夫斯基宣读了他的关于非欧几何的论文《几何学原理及平行线定理严格证明的摘要》。他是第一个正式公布其关于双曲几何（罗氏几何）这种非欧几何研究成果的数学家。在公布非欧几何的发现之后，罗巴切夫斯基遭到当时包括学术权威在内的学术界的质疑和否定，甚至社会对其进行的人身攻击。

1829 年，他又撰写了一篇题为《几何学原理》的论文，这篇论文重现了第一篇论文的基本思想，并且有所补充和发展。此时，罗巴切夫斯基已被推选为喀山大学校长，可能出自对校长的"尊敬"，《喀山大学通报》全文发表了这篇论文。1832 年，根据他的请求，喀山大学学术委员会把这篇论文呈送彼得堡科学院评审。彼得堡科学院委托奥斯特罗格拉茨基（M. V. Ostrogradsky）（图 5.2.12）这位俄国数学界的权威人士来担任罗巴切夫斯基论文的审稿人。

图 5.2.12　奥斯特罗格拉茨基

奥斯特罗格拉茨基是俄国著名数学家、物理学家，彼得堡科学院院士。他是俄国理论力学学派的创始人、彼得堡数学学派的奠基者之一，其科学研究涉及分析力学、理论力学、数学物理、概率论、数论和代数学等方面。三重积分和曲面积分之间的关系公式就是他在1828 年研究热传导理论的过程中证明的。可惜的是，就是这样一位杰出的数学家，也没能理解罗巴切夫斯基的新几何思想。他使用极其挖苦的语言，对罗巴切夫斯基作了公开的指责和攻击。同年 11 月 7 日，他在给彼得堡科学院的鉴定书中一开头就以嘲弄的口吻写道："看来，作者旨在写出一部使人不能理解的著作，他达到了自己的目的。"接着，对罗巴切夫斯基的新几何思想进行了歪曲和贬低。最后，他粗暴地断言："由此我得出结论，罗巴切夫斯基校长的这部著作谬误连篇，因而不值得科学院的注意。"

英国数学家德·摩根在分析学、代数学、数学史及逻辑学等方面做出了重要的贡献，推导出数理逻辑领域中的重要定律——德·摩根定律，参与解决四色问题，是伦敦数学会第一任会长。他也断然地否定非欧几何的存在，说出："我认为，任何时候也不会存在与欧几里得几何本质上不同的另一种几何。"

甚至，德国诗人歌德（J. W. von Goethe）在他的名著《浮士德》中写下这样的诗句："有几何兮，名曰'非欧'，自己嘲笑，莫名其妙！"

高斯是非欧几何的最早发现者，对罗巴切夫斯基的研究成果给予公开支持。事实上，当看到罗巴切夫斯基的非欧几何著作《平行线理论的几何研究》后，高斯一方面私下在朋友面前高度称赞罗巴切夫斯基是"俄国最卓越的数学家之一"，并下决心学习俄语，以便直接阅读罗巴切夫斯基的全部非欧几何著作；另一方面，高斯不以任何形式对罗巴切夫斯基的非欧几何研究工作加以公开评论。他积极推选罗巴切夫斯基为哥廷根皇家科学院通讯院士。可是，在评选会和他亲笔写给罗巴切夫斯基的推选通知书中，对罗巴切夫斯基在数学上的最重要贡献——创立非欧几何却避而不谈。

由上面这些情况，我们不难想象罗巴切夫斯基所遭受的非议、责难、孤独和无助。罗巴切夫斯基雕像如图 5.2.12 所示。

图 5.2.12　罗巴切夫斯基雕像

罗巴切夫斯基表现出对真理孜孜追求的坚定信念，通过多种方式捍卫自己的发现和结果。为了扩大非欧几何的影响，争取早日取得学术界的承认，他用俄文、法文、德文撰写著作，同时精心设计了检验大尺度空间几何特性的天文观测方案。晚年，他被免去了喀山大学的所有职务，被迫离开终生热爱的大学工作。加上他的大儿子因病死去，他的眼睛逐渐失明。罗巴切夫斯基的最后著作《论几何学》就是在他去世前一年在双目失明的情况下以口授的方式由他的学生帮助完成的。在罗巴切夫斯基的努力下，非欧几何成为一个完整的理论体系。他更被英国数学家克利福德（W. K. Clifford）赞誉为"几何学届的哥白尼"。

通过回顾高斯、鲍耶父子、罗巴切夫斯基发现非欧几何的过程，这段历史能给我们后人带来很多启迪。高斯、鲍耶父子和罗巴切夫斯基对待自己的研究结果和数学研究的态度与方式确实值得我们深思。有人用法卡斯·鲍耶的"春天一到，紫罗兰竞相开放"来概括非欧几何被不同数学家先后发现的现象，这个故事无疑带给我们很多启迪。

5.2.5　双曲几何的后续发展和非欧几何的意义

在罗巴切夫斯基、高斯和鲍耶创立非欧几何后，虽然从逻辑体系上已经确认了非欧几何的正确性，但一个问题始终萦绕在人们心头：真的有符合双曲几何的模型吗？

后来，意大利数学家贝尔特拉米（E. Beltrami）（图 5.2.13）、德国数学家克莱因和法国数学家庞加莱（J. H. Poincaré）提出了非欧几何平面模型。

1868 年，贝尔特拉米对这个问题给出了肯定的答案。他在《数学杂志》上发表了《论非欧几何的解释》。他首先提出了被称为伪球面的具有合适曲率（刻画曲面弯曲程度的几何量）的曲面可作为实现双曲几何的模型；接着在同年发表的第二篇论文中，他证明了罗巴切夫斯基平面可以在具有常负曲率的曲面上实现。

在 1901 年的论文中，希尔伯特给出的定理指出：具有常负高斯曲率的完备正则曲面不能浸入三维欧氏空间。

克莱因证明了一个叫作伪球的曲面具有适当的曲率，从而模拟一部分双曲空间。而在同一年的第二篇论文中，他定义了克莱因模型，而且，他证明了欧氏几何和非欧几何是相容性等价的。也就是说，如果非欧几何中有矛盾，那么这种矛盾会在欧氏几何中出现。

射影模型（Projective Model）、克莱因圆盘模型（Klein Disk Model）或贝尔特拉米-克莱因模型（Beltrami-Klein Model）（图 5.2.14）是 n 维双曲几何的一个模型，其中点由 n 维单位球（二维时也称为单位圆盘）中的点表示，直线由端点位于边界球面的线段（弦）表示。在这些模型中，非欧几何的概念由欧氏几何的对象进行表示，这引起了人们认知上的不适。比如，非欧几何的直线是由我们看起来弯曲的欧几里得曲线表示的。事实上，这种弯曲不是非欧几何直线的属性，这只是表示非欧几何对象的一种方式。

图 5.2.13 贝尔特拉米

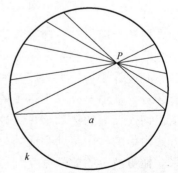

图 5.2.14 贝尔特拉米-克莱因模型

1959 年，荷兰版画家埃舍尔（M. C. Escher）基于庞加莱的罗氏几何模型创作了题为《圆极限Ⅲ》的著名版画作品，如图 5.2.15 所示，用艺术的手法展现了罗氏几何的奇妙和美丽。

在长达两千年的时间里，由于欧氏几何具有严密的公理化特点，欧氏几何系统无懈可击，欧氏几何作为空间的数学模型从未受到过挑战。人们将《几何原本》作为学习数学知识、训练逻辑思维的基石。而且，由于和人们观察到的客观世界具有契合性，欧几里得的观点具有绝对的权威性，这也是非欧几何产生之初遭到广泛非议甚至连高斯这样的大数学家都对自己的非欧几何发现选择秘而不宣的原因。从这样的角度来看，在发现非欧几何的过程中，罗巴切夫斯基所表现出的对真理执着追求的精神无疑为我们树立了榜样，因此，后人将罗巴切夫斯基称为"几何学界的哥白尼"，无疑是实至名归的。

非欧几何所导致的思想解放对现代数学和现代科学都有着极为重要的意义，因为人类终于开始突破感官的局限而深入自然的、更深刻的本质。非欧几何的产生代表着人类心智的巨大胜利，是人类依靠数学逻辑思维战胜自身根深蒂固的传统信念的一次胜利。

非欧几何的发现具有涟漪效应，其影响远远超出了数学和科学的界限。例如，非欧几何的出现之初正是英国伟大的维多利亚女王的统治时代，非欧几何以多种方式影响了维多利亚时代英格兰的知识生活。非欧几何动摇了《几何原本》作为数学教学基石的信念，人们开始检视基于《几何原本》进行几何教学的课程设置问题。以《爱丽丝梦游仙境》而闻名于世的著名作家、数学家道奇森（C. L. Dodgson）曾以此为主题写作了书籍《欧几里得和他的现代对手》。

更为重要的是：非欧几何是科学发展史上的一次重要革命，数学家用他们的理性和思维改变了人类认识世界的信念。非欧几何的出现，使绝对真理变成了相对真理。非欧几何是数学发展中的一次重大范式转变，改变了数学家对几何学的错误信念。

在非欧几何产生之前，人们一直认为欧氏几何是唯一无矛盾的几何系统。康德是启蒙运动时期最后一位主要的哲学家，是德国思想界的代表人物，如图 5.2.16 所示。他是德国古典哲学创始人，调和了笛卡儿的理性主义与培根的经验主义，其学说深深影响了近代西方哲学。他被认为是继苏格拉底、柏拉图和亚里士多德后，西方最具影响力的思想家之一。康德哲学理论的一个基本出发点是：将经验转化为知识的理性是人与生俱来的，没有先天的范畴，我们就无法理解世界。他认为：我们对空间的知识不来源于我们的感官、不来源于我们的逻辑，而是与生俱来的。这被他看作合成先验知识的最好例子。但不幸的是，他的不可改变的真理几何就是基于欧几里得的，是欧氏的。随着人类科技的发展，人类已经认识到：不同的几何学有不同的适用范围。

图 5.2.15　埃舍尔的版画《圆极限Ⅲ》

图 5.2.16　康德

5.3 打开高维世界的钥匙——黎曼几何

除高斯、鲍耶父子、罗巴切夫斯基创立的双曲几何外，非欧几何还包括黎曼创立的椭圆几何。实际上，高斯对另一种非欧几何——黎曼几何的创立也产生了直接且重要的影响。黎曼在 1854 年为取得哥廷根大学教职所做的就职演讲的题目《论作为几何基础的假设》就是由高斯从黎曼提交的三个题目中选定的。同时，高斯和其他数学家在曲面内蕴几何方面的工作也为黎曼创立新几何学奠定了坚实的基础。

5.3.1 英年早逝的最具创新精神的数学家——黎曼

黎曼，德国著名的数学家、几何学家，黎曼几何的创立者，他被公认为数学史上最具创新性精神的数学家之一。黎曼出身于德国汉诺威的一个牧师家庭。由于黎曼父亲的收入不多，加上黎曼还有 5 个兄弟姐妹，其家庭生活一直比较拮据，这导致他的几个兄弟姐妹和他的母亲过早地离世。黎曼在中学时期就展现了他在数学方面异于常人的领悟能力：他曾仅用几天时间就读完勒让德所著的一本 859 页的《数论》。1845 年，19 岁的黎曼在哥廷根大学成为专修语言和神学的学生。最初，他打算子承父业，在这期间，他逐渐对数学产生了浓厚的兴趣，他学习了斯特恩关于方程论和定积分的课，以及高斯关于最小二乘法等课程。黎曼和他的签名如图 5.3.1 所示。

图 5.3.1 黎曼和他的签名

1847 年，黎曼转到柏林大学。在那里，他接触了几位著名的数学大师：雅可比、狄利克雷、施泰纳（J. Steiner）、爱森斯坦（F. G. M. Eisenstein）。柏林大学的学习使黎曼受益匪浅，为其打下了广博的知识基础：他从雅可比那里学到了高等代数，从狄利克雷那里学到了数论和分析，从施泰纳那里学到了近世几何学，从爱森斯坦那里学到了椭圆函数。这期间，他还研读了柯西等人的著作，建立了单复变函数以及柯西-黎曼方程的概念。1849 年的春天，黎曼回到哥廷根大学继续完成他的数学学业。这期间，他参加了韦伯、斯特恩、利斯亭等人组织的数学物理学讨论班，利斯亭的拓扑思想对黎曼产生了巨大的影响。

1851 年 11 月，黎曼在高斯的指导下提交了他的博士学位论文《单复变函数一般理论基础》，参加答辩并取得了博士学位。高斯对他的博士论文的评论是："黎曼先生提交的博士论文提供了可信的证据，说明作者在他的论文中针对所论述主题所进行的充分、完全和深入的大部分研究显示了一个具有创造性的、活跃的、真正数学天才的头脑，以及了不起的富有成果的创造性。文章清楚、简洁，有的地方很漂亮，大多数读者都将会喜欢这个更清楚的安排，它不仅符合博士学位论文所要求的各项标准，而且远远超出了它们。"

在此之后的几年里，黎曼的经济状况和生活条件并没有得到多大的改善，而且，他的父亲、妹妹和哥哥相继去世，他需要用微薄的薪水独自一人照顾三个妹妹。生活的不如意并没有压垮黎曼，他全身心地投入数学研究工作，并获得了令人惊异的研究成果。他在数学上的许多重要工作都是在这个时期完成的。在此期间，他在阿贝尔积分、阿贝尔函数、数论、超几何级数等方面获得了一系列研究结果，开创了现代代数几何、解析数论等新领域，为数学物理和微分方程理论的发展做出了贡献。

1857 年，黎曼终于获得副教授的职位。1859 年，在狄利克雷去世后，黎曼成为狄利克雷的继任者。1859 年，他被选为柏林科学院通讯院士，并被哥廷根科学会接纳为正式会员。1860 年，在巴黎访问期间，黎曼在 1854 年演讲的研究基础之上对黎曼几何学做了进一步发展。1862 年 7 月，黎曼患肋膜炎后发展为肺结核。之后，他转到意大利疗养。在意大利疗养期间，他在身体条件许可的情况下仍然继续他的研究工作。1866 年 3 月，他当选为柏林科学院国外院士。1866 年 7 月 14 日，他当选为英国皇家学会国外会员。1866 年 7 月 20 日，他在意大利塞拉斯卡逝世。

回顾黎曼短暂的一生，有许多东西值得我们深思和学习。40 岁时，黎曼即英年早逝。早年穷困的家庭条件影响了他的身体健康，经济拮据也困扰着他一生大部分的时间，病痛在他生命的最后时光里一直折磨着他。即使在这样糟糕的情况下，黎曼仍在短暂的一生中为数学和世人留下了宝贵的财富。黎曼的墓碑如图 5.3.2 所示。

黎曼正式发表的著作并不多。1876 年，戴德金及韦伯出版了《黎曼全集》，其中收录了黎曼生前公开发表的 10 篇论文、12 篇遗稿、就职演说、就职论文等，这些著作都异常深刻，极富创造性，

图 5.3.2　黎曼的墓碑

黎曼的手稿如图 5.3.3 所示。他通过对阿贝尔积分和阿贝尔函数的研究，开创了现代代数几何；他首创用复解析函数研究数论问题，开创了现代意义的解析数论；他对超几何级数的研究，推动了数学物理和微分方程理论的发展。因此，他被公认为数学史上最具创新性精神的数学家之一。

重要的是，黎曼的工作和现代数学直接相连，即直接同现代数学中的拓扑方法、一般流形概念、联系拓扑与分析的黎曼-洛赫定理、代数几何学（特别是阿贝尔簇以及参模）等

紧密相连，他的空间观念及黎曼几何更预示着广义相对论，正是他触发了现代数学的革命性变革。因此，黎曼既开创了非欧几何，也预示着现代数学的蓬勃发展。

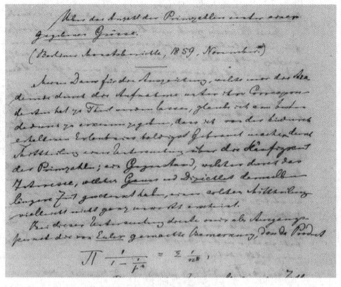

图 5.3.3　黎曼的手稿

黎曼是对现代数学发展影响最大的数学家之一，他的学术影响遍布多个数学分支，并且仍在影响着他去世一百多年以后的现代数学发展。例如，黎曼提出的关于素数分布的黎曼猜想仍然是一个未解难题，吸引着无数数学家的目光。1859 年，作为柏林科学院通讯院士的黎曼向柏林科学院提交了一篇题为《论小于给定数值的素数个数》的论文，这篇论文研究了素数的分布问题。素数又称质数，是像 2、5、19、137 一样除 1 和自身外不能被其他正整数整除的数。黎曼发现了素数分布的奥秘完全蕴藏在黎曼函数 ζ 之中，尤其是黎曼函数 $\zeta(s)$ 的非平凡零点对素数分布的细致规律有着决定性的影响。但黎曼的这篇论文只有短短的 8 页，其中还有很多证明从略的地方。这些"证明从略"的地方，有些花费了后世数学家几十年才得以补全，有些甚至直到今天仍是空白。但黎曼的论文在为数不少的"证明从略"之外，引人注目地包含了一个他明确承认了自己无法证明的命题，这个命题就是黎曼猜想。

希尔伯特在第二届国际数学家大会上提出了 20 世纪数学家应当努力解决的 23 个数学问题，其中就包括黎曼猜想。2000 年 5 月 24 日，著名的美国克雷数学研究所（Clay Mathematics Institute）公布了 7 个重要的千禧年数学问题，关于素数分布的黎曼猜想就位列其中。黎曼猜想被公认为目前数学研究中最重要的公开猜想之一。有人统计过，在当今数学文献中，已有超过 1000 条数学命题以黎曼猜想（或其推广形式）的成立为前提。如果黎曼猜想被证明，这些数学命题就可以荣升为定理；反之，如果黎曼猜想被否证，这些数学命题中起码有一部分将成为"陪葬"。

5.3.2　黎曼几何的创立及发展

1853 年，为了能够取得哥廷根大学的讲师职位，黎曼做了一次演讲。为此，黎曼向高斯提交了三个备选的报告题目，其中的第三个题目涉及几何基础的问题，黎曼对这个题目并没有做过多少案头准备工作，因此黎曼从心底里希望高斯不要选中它，而希望选中他擅长的三角级数（傅里叶级数）的问题。可是，高斯对第三个题目深有研究。事实上，他已思考这个问题长达 60 年。出于想看看黎曼对这个深奥的问题会做些什么样创造性工作的目的，高斯指定了第三个题目作为黎曼就职演讲论文的题目。

1854 年，黎曼发表了《论作为几何学基础的假设》的就职演说。他将曲线、曲面的微分几何扩展到 n 维，他认为曲线、曲面不是欧氏空间的附属物，而是和欧氏空间具有同等地位的独立几何空间。黎曼认为几何学的研究对象应该是多重广义量，空间中的点可用 n 个实数作为坐标表示出来，这就给出了流形概念的雏形。

在黎曼于 1854 年所作的就职演讲中，"流形"一词的德文原文是 Mannigfaltigkei。英文中，这个词被翻译为 manifold，意为多层、各种形体。中文翻译"流形"一词最早是由我国著名数学家江泽涵先生给出的，这个词出自南宋民族英雄、爱国诗人文天祥所作的《正气歌》中的一句诗："天地有正气，杂然赋流形。"其大意是：天地间有一股正气，纷杂地散布在各种形体上。江泽涵先生对其的中文翻译是恰如其分的，而且寓意深刻。

黎曼的想法是在空间的每一点处都引入一个现在被称为张量的量，用来刻画流形的弯曲程度。黎曼发现：对四维空间，不管它如何弯曲，在每一点处都需要 10 个数来刻画流形的性质。这 10 个数构成的张量称为四维空间的黎曼度量。

事实上，流形的黎曼度量决定了流形的黎曼曲率。在黎曼几何中，黎曼曲率张量是最为重要的基本量之一。对于曲面的情形，它对应一个数，可以是正数、负数或零。具有非零常曲率的流形是非欧几何的重要模型。

这样，截至 19 世纪中叶，数学上有三种因对待平行线的方式不同而发展出来的不同"品牌"的几何，如图 5.3.4 所示。罗巴切夫斯基与黎曼的新几何系统被称为非欧几何（罗氏几何、黎曼几何），以强调它们在逻辑上与欧氏几何存在矛盾立场。三种几何都自成兼容（不矛盾）的系统，但它们基于平行性的不同假设，会导出截然不同的几何性质。例如，只有在欧氏几何中才存在两个相似但不全等的三角形；在非欧几何中，若两个三角形对应角相等，则必定全等。

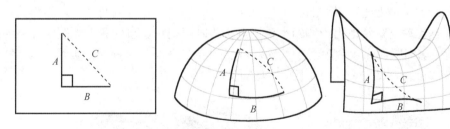

图 5.3.4 欧氏几何、黎曼几何、罗氏几何的模型

三角形内角和会因其所在的几何系统而有不同：
（1）在欧氏几何中，三角形内角和恰为 180°；
（2）在罗氏几何中，三角形内角和小于 180°；
（3）在黎曼几何中，三角形内角和大于 180°。
在黎曼之后，法国数学家庞加莱（J. H. Poincaré）、德国数学家希尔伯特、德国数学家外尔（H. Weyl）、美国数学家惠特尼（H. Whitney）等先后为流形概念的最终形成做出了贡献。

现代数学理论，特别是拓扑理论的发展，为人们逐步完善流形的定义提供了可能。1895年，庞加莱在他发表的论文《拓扑》中给出了流形的定义。在论文中，庞加莱将流形定义为欧氏空间之间的满足隐函数定理非退化条件的连续可微函数的水平集（Level Set），该定义是流形现代概念的先导。同时，他也提出了流形链（Chain of Manifold）的概念，这是现在流形坐标卡集（charts）的雏形。1902 年，希尔伯特在《几何基础》中第一次给出了流形的正确描述。在 1911—1912 年开设的黎曼面（Riemann Surfaces）讨论班课程中，外尔给出了微分流形的内蕴定义。在 1913 年的著作《黎曼面的概念》中，外尔给出了微分流形的清晰描述，该书在 1955 年被翻译成英文版，由 Addison-Wesley 出版社出版。20 世纪 30 年代，惠特尼和其他数学家一起澄清了微分流形定义中的相关问题。惠特尼的嵌入定理（Whitney Embedding Theorem）表明利用坐标卡集给出的内蕴定义等价于庞加莱利用欧氏空间子集给出的定义。

以黎曼创立黎曼几何为分界线，微分几何开始分为古典微分几何、现代微分几何两个分支。古典微分几何以二维空间和三维空间中的曲线、曲面为研究对象，而现代微分几何则以流形为研究对象。流形可以是低维的曲线、曲面，更多的是一般的高维流形。从这个意义上说，现代微分几何为人类研究高维空间提供了工具。

各种流形有不同的几何和分析性质。例如，虽然球面、环面、莫比乌斯带（Möbius Strip）都是二维曲面，但它们迥然不同。莫比乌斯带是单侧曲面，而前两者是双侧曲面。而且，球面和环面也有不同的几何和分析性质。莫比乌斯带是由德国数学家、天文学家莫比乌斯和利斯廷（J. B. Listing）在 1858 年各自独立发现的，它可由一长条纸带扭转 180° 后相对粘接得到。其单侧性可用下面的办法加以检验：在不越过边界的前提下，可以用彩笔将莫比乌斯带涂遍。从另一个角度来说，从莫比乌斯带的某一点出发，可不越过边界沿着莫比乌斯带到达其另一面上的对应点。莫比乌斯带有很多有趣的性质：如果从中间将一个莫比乌斯带剪开，我们得到的不是两个宽度较窄的带子，而是一个把长方形纸带的一边扭转了两次再黏合而成的环。如果再把刚刚得到的这个环再次从中间剪开，将得到两个环。因为其具有有趣的单侧性，莫比乌斯带常被用于科幻小说、电影的时间架构、事件和人物逻辑关系的设计。1963 年，荷兰著名版画家埃舍尔创作了名为《红蚁》的关于莫比乌斯带的版画作品（图 5.3.5），用莫比乌斯带上的蚂蚁艺术地刻画了莫比乌斯带的单侧性。

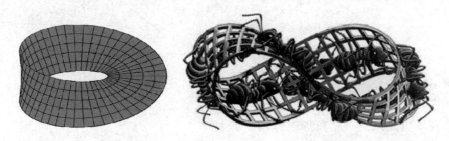

图 5.3.5   莫比乌斯带和埃舍尔的版画《红蚁》

　　1882 年，德国数学家克莱因提出了四维空间中的一个二维球面——克莱因瓶（Klein Bottle）的概念。将一个橡皮软管的两端粘在一起，可以获得一个"甜甜圈"（环面）。而如果将橡皮软管的一端扭曲进入内部，然后将其与橡皮软管的另一端粘在一起，这样获得的就是一个三维空间中所见的克莱因瓶。与莫比乌斯带可以在三维空间中实现不同，克莱因瓶只能放到四维以上的空间中，也就是说，真正的克莱因瓶只能在四维以上的空间中才能实现，这就像莫比乌斯带和球面不能放在平面上一样。图 5.3.6 只是为了在三维空间中展示克莱因瓶的大致情况，因为我们发现这个图中的克莱因瓶已将自身戳破。空间维度的升高带来了很多不可思议的性质，比如，克莱因瓶的单侧性可以使我们不用穿过其表面而直接从其"内部"到"外部"（实际上，克莱因瓶已经没有内部、外部之分），换句话说，这个"瓶子"是装不了水的。

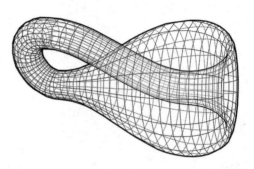

图 5.3.6　克莱因瓶

　　人类的几何直观想象能力无法超越三维。比如，作为三维空间中立方体的推广，四维空间中的超立方体（hypercube）指的是一个每个顶角上都有 4 条棱边的立体，其中任意 3 条棱边都构成一个三维的立方体，并且这个图形有 16 个顶角、32 条棱边。你会发现，真的很难想象超立方体应该是什么样子。图 5.3.7 只不过是我们尝试在三维空间说明这个实际上应该存在于四维空间里的立体。实际上，三维空间中的立方体被称为 3-超方形，四维空间中的超立方体被称为 4-超方形，试图"脑补"出更高维的 n-超方形的模样更是一个不可能完成的任务。类似地，我们可以想象出三维空间中二维球面的样子，却无法用三维几何直观地"看到"四维空间中的三维球面、$n+1$ 维空间中的 n 维球面的样子。而现代微分几何为研究这些高维流形提供了有力工具，让人类思维的触角伸向高维空间。

　　卡拉比-丘流形（Calabi-Yau Manifold）是高维流形的另一个著名例子，是第一陈示性类为 0 的紧致的 n 维 Kähler 流形。1957 年，意大利数学家卡拉比（E. Calabi）猜想这种流形（对每个 Kähler 类）有一个里奇曲率为零的度量，该猜想于 1977 年被几何大师丘成桐证明，卡拉比-丘流形由此得名。图 5.3.8 展示的只是这个高维流形在三维空间的投影。卡拉比-丘流形对于旨在探寻可统一各基本作用力及解释基本物质的超弦理论（Superstring Theory）具有重要意义。

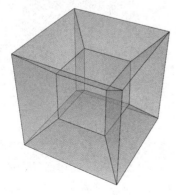

图 5.3.7　超立方体

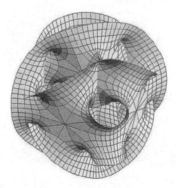

图 5.3.8　卡拉比-丘流形在三维空间的投影

5.3.3　宇宙的琴弦——引力波

图 5.3.9　爱因斯坦

受限于生活经验和几何直觉，在非欧几何产生后的很长一段时间内，大多数人对非欧几何还是知之甚少、敬而远之的。直到美国物理学家爱因斯坦（图 5.3.9）发明广义相对论，以黎曼几何等为代表的非欧几何才真正得到人们的重视。

物理的理论创新需要合适的数学作为表达的语言和推导的工具。从 1905 年创立狭义相对论到 1915 年创立广义相对论，爱因斯坦花了 10 年时间。他曾经说过："为什么还需要 10 年才能创立广义相对论呢？主要原因在于不那么容易从坐标必须有一个直接尺度意义这一概念中解脱出来。"在 1922 年的日本京都演讲中，爱因斯坦说："如果所有的系统都是等价的，那么欧氏几何就无法全部成立。但是舍几何而就物理，就好像失语的思考。我们表达思想之前必须要找到语言……我突然发现高斯的曲面论正是解开这个奥秘的钥匙……我不知道黎曼已经深刻地研究了几何的基础。"

爱因斯坦的大学同学、几何学家格罗斯曼（M. Grossmann）在广义相对论的创立过程中发挥了重要作用。他向爱因斯坦强调了黎曼几何这一非欧几何对建构广义相对论的重要性。格罗斯曼还把张量分析和绝对微分学等介绍给爱因斯坦，帮助爱因斯坦实现了从狭义相对论到广义相对论的突破。1913 年，爱因斯坦和格罗斯曼合著的《广义相对论和引力理论纲要》是爱因斯坦广义相对论的两篇基础论文中的一篇。爱因斯坦在与格罗斯曼合作期间写下的笔记如图 5.3.10 所示。

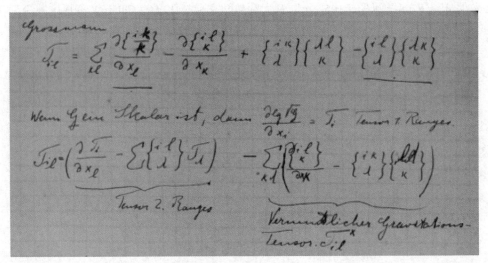

图 5.3.10　爱因斯坦在与格罗斯曼合作期间写下的笔记

爱因斯坦因得到黎曼几何这一数学工具的支撑而实现了由狭义相对论到广义相对论的跨越，而黎曼几何也因广义相对论而找到了应用的背景和发展的动力，这反映了微分几何与物理之间的一种殊途同归、相辅相成的关系。微分几何学的理论发展有时会领先物理的实际问题背景，这样就会给物理学中的一些问题解决准备好数学工具；反过来，这种理论的实际应用、物理学发展中不断涌现的对几何学理论发展的需求又刺激、推动了微分几何学的发展。这种关系在多年后被物理学中的杨-米尔斯场论和微分几何学中的纤维丛联络理论所再次印证，人们惊叹于数学家获得的看似脱离实际的纯理论研究成果。例如，物理学家杨振宁曾说过："非交换的规范场与纤维丛这个美妙理论——数学家们发展它时并没有参考物理世界——在概念上的一致，对我来说是一个奇迹。"陈省身先生在《微分几何与理论物理》一文中写道："广义相对论所需要的黎曼几何和规范场论所需要的纤维空间内的联络，都在物理应用前为数学家所发展，这个'殊途同归'的现象真令人有神秘之感。"在《几何中的非线性分析》中，著名数学家丘成桐表达了自己对这一现象的感想："也许，几何同物理一样的实在。在历史上，几何学家从几何自身的美出发而考虑的许多问题后来都在物理学中自然产生，这件事常常使几何学家同物理学家都感到吃惊。似乎当大自然通过数学来表现她自身美的时候，她也通过它显示她的深邃性。"

1915 年，物理学家爱因斯坦正利用了黎曼几何、张量分析创立了广义相对论，对物理学发展、现代科技、人类思想的发展产生了深远影响。广义相对论是用几何化、数学化的思想研究世界、物体的运动。爱因斯坦用黎曼几何这一工具统一了经典物理学，使经典物理学成为一个完美的科学体系。

爱因斯坦基于广义相对论做出了几个重要的预言，以说明广义相对论的正确性。其中包括预言引力波（Gravitational Wave）的存在。在 1916 年的论文《重力场方程组的近似积分》中，爱因斯坦阐明了怎样使用广义相对论来推导引力波，并且给出了三种不同的引力波。那么，什么是引力波呢？直观地说，就像我们把石头投掷到池塘里会使水面产生涟漪一样，引力波是时空的涟漪。根据爱因斯坦的广义相对论，质量可以导致时空扭曲，而且质量越大，所造成的时空扭曲也越大。有加速度的物体运动时所产生的时空扭曲变化会像波一样以光速向外传播，称之为引力波，引力波会以引力辐射的形式传输能量。

1974 年，美国物理学家赫尔斯（R. A. Hulse）和泰勒（J. H. Taylor）发现了赫尔斯-泰勒脉冲双星系统在互相公转时会不断散发引力波而失去能量，为引力波的存在提供了第一个间接证据。这两位物理学家因为这一工作在 1993 年获得诺贝尔物理学奖。此外，科学家还利用引力波探测器来直接探测引力波的存在。2016 年 6 月 16 日，激光干涉引力波天文台（LIGO）合作组宣布：2015 年 12 月 26 日，两台引力波探测器同时探测到了一个引力波信号，这是继 LIGO 在 2015 年 9 月 14 日探测到首个引力波信号之后，人类探测到的第二个引力波信号，如图 5.3.11 所示。2017 年 10 月 16 日，包括中国在内的全球多国科学家同步举行新闻发布会，宣布人类第一次直接探测到来自双中子星合并的引力波，并同时看到这一壮观宇宙事件发出的电磁信号。2017 年，韦斯（R. Weiss）、巴里什（B. C. Barish）与索恩（K. S. Thorne）因在引力波观测方面的贡献而获得诺贝尔物理学奖。引力波的发现，既是对爱因斯坦基于广义相对论预言的证实，也是对黎曼几何、非欧几何正确性和应用价值最好的例证。

从广义相对性原理和等效原理出发，爱因斯坦在 1915 年得到了正确的引力场方程

$$R_{\mu\nu} - \frac{1}{2}g_{\mu\nu}R = \frac{8\pi G}{c^4}T_{\mu\nu}$$

式中，$R_{\mu\nu}$ 为表示空间弯曲情况的里奇张量，$g_{\mu\nu}$ 为度量张量，$T_{\mu\nu}$ 为表示物质分布和运动状况的能量-动量张量，R 是数量曲率，G 是引力常数，c 是真空中的光速。

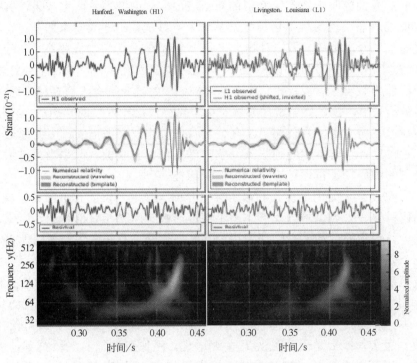

图 5.3.11　LIGO 观测到的引力波信号

1916 年，爱因斯坦发表了论文《广义相对论基础》。1916 年，德国天文学家史瓦西（K. Schwarzschild）通过计算得到爱因斯坦引力场方程的一个真空解。这个解表明：如果将大量物质集中于空间一点，其周围会产生奇异的现象，即在质点周围存在一个界面——"视界"。一旦进入这个界面，即使是光也无法逃脱。后来，这种不可思议的天体被美国物理学家惠勒（J. A. Wheeler）命名为"黑洞"。

黑洞是由质量足够大的恒星在核聚变反应的燃料耗尽而死亡后，发生引力坍缩而产生的。在黑洞中，时空曲率大到光都无法从其事件视界逃脱。黑洞的视界附近有一系列神奇的现象发生，包括巨大的引力所带来的光线弯曲，爱因斯坦将这一现象形象地称为引力透镜。另外，旋转的黑洞会吸引周围的物质，形成一个被称为"吸积盘"的圆环。吸积盘随着能量的增大，会释放出明亮的光线。黑洞本身没有光，人们观察黑洞只能通过引力透镜和吸积盘。2019 年 4 月 10 日 21 时，人类首张黑洞照片面世，该黑洞位于室女座一个巨椭圆星系 M87 的中心，距离地球 5500 万光年，质量约为太阳的 65 亿倍。它的核心区域存在一个阴影，周围环绕一个新月状光环。这一天文观测的照片证实了爱因斯坦广义相对论在

极端条件下仍然成立，从而再次展示了作为爱因斯坦广义相对论数学化工具的黎曼几何对人类认识包括宇宙在内的现实世界的重要意义。

思　考　题

1．请利用数学软件绘制心形线以及其他一些有趣的数学曲线。

2．在发现非欧几何的过程中，高斯、鲍耶父子、罗巴切夫斯基分别展现出了对待科学研究、追求真理的什么样的态度？你从罗巴切夫斯基身上学到了什么可贵的精神品质？

3．为什么说非欧几何是科学发展史上的一次重要革命，数学家用他们的理性和思维改变了人类认识世界的信念？

4．通过查阅资料，列举和分析非欧几何的一些应用实例。

第六章

谁与争锋——微积分的前世今生

微积分，或者数学分析，是人类思维的伟大成果之一。它处于自然科学与人文科学之间的地位，这使它成为高等教育的一种特别有效的工具……乃是撼人心灵的智力奋斗的结晶。这种奋斗已经历两千五百多年之久，它深深扎根于人类活动的许多领域。并且，只要人们认识自己和认识自然的努力一日不止，这种奋斗就将继续不已。

——柯朗

微积分的发展是数学史上最壮丽的篇章之一，被誉为数学史上划时代的里程碑。在微积分的诞生那一刻，变量开始进入数学，人们学会了从运动与变化的视角认识和把握世界。从某种意义上说，有了微积分，就有了工业革命，也就有了现代化的社会。微积分的发展过程凝聚了几千年中外众多数学家的心血，是一段波澜壮阔的有趣历史。在本章中，我们将介绍微积分思想的萌芽情况、牛顿和莱布尼茨对微积分创立的不同贡献、牛顿和莱布尼茨关于微积分发明权的纷争，以及微积分对西方工业革命的影响。

6.1 微积分的前世——古代朴素的微积分思想

在中国、古巴比伦、古希腊等数学家的一些著作中，我们能找到一些朴素的极限、积分思想的运用。相比较而言，积分学的思想萌芽要比微分学的思想萌芽早。

中国很早就出现了早期的积分思想萌芽。例如，《庄子·天下篇》记载了惠施的一段话："一尺之棰，日取其半，万世不竭"，《庄子·天下篇释》和惠施如图6.1.1所示。魏晋时期，为计算圆周率，刘徽在割圆术中提出了"割之弥细，所失弥少，割之又割以至于不可割，则与圆合体而无所失矣"。这些都蕴含着朴素的极限观念。另外，在为《九章算术》作的注释中，刘徽指出只有垂直相交的两个圆柱体的共同部分构成的"牟合方盖"的体积与球体积之比，才正好等于正方形与其内切圆的面积之比。但刘徽没有给出牟合方盖的体积公式，所以他也没有得出球的体积公式。南北朝时期，祖冲之父子创立了"祖暅原理"：所有等高处横截面积相等的两个同高立体，其体积也必然相等。采用"祖暅原理"，祖冲之父子求出了牟合方盖的体积，从而给出了球体积的正确公式。他们的求法记录在唐代李淳风为《九章算术》作的注释中，留传至今。

根据发现的泥板记载，古巴比伦人已经开始使用通过绘制曲线下面的梯形来估计曲线下的面积，这种估算方法能够使他们找到木星在一定时间内行进的距离。

古希腊人认为，圆的面积可以用边数不断增加的内接和外切正多边形的面积来逼近，这是西方应用极限思想计算圆面积的最早设想。曾在柏拉图学院中学习的古希腊天文学家和数学家欧多克索斯对这一思想进行了发展，发明了穷竭法，他还对不能直接确定其长度和面积的图形的近似值进行了研究。欧多克索斯是指出一年不是整三百六十五天而是三百六十五天又六小时的第一位古希腊人。作为第一位试图画星图的古希腊人，他将天空按经度、纬度划分。他的穷竭法被欧几里得记述在《几何原本》的第12章中。

100多年后，古希腊数学家、哲学家、物理学家、力学家阿基米德（图6.1.2）巧妙地将欧多克索斯的穷竭法用于求弓形的面积和球的体积。阿基米德是古代历史上最伟大的数学家之一，被称为数学之神，与高斯、牛顿并列为世界上三位最伟大的数学家。阿基米德为微积分思想萌芽做出了杰出贡献。

图 6.1.1 《庄子·天下篇释》和惠施

图 6.1.2 阿基米德

阿基米德出身于西西里岛叙拉古的一个贵族家庭。他的父亲是天文学家和数学家，所以他从小受家庭影响，十分喜爱数学。在他出生时，古希腊的辉煌文化已经逐渐衰退，埃及的亚历山大城逐渐成为当时的世界经济与文化中心。在他9岁时，阿基米德来到被称为"智慧之都"的亚历山大城读书。在这里，他曾跟随欧几里得等人学习，广泛的涉猎和勤奋的学习为他后来在数学、物理、力学等多方面的成就奠定了基础。

1906年，在土耳其君士坦丁堡（现伊斯坦布尔），丹麦哥本哈根大学古典哲学教授海伯格（J. L. Heiberg）发现了一部与众不同的羊皮纸书卷。在这部书卷祈祷文字的下面残留一些模糊的其他字迹和数学符号。后来，通过识读，确认这是在公元10世纪时记载阿基米德工作的一个抄本。而且，其中记录的部分内容是人们之前所不知道的。1907年，美国《纽约时报》对这件事进行了专门报道，如图6.1.3所示。

图 6.1.3　阿基米德抄本和《纽约时报》的新闻报道

　　海伯格把书卷中能辨认出来的大约 2/3 的内容重新抄录了一遍，并以《阿基米德方法》为名刊行。限于当时的条件，书卷中还有 1/3 的内容无从辨认。但当后来的研究者想继续研究剩余的 1/3 时，这部书卷因为战乱居然神秘地从图书馆消失了。直到 1998 年，这部书卷才在一次拍卖会中重新现身。有人用 200 万美元买下了它，并把它借给沃尔特斯艺术博物馆。在此之后，研究人员先后使用多光谱成像技术、同步辐射光技术成功提取了隐藏在宗教文字之下的阿基米德抄本的全部内容。这部抄本所记录的《方法论》《十四巧板》是另两部传世抄本中所没有的，因此，这部抄本具有重要意义，增加了人们对阿基米德的了解。

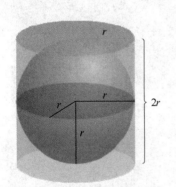

图 6.1.4　阿基米德计算圆柱内
切球体体积的模型

　　除了《方法论》《十四巧板》，阿基米德流传于世的数学著作还有《论球和圆柱》《圆的度量》《抛物线求积法》《论螺线》《论锥形体和球形体》《数沙者》等。他用精妙的思想和方法获得了一系列让人惊叹的结果，特别是与曲线、曲面有关的几何立体问题的研究。在《论球和圆柱》中，阿基米德基于定义和公理推导出球、球冠、球缺、圆柱等的面积和体积等 50 多个命题。他推出了球和球冠的表面积、球和球缺的体积，算出了球的表面积是其内接最大圆面积的 4 倍，导出了圆柱内切球体的体积是圆柱体积的 2/3，如图 6.1.4 所示。他利用杠杆平衡理论推出球体积的公式，然后用穷竭法给予了严格的证明。在《抛物线求积法》中，他研究了曲线图形求面积的问题。在《圆的度量》中，他求得圆周率的近似值介于 $\dfrac{7}{22}$ 和 $\dfrac{71}{223}$ 之间，证明了圆面积等于底等于圆的周长、高等于圆的半径的等腰三角形的面积。在《论螺线》中，他给出了螺线的定义、螺线的计算方法，导出了几何级数和算术级数求和的几何方法。阿基米德螺线就是为纪念他而命名的。在《论锥形体和球形体》中，他确定了由抛物线和双曲线旋转而成的旋转体的体积，以及椭圆绕其长轴和短轴旋转而成的椭球体的体积。

阿基米德的这些几何著作是古希腊数学的顶峰。他把欧几里得严格的逻辑推理方法与柏拉图的丰富想象有机地结合起来，在这些工作中蕴含着无穷小、无穷大、极限等微积分的朴素思想，超越了他所处的时代，为微积分的诞生做出了重要贡献。

阿基米德既重视数学的严密性和准确性，又重视数学的实际应用。阿基米德被誉为"百科式科学家""力学之父"，他被认为是静态力学和流体静力学的奠基人，流传于世的物理学著作包括《平面图形的平衡或其重心》《论浮体》《论杠杆》。他的名言"给我一个支点，我能撬动整个地球"流传千古。他测量真假王冠的故事家喻户晓；他发明的螺旋抽水机是历史上第一个将水从低处传往高处的抽水机，至今这种机器仍在埃及和欧洲的一些国家被实际应用。阿基米德发明的螺旋抽水机和意大利发行的邮票如图 6.1.5 所示。

图 6.1.5　阿基米德发明的螺旋抽水机和意大利发行的邮票

阿基米德去世于公元前 212 年。根据罗马时代的古希腊作家普鲁塔克（Plutarch）的说法，当罗马士兵占领叙拉古时，阿基米德正在专心致志地研究一个几何图形。一位罗马士兵要带他去见马塞勒斯（M. C. Marcellus）将军，但阿基米德一口拒绝了，说他必须完成对这个数学问题的研究。这位罗马士兵勃然大怒，用剑杀死了阿基米德，阿基米德留下的最后一句话是"别把我的圆弄坏"，描绘阿基米德逝世时景象的壁画如图 6.1.6 所示。马塞勒斯为阿基米德举行了隆重的葬礼，并立了一块上面刻着圆柱内切球的墓碑，以纪念他在几何学上的卓越贡献。阿基米德之死象征着一个时代的结束，代之而起的是罗马文明。

事过境迁，阿基米德的陵墓被荒草湮没了。后来，著名的政治家、法学家和哲学家西塞罗（M. T. Cicero）再次找到这座已被风雨侵蚀且被遗忘的墓时，墓志铭依稀可见。随着时光的流逝，两千多年过去，这座墓也消失得无影无踪。20 世纪 60 年代，在叙拉古的一个酒店，有人发现了一个宽约 10 余米、内壁长满青苔的石窟，据说是阿基米德之墓，但没有任何证据。

图 6.1.6　描绘阿基米德逝世时景象的壁画

图 6.1.7　菲尔兹奖的奖牌上的
阿基米德头像

历经两千多年，阿基米德的墓地也许再也找不到了。但阿基米德在数学、物理、力学等方面所取得的超越时代的成就不会因时间而蒙尘。达芬奇和伽利略等人都拿他来作为自己的楷模，牛顿和爱因斯坦这样的科学巨匠也都曾从他身上汲取智慧和灵感。人们永远记得他对人类科学进步所产生的不可磨灭的影响。为了纪念阿基米德，数学界最重要的奖项之一的菲尔兹奖的奖牌正面印的就是阿基米德的头像，如图 6.1.7 所示。

6.2　微积分诞生的前夜

在牛顿、莱布尼茨创立微积分之前，数学、自然科学、天文学和力学等领域的一系列问题和成果为微积分的诞生奠定了基础。本节将聚焦微积分诞生的前夜，介绍开普勒、卡瓦列里、费马、巴罗等人对微积分诞生所做的贡献。

6.2.1　第谷与开普勒

德国天文学家、数学家开普勒在天文学方面的工作是微积分诞生的重要问题来源和推动力之一。而丹麦天文学家、占星学家第谷（B. Tycho）的天文观测数据和相关工作为开普勒的工作奠定了基础。

1560 年 8 月发生的一次日食使正在丹麦哥本哈根大学读书的第谷对天文学产生了极大的兴趣，这种兴趣促使他在 1562 年转入德国莱比锡大学学习法律后仍然坚持利用业余时间研究天文学。1563 年，17 岁的第谷说："我研究过所有现有星表，但它们中没有一个和另一个相同。用来测量天体的方法好比天文学家一般多，而且那些天文学家都一一反对。现在所需要的是一个长期的从一个地点来测量的计划，来测量整个天球。"1566 年，他在德国罗斯托克大学攻读天文学。1563 年，第谷写出了他的关于木星和土星的第一份天文观测资料。而且，他发现这两颗星接近的时间与根据阿尔丰沙十世（Ariarathes X）所制的星表预计的时间相差一个月。在察觉到当时所用的星历表不精确后，他开始了长期的系统观测。从 1572 年 11 月到 1574 年 3 月，第谷使用自己造的仪器对位于仙后座的一颗新恒星进行了一系列观测，取得的观测结果彻底动摇了亚里士多德的天体不变学说。

1576 年，在丹麦和挪威国王弗雷德里克二世（Frederik Ⅱ）的支持和资助下，第谷在位于丹麦与瑞典之间的汶岛建立了"观天堡"（Uraniborg）天文台，如图 6.2.1 所示。这个天文台设置了 4 个观象台、1 个图书馆、1 个实验室、1 个印刷厂和齐全的仪器，是当时世界上最早的一个大型天文台。第谷在这里工作到 1599 年，取得了一系列重要成果，创制了大量先进天文仪器。

1577 年，一颗大彗星飞过地球，全欧洲都观测到了这颗彗星。在当时中国明朝的一些地方县志也记载了这颗彗星。第谷无疑是这颗彗星的最佳观测者和记录者，1577 年大彗星和第谷的观测记录如图 6.2.2 所示，在他的观测记录草图中，地球位于太阳系的中心，行星绕太阳旋转，行星在太阳的带领下围绕着地球旋转。这实际上反映出他的一种介于地心说和日心说之间的学说。同时，他得出了彗星比月亮远许多倍的结论。

图 6.2.1　第谷和"观天堡"天文台

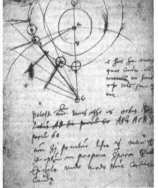

图 6.2.2　1577 年大彗星和第谷的观测记录

在 1599 年弗雷德里克二世去世后，在波希米亚皇帝鲁道夫二世（Rudolf Ⅱ）的帮助下，第谷在布拉格建立了新的天文台。1600 年，在经过一番波折与反复后，他邀请了天文学青年才俊开普勒为他的助手，帮助他分析其毕生的天文观测数据。可惜，在 1601 年 10 月，第谷就在参加布拉格的一次宴会后因为肾病或者膀胱的问题去世了。他给自己写的墓志铭是"他活着时像圣人，死的时候却像个傻子"（He lived like a sage and died like a fool），希望用这句话来表达：在临死之际，他才发现自己对这个宇宙的了解是那么苍白，对真理的探索应该永无止境。实际上，第谷对天文学的贡献是不可磨灭的，他对星象观测的精确严密性达到了前所未有的程度，是与他同时代的人望尘莫及的。他编制的恒星表的精确程度已经接近肉眼分辨率的极限，至今仍然有使用价值。第谷也被称为"近代天文学的始祖"。

1577 年，6 岁的开普勒也看到了第谷观测的那颗大彗星。9 岁那年，他又有幸目睹了月食。这些经历激发了他对天文学的兴趣。1589 年，开普勒到蒂宾根大学学习哲学和神学。在这期间，他展示出了杰出的数学和占星才能。他掌握了托勒密、哥白尼行星运动系统学说，并成为哥白尼日心说的拥护者。为了谋生，开普勒在 1594 年到奥地利的格拉茨中学教授"数学""天文""古典文学""修辞学"等课程。

1596 年，开普勒出版了他在宇宙论方面的第一本重要著作：《宇宙的神秘》。在该书中，他明确支持哥白尼的日心说。他认为土星、木星、火星、地球、金星和水星的轨道分别在大小不等的 6 个球的球面上，6 个球依次套切成正四面体、正六面体、正八面体、正十二面体和正二十面体，太阳居中心。开普勒和他的太阳系模型如图 6.2.3 所示。这个模型体现了几何之美。尽管这种学说是错误的，但反映出他试图运用数学探讨太阳系的运行规律，展示出他的数学才能和对哥白尼日心学说的思考，为他赢得了有才华的天文学家的声望。1600 年，开普勒成为第谷的助手。

图 6.2.3　开普勒和他的太阳系模型

1601 年，在第谷去世后，开普勒接替了第谷的工作，成为皇家数学家。开普勒生活在一个天文学和占星术没有区别的年代，所以，他还要替皇帝占星算命，而这也是他终身从事的职业。但开普勒并不同意星象能够决定人的命运的观点。在 1601 年的《天文学更可靠的基础》一书中，开普勒表达了对占星术的怀疑态度："如果星相家有时讲对了，那应归功于运气。"虽然他不相信占星术这一伪科学，但要以此谋生。他的遗稿中有 800 多张占星图。他曾自我解嘲说："作为女儿的占星术若不为天文学母亲挣面包，母亲便要挨饿了。"1612 年，开普勒接受了奥地利的林茨当局的聘请，任数学教师和做地图编制工作。1618 年，德国开始了"三十年战争"，开普勒的薪水被一拖再拖，他前后两任妻子共给他生了 12 个孩子，大多在贫困中夭折。1620 年，他的母亲又因为行巫术而被捕，耗费了他太多的精力解决这个问题。同时，作为追求真理的新教徒，他常常受到天主教会的迫害，他的一些著作也被教皇列为禁书。虽然有颇多不幸和坎坷，但他曾这样描述自己的著作："我沉湎在神圣的狂喜之中……我的书已经完稿。它不是会被我的同时代人读到就会被我的子孙后代读到——这是无所谓的事。它也许需要足足等上一百年才会有第一个读者……"

继承第谷的衣钵后，开普勒的科学研究进入了一个新的阶段。第谷的极为丰富、精确的天文观测资料为开普勒的科学突破创造了条件。开普勒对第谷的遗著进行了整理和完善。1602 年，他出版了第谷的《新天文学》六卷。1603 年，他出版了第谷的《释彗星》。1627 年，在对第谷编著的天文表进行了长达 20 余年的整理、研究、完善的基础上，开普勒出版了当时最精确的天文表《鲁道夫天文表》。

在开普勒之前，包括哥白尼、第谷等在内的所有天文学家都坚持亚里士多德、毕达哥拉斯的观点，认为天体是完美的物体，一切天体都是按照圆这样一种完美的几何图形运动的。作为第谷的接班人，开普勒认真研究了第谷留下的大量行星观察记录。起初，开普勒认为：通过对第谷多年的天文观测数据做仔细的数学分析，就可以确定托勒密地心说、哥白尼日心说、第谷提出的学说哪个是正确的。但是，经过多年的计算，开普勒发现第谷的观察数据与这三种学说都不符合。1607 年，他观测到了后来被命名的哈雷彗星。最终，开普勒意识到三种学说与观测数据不一致的问题出在了"假定行星轨道是圆形的，或由圆复合而成的"这个假设上。他认为：行星应该是沿着椭圆形轨道运动的。在此基础上，他对行星运动定律进行理论化，成为近代天文学的开端。

1609 年，在《新天文学》中，他提出了行星运动第一定律、行星运动第二定律。行星运动第一定律（轨道定律）：行星是绕着太阳沿着椭圆轨道运行的，太阳处在这个椭圆的一个焦点上。行星运动第二定律（面积定律）：行星运行离太阳越近，则运行得就越快，行星与太阳之间的连线在相等时间内扫过的面积相等。1619 年，开普勒又发表了行星运动第三定律（周期定律）：行星距离太阳越远，它的运转周期越长；运转周期的平方与到太阳之间距离的立方成正比。因为行星运动的这三条定律，人们尊称开普勒为"天空的立法者"。而开普勒对行星运动所用的"立法"工具就是数学。开普勒曾这样说："数学对观察自然做出了重要的贡献，它解释了规律结构中简单的原始元素，而天体就是用这些原始元素建立起来的。"

开普勒定律解决了长期困扰天文学的一个重要问题。从开普勒对行星运动性质的研究中，我们可以看到万有引力定律已见雏形。开普勒已经证明：如果行星的轨迹是圆形，则符合万有引力定律。但对于轨道是椭圆形的情形，开普勒未能证明出来。

在开普勒定律公布之后，从数学上推证开普勒定律成为当时自然科学的中心课题之一，这也成为微积分诞生的重要推动力。开普勒等人的基础也为 17 世纪后期牛顿利用微积分和几何方法创立万有引力理论奠定了基础。

6.2.2　卡瓦列里

问题是数学的心脏，是数学发展的动力。除开普勒的行星运转轨道问题外，望远镜的设计和制作需要确定透镜曲面上任意一点的法线和曲线的切线，啤酒桶的制造要确定旋转体的体积，炮弹的最大射程涉及函数的最大值和最小值、求曲线的长度、重心和引力的计算……这些有趣的问题都激发了人们的兴趣。17 世纪上半叶，几乎所有的科学大师都致力于寻找能解决这些难题的数学工具。而解决这些问题，原有的研究常量、静止的数学工具和方法已经无能为力。在此背景下，微积分应运而生。在种种问题中，物理中的求速度问题、几何中的求曲线的切线和所围图形的面积两类问题都是导致后来牛顿和莱布尼茨两人各自独立创立微积分的重要推动力。

意大利数学家卡瓦列里（图 6.2.4）是微积分发展史上的一位重要人物。他的主要成果是 1635 年出版的《用新方法促进的连续不可分量几何学》。他认为：平面图形是由无数条互相平行的直线段构成的，立体图形是由无数多个互相平行的平面区域构成的，而这些直线段和平

图 6.2.4　卡瓦列里

面区域就是不可分量。在此基础上，卡瓦列里提出了计算平面面积和立体体积的原理：如果两个平面图形都位于两条平行线之间，并且被任何与这两条平行线保持等距的直线截得的线段都相等，则这两个图形的面积相等。类似地，如果两个立体都位于两个平行平面之间，并且被任何与上下两个平面平行的平面所截得的平面区域面积相等，那么这两个立体的体积相等。这个原理被称为卡瓦列里原理。

例如，利用卡瓦列里原理可以求得球的体积。如图 6.2.5 所示，左侧是半径为 R 的半球体，右侧是底面半径为 R、高为 R 的圆柱体挖去一个底面半径为 R、高为 R 的圆锥体所产生的立体，考虑半径为 R 的半球体中高为 h 的横截面。

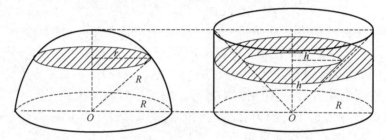

图 6.2.5　用卡瓦列里原理计算球体积的方法示意图 1

如图 6.2.6 所示，半球面中的这个横截面是个圆盘，设它的半径为 r，则由勾股定理可知，$r=\sqrt{R^2-h^2}$，所以，横截面的面积等于 $\pi r^2=\pi(R^2-h^2)$。在右侧的立体中，也在高为 h 的位置取一个横截面。不难发现，因为这个圆锥体是正圆锥，所以右边这个立体中的横截面是外半径为 R、内半径为 h 的圆环，所以它的面积等于 $\pi(R^2-h^2)$。

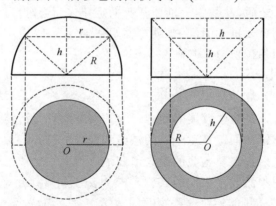

图 6.2.6　用卡瓦列里原理计算球体积的方法示意图 2

这样，这两个立体中的横截面面积相等，由卡瓦列里原理可知，它们有相同的体积。而右侧的体积等于圆柱体体积减去圆锥体的体积。这样，球体的体积为

$$V_{球体}=2(V_{圆柱体}-V_{圆锥体})=2(\pi R^3-\frac{1}{3}\pi R^3)=\frac{4}{3}\pi R^3$$

卡瓦列里的不可分量观点可以说是积分原理的先驱，是当时公认的最好的一种求积方法，与现在的定积分、二重积分有着千丝万缕的密切联系。

6.2.3 费马

在著名的数学史学家贝尔于 20 世纪初所撰写的著作中，法国数学家费马（图 6.2.7）被称为"业余数学家之王"。这个美誉是恰如其分的：费马的正式职业是律师。在 30 岁后，费马才开始研究数学。但他对微积分、解析几何、数论和概率论等都有重大的贡献。贝尔认为，费马比与他同时代的大多数专业数学家更有成就，是 17 世纪数学家中最多产的一位明星人物。在此，我们主要关注费马在微积分方面的工作。

图 6.2.7 费马

1629 年以前，费马便着手重写公元前 3 世纪古希腊几何学家阿波罗尼奥斯失传的《平面轨迹》一书。他用代数方法对阿波罗尼奥斯关于轨迹的一些失传的证明做了补充。同时，他对古希腊几何学，尤其是阿波罗尼奥斯的圆锥曲线论进行了总结和整理，对曲线做了一般性研究。1630 年，费马撰写了仅有 8 页的论文《平面与立体轨迹引论》。他指出："两个未知量决定的一个方程式对应着一条轨迹，可以描绘出一条直线或曲线。"这是对函数及其几何意义的非常重要的认识。费马的这个重要发现比笛卡儿发现解析几何的基本原理还早 7 年。费马还对一般直线和圆的方程，以及双曲线、椭圆、抛物线进行了讨论。与笛卡儿不同的是，笛卡儿是从一个轨迹来寻找它的方程的，而费马是从方程出发来研究轨迹的，这正是解析几何基本原则的两个相对的方面。在 1643 年的一封信里，他还谈到了柱面、椭圆抛物面、双叶双曲面和椭球面，指出：含有三个未知量的方程表示一个曲面，并对此做了进一步研究。这是对多元函数及其几何意义的一个重要认识。因此，人们将笛卡儿和费马称为解析几何的创始人。

在 1637 年的手稿《求最大值和最小值的方法》中，费马提出了求多项式函数 $f(x)$ 极大值、极小值的方法。设 E 是一个很小的数，把函数在某一点处的函数值 $f(x)$ 与附近点处的函数值 $f(x+E)$ 进行比较。一般来说，这两个值会有较明显的差别。但在这个函数对应曲线的顶部或者底部，$f(x+E)$ 与 $f(x)$ 的值是几乎相等的。因此，可以先假定 $f(x+E)=f(x)$。在被 E 除尽后，再消去 E，从而得到多项式函数的极大值点和极小值点的横坐标。这个过程，本质上相当于在现代微积分中求导数

$$\lim_{E \to 0} \frac{f(x+E)-f(x)}{E}$$

再令它等于零，即求驻点。如果把费马使用的 E 换成现在习惯上使用的 Δx 或 h，上述极限就完全是微积分中导数的极限定义。在费马的年代，还没有出现这种形式的导数极限定义，但不难发现，在费马考虑函数相邻值的论述中包含无穷小分析的精髓。

费马还给出了一种求代数曲线切线的方法。如图 6.2.8 所示，设点 $P(a,b)$ 是曲线上的切点，考虑曲线上的邻近一点 $Q(a+E, f(a+E))$。因为这两个点足够靠近，所以可以把 Q 看成在点 P 的切线上。切线与横坐标轴的交点与切点在横坐标轴上的垂足之间的距离（次切距）$TM = c$。这样，三角形 TPM 和三角形 TQN 可以看成相似的，所以有

$$\frac{f(a+E)}{a+E}=\frac{b}{c}$$

将这个式子左右两边的分子与分母交叉相乘，消去同类项。注意到 $b=f(a)$，除尽 E，再令 $E=0$，就很容易求出次切距。用现代微积分的语言，这个过程就相当于导数

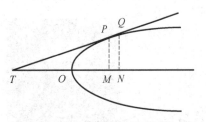

图 6.2.8　费马求代数曲线切线的方法

$$\lim_{E\to0}\frac{f(a+E)-f(a)}{E}$$

是曲线 $y=f(x)$ 在点 $x=a$ 处的斜率。

6.2.4　巴罗

巴罗（I. Barrow）是英国剑桥大学的第一任卢卡斯几何学教授，也是英国皇家学会的首批会员。作为牛顿的老师，当巴罗发掘出牛顿的杰出才能时，便于 1669 年辞去卢卡斯教授的职位，举荐自己的学生——当时只有 27 岁的牛顿来接任，巴罗让贤成为科学史上的一段佳话。

巴罗精通希腊文和阿拉伯文，曾编译过欧几里得、阿基米德、阿波罗尼奥斯等古希腊数学家的著作，其中他编译的欧几里得的《几何原本》作为英国标准几何教本达半个世纪之久。他博采众长，卡瓦列里、惠更斯（C. Huygens）、沃利斯等人的相关工作成果都是他在微积分方面工作的思想来源。巴罗和他编译的《几何原本》如图 6.2.9 所示。

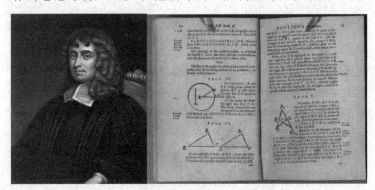

图 6.2.9　巴罗和他编译的《几何原本》

巴罗最重要的科学著作是 1669 年的《光学讲义》和 1670 年的《几何学讲义》，牛顿为这两本书的编撰提供了协助。在《几何学讲义》第十讲中，巴罗写道："我们以附录的形式对此增加一个补充。这个补充是一种通过我们经常使用的通过计算来求切线的方法。尽管我几乎不知道，在上面给出了这么多众所周知的、十分陈旧的方法之后这么做是否还有什么优势，然而，我是在我的一位朋友的建议下决定这么做的。实际上，这种方法似乎比我上面讨论的那些方法更为有利、更为一般，因此我更加乐意这样去做。"后来的事实表明，这个朋友就是牛顿。

在《几何学讲义》中，巴罗介绍了求切线和求积问题的发现。与费马相比，巴罗的通

过计算求切线的方法同现在的求导数的方法更为相近。实质上，巴罗的方法是把切线看作割线的极限位置，并利用忽略高阶无限小来取极限。

在牛顿和莱布尼茨创立微积分之前，巴罗是所有为微积分诞生做出贡献的数学家中最接近微积分核心的一个人。他认识到切线问题和求积问题之间的逆向关系。但是，有些遗憾的是，他不喜欢代数学，认为代数学应该属于逻辑学。对传统几何方法的坚持妨碍了他进一步揭示微积分的基本定理。不过，他的学生——牛顿很好地完成了这一任务。

6.3 站在巨人的肩膀上——牛顿

英国数学家、物理学家、天文学家牛顿被誉为百科全书式的"全才"和"物理学之父"。他是经典力学基础的牛顿运动定律的建立者，他发现的运动三定律和万有引力定律为近代物理学和经典力学奠定了基础。他的万有引力定律和哥白尼的日心说奠定了现代天文学的理论基础。直到今天，人造地球卫星、火箭、宇宙飞船的发射升空和运行轨道的计算，仍将牛顿的工作作为理论依据之一。

牛顿出身于林肯郡沃尔索普村的一个农民家庭，他是遗腹子，而且是早产儿。在他 3 岁时，牛顿的母亲改嫁给邻村牧师，而牛顿被留在沃尔索普村由外祖母抚养。在他 10 岁时，牛顿的继父也去世了。他的母亲携牛顿的 3 个异父弟妹回到沃尔索普村。两年后，牛顿进入格兰瑟姆中学。少年牛顿不是神童，在校成绩也不突出，但他喜欢读书，非常勤奋。在沃尔索普村的农舍里保存近 200 本牛顿少年时代读过的书籍。牛顿从中学起就有做读书笔记的好习惯，他把牧师用过的神学摘记拿来改造成一本又大又厚的笔记本。这个笔记本后来被他带到剑桥大学用作力学与数学笔记，其记录了牛顿早年研究万有引力与微积分的心得，是牛顿早期科学发现的重要见证。牛顿还酷爱制作风车、木钟、日晷等机械模型玩具。牛顿和他的故居如图 6.3.1 所示。

图 6.3.1　牛顿和他的故居

1659 年，牛顿被母亲叫回家务农。但只要有机会，他就会埋头读各种书籍。在这种情况下，有两个人对他的前途起了决定性作用：牛顿的舅父和格兰瑟姆中学的校长，他们竭力劝说牛顿的母亲让牛顿复学。这位可敬的校长对牛顿的母亲说："在繁杂的农务中埋没这样一位天才，对世界来说将是巨大的损失！"他甚至答应减收学费并让牛顿到自己家吃饭。

这样，他们终于说服了牛顿的母亲。1660 年秋，牛顿在辍学 9 个月后又回到格兰瑟姆中学。1661 年，牛顿以"减费生"的身份考入剑桥大学三一学院。入学后，牛顿遇到了他的恩师——巴罗。在巴罗的栽培下，牛顿成长迅速。1665 年 1 月，剑桥大学评议会通过了授予牛顿文学学士的决定。德国和法国发行的纪念牛顿的邮票如图 6.3.2 所示。

图 6.3.2　德国和法国发行的纪念牛顿的邮票

牛顿在很大程度上是以自学的方式进行数学学习的。他曾经这样回忆："在 1664 年圣诞节前夕，我还是一个高年级生，我买到了范·舒滕（F. van Schooten）的《杂论》和笛卡儿的《几何学》[半年前我已读过笛卡儿的《几何学》与奥特雷德（W. Oughtred）的《数学精义》]，同时借来了沃利斯的著作。"根据剑桥大学三一学院保存下来的牛顿读书笔记可知，牛顿在大学时代研读的数学著作还包括韦达、费马、惠更斯、德·威特（J. de Witt）、德·博内（F. de Beaune）、胡德（J. Hudde）和休雷特（H. van Heuraet）等人的著作。这些著作，特别是笛卡儿的《几何学》和沃利斯的《无穷算术》，将牛顿迅速引导到当时数学最前沿的领域。同时，牛顿还接触了伽利略的《恒星使节》和《两大世界体系的对话》、开普勒的《光学》、哥白尼的《天体运行论》等自然科学著作。另外，他还阅读了亚里士多德的《工具篇》和《伦理学》、笛卡儿的《哲学原理》等哲学著作。这些著作为牛顿建构世界观、从事天文学等研究打下了良好的基础。牛顿曾留下这样一句名言"柏拉图是我的朋友，亚里士多德是我的朋友，但真理是我最重要的朋友"（Plato is my friend, Aristotle is my friend, but my greatest friend is truth）。

1665 年，英国伦敦发生了一场大瘟疫，造成近 10 万人死亡。在《伦敦大瘟疫亲历记》中，写过《鲁滨孙漂流记》的著名作家笛福（D. Defoe）记录了当时的场景。在牛顿获得学士学位后不久的 8 月，剑桥大学三一学院决定暂时关闭学校以防止瘟疫流行。这样，牛顿不得不回到家乡。1666 年 3 月，牛顿曾短暂返回学校，但是，在 6 月又因为瘟疫而再次回到家乡。然而，他并没有因为离开学校而暂停他学习和研究的脚步。长期多学科的广泛学习、安静专心的研究环境反而促成了他一系列伟大科研工作的突破。在家乡的这段时间是牛顿科学生涯中的黄金岁月：他发现了万有引力定律，揭示了光的色散现象，创立了微积分。可以说，这些工作描绘了他一生大多数科学创造的蓝图。他在晚年回忆自己的工作时曾说："所有这一切都发生在 1665 年、1666 年这两年瘟疫期间。在那段时间里，我正处在我的创造生涯的鼎盛时期，并且比从那以后的任何时间都更加重视数学和哲学。"如果牛顿当时马上向世界公布其中任何一项研究，他都会立即赢得巨大的荣誉，也就不会有后来和莱布尼茨、胡克等人为微积分、物理学发明权而发生的论战。但是，牛顿对此避而不谈。

1667 年 4 月，牛顿回到剑桥大学。10 月，他被选为研究员。1670 年，27 岁的牛顿接任卢卡斯几何学教授。自此，他先后主持了光学、代数学、运动学讲座。同时，他还致力于继续改进完善自己的微积分以及其他方面的数学研究工作，并花费了大量的精力探讨炼金术。

在 1665 年左右，牛顿获得了适用于任何幂的广义二项式定理，这是牛顿的一项被广泛认可的数学成就。在二项式定理研究的基础上，牛顿证实了无穷级数分析的通用性。他发现了无穷级数不仅是近似的手段，也是表示函数的一种方式。在 1676 年写给英国皇家学会秘书的信中，牛顿说明了他是如何获得二项式定理的，但他本人并没有正式发表他的这个工作成果，直到 1685 年才由沃利斯正式发表在《代数学》中。在《代数学》中，沃利斯指出：这些无穷级数通过一个正项级数暗示了某个特定量的赋值，而不断逼近它，如果无限继续下去，则必定等于它。

牛顿关于微积分的著作主要包括：《运用无穷多项方程的分析学》《流数法和无穷级数》《曲线求积法》，牛顿的微积分手稿如图 6.3.3 所示。与二项式定理类似，这三部著作再次无一例外地都没有及时正式发表。撰写于 1669 年的《运用无穷多项方程的分析学》直到 1711 年才发表，撰写于 1676 年的《曲线求积法》直到 1704 年才发表，撰写于 1671 年的《流数法和无穷级数》更是直到牛顿去世后的 1786 年才正式出版。

图 6.3.3 牛顿的微积分手稿

《运用无穷多项方程的分析学》所包含的是牛顿在 1665 年和 1666 年完成的工作。在这部著作中，他写道："对任何借助于有限多项的普通分析，这一新方法总是能借助无穷方程来执行同样的事情。所以，我明确地把这一方法同样命名为'分析'""我们可以公正地认为，那属于解析的艺术。借助于它，曲线的面积和长度等都可以准确地在几何学上确定"。正因为如此，人们现在将以微积分为主要内容的相关分支称为数学分析。

牛顿阐述了系统的微分方法，他把 o 看作很小的时间间隔，op 和 oq 是 x 和 y 在这段时间里改变很小的增量，这样，$\dfrac{q}{p}$ 就是 y 和 x 变化率之比，也就是 $f(x,y)=0$ 的斜率。牛顿第一次用求微分的相反步骤来求曲线所确定的曲边三角形的面积。设曲线 $y=ax^{\frac{m}{n}}$ 与 x 轴所围的曲边三角形的面积表达式为

$$z = \frac{n}{m+n} ax^{\frac{m}{n}+1}$$

设 o 为横坐标的渐近于零的增量（或无穷小增量），则新的横坐标为 $x+o$。这样，增大的面积为

$$z + oy = \frac{n}{m+n}a(x+o)^{\frac{m}{n}+1}$$

应用二项式定理将右边打开，消去 z 和 $\frac{n}{m+n}ax^{\frac{m}{n}+1}$，接着除尽 o，再舍弃包含 o 的项，结果得到 $y = ax^{\frac{m}{n}}$；而反过来，若曲线是 $y = ax^{\frac{m}{n}}$，则它和 x 轴所围的曲边三角形的面积就是 $z = \frac{n}{m+n}ax^{\frac{m}{n}+1}$。因此，牛顿发现和利用了曲线的斜率与面积之间的逆向关系。本质上，就是求导和求积的逆向关系。

在《流数法和无穷级数》中，牛顿首次使用了"流数"（fluxion）这一术语。基于运动学的观点，他把 x 和 y 看作流动的量，称为流量（fluent）。起初，他用 p 和 q 表示流量的流数，或称为变化率（导数）。后来，他用带有小圆点的字母 $\dot{x}$ 和 $\dot{y}$ 表示流数 x 和 y 的流量，用两个小圆点来表示流数的流数（二阶导数）。他对流数的概念做了如下解释："我把时间看作连续流的流动或增长，而其他量则随着时间而连续增长。我从时间的流动性出发，把所有其他量的增长速度称为流数。又从时间的瞬息性出发，把任何其他量在瞬息时间内产生的部分称为瞬。"

他使用流数解决了很多问题。例如，设流量 $y = t^2$，其中 t 表示时间。那么，它在 $t = 2$ 处的流数等于

$$\dot{y} = \frac{(2+o)^2 - 2^2}{(2+o) - 2} = \frac{o^2 + 4o}{o} = 4 + o$$

又因为这里的 o 是无穷小的时间间隔（无穷小量），因此牛顿认为可以忽略它。这样，流量 y 在 $t = 2$ 处的流数等于 4，用微积分的现代语言来说，就是函数 $y = t^2$ 在 $t = 2$ 处的导数等于 4。又如，牛顿利用流数给出了下述法则："一个量在取极大值或极小值的一瞬，它既不向前也不向后流动，因为如果它向前流动或增大，那么它就比原来大，并将变得更大；反之，若它向后流动或减小，则情况恰好相反。因此（用前述方法）可求出它的流数，并且令此流数等于零。"这相当于利用 $f'(x) = 0$ 来求函数 $y = f(x)$ 的极值点。

在 1670 年至 1672 年主持光学讲座期间，牛顿研究了光的折射，发现棱镜可以将白光发散为彩色光谱，而透镜和第二个棱镜可以将彩色光谱重组为白光。同时，他指出：我们观察到的物体颜色是与特定有色光相合的结果，不是物体产生颜色的结果。在此基础上，他发明了反射望远镜来减小光的色散对望远镜的影响。随后，他还在《哲学汇刊》上出版了他的光学讲座的讲义。但是，他的这些工作遭到了主张光波动说的英国博物学家、发明家胡克（R. Hooke）（图 6.3.4）等人的尖锐批评。胡克于 1663 年成为英国皇家学会的会员，1677 年到 1683 年任英国皇家学会的秘书，而且，从 1662 年直到去世，胡克一直都是该会的实验总监。所以，胡克的批评对牛顿造成了很大的影响和打击。在 1672 年 12 月 5 日给英国皇家学会秘

图 6.3.4　胡克

书奥尔登伯格（H. Oldenberg）的信中，牛顿幽怨地说："我已经受够了，因此决定今后只关心我自己，不再关心促进哲学计划的实现。"当得知光学权威惠更斯（C. Huygens）也倒戈站在胡克一方否定自己时，牛顿更加心灰意冷，甚至一度冒出退出英国皇家学会的念头。随后，他和胡克关于发明权的纷争不断升级。胡克指责牛顿的光学、天文学、万有引力等方面的工作剽窃了他的成果。和胡克、莱布尼茨之间关于发明权的纷争让敏感的牛顿大受打击、烦恼不已，甚至一次次地发下毒誓，决心再也不发表自己的研究成果。他的著作《光学》就是在胡克去世后的 1704 年才正式出版的。

1687 年，在数学家和天文学家哈雷（E. Halley）的竭力劝说和提供出版费用的支持下，牛顿出版了《自然哲学的数学原理》。把书名定为《自然哲学的数学原理》，牛顿旨在向世人昭示他将物理原理数学化的过程。他在书的序言中写道："理性力学应当是一门定量研究任何力所引起的运动和产生任何运动的力的科学……因此，本书被命名为《自然哲学的数学原理》。因为自然哲学的一切难题都涉及通过各种运动现象来研究自然的力，再通过这些自然力来解释其他现象。"该书共三卷：题为《论物体的运动》的第一卷主要研究物体在无阻尼环境中的运动；题为《论物体的运动》的第二卷主要讨论物体在阻尼介质中的运动；题为《论宇宙的系统》的第三卷主要论述万有引力的影响与意义。在此书中，牛顿首次提出了牛顿运动定律，奠定了经典力学的基础；首次发表了万有引力定律，给出了开普勒行星运动定律的理论推导。

在《自然哲学的数学原理》（图 6.3.5）中，牛顿更加偏重通过绘制图形、消去高阶无穷小量取极限的纯几何方法。牛顿关于微积分的一些理论也是第一次正式出现在公开的出版物中。在第一卷第一章的开头部分，牛顿通过一组引理建立了"首末比方法"，而这也正是他后来在《曲线求积法》中作为流数运算基础的方法。第一卷中的引理 I 是："量以及量之比，若在有限的时间内不断趋于相等，并在该时间结束前相互接近且其差可小于任意给定的值，则它们最终亦变为相等。"这可以看作函数极限的初步定义。在随后的引理中，牛顿便借极限过程来定义曲边形的面积。

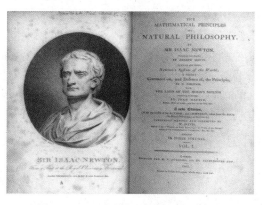

图 6.3.5 《自然哲学的数学原理》

《自然哲学的数学原理》的内页如图 6.3.6 所示。第二卷第二章中的引理 II 指出："任何生成量（genitum）的瞬（moment），等于生成它的各边的瞬乘以这些边的幂指数及系数并逐项相加。"此处的"生成量"即函数概念的雏形，生成量的瞬则是指函数的微分。设 a 为

A 的瞬，b 为 B 的瞬，牛顿证明了 AB 的瞬为 $aB+bA$，A^n 的瞬为 naA^{n-1}，$\frac{1}{A}$ 的瞬为 $-\frac{a}{A^2}$。实际上，上述结果就相当于函数乘积、幂、倒数的微分运算法则，即

$$d(uv)=u\mathrm{d}v+v\mathrm{d}u\text{，}$$

$$\mathrm{d}u^n=nu^{n-1}\mathrm{d}u\text{，}$$

$$\mathrm{d}\frac{1}{u}=-\frac{\mathrm{d}u}{u^2}$$

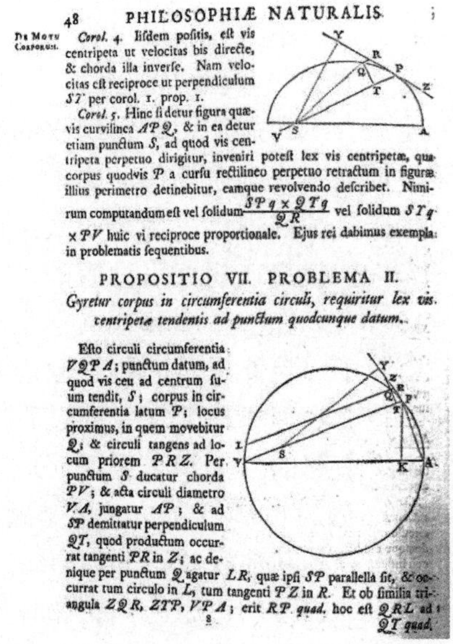
48 PHILOSOPHIÆ NATURALIS

De Motu Corporum.

Corol. 4. Iisdem positis, est vis centripeta ut velocitas bis directe, & chorda illa inverse. Nam velocitas est reciproce ut perpendiculum *ST* per corol. 1. prop. 1.

Corol. 5. Hinc si detur figura quævis curvilinea *APQ*, & in ea detur etiam punctum *S*, ad quod vis centripeta perpetuo dirigitur, inveniri potest lex vis centripetæ, qua corpus quodvis *P* a cursu rectilineo perpetuo retractum in figuræ illius perimetro detinebitur, eamque revolvendo describet. Nimirum computandum est vel solidum $\frac{SPq \times QTq}{QR}$ vel solidum $STq \times PV$ huic vi reciproce proportionale. Ejus rei dabimus exempla in problematis sequentibus.

PROPOSITIO VII. PROBLEMA II.

Gyretur corpus in circumferentia circuli, requiritur lex vis centripetæ tendentis ad punctum quodcunque datum.

Esto circuli circumferentia *VQPA*; punctum datum, ad quod vis ceu ad centrum suum tendit, *S*; corpus in circumferentia latum *P*; locus proximus, in quem movebitur *Q*; & circuli tangens ad locum priorem *PRZ*. Per punctum *S* ducatur chorda *PV*; & acta circuli diametro *VA*, jungatur *AP*; & ad *SP* demittatur perpendiculum *QT*, quod productum occurrat tangenti *PR* in *Z*; ac denique per punctum *Q* agatur *LR*, quæ ipsi *SP* parallella sit, & occurrat tum circulo in *L*, tum tangenti *PZ* in *R*. Et ob similia triangula *ZQR*, *ZTP*, *VPA*; erit *RP quad.* hoc est *QRL* ad *QT quad.*

图 6.3.6　《自然哲学的数学原理》的内页

总体来说，《自然哲学的数学原理》用数学建构了经典力学的完整而严密的体系，利用数学把天体力学和地面上的力学统一起来，实现了物理学史上的第一次大综合。在爱因斯坦的相对论出现之前，这部著作是整个物理学和天文学的基础。1747 年，法国数学家、物理学家克莱罗称“《自然哲学的数学原理》标志着一个物理学革命的新纪元。伟大的作者牛顿在书中采用的方法……使数学的光辉照亮了笼罩在假设与猜想的黑暗中的科学”。这本书是科学史上最有影响力、享誉最高的著作之一：截至 1789 年，英文共出了 40 版，法文共出了 17 版，拉丁文共出了 11 版，德文共出了 3 版……

1689 年和 1701 年，牛顿两次当选为国会议员。1696 年，牛顿担任皇家造币厂总监。1699 年，他又升任皇家造币厂厂长。1703 年，牛顿出任英国皇家学会会长。1705 年，牛顿被英国安妮（S. Anne）女王封为爵士。

在到皇家造币厂任职后，牛顿就基本停止了创造性的数学研究活动，但他身上仍然闪耀着伟大数学家的智慧光芒。1696 年 6 月，约翰·伯努利（J. Bernoulli）在《博学通报》上提出了著名的最速降线问题：给定平面上的两点 A 和 B，在重力作用下且忽略摩擦力的情况下，该以何种曲线行进才能使从 A 点开始运动的物体到达 B 点所需的时间最短？起初，约翰·伯努利设定的解答期限是半年，但没人在这个期限内完成这个任务。1697 年 1 月 1 日，约翰·伯努利又发表著名的“公告”，再次向“全世界最能干的数学家”挑战。在莱布尼茨的建议下，他将解答期限放宽至一年半。1697 年 1 月 29 日，在接到这个挑战后，牛顿只用了一晚上就解决了这个问题，并将结果匿名发表在《博学通报》上。在看到解答后，约翰·伯努利惊呼：“从这锋利的爪子，我认出了雄狮！”

牛顿曾长期痴迷于我们现在称之为伪科学的炼金术研究，引经据典地编纂了大量索引来分类、解读炼金术的行话和术语，写下了 100 万字的实验记录。实际上，在牛顿的那个时代，化学这个学科还没形成，很多人认为只要改变汞和硫黄等合成物的组成就有可能炼出黄金。因此，在很大程度上，牛顿更多是出于科学家探求未知世界的那份好奇与执着才对这个处于梦寐混沌状态的领域进行研究的。

晚年的牛顿长期受到神经衰弱等疾病的困扰，而在密闭实验室中吸入的大量汞进一步

影响了他的身体健康。1727 年 3 月 31 日，牛顿在肺炎与痛风症的折磨中去世，他被安葬在威斯敏斯特教堂的"科学家之角"，如图 6.3.7 所示。在他石棺的图板上描绘了一群使用牛顿数学仪器的男孩，石棺上方有牛顿斜卧姿态的塑像，他的右手臂下放着他的著作《论神性》《论运动》《光学》《自然哲学的数学原理》，他的左手指向一幅由两个男孩拿着的卷轴，上面展示的是一项数学设计。在牛顿和男孩雕塑的上方是一个圆球。球上刻着黄道十二宫和相关星座，还描绘了出现于 1680 年的那颗被他用于验证开普勒定律的大彗星的运行轨迹。墓碑上的铭文写着：此处安葬的是艾萨克·牛顿爵士，他用近乎神圣的心智和独具特色的数学原则，探索出行星的运动和形状、彗星的轨迹、海洋的潮汐、光线的不同谱调和由此而产生的其他学者以前所未能想象到的颜色特性。

图 6.3.7　威斯敏斯特教堂里的牛顿墓

　　大部分英国皇家学会会员都参加了葬礼，给牛顿抬棺的是英国大法官兼上议院长、两位公爵和三位伯爵。在参加了牛顿的葬礼后，被誉为"法兰西思想之父"的法国思想家、文学家伏尔泰（F.-M. A. dit Voltaire）感叹："我见过一位数学教授，因为其在自己的本行十分了得，像一位造福于民的国王一样被安葬。"在牛顿的墓志铭中，诗人蒲柏（A. Pope）这样写道："自然和自然定律隐藏在茫茫黑夜中，上帝说：'让牛顿出世！'，于是一切都豁然明朗。"

　　牛顿总是谦逊地将自己的科学发现归功于前人的启发和引导。在 1676 年 2 月 5 日致胡克的信中，牛顿说："如果说我比别人看得更远，那是因为我站在巨人的肩膀上。"临终前他对友人说："我不知道世人将怎样看我。我自己认为我不过是一个在海边玩耍的小孩，偶然捡到一些比寻常更光滑的卵石或更美丽的贝壳并因此沾沾自喜。而在我面前，却仍然是一片浩瀚未知的真理的海洋。"

　　这位谦逊地把自己比喻成站在巨人肩膀上、在海边捡贝壳的科学巨匠身上无疑有很多值得我们学习的地方。最早从事数学史研究的史学家、英国博学通才休韦尔（W. Whewell）在《归纳科学史》中写道："除了顽强的毅力和失眠的习惯，牛顿不承认自己与常人有什么区别。当有人问他是怎样做出自己的科学发现时，他的回答是：'老是想着它们。'另一次他宣称：如果他在科学上做了一点事情，那完全归功于他的勤奋与耐心思考，'心里总是装着研究的问题，等待那最初的一线希望渐渐变成普照一切的光明'。"

6.4　欧洲大陆理性主义的高峰——莱布尼茨

　　德国数学家、哲学家莱布尼茨（图 6.4.1）是历史上少见的通才，在数学、哲学、法学、政治学、语言学、伦理学、神学、历史学等诸多方面都留下了著作。他在数学史和哲学史上都占有非常重要的地位。在数学上，他和牛顿先后独立发明了微积分，而且他所发明的微积分符号被后世沿用至今。在哲学上，莱布尼茨和笛卡儿、斯宾诺莎（B. Spinoza）被认为是 17 世纪三位最伟大的理性主义哲学家。莱布尼茨被誉为"欧洲大陆理性主义的高峰"，另外，他还对二进制的发展做出了贡献。

图 6.4.1　莱布尼茨

莱布尼茨的父亲是德国莱比锡大学的哲学教授。在他 6 岁时，他的父亲就去世了，给他留下了十分丰富的家庭藏书。1661 年，15 岁的莱布尼茨进入莱比锡大学学习法律，并于 1663 年获得学士学位。1664 年，18 岁的莱布尼茨在耶拿大学获得哲学硕士学位。1665 年，19 岁的莱布尼茨向莱比锡大学提交了博士学位论文《论身份》，审查委员会竟然以他太年轻而拒绝授予他法学博士。1667 年，阿尔特多夫大学授予他法学博士学位。

1667 年，21 岁的莱布尼茨开始在美因茨宫廷任职。1672 年，莱布尼茨作为外交官出使巴黎，这次出使真正开启了他的学术生涯。在惠更斯等人的指导和帮助下，他有机会学习和接触到当时最先进的科学思想与方法，对自然科学特别是数学产生了浓厚的兴趣。1673 年初，他在短暂出使伦敦期间，结识了英国物理学家胡克，以及被称为"化学之父"的英国化学家玻意耳（R. Boyle）等人。同年，他被推荐为英国皇家学会的外籍会员。

莱布尼茨滞留巴黎的 4 年时间是他在数学方面发明创造的黄金时代。在这期间，他研究了费马、帕斯卡、笛卡儿和巴罗等人的数学著作，写了约 100 页的数学笔记。这些笔记虽不系统，且没有公开发表，但其中包含着莱布尼茨的微积分思想、方法和符号，是他发明了微积分的标志。

莱布尼茨的微积分思想来源于对和、差可逆性的研究。这一问题可追溯到他于 1666 年发表的论文《论组合的艺术》，他在这篇论文中对数列问题进行了研究。例如，他给出了数列 $\sum_{n=0}^{\infty} n^2$ 的一阶差序列 $1,3,5,7,9,\cdots$ 及二阶差序列 $2,2,2,2,2,\cdots$。要把一个数列的求和运算与求差运算的互逆关系同微积分联系起来，必须把数列看作函数的 y 值，而把任何两项的差看作两个 y 值的差。在此基础上，为了建构自己的微积分理论，莱布尼茨反复斟酌，发明了一套严谨易用的微积分符号。他最初用 x/d、y/d 来表示 x 和 y 的"微差"（微分），即相邻两点的坐标之差，后来改用 dx 和 dy 来表示。另外，他一开始用 omn.y 表示曲线下的纵距之和，后来改用 $\int y$，接着又改成 $\int y\mathrm{d}x$。其中，$\int$ 就是求和的英文单词 sum 的第一个字母 s 的拉长变形。他明确指出：$\int$ 意味着和，d 意味着差。他发明的这些符号简洁易记，很快就被大家所接受，并沿用至今。他还创造了很多术语，求切线需要"差的计算"（calculus differentialis），求面积需要"和的计算"（calculus summatorius）或"求整计算"（calculus integralis）。而这些术语就是今天"微分"（differential calculus）和"积分"（integral calculus）叫法的来源。莱布尼茨关于无穷级数和关于求导运算的计算手稿如图 6.4.2 和图 6.4.3 所示。

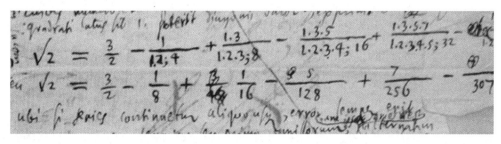

图 6.4.2　莱布尼茨关于无穷级数的计算手稿

1673 年的笔记表明：虽然莱布尼茨那时还没有发明 dx、dy 和 $\int$ 等符号，但是他已经搞清楚 $y = \int \mathrm{d}y$ 的几何含义。同时，他已经把求和问题与积分联系起来，已经认识到积分就是函数对应的曲边三角形的面积，即 $\int y\mathrm{d}y = y^2$。

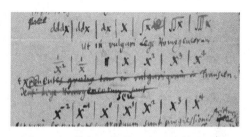

图 6.4.3　莱布尼茨关于求导运算的手稿

1675 年 10 月，莱布尼茨已经推导出分部积分公式，即

$$\int x\mathrm{d}y = xy - \int y\mathrm{d}x$$

莱布尼茨认为 dx 和 dy 可以任意小，于是他在帕斯卡和巴罗工作的基础上构造出一个包含 dx 和 dy 的"特征三角形"，借以表述他的微积分理论。在 1675 年 10—11 月的笔记中，他断言：作为求和过程的积分是微分的逆。这表明莱布尼茨已经深刻认识到 $\int$ 同 d 的互逆关系，这一思想的产生是莱布尼茨创立微积分的标志。实际上，他的微积分理论就是以这个被称为微积分基本定理的重要结论为出发点的。

以微积分基本定理为基础，莱布尼茨建立起一套相当系统的微分和积分方法。1676 年 11 月左右，莱布尼茨给出了一般的微分法则公式

$$\mathrm{d}x^n = x^{n-1}\mathrm{d}x$$

和一般的积分法则公式

$$\int x^n\mathrm{d}x = \frac{x^{n+1}}{n+1}$$

式中，n 为整数或分数。

在 1676 年的《数学笔记》中，他给出了微分中的变量代换法，即链式法则。同年，他给出了函数四则运算的微分法则，即

$$\mathrm{d}(x \pm y) = \mathrm{d}x \pm \mathrm{d}y,$$

$$\mathrm{d}(xy) = y\mathrm{d}x + x\mathrm{d}y,$$

$$\mathrm{d}\frac{x}{y} = \frac{y\mathrm{d}x - x\mathrm{d}y}{y^2}$$

而且，他获得了弧微分公式

$$ds = \sqrt{dx^2 + dy^2}$$

和曲线绕 x 轴旋转而得到的旋转体体积的计算公式

$$V = \pi \int y^2 dx$$

1684 年，在他创办的杂志《博学学报》上，莱布尼茨首次发表了他的微积分论文《对有理量和无理量都适用的求极大值和极小值以及切线的新方法，一种值得注意的演算》。这篇仅有 6 页的论文是数学史上最早正式发表的微积分文献。1686 年，莱布尼茨又发表了他的第一篇积分学论文，题目是《深奥的几何与不可分量及无限的分析》。

莱布尼茨在数理逻辑方面也做出了开创性的贡献。在 1666 年发表的他的第一篇数学论文《论组合的艺术》中，莱布尼茨首先明确地提出了数理逻辑的指导思想。这篇论文的基本思想是把理论的真理性论证归结于一种计算的结果。他设想能建立一种包含"思想的字母"的"普遍的符号语言"。这种语言能将每个基本概念用一个表意符号来表示，能实现"思维的演算"。他设想论辩或争论可以用演算来解决。他提出的这种符号语言和思维演算正是现代数理逻辑的主要特证，因此，莱布尼茨也成为数理逻辑的创始人。德国发行的纪念莱布尼茨的邮票如图 6.4.4 所示，莱布尼茨纪念馆如图 6.4.5 所示。

图 6.4.4　德国发行的纪念莱布尼茨的邮票　　　　图 6.4.5　莱布尼茨纪念馆

莱布尼茨认为：计算在某种意义上是机械化的。在莱布尼茨之前，法国数学家、物理学家、哲学家帕斯卡于 1642 年建造了能实现加法和减法运算的机械计算机。在巴黎时，莱布尼茨见识过帕斯卡建造的计算机，因为帕斯卡的计算机只能做六位以内的加减法，所以莱布尼茨希望建造一个能进行加、减、乘、除四种运算的更加全能的机械式计算机。为此，他耗费了大量的心血，在原理、制作等层面做了精心的研究。在莱布尼茨手稿中，探讨该机器的工作原理的各式简图随处可见，如图 6.4.6 所示。

他最初建造了一台仅用来处理 3～4 位数运算的木制原型机。但是，1673 年，在伦敦为胡克等人展示的过程中，这台木制原型机的效果不尽如人意。所以，他不断地进行修正和改进，增添了一种叫"步进轮"的装置，使用这个装置可以连续地进行加减法运算，还可以转变为乘除法运算。莱布尼茨找了一位工程师按照他的图纸建造一台能够处理更高位数的铜制版本。最终，莱布尼茨于 1674 年发明了能做四则运算的手摇计算机（如图 6.4.7 所示），这样，莱布尼茨也成为人类首台可以进行四则运算的机械式计算机的发明人。

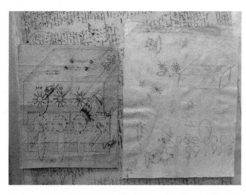

图 6.4.6　莱布尼茨探讨计算机工作原理的手稿

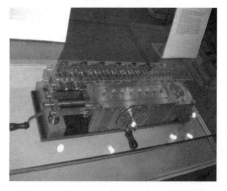

图 6.4.7　莱布尼茨发明的手摇计算机

1676 年，莱布尼茨返回德国。在返回的途中，他还顺道去了荷兰，拜访了斯宾诺莎。在此后的 40 年中，他一直担任汉诺威公爵的枢密顾问和图书馆馆长。1682 年，他与门克（O. Mencke）创办了拉丁文杂志《博学学报》，这是欧洲德语地区的第一本科学期刊。

在莱布尼茨的时代，科学院开始成为欧洲强国的标配。在筹建这些科学院的工作中，莱布尼茨起了极其活跃的作用。他怀着对传播科学的热情，亲自与各国的开明君主游说洽谈。1700 年，他说服普鲁士国王腓特烈一世（Friedrich Ⅰ）成立柏林科学院，并担任首任院长。同时，他还积极地游说维也纳皇帝、俄国的彼得大帝，希望奥地利和俄国也建立科学院。1712 年，彼得大帝给了他一个有薪水的数学和科学的彼得堡枢密顾问职务。在他去世后，彼得堡科学院和维也纳科学院先后建立起来。1700 年 2 月，莱布尼茨当选为法国科学院院士。至此，当时全世界的四大科学院：英国皇家学会、法国科学院、罗马科学与数学科学院、柏林科学院都有他的身影。他的科学远见和组织才能，有力地推动了欧洲科学的发展。

莱布尼茨是最早接触和传播中华文化的欧洲人之一，是当时唯一尝试将儒家思想适应欧洲主流信仰的西方哲学家。他编辑出版了《中国近事》，在其序言中，他说：“全人类最伟大的文化和最发达的文明仿佛今天汇集在我们大陆的两端，即汇集在欧洲和位于地球另一端的东方——中国。”他强调东西方交流的重要性：“在日常生活以及经验地应付自然的技能方面，我们是不分伯仲的。我们双方各自都具备通过相互交流使对方受益的技能。”

DES SCIENCES. 85

EXPLICATION

DE L'ARITHMETIQUE

BINAIRE,

Qui se sert des seuls caracteres 0 & 1; avec des Remarques sur son utilité, & sur ce qu'elle donne le sens des anciennes figures Chinoises de Fohy.

PAR M. LEIBNITZ.

LE calcul ordinaire d'Arithmétique se fait suivant la progression de dix en dix. On se sert de dix caracteres, qui sont 0, 1, 2, 3, 4, 5, 6, 7, 8, 9, qui signifient zero, un, & les nombres suivans jusqu'à neuf inclusivement. Et puis allant à dix, on recommence, & on écrit *dix*; par 10; & dix fois dix, ou *cent*, par 100; & dix fois cent, ou *mille*, par 1000; & dix fois mille, par 10000. Et ainsi de suite. 1703. 5. Mai.

Mais au lieu de la progression de dix en dix, j'ai employé depuis plusieurs années la progression la plus simple de toutes, qui va de deux en deux; ayant trouvé qu'elle sert à la perfection de la science des Nombres. Ainsi je n'y employe point d'autres caracteres que 0 & 1, & puis allant à deux, je recommence. C'est pourquoi *deux* s'écrit ici par 10, & deux fois deux ou *quatre* par 100; & deux fois quatre ou *huit* par 1000; & deux fois huit ou *seize* par 100000, & ainsi de suite. Voici *la Table des Nombres* de cette façon, qu'on peut continuer tant que l'on voudra.

On voit ici d'un coup d'œil la raison d'une *propriété célèbre de la progression Géométrique double* en Nombres entiers, qui porte que si on n'a qu'un de ces nombres de chaque degré, on en peut composer tous les autres nom-

L iij

图 6.4.8　莱布尼茨撰写的关于二进制的论文

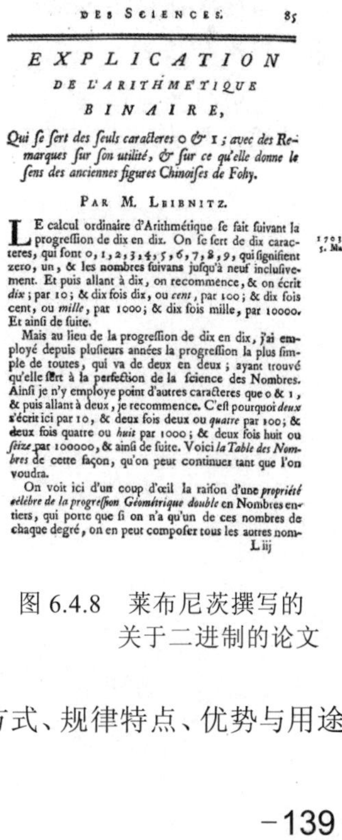

1701 年初，莱布尼茨向法兰西皇家科学院提交了一篇题为《数字科学新论》的论文，这篇论文论述了他创立的二进制，如图 6.4.8 所示。但法兰西皇家科学院秘书丰特奈尔（B. L. B. de Fontenelle）以“看不出二进制有何用处”为由将其拒绝。1701 年 2 月 25 日，莱布尼茨写信给白晋（J. Bouvet），介绍了论文的主要内容。1703 年，他对《数字科学新论》进行了增补与修改，完成了论文《论只使用符号 0 和 1 的二进制算术，兼论其用途及它赋予伏羲所使用的古老图形的意义》，阐述了关于二进制算法的表达方式、规律特点、优势与用途。

这篇论文于 1705 年发表在《1703 年皇家科学院年鉴》上。

二进制是最简单的一种进位制计数法。莱布尼茨曾断言："二进制乃是具有世界普遍性的、最完美的逻辑语言。"在二进制下，只需要两个基本符号 0 和 1 就可以表示所有的数字。比如，十进制的 2、3、4 用二进制来表示就是 10、11、100。但与其他进位制相比，要表达同一个数时，二进制所需的位数较大。比如，9 在十进制中只有一位数，而在二进制中则记作 1001，有四位数。又如，十进制中的 37，在二进制中记作 100101，需要六位数。但二进制在计算上有许多优点，它的加法与乘法公式都只有 4 个

$$0+0=0, \quad 1+1=10, \quad 1+0=1, \quad 0+1=1$$

和

$$0\times0=0, \quad 1\times1=1, \quad 1\times0=0, \quad 0\times1=0$$

而在十进制中，相应的公式足足有 100 个。由于二进制符号少，运算法则简单，莱布尼茨在设计和制作他发明的四则运算计算机上就采用了二进制。到了现在的电子信息时代，电路的通电与断电、电容器的充电与放电等都具有两种截然不同的状态，这与二进制的表示原理是契合的，所以，现代电子计算机仍采用二进制。可以说，莱布尼茨的 0 和 1 构成了现代信息社会的重要基石。

莱布尼茨一生先后效力于美因茨选帝侯、布伦瑞克家族、汉诺威家族，政务繁忙，且异常勤奋。他的很多数学研究工作都是在颠簸的马车中完成的。他和欧洲很多学者都保持着通信联系，交流研究发现和思想。在他效力的汉诺威选帝侯中，汉诺威选帝侯格奥尔格一世（George Ⅰ）于 1714 年继承了安妮女王的王位，成为英国国王，即历史上的乔治一世。但乔治一世并没有带着效忠汉诺威家族长达 40 年的莱布尼茨一同前往英国。1716 年 11 月 14日，莱布尼茨在汉诺威孤独地去世。除他的秘书外，汉诺威宫廷没有派人参加他的葬礼。虽然莱布尼茨在孤独、与牛顿未了的微积分发明权的纷争中去世，但他在数学、哲学、法学、政治学、语言学、伦理学、神学、历史学等诸多方面的贡献却影响至今。后人将这位历史上少见的通才誉为"十七世纪的亚里士多德"。带有莱布尼茨签名的信件如图 6.4.9 所示。

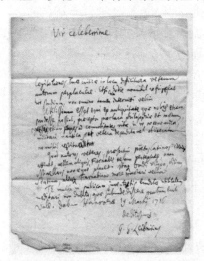

图 6.4.9　带有莱布尼茨签名的信件

6.5 微积分发明权的纷争

18世纪初，牛顿和莱布尼茨之间爆发了一场关于微积分发明权的纷争。在这场纷争中，他们都宣称自己才是微积分的创立者。这场纷争旷日持久，牵连众多，对英国和欧洲的数学发展产生了深远的影响。

1684年10月，莱布尼茨发表了他的第一篇微积分论文。这篇仅有6页的论文内容并不丰富，说理也不甚清晰，但具有重要的标志意义，它是数学史上最早正式发表的微积分文献。在莱布尼茨发表了微积分的论文后，此前一直没有正式公开发表自己微积分研究成果的牛顿意识到他的发明权开始受到威胁。

1687年，在莱布尼茨发表了第一篇微积分论文的3年后，牛顿将其发明的流数法首次正式公布在他的《自然哲学的数学原理》一书中。在这本书中，牛顿还加了这样一段评注。"十年前，我在给学问渊博的数学家莱布尼茨的信中曾指出：我发现了一种方法，可用于求极大值、极小值、切线，以及解决其他类似的问题，而且这种方法也适用于无理数……这位名人回信说他也发现了类似的方法，并把他的方法写给我看了。除用词、符号、算式和量的产生方式外，他的方法与我的方法大同小异，并没有实质性的差别。"

牛顿的这段话至少有两层意思：他比莱布尼茨更早地获得了微积分的发现，并且他的方法能解决很多问题；莱布尼茨的微积分方法和他的方法没有多大的差别。与后来的情况相比，牛顿的这段话并没有言辞激烈地指责莱布尼茨剽窃了他的成果，更多的是在陈述事实。实际上，牛顿是在1664年开始对微积分问题进行研究，并于1665年夏至1667年春在家乡躲避瘟疫期间取得突破性进展的。而莱布尼茨则是在1672年出使巴黎后才开始进行微积分研究的，在比牛顿晚10年之后的1675年才发明微积分的。因此，从时间来看，莱布尼茨对微积分的研究和发现确实要晚于牛顿。而且，在1673年1月至3月，莱布尼茨曾访问过伦敦。在此期间，他购买了一本巴罗的《几何讲义》，还拜访了英国数学家柯林斯（J. Collins）和英国皇家学会秘书长奥尔登伯格。柯林斯因其与包括生物力学之父、数学家博雷利（G. A. Borelli）、莱布尼茨、牛顿、沃利斯在内的很多著名的科学家、数学家都保持频繁密集的学术通信交流而闻名，他的通信为我们了解包括微积分在内的一些重要科学发现的历史进展提供了细节，因此他被誉为"英国的梅森"。奥尔登伯格是德国著名的外交家和自然哲学家，也是现代科学同行评议的创造者之一。从柯林斯和奥尔登伯格（图6.5.1）那里，莱布尼茨可能阅读过牛顿成稿于1669年的《运用无穷多项方程的分析学》手稿抄本，并辗转了解了牛顿的一些研究情况。而且，在1676年6月13日和11月3日，牛顿也确实曾经两次致信给莱布尼茨，以字谜的方式提到过他创立的流数法。这些都是牛顿对莱布尼茨心生怀疑的原因，也成为后来认定莱布尼茨涉嫌剽窃牛顿成果的主要依据。

值得指出的是，尽管后来关于微积分发明权的纷争闹得不可开交，但牛顿和莱布尼茨都曾经表达过对对方的科学才能的肯定和赞扬。1676年，在给莱布尼茨的信中，牛顿赞扬了莱布尼茨在级数方面的研究：获得收敛级数的方法是非常美妙的，即使这一方法的发明者没有做过任何其他的研究，这也足以说明他的才华。"1701年，当普鲁士王后问到对牛顿的评价时，莱布尼茨毫不犹豫地回答道："纵观有史以来的全部数学，牛顿做了一多半的工作。"

图 6.5.1　柯林斯和奥尔登伯格

随着时间的推移，有越来越多的人表明自己的立场。享有盛名的英国数学家沃利斯是微积分的先驱者之一，也是英国皇家学会的创始人之一。沃利斯在 1655 年出版的名著《无穷算术》曾对牛顿产生了深刻的影响。在 1695 年给牛顿的信中，沃利斯对牛顿进行了善意的批评和督促。他告诉牛顿，荷兰有学者认为微积分是首先由莱布尼茨发明的，批评他未将微积分成果及时发表出来。他写道："我这些批评也适用于你那些秘而不宣、我迄今都无从知晓的成果。"在 1695 年出版的《数学著作集 I》中，他宣称无穷小方法（微积分）的发明权应该属于牛顿。在 1699 年的《数学著作集 III》中，他进一步对莱布尼茨进行了含沙射影的攻击。而瑞士学者丢利埃（N. F. de Duillier）在 1699 年也宣称：牛顿是微积分的第一发明人，牛顿比莱布尼茨早很多年发明了微积分，莱布尼茨则是从牛顿那里有所借鉴，甚至可能剽窃。面对这些攻击，莱布尼茨做了反驳。在 1705 年为《博学学报》所写的对牛顿《光学》的匿名评论中，他批评牛顿在《曲线求积法》中"用流数偷换了莱布尼茨的微分"。

微积分纷争日趋激烈，越来越像欧洲大陆和英国之间捍卫自己数学成果优先权的一场战争。牛顿和莱布尼茨不仅以公开或秘密的形式相互攻击，还尽可能地利用各自的声望号召更多的人支持自己。当时的学者由此分成两个对立的阵营，苏格兰数学家基尔（J. Keill）就是拥护牛顿的重要一员。1708 年，他在《哲学汇刊》的一篇论文中就支持牛顿对发明权的主张。而当时在欧洲颇有影响力的约翰·伯努利（图 6.5.2）则判断说，牛顿所发明的只是无穷级数而不是流数法，他成为支持莱布尼茨而卷入争论的"领头数学家""带头大哥"。

图 6.5.2　约翰·伯努利

这场保卫发明权的纷争之所以能爆发，是因为莱布尼茨固然有让人怀疑的地方，而牛顿也存在许多让人诟病的问题。对于正式发表自己的科学著作，牛顿的态度非常谨慎和拖沓。他的绝大多数著作都是在朋友们的再三敦促下才发表。他最早在 1665 年和 1666 年创立了无穷小分析和微积分理论。在此之后，他还撰写了《运用无穷多项方程的分析学》《流数法和无穷级数》《曲线求积法》来阐述他的工作。但是，写于

1676 年的《曲线求积法》是在 1704 年放在《光学》中出版的。撰写于 1669 年的《运用无穷多项方程的分析学》直到 1711 年才正式出版，在此之前，他只是在柯林斯和巴罗等他的朋友和老师中传阅过。《流数法和无穷级数》成稿于 1671 年，但分别直到 1736 年和 1742 年才正式出版英文版和拉丁语版，而此时他已经去世多年。在正式出版前，他的这些论文又大多以手稿抄本的形式或者只言片语的信件形式在他的朋友和一些学者间出现过。牛顿的工作和思想无疑是超越时代的，很容易导致包括一些学术权威在内的非议和怀疑。所以，一方面他为自己的科学发现感到骄傲，希望获得公众的肯定和赞扬，另一方面他又惧怕非议和纷争，这种矛盾的心态导致他许多重要的论著长年不被世人所知，其他后发现的学者反而先于他发表，这也自然导致了发明权的纷争。

他和胡克的纷争与不和从 1672 年开始，一直到胡克 1703 年逝世时都没有结束。在胡克去世的几个月后，牛顿当选英国皇家学会会长。1710 年，英国皇家学会完成搬迁。在这一过程中，一直担任英国皇家学会实验负责人的胡克所制作和收藏的许多仪器都丢失了。同时，胡克唯一存世的画像也不翼而飞，这意味着后人已经无法知道胡克究竟长什么样了。纷争加巧合难免让人怀疑这是牛顿故意为之。

当相互指控越演越烈时，有一些中立的学者试图进行调解。据牛顿自己所说，在汉诺威选帝侯访问英国时，莱布尼茨的一些朋友想充当和事佬，但"他们未能使我屈服"。1712 年，身为英国皇家学会会员的莱布尼茨将发明权的争端提交到英国皇家学会，为此，英国皇家学会成立一个专门的委员会进行调查。因为当时英国皇家学会会长正是牛顿，所以委员会实际上完全处于牛顿的操纵之下。委员会主要是由诸如哈雷、泰勒和棣莫弗（图 6.5.3）等牛顿的朋友和学生组成的。1713 年年初，英国皇家学会发布通报，确认牛顿是微积分的第一发明人，并说"那些将第一发明人的荣誉归于莱布尼茨先生的人，他们对莱布尼茨与柯林斯和奥尔登伯格先生之间的通信一无所知"。对这一调查结果，莱布尼茨非常气愤，向英国皇家学会提出了申诉。同时，他还起草并散发了一份"快报"，指责牛顿"想独占全部功劳"，还引用约翰·伯努利这位"领头数学家"的判断来支持自己，而牛顿将这份"快报"讥讽为"飞页"。

图 6.5.3 哈雷、泰勒和棣莫弗

1714 年，莱布尼茨的身体状况越来越差。在处境十分艰难的情况下，他仍坚持撰写了《微积分的历史和起源》，说明他研究微积分的详细经过，介绍了他与学者们的通信情况。在 1716 年莱布尼茨去世后，这场关于微积分发明权的纷争并没有因为莱布尼茨的离世而结束，牛顿仍在继续战斗。

1716 年，经过法国数学家瓦里克农（P. Varignon）的再三斡旋，约翰·伯努利首先表示愿意和解。而年迈、健康状况并不好的牛顿也对无休止的争论感到厌倦。在 1722 年重印通报的最后关头，他终于删去了约翰·伯努利的名字和一些过激言辞。

在牛顿去世后，人们经过长时间反复的调查，消除了莱布尼茨可能剽窃牛顿成果的所谓依据和疑点。事实上，从后来发现的莱布尼茨的笔记中，我们可以发现 1673 年莱布尼茨在伦敦仅摘录了有关级数的部分。在 1693 年 10 月牛顿向莱布尼茨致信揭露谜底以前，莱布尼茨并没有搞懂牛顿先前在信中传达的信息。这场跨越两个多世纪的纷争也终于得以彻底平息。

现在，人们都认为牛顿和莱布尼茨共享微积分发明人的殊荣，这两位伟大的科学巨匠为微积分的诞生各自独立地做出了不同的贡献，不存在着谁抄袭或剽窃谁的问题。一方面，他们都为微积分的诞生做出了贡献，他们都把微积分作为一种适用于一般函数的普遍方法来研究，把速度、切线、极值、求和问题归结为微分和积分，设计了数学符号来表述自己的思想和方法，各自独立地发现了微积分基本定理，建立起一套有效的微分和积分理论。另一方面，他们对微积分诞生的贡献又是不同的。作为物理学家、力学家、天文学家、数学家，牛顿的工作方式是经验式的、偏应用的，他对微积分研究的出发点是力学、运动学问题，如运动的速度问题。他比莱布尼茨更重视微积分在具体问题方面的应用，在应用方面的成就要高于莱布尼茨，揭示了微积分的应用价值。而作为哲学家、数学家，莱布尼茨的研究工作带有明显的哲学倾向，更加注重思辨，更加富于想象和创新。他的微积分思想来源于对和、差可逆性的研究。相比于牛顿，莱布尼茨更加注重寻求普遍化和系统化的运算方法，从各种特殊问题中概括和提升出微积分理论。他的微积分理论在严密性与系统性方面是超越牛顿的。相比于牛顿，莱布尼茨更加注重符号的选择和改进，设计了既能反映微积分实质又方便醒目的更为优越的微积分符号。事实上，好的数学符号能节省思维劳动，好的数学符号更有助于数学理论的接受和发展，这也是后来欧洲大陆的数学发展超越英国的重要原因之一。

实际上，这场微积分战争的后续影响远远超过了我们对牛顿和莱布尼茨对微积分诞生贡献的思考。恩格斯曾经说："在一切理论成就中，未必再有什么像 17 世纪下半叶微积分的发现那样被看作人类精神的最高胜利了。如果在某个地方我们看到人类精神的纯粹的和唯一的功绩，那就正是在这里。"作为人类理性精神和对真理探求的重要成果，微积分推动了西方启蒙运动和工业革命，改变了数学和世界发展的版图。

我们对一个人的评价常常称为盖棺定论。一个鲜明的对照是：牛顿的葬礼异常隆重，他被安葬在威斯敏斯特教堂，连英国国王也亲自参加了他的葬礼；而莱布尼茨则在孤独中去世，德国王室没有派人参加他的葬礼。当然，这一强烈对比也从一个角度反映出当时的英国和德国对待科学与知识的不同态度。英国人越来越认识到科技、知识的价值，比如，英国哲学家、自然科学家培根就提出了"知识就是力量"的口号。而在那时的德国，科学、知识远没有受到应有的重视。当时的德国王室对莱布尼茨在外交、编史方面的才能确实青睐有加，却并不理解和重视他在数学方面的成果。

这种对科学和知识的尊重与重视让英国受益匪浅。把微积分所代表的变量数学应用于自然科学领域，引发了一场科学革命。发端于英国的启蒙运动从自然科学领域迅速扩展到其他领域。18 世纪初，得益于科学技术的进步，英国首先开始了工业革命（图 6.5.4），这使英国的生产力迅速提高，使一个岛国成为号称"日不落帝国"的世界上第一强国。

图 6.5.4 英国工业革命

这场纷争最终越出了学术争论的范畴，对 18 世纪英国的数学发展产生了消极的影响。在纷争后，英国学者无视莱布尼茨更为优越的微积分符号和欧洲大陆的数学成果，长期固守牛顿的流数法。这样，英国的数学渐渐脱离了世界数学发展的潮流，落后于欧洲大陆。在牛顿之后的 100 多年间，除牛顿的门生泰勒、麦克劳林（C. Maclaurin）有突出成就外，英国几乎没有再出现非常卓越的数学家。而在接受和继承了莱布尼茨所开创的微积分的思想、方法及优越符号后，欧洲大陆出现了一大批著名数学家，包括三代中有 8 个数学家的伯努利家族、欧拉、达朗贝尔、拉格朗日（J. L. Lagrange）、拉普拉斯（P. S. Laplace）、勒让德、波尔查诺（B. Bolzano）、柯西、魏尔斯特拉斯……他们经过接力赛般的不断努力，对微积分进行了进一步发展、完善与应用，开辟出许多新的数学分支，获得了新的数学成果。法国和德国相继取代了英国的数学领先地位，成为欧洲乃至世界数学发展的中心。

思 考 题

1. 请用一些人名、数学术语给出微积分历史发展的简图。
2. 请查阅资料，列举早期微积分思想萌芽的实例。
3. 请分析牛顿、莱布尼茨在微积分创立方面贡献的差异。
4. 谈谈你对牛顿、莱布尼茨等与微积分有关的数学家的印象，分享一下你从他们身上获得的启迪。

第七章

为了人类心智的荣耀——数学悖论和数学危机

> 古往今来，为数众多的悖论为逻辑思想的发展提供了食粮。
>
> ——布尔巴基

悖论是一种认识矛盾，是"自相矛盾的论述"。加拿大著名逻辑学家、悖论研究专家赫茨伯格（H. Herzberg）指出："悖论之所以具有重大意义，是因为它能使我们看到对于某些根本概念的理解存在多大的局限性……事实证明，它是产生逻辑语言中新概念的重要源泉。"在本章中，我们将首先用文学和影视作品引入悖论，然后转入对数学悖论的讨论，介绍著名的希帕索斯悖论、贝克莱悖论、罗素悖论和由它们所引发的三次数学危机，分析数学悖论在数学发展中的作用，展示数学的相关发展成果和数学家对真理的不懈探求过程。

7.1 悖论、时间旅行与广义相对论

7.1.1 悖论

一生命运多厄的西班牙作家塞万提斯（M. de C. Saavedra）在 50 多岁时开始创作《唐·吉诃德》（图 7.1.1），创造出一个脑子充满虚幻理想、持长矛和风车搏斗的骑士，描写了他和他的仆人桑乔·潘萨出门游侠的传奇故事。作为西方文学史上的第一部现代小说、世界文学的瑰宝之一，《唐·吉诃德》提出了一个有趣的悖论——唐·吉诃德悖论。

在《唐·吉诃德》中有这样一个故事。唐·吉诃德的仆人桑乔·潘萨占了一个小岛并自封为王，颁布了一条奇怪的法律：每个到岛上来的人都必须先回答一个问题"你到这里来是做什么的"，如果回答对了，就允许他在岛上游玩；而如果回答错了，这个人就要被绞死。对于每个到岛上来的人来说，要么是尽兴游玩，要么是被吊上绞架绞死。大家都害怕回答错了，所以没有人敢冒死再到这岛上玩了。但是，有一天，一个胆大包天的人来了，

给出的回答是："我到这里来是要被绞死的。"那么，桑乔·潘萨是该让这个人入岛游玩，还是要把他绞死呢？

如果让这个游客登岛游玩，那就与他说"要被绞死"的话不相符合。也就是说，他说的"要被绞死"是错的。既然他说错了，就应该被绞死。但如果桑乔·潘萨真要把他绞死，这时他说的"要被绞死"就与事实相符，回答就是对的。既然他答对了，就不应该被绞死，而应该让他到岛上游玩。所以，这个人的回答让桑乔·潘萨陷入左右为难的境地。最终，桑乔·潘萨只得宣布这条法律作废。我们看到：经过推导，这句话会自相矛盾。虽然推理的前提明显合理，而且推理过程看起来也合乎逻辑，但推理的结果是自相矛盾的。不管桑乔·潘萨做何选择，通过看起来正确有效的逻辑推导，那个胆大包天的登岛人给出的回答"我到这里来是要被绞死的"都会让桑乔·潘萨的选择自相矛盾，颠覆他选择的正确性。我们可以发现：一分为二、排除率在这个故事中失效了。实际上，"我到这里来是要被绞死的"就是一个悖论，被称为唐·吉诃德悖论，如图 7.1.2 所示。

图 7.1.1 《唐·吉诃德》

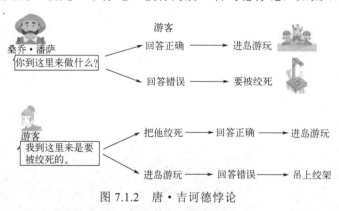

图 7.1.2 唐·吉诃德悖论

抛开故事的细节，这个悖论可以简化为"说谎者悖论"（图 7.1.3）："我说的这句话是谎话。"如果这是真话，那它便是谎话；如果它的确是谎话，那这句话又变成真话。这个悖论是由古希腊时代的哲学家埃庇米尼得斯（Epimenides）首先给出的，是最早发现的悖论之一。后来，古希腊哲学家欧布里德（Eubulides）使用归谬法将其进一步修改为强化了的说谎者悖论。

图 7.1.3 说谎者悖论

在中国古代哲学中也有悖论的思想成分，比如《韩非子》中记载的有关矛与盾的悖论思想。近现代著名的悖论还有伽利略悖论、二律背反、光速悖论、双生子佯谬等。

悖论包括语义矛盾、逻辑矛盾、思想方法上的矛盾等。例如，唐·吉诃德悖论、说谎者悖论就属于语义矛盾。沿着悖论指引的推理思路，可以使人走上一条貌似正确、顺理成章的道路，但最后又在不知不觉间陷入自相矛盾的困境。但是，悖论并非无稽之谈，它蕴含哲理，给人以启迪。经过思考和辨析，你会觉得回味无穷、甘之若饴，甚至推动相关学科的发展。例如，光速悖论指的是经典相对性原理与光速不变性的矛盾，而这两者又都有同样充分的理论与实验依据，否定其中一个，都将与经典物理学的某些重要原理发生冲突。关于光速悖论，爱因斯坦在 1946 年回忆说："经过十年的沉思以后，我从一个悖论中得到了这样一个原理。这个悖论在我十六岁时就在无意中想到了：如果我以速度 c 追随一条光线运动，那么我就应当看见，这样一条光线就好像在空间里振荡着却停滞不前的电磁波，可是按照麦克斯韦方程式，看来不会有这样的事情……这个悖论已经包含着狭义相对论的萌芽。" 通过对这个悖论进行剖析，爱因斯坦将相对性原理与光速不变性同时列为基本假设，提出解决光速悖论的狭义相对论，开创了物理学的新纪元。

7.1.2 外祖母悖论与时间旅行

关于时间旅行，人们曾进行过无数次的设想。人们设想在登上时间机器后，可以在瞬间去往他所希望前往的那个时代。在各种科幻小说中，时间旅行是最令人激动的设想之一。英国科幻小说家韦尔斯（H. G. Wells）于 1895 年所著的《时间机器》被称为时空旅行题材科幻小说的开山鼻祖，如图 7.1.4 所示。2002 年，这部小说被改编成同名电影，如图 7.1.5 所示，这部电影的主人公亚历山大博士一直想向世界证明人类在时空中穿梭旅行是完全可能的，于是自行决定研制和建造一部能够穿越时空的时间机器。

图 7.1.4　小说《时间机器》　　　　图 7.1.5　电影《时间机器》

随着亚历山大的未婚妻的意外离世，他加紧了对时间机器的研制，希望能重返过去，改变他未婚妻的命运。经过千辛万苦、几年的刻苦研究，亚历山大终于将时间机器研制成功，并穿越到过去，成功地避免了他的未婚妻因为原来的事故离世。但是，他的未婚妻会因为其他的意外遭遇不幸。无论他回到过去多少次，终究是无法改变他的未婚妻因为意外离世的结局。为了寻找答案，亚历山大穿越到 2030 年、2037 年、80 万年以后的世界（802701年）……

如果时间机器真的被发明出来，那么我们人类真的能"回到过去"吗？这个问题可能的答案来自悖论。有一个著名的悖论是这样的，设想如果时间机器真的被未来的某个人发明出来，并且他利用时间机器回到过去，在其外祖母怀他母亲之前就杀死了自己的外祖母，那么这个跨时间旅行者本人还会不会存在呢？这个问题很明显，如果没有他的外祖母就没有他的母亲，如果没有他的母亲也就没有他。但是，如果没有他，他又怎么返回过去呢？这就是著名的外祖母悖论。

为了给外祖母悖论一个合理的解释，物理学家提出了平行世界（或平行宇宙）的假说。在这一假说中，世界不止一个，而是有许多平行的世界存在的。根据这个假说，每当记录下一个观测结论或者做出一个决定时，就会出现一个道路分支。即使是原子中的一个电子从一个能级变化至另一个能级，或者两个电子自旋的方向不一致，也会导致不同的可能性发生，而不同的可能性都会分裂出一个平行世界。这样，"外祖母悖论"就有了合理的解释：一个人可以回到过去杀死自己的外祖母，但这将导致世界进入两条不同的时间线轨道，一条时间线（原先的世界）中有那个人，而另一条时间线（平行世界）中没有那个人。

那么，从数学、物理学的角度来看，时间旅行究竟有没有可能性呢？

从某种意义上说，爱因斯坦（图7.1.6）的相对论为人类向未来穿越提供了一种理论性的依据。根据爱因斯坦的狭义相对论，时间是相对的。狭义相对论给出的时间膨胀效应的公式为

$$\Delta t' = \frac{\Delta t}{\sqrt{1 - \left(\dfrac{v}{c}\right)^2}}$$

式中，$\Delta t'$ 为速度时间膨胀效应值；Δt 为固有时间流逝值；v 为第二个时钟相对第一个时钟的移动速度；c 为光速。而 $\gamma = \dfrac{\Delta t'}{\Delta t}$ 称为洛伦兹因子或时间膨胀系数，根据这个公式，我们可以发现：时间膨胀系数 γ 的范围为 $1 \sim \infty$。当 $v=0$ 时，$\gamma=1$，即两个时钟的时间流逝速度是相同的。随着运动速度的提高，时间膨胀系数会逐渐变大，第二个时钟相对于第一个时钟的时间流逝会变慢。但当运动速度很小时，这种时间膨胀效应是非常弱的。例如，当 $v=0.01c$，即

图 7.1.6　爱因斯坦

3000 千米/秒时，时间膨胀系数 $\gamma=1.0001$。只有当运动速度达到光速的 $\dfrac{1}{10}$ 以上时，时间膨胀才显得十分明显。例如，当 $v=0.5c$，即一个飞船的运动速度达到光速的一半时，时间膨胀系数会达到 1.1547。也就是说，地球上的人已经过去了 1.1547 年，而飞船上的人只过去 1 年。当运动速度达到光速的 99% 时，时间膨胀系数将达到 7.0888，即飞船上的人过去了 1 年，地球上的人已过去了 7.0888 年。当运动速度达到光速的 99.99% 时，时间膨胀系数将达到 70.7124，即飞船上的人过去了 1 年，地球上的人已过去了 70.7124 年。而当 $v=0.999996247c$ 时，$\gamma=365$，即飞船上的人过去了 1 天，地球上的人已过去了 365 天，即 1 年。当运动速度达到光速的 99.999999999999% 时，时间将扩大 707 万倍，飞船上的人过

去了 1 年，地球上的人已经过去了 707 万年。

因此，当我们乘坐宇宙飞船进行高速运动时，时间会变慢。而且，速度越接近光速，时间流逝得越慢，时间膨胀效应越明显。也就是说，如果一个人乘坐接近光速的飞船进行星际旅行，那么相对于地球而言，他的时间就会变慢。就像中国古代神话中所说的"天上方一日，世上已千年"。当他再回到地球的时候，地球上已经是沧海桑田。这样，对于他来说，他就进入了未来世界。

以人类社会现有的科技水平，利用时间膨胀效应进行时间旅行仍然是一个遥不可及的梦。声速约为 340 米/秒，即 1 马赫，这个速度相当于 1224 千米/小时。商业客机的飞行速度一般不会超过声速，最高在 0.8 马赫左右；法国协和式客机的最高时速达到 2.04 马赫；先进战斗机的飞行速度为 1.5～2.5 马赫。人类向太空发射飞船摆脱地球引力的束缚使之飞离地球的速度叫作第二宇宙速度，是 11.2 千米/秒，相当于声速的 32.9 倍。而向太空发射飞船摆脱太阳引力的束缚使之飞出太阳系的速度叫作第三宇宙速度，是 16.7 千米/秒，相当于声速的 49.1 倍。得益于几次引力加速，目前距离地球最遥远的航天器——旅行者 1 号已经达到第三宇宙速度，但尚没有飞出太阳系。然而即使是第三宇宙速度，也只相当于光速的 0.00005567 倍，相应计算出来的时间膨胀系数 $\gamma = 1.000000000015495$。同时，光速是世界上最快的速度，这就意味着，我们根本没办法超过光速，不可能通过高速运动穿越到过去。

狭义相对论告诉我们改变运动速度是进行时间穿越的一种办法，而广义相对论告诉我们改变引力（重力）是另一种办法。引力时间膨胀是由爱因斯坦于 1907 年首次提出的。在广义相对论中，爱因斯坦指出引力会使时间变慢。引力时间膨胀的公式为

$$\Delta t' = \sqrt{1 - \frac{2GM}{rc^2}}\Delta t$$

式中，$\Delta t'$ 为相对于位于这个引力场内观测者原时（他的时间走得较慢）的 A 事件和 B 事件之间的时差；Δt 为相对于位于这个引力场外观测者原时（他的时间走得较快）的 A 事件和 B 事件之间的时差；G 为万有引力常数；M 为天体的质量；r 为天体的半径。

根据以上公式，我们可以发现天体质量越大，时间膨胀系数越大；半径越小，时间膨胀系数越大。因为地下室相比于高楼更接近地心，处于更强的引力场中，所以在高楼上时钟比在地下室中的时钟走得稍快。同理，在太空中的时钟比在地面上的时钟走得快。虽然这种效应是极其微小的，但是这种效应已经被人类运用到了时钟的直接准确测量。而中子星的高密度使它具有强大的表面重力，强度是地球的 2×10^{11}～3×10^{12} 倍，这样强的重力场会让时间比地球时间延迟很多。如果从这种中子星上看我们地球上发生的事件，就会像看快进视频一样。

黑洞更是时间扭曲的极端范例。1915 年，德国天文学家、物理学家史瓦西（K. Schwarzschild）针对爱因斯坦场方程给出了史瓦西解，这是第一个为世人所知的爱因斯坦场方程的精确解。这个解又被称为史瓦西度量（Schwarzschild Metric），其形式为

$$ds^2 = c^2\left(1 - \frac{2GM}{rc^2}\right)dt^2 - \left(1 - \frac{2GM}{rc^2}\right)^{-1}dr^2 - r^2d\Omega^2$$

式中，(r,θ,φ,t) 为史瓦西坐标，M 为天体质量，G 为引力常数，c 为光速。根据伯考夫定理（Birkhoff's Theorem），史瓦西解可以说是爱因斯坦场方程最一般的球对称真空解，这样的解又可称作史瓦西黑洞。史瓦西黑洞有个很重要的超曲面，叫作事件视界。在事件视界内发生的事件无法被事件视界外的观测者观测到，这个视界的大小由史瓦西半径 $r_s = \dfrac{2GM}{c^2}$ 决定。事实上，如果有一个观测者通过事件视界，不会感受到任何异状，但是，一旦通过事件视界，这个观测者就无法回到黑洞外部。因为拥有强大的引力场，连光都无法从黑洞中逃逸。由于具有引力时间膨胀效应，黑洞中的时间相对于外面的宇宙而言是静止不动的。换句话说，如果这个观测者毫发无损地从黑洞旁边掉进黑洞，则在他到达黑洞表面的那一小段时间内，外面的世界就已经历了沧海桑田。

事实上，在卫星、全球定位系统中都必须考虑时间膨胀效应。卫星的运动速度很快（导致时间会变慢），受到的引力更小（导致时间会变快），这样就需要综合计算影响，并对卫星时间进行校正，从而保证其与地面时间一致。

关于时间旅行的另一个可行性的设想是通过虫洞。虫洞（wormhole）又称爱因斯坦–罗森桥（Einstein-Rosen Bridge），是一种连接时空中不同点的理论结构，它基于爱因斯坦场方程的特殊解，通过虫洞实现时间旅行的示意图如图 7.1.7 所示。我们可以用虫洞度量来描述虫洞的时空几何，一个可穿越的虫洞度量的例子如下

$$ds^2 = -c^2 dt^2 + dl^2 + (k^2 + l^2)(d\theta^2 + \sin^2\theta d\varphi^2)$$

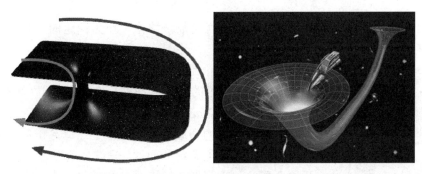

图 7.1.7 通过虫洞实现时间旅行的示意图

简单来说，可以这样直观理解虫洞的概念：先将空间想象成一种二维表面，而虫洞就是表面的一个洞，通过一个管子连接到在二维表面上的另一个位置。由于空间实际上是三维的，所以不同于二维中的洞是个圆，入口通道的"洞"其实应该是一个球。虫洞的两端连接了时空中的不同点。事实上，虫洞也可以用史瓦西黑洞的彭罗斯图（Penrose Diagram）来描绘。在彭罗斯图中，一个运动速度超过光速的物体可穿过黑洞，并从另一端出现，进入不同的空间、时间或宇宙，这将是一个宇宙间虫洞。获得 2017 年诺贝尔物理学奖的美国理论物理学家索恩（K. S. Thorne）等人还提出了人工制造虫洞的设想。正因如此，虫洞是科幻小说中的常见元素。人们设想，通过虫洞可以将两个不同的时空连接在一起，进行时间旅行、星际旅行。虽然虫洞具有广义相对论的理论依据，但虫洞是否真的存在还有待观察。

对于操控时间机器通过虫洞进行时间旅行的可能性，理论物理学家、科普作家加来道雄（M. Kaku）指出："虫洞连接着将来，也连接着过去。但我们别太乐观了，因为供应时间机器的燃料绝不是人类目前的技术所能实现的。"他认为：操控时间机器所需要的普朗克能量远大于人类目前可操控的能量。人类现代的科技水平和可以操控普朗克能量的文明之间的距离就像蚂蚁和现代人类之间的距离。

十几年前，英国著名物理学家霍金（S. W. Hawking）曾经问过这样一个问题：假如时间旅行是可能的，为什么在我们周围至今尚未充斥着来自未来世界的时间旅行者呢？霍金的这个问题引起了一些物理学家的思考，并且给出了一种可能的回答：目前所知的有可能实现时间旅行的理论模型有一个很可能的共同特点，即不允许时间旅行者回到时间机器存在之前的时间。因此，假如 2500 年有人建造出了时间机器，那么时间旅行者只能访问 2500 年之后的时间，永远无法来到我们周围——已经发生的那些历史无可挽回地被时间长河所吞没。实际上，霍金提出这个问题的潜台词就是：时间旅行者没有来到我们周围，最有可能的原因是向过去穿越进行时间旅行这件事在整个时间长河中，也就是永远，都没有实现过。

7.2 数学悖论与三次数学危机

7.2.1 数学悖论

数学领域中发生的无法解决的认识矛盾就是数学悖论。作为悖论的一种，数学悖论具有特殊的魅力。

图 7.2.1 芝诺

阿喀琉斯追龟悖论是由古希腊哲学家、数学家芝诺（Zeno of Elea）（图 7.2.1）提出的有关运动的一个著名的数学悖论。在希腊神话中，阿喀琉斯（Achilles）是特洛伊战争的希腊英雄，也是荷马的伊利亚特的中心人物和最伟大的战士之一。芝诺提出的这个悖论是关于阿喀琉斯和乌龟赛跑的问题：假设乌龟在阿喀琉斯前面 1000 米处开始赛跑，阿喀琉斯的速度是乌龟的 10 倍，在比赛开始后，若阿喀琉斯跑了 1000 米，设所用的时间为 t，此时乌龟便领先他 100 米；当阿喀琉斯跑完下一个 100 米时，他所用的时间为 $\frac{t}{10}$，乌龟仍然领先他 10 米；当阿喀琉斯跑完下一个 10 米时，他所用的时间为 $\frac{t}{100}$，乌龟仍然领先他 1 米……芝诺认为，阿喀琉斯能够不断逼近乌龟，但永远不可能追上它。

我们现在不难看出阿喀琉斯追龟悖论与实际情况是不相符的。阿喀琉斯的速度是 10 米/秒，乌龟的速度是 1 米/秒，乌龟在前面 1000 米。那么，假设阿喀琉斯需要经过 x 秒追上乌龟，列方程

$$1000 + x = 10x$$

由此解得 $x = \dfrac{1000}{9}$。也就是说，阿喀琉斯必然会在 $\dfrac{1000}{9}$ 秒之后追上乌龟。悖论之所以与实际情况相去甚远，原因在于芝诺采取了与我们不同的时间系统。人们习惯将运动看作时间的连续函数，而芝诺的解释则采取了离散的时间系统，即无论将时间间隔取得多小，整个时间轴仍是由无限的时间点组成的。换句话说，连续时间是离散时间将时间间隔取为无穷小的极限。其实这归根结底是一个时间的问题。比如说，按照悖论的逻辑，这 1000/9 秒可以无限细分，给我们一种好像永远也过不完的印象，但其实根本不是如此。

此外，芝诺还提出了有关运动的二分法悖论、飞矢不动悖论、运动场悖论。美国数学史家贝尔赞扬芝诺："以非数学的语言，记录下了最早同连续性和无限性格斗的人们所遭遇到的困难。"

如果出现数学悖论，就会导致认识矛盾，就会造成对数学严格性、可靠性的怀疑，因而引起人们认识上的危机。但数学悖论是与一定历史条件的认识水平、数学理论的发展水平相联系的，往往是相对于某个数学理论体系的，因此，数学悖论中所蕴含的认识矛盾可以在新的数学规范中借助于新的数学理论得到解决。奥地利学者汉森（B. Hansen）认为：一些常见的悖论，除非直接原因外，其性质就和数学上的方程没有解一样。方程的解是通过扩大数系来解决的，$x + 1 = 0$ 在正整数系里无解，扩大到有理数系时便有解。$x^2 + 1 = 0$ 在实数系里无解，而扩大到复数系就有解。从这个例子可以看出，数学悖论所引发的"危机"是"危"中蕴含着"机"，在客观上推动了新的数学理论的出现和数学的发展。

在客观上，数学悖论的研究推动了数学理论的研究和发展，在数学发展的历史进程中发挥了重要作用。事实上，在数学史上一共发生过三次数学危机，都是由数学悖论引起的，每次数学危机都使数学陷入无比尴尬、危险的境地。面对悖论，数学家通过探寻、建立新的理论，使之既不损害原有数学理论的精华，又能消除悖论，最终化"危"为"机"，圆满地解决了有数学悖论的数学危机，推动了数学的发展。

7.2.2　希帕索斯悖论和第一次数学危机

"数"和"和谐"是毕达哥拉斯学派的主要哲学思想。他们认为宇宙的一切现象都必须而且只能通过数学得到解释，都可归结为整数和整数的比。换句话说，一切现象都可以用有理数来描述。

毕达哥拉斯学派获得了一个重要结论：任何两个不等的线段总有一个最大公度线段。这一结论可以用尺规作图来推导和证明。其核心思想是辗转相除，即任意两个线段都由某个最小长度的线段组成，每次可用两者中短些的线段当作尺子去量长的线段。如果量尽，公度过程结束；如果量不尽，就用剩余的线段作为新的尺子去量那个短些的线段。如此反复，一定可以找到最大公度线段。如图 7.2.2 所示，具体推导过程如下：考虑线段 AB 和 CD，其中 $|\overline{AB}| > |\overline{CD}|$。在 AB 上用圆规从一端点 A 起，连续截取长度为 CD 的线段，使截取的次数尽可能大。若没有剩余，则 CD 就是最大公度线段。若有剩余，则设剩余线段为 EB。显然有 $|\overline{EB}| < |\overline{CD}|$。再在 CD 上截取次数尽可能多的线段 EB。若没有剩余，则 EB 就是最大公度线段。若有剩余，则设为 FD。同理，显然有 $|\overline{FD}| < |\overline{EB}|$。再在 EB 上连续截取次数尽可

能多的 FD 线段。如此反复下去，直到没有出现剩余，从而求出最大公度线段。比如，$\left|\overline{FD}\right| = 2\left|\overline{GB}\right|$，所以 GB 就是 AB 和 CD 的最大公度线段。从而，利用 GB 可以度量 AB 和 CD 的长度，即 AB 和 CD 是 GB 的多少倍，进而给出 AB 和 CD 的长度比值

$$\frac{\left|\overline{AB}\right|}{\left|\overline{CD}\right|} = \frac{27}{8}$$

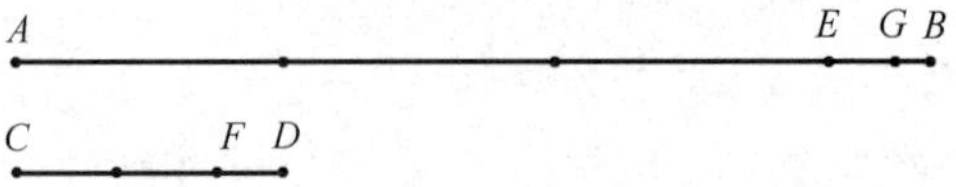

图 7.2.2　最大公度线段

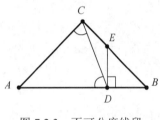

图 7.2.3　不可公度线段

最大公度线段定理是毕达哥拉斯学派的代表性重要结果之一，反映了他们唯数论的哲学观。利用这一定理，他们还获得了很多其他结论。但是，毕达哥拉斯学派的成员希帕索斯利用这一定理发现：等腰直角三角形的斜边和直角边是不可公度的，即不存在最大公度线段。如图 7.2.3 所示，在等腰直角三角形 ABC 中，考虑斜边 AB 和直角边 AC。为了求出 AB 与 AC 的最大公度线段，用圆规在 AB 上取点 D，使得 $\left|\overline{AD}\right| = \left|\overline{AC}\right|$。再过点 D 作 $DE \perp AB$，DE 交 BC 于点 E。因为 $\angle CAB = 45°$，所以

$$\angle DCE = \angle CDE = 22.5°$$

从而，有

$$\left|\overline{CE}\right| = \left|\overline{DE}\right| = \left|\overline{DB}\right|$$

注意到 $\left|\overline{AC}\right| = \left|\overline{BC}\right|$，则问题转化为求 BE 与 DB 的最大公度线段。但三角形 BED 又重新构成一个等腰直角三角形，这样又将重复开始推导。如此继续下去，将一直求不出 AB 与 AC 的最大公度线段。

有理数可以表示成两个整数之比，即是可公度的。而希帕索斯从几何上发现了不可公度线段的存在，这相当于发现了直角边为 1 的等腰直角三角形的斜边长度，即 $\sqrt{2}$ 是一个不可公度的数。这样一来就否定了毕达哥拉斯学派"万物皆数"的信条。不可公度比（无理数）的发现对古希腊的数学观产生了极大的冲击，引发了第一次数学危机。据说为了封锁消息，希帕索斯因为泄密而被扔进大海处死。因此，希帕索斯也成为因追求数学真理而以身殉道的先驱。

大约公元前 370 年，古希腊数学家欧多克索斯和毕达哥拉斯的学生阿契塔（Archytas）给出了两个比相等的定义，与涉及的量是否可公度无关，避免了直接出现无理数。欧多克索斯的这一工作被记录在欧几里得《几何原本》的第二卷比例论中。不过，直到 19 世纪德国数学家戴德金建立起实数理论以后，第一次数学危机才得以彻底消除，德国发行的戴德金邮票如图 7.2.4 所示。事实上，问题的解决必然涉及无限、极限和连续等概念，而这些

恰好是现代数学分析的基础。

第一次数学危机推动了数学的进步。古希腊数学家开始发现直觉和经验是不可靠的，推理、演绎、证明才是可靠的。从此，古希腊数学家开始从若干不言自明的公理和公设出发，通过演绎，建立起庞大而严密的几何体系，最终形成了欧几里得的《几何原本》。由此，数学开始由经验科学转变为演绎科学。

图 7.2.4 德国发行的戴德金邮票

7.2.3 贝克莱悖论和第二次数学危机

17 世纪，由牛顿与莱布尼茨建立的微积分理论揭示和解决了很多自然现象及问题，很快在应用上获得了惊人的成功。在微积分在应用中大获成功的同时，也存在着逻辑矛盾。事实上，牛顿和莱布尼茨的微积分理论都是建立在无穷小分析基础之上的，但是，他们对作为基础概念的无穷小量的理解和运用是混乱的，存在明显的逻辑矛盾。例如，利用牛顿的流数计算方法对 $y = x^2$ 求导数，有

$$y + \Delta y = (x + \Delta x)^2 \ \Rightarrow x^2 + \Delta y = x^2 + 2x\Delta x + (\Delta x)^2$$

$$\Rightarrow \Delta y = 2x\Delta x + (\Delta x)^2$$

$$\Rightarrow \frac{\Delta y}{\Delta x} = 2x + \Delta x$$

$$\Rightarrow \frac{\Delta y}{\Delta x} = 2x$$

不难发现，在上面的推导过程中，从 $\Delta y = 2x\Delta x + (\Delta x)^2$ 到 $\frac{\Delta y}{\Delta x} = 2x + \Delta x$，要求 Δx 不等于零；而从 $\frac{\Delta y}{\Delta x} = 2x + \Delta x$ 到 $\frac{\Delta y}{\Delta x} = 2x$，又要求 Δx 等于零。在同一个公式的推导过程中，Δx 和 $\mathrm{d}x$ 既作为有限的量，又能让其消失为零，在逻辑上存在明显的矛盾。

正因为存在这样的矛盾和不足，微积分诞生时就遭到了一些人的反对和攻击，其中攻击最猛烈的是当时颇具影响力的英国哲学家贝克莱（G. Berkeley）。贝克莱在 15 岁时考入了都柏林三一学院，19 岁时获得学士学位，22 岁时获得了硕士学位，25 岁时出版了关于知识来源和知识原理的《人类知识原理》。他是 18 世纪最著名的哲学家、近代经验主义的重要代表人物之一，开创了主观唯心主义。唯心主义原则性的阐述中的名言"存在就是被感知"就出自贝克莱之口。美国加州大学伯克利分校所在地伯克利的地名就是为了纪念他。据说，有学生问贝克莱："您认为谁是当代最杰出的哲学家？"贝克莱迟疑了片刻，面带难色地答道："我是一个特别谦虚的人，所以我很难说出这位哲学家的名字，但作为真理的追求者，我又不能说假话。这回你应当知道是谁了吧？"他的学生都会心地哄堂大笑。

1734 年，贝克莱以"渺小的哲学家"之名出版了一本标题非常长的书——《分析学家；或一篇致一位不信神数学家的论文，其中审查一下近代分析学的对象、原则及论断是不是

比宗教的神秘、信仰的要点有更清晰的表达，或更明显的推理》，如图 7.2.5 所示，对微积分的严谨性进行了质疑。在这本书里，贝克莱指责牛顿，在求 x^2 的导数时，先给 x 一个不为 0 的增量 Δx，而后又突然令 $\Delta x = 0$，这是"依靠双重错误得到了不科学而正确的结果"。因为无穷小量在牛顿的理论中确实一会儿是 0，一会儿又不是 0，所以贝克莱嘲笑无穷小量是"逝去量的幽灵"（Ghosts of Departed Quantities）。他说："事实上，必须承认（牛顿）使用流数，就像建筑物的脚手架一样，只要找到与它们成比例的有限线，就可以放下或摆脱它们。但是，这些有限的指数是在流数的帮助下找到的，通过这样的指数和比例获得的东西都归因于流数，因此，必须事先了解它。这些流数到底是什么？渐逝的速度增量是什么？这些相同的渐逝增量是什么？它们既不是有限量，也不是无限小的数量，也不是任何东西。我们可以不称他们为逝去量的幽灵吗？"他认为，牛顿引入了几个错误，然后这些错误又被偷偷删除了，却留下了正确的答案。他认为微积分就是通过这样不正确的数学途径得到了一些正确的结果。

图 7.2.5　贝克莱和他出版的书

　　贝克莱的攻击可以笼统地表述为"无穷小量是否为零"的问题，他真正抓住了牛顿微积分理论中的缺陷。数学史上把贝克莱的问题称为贝克莱悖论，这一悖论直接导致了第二次数学危机，这次数学危机的本质原因是微积分的基础不牢固。

　　针对贝克莱的攻击，牛顿、莱布尼茨和其他数学家都曾试图解决这个问题。1742 年，麦克劳林出版的两卷本《流数论》试图说明牛顿的微积分是严格的，但这些努力都没有获得成功。在此之后，很多数学家都投入分析严格化的工作中，其中，波希米亚数学家、逻辑学家波尔查诺，法国数学家柯西，德国数学家魏尔斯特拉斯基本完成分析学的逻辑基础的奠基工作，为分析的严格化做出了重要贡献。

图 7.2.6　波尔查诺

　　关于波尔查诺（图 7.2.6）的一个有趣的故事是：据说他有一次因生病导致全身疼痛而且发冷，为了不去想身上的痛，他拿起《几何原本》阅读，在读到第五卷时，疼痛消失了，自此以后，每当遇到身体有类似不适的其他人时，他就会推荐他们阅读《几何原本》。波尔查诺是致力于分析基础严谨性工作的最早一批数学家之一。他的三个主要工作成果是:《论一种更为实在的数学表达形式》(1810年)、《二元学教科书》(1816年)、《纯粹的分析证明》(1817年),这些工作显示了一种发展分析的新方式。波尔查诺给出的极限概念非常类似于现代形式的极限概念,他指出:极限的刻画方式应该是在自变量趋近某个其他确定数量的过程中,因变量如何趋近某个确定的数量,这为极限的 $\varepsilon-\delta$ 定义的提出做出了贡献。他还首先证明了关于有界数列都有收敛子列的定理。但令人遗憾的是,他的大多数工作在他去世前都不为外界所知。例如,在波尔查诺去世 50 多年后,魏尔斯特拉斯再次证明了有界数列都有收敛子列,随之这个结论被称为魏尔斯特拉斯定理(Weierstrass Theorem)。直到波尔查诺的早期工作被再次发现之后,人们才将其称为波尔查诺-魏尔斯特拉斯定理(Bolzano-Weierstrass Theorem)。

柯西的贡献是将微积分的相关基础概念和理论建立在极限论的基础上,法国发行的柯西邮票如图 7.2.7 所示。在1821 年出版的教科书《分析过程》中,柯西意图给出无穷小量、连续性等严格定义。柯西引入了极限概念:"当连续归因于特定变量的值无限接近固定值时,最终会通过与如我们所愿不同的方式结束,这个固定值被称为所有其他值的极限。"对于无穷小量,柯西指出:"我们说一个变量是无穷小量,如果它的数值变得无限小,以便收敛到零极限。"同

图 7.2.7 法国发行的柯西邮票

时,他还讨论了无穷小的阶数:"设 α 是一个无限小量,这是一个数值无限减少的变量。当 α 的各种整数幂,即 $\alpha, \alpha^2, \alpha^3, \cdots$ 参与同一个运算时,它们被称为一阶无穷小、二阶无穷小、三阶无穷小……",并给出了 8 个关于不同阶数无穷小性质的定理。关于函数的连续性,柯西规定:"函数 $f(x)$ 是指定极限之间关于 x 的连续函数,如果对于这些极限之间的 x 的每个值,差值 $f(x+\alpha)-f(\alpha)$ 随无穷小量 α 的数值而无限减少。"他指出:"函数 $f(x)$ 在给定极限之间相对于 x 是连续的,如果在这些极限之间,变量的无穷小增量总能产生函数本身的无穷小增量。"

柯西的极限概念奠定了微积分的理论基础。利用柯西的极限概念,可以建立连续、导数、微分、积分以及无穷级数的理论。但是,值得注意的是,他并没有彻底完成微积分的严密化工作,他的极限概念并没有真正摆脱几何直观的束缚,并没有将微积分真正完全地建立在纯粹、严密的算术基础之上。柯西没有清楚地区分区间上的连续性和一致连续性。

在柯西之后,魏尔斯特拉斯(图 7.2.8)引入了一致收敛的概念,并将其应用到整个微积分基础中。他阐明了函数项级数的逐项微分和逐项积分定理,并给出了函数连续性的 $\varepsilon-\delta$ 定义:函数 $f(x)$ 在 $x=x_0$ 处是连续的,如果对 $\varepsilon>0$,存在 $\delta>0$,则使对 f 定义域中的每个满足 $|x-x_0|<\delta$ 的 x,都有 $|f(x)-f(x_0)|<\varepsilon$。

图 7.2.8 魏尔斯特拉斯

魏尔斯特拉斯利用 $\varepsilon-\delta$ 语言系统建立了实分析和复分析的基础,基本完成了分析的算术化工作。他研究了闭区间和有界区间上连续函数的性质,证明了介值定理,给出了处处连续但处处不可微函数的例子。因为他对分析基础严格化具有卓

越贡献，人们将其誉为"现代分析之父"。希尔伯特对他的评价是："魏尔斯特拉斯以其酷爱批判的精神和深邃的洞察力，建立了数学分析的坚实基础。通过澄清极小、极大、函数、导数等概念，他排除了在微积分中的各种错误提法，扫清了关于无穷大、无穷小等各种混乱观念，克服了源于无穷大、无穷小朦胧思想的困难。今天，分析学能达到这样和谐、可靠与完美的程度，本质上应归功于魏尔斯特拉斯的科学活动。"

通过柯西、魏尔斯特拉斯等人的工作，19 世纪末，微积分理论日益严密，第二次数学危机随之得到解决。第二次数学危机不但没有阻碍微积分的发展，反而使得微积分更加严谨、系统、完整。微积分在物理、天文、工程等众多实际问题解决过程中大显身手，直接推动了工业革命的发展。同时，微积分也扩展出了多个数学分支，促进了分析的严格化、代数的抽象化以及几何的非欧化进程。而且，这种影响也扩展到人类知识的其他学科领域，数学表达的精确化、理论系统的公理化思想也对其他学科产生了深刻影响。

7.2.4　罗素悖论和第三次数学危机

图 7.2.9　康托尔

连续性的讨论必然涉及关于无限的理论，这需要严格的集合论作为支撑。德国数学家康托尔（G. F. L. P. Cantor）（图 7.2.9）是集合论的创始人，为现代数学的发展做出了卓越的贡献。但其创立的集合论中出现的悖论对数学再次产生了冲击，导致了第三次数学危机。

在柏林大学学习期间，受魏尔斯特拉斯和克罗内克等人的影响，康托尔对数论产生了兴趣。傅里叶在 1822 年最先提出函数可用三角级数来表示。1870 年，德国数学家海涅（H. E. Heine）证明：如果表示一个函数的三角级数在 $[-\pi, \pi]$ 中去掉函数间断点的任意小邻域后剩下的部分上是一致收敛的，那么级数是唯一的。海涅建议康托尔研究任意函数的三角级数的表达式是否唯一，这个问题成为促使康托尔建立集合论的动因。1872 年，康托尔将海涅提出的一致收敛的条件减弱为函数具有无穷个间断点的情况，这是从间断点问题过渡到点集论的极为重要的环节，使无穷点集成为明确的研究对象。

在康托尔之前，对无穷集合的理解没有任何进展。高斯明确表态："我反对把一个无穷量当作实体，这在数学中是从来不允许的。无穷只是一种说话的方式……"柯西也不承认无穷集合的存在。但是，康托尔认为，一个无穷集合能够和它的部分一一对应不是什么坏事，它恰恰反映了无穷集合的一个本质特征。对康托尔来说，如果一个集合能够和它的部分一一对应，它就是无穷的。他定义了基数、可数集合等概念，并且证明了实数集是不可数的，代数数是可数的。

1874 年，康托尔在《数学杂志》上发表了题为"关于所有实代数数集合的一个性质"（On a Property of the Collection of All Real Algebraic Numbers）的文章，文章包含超限集（Transfinite Set）理论的第一个定理，研究了无限集。其中一个定理是康托尔的革命性发现：所有实数的集合都是不可数的，而不是可数的、无限的。康托尔观察到每个区间 $[a,b]$ 都包含无数个超越数（Transcendental Numbers），同时，他发现区间 $[a,b]$ 不能与正整数集一一对应。这篇文章标志着集合论的诞生。1877 年，康托尔宣布：不仅平面和直线之间可以一一对应，而且一般的 n 维连续空间与一维连续统具有相同的基数。1879—1884 年，康托尔在 *Mathematische Annalen* 上先后发表了六篇文章，汇集成《关于无穷的线性点集》，其中的第五篇于 1883 年以《集合论基础》为题作为专著单独出版。《集合论基础》的出版是康托尔数学研究的里程碑，他引入了超限数（Transfinite Numbers）。

康托尔的集合论无疑是数学领域最具革命性的理论之一，与直觉和经验相悖。康托尔自己也说过："我很了解这样做将使我自己处于某种与数学中关于无穷和自然数性质的传统观念相对立的地位，但我深信，超限数终将被承认是对数概念最简单、最适当和最自然的扩充。"事实上，康托尔的理论确实遭到了很多人的强烈反对，甚至包括克罗内克、庞加莱、德国数学家外尔、荷兰数学家布劳威尔（L. E. J. Brouwer）等数学大师。作为集合论最激烈的反对者，柏林学派的领袖人物、康托尔的老师——克罗内克（图 7.2.10）对康托尔的研究对象和方法都表示了强烈的质疑与反对，甚至不承认康托尔是他的学生，称康托尔是科学骗子、叛徒和青年腐败者。庞加莱称："后一代将把集合论当作一种疾病。"外尔认为康托尔的基数观点是"雾上之雾"。康托尔的好朋友——数学家施瓦茨（H. A. Schwartz）因为反对集合论而同康托尔断交。甚至在康托尔去世几十年后，作为 20 世纪最有影响力的哲学家之一的维特根斯坦（L. J. J. Wittgenstein）还在哀叹数学是"通过集合理论的有害习惯来贯穿始终"，认为这是"可笑的""错误的""无稽之谈"。

图 7.2.10　克罗内克

过度的劳累、外界对其的攻击使得康托尔患上了抑郁症，影响了他的研究工作。在 1884 年写给米塔-列夫勒的一封信中，康托尔写道："我不知道什么时候能继续我的科学工作。目前，我对此无能为力，并将自己限制在讲课这一最重要的职责范围内。只有当我身心恢复必要的活力时，我才能在科学研究中复活、更加快乐。"在随后的 30 多年间，他反复被精神疾病所折磨，在 1884 年、1899 年、1903 年、1917 年多次进入疗养院进行治疗。令人感叹的是，每当从病症折磨中短暂恢复，他就立刻投入对集合论的研究和相关的研究工作。康托尔曾当选德国数学学会第一任主席，在 1897 年举行的第一届国际数学家大会的召开中发挥了重要作用。

虽然看似荒诞不经，但康托尔所得出的结论确实是毋庸置疑的。一些有洞见的数学家先后表达了对康托尔集合论的主持和赞扬。在第一届国际数学家大会上，瑞士数学家赫维茨（A. Hurwitz）阐述了康托尔集合论对函数论的进展所起的巨大推动作用。法国数学家阿达玛（J. S. Hadamard）也报告了康托尔集合论对他的工作的重要价值。希尔伯特高度赞誉康托尔的集合论"是数学天才最优秀的作品""是人类纯粹智力活动的最高成就之一""是这个时代所能夸耀的最巨大的工作"。在 1900 年召开的第二届国际数学家大会上，希尔伯特又进一步强调了康托尔工作的重要性，将康托尔的连续统假设列为 20 世纪有待解决的 23 个数学问题之首。随着勒贝格积分以及勒贝格测度理论的产生，到 1904 年第三届国际数学家大会召开时，"现代数学不能没有集合论"已成为数学界的共识。1904 年，康托尔获得了英国皇家学会授予的西尔维斯特奖章。

严格的微积分理论是以实数理论为基础的，而严格的实数理论又以集合论为基础。从康

图 7.2.11　庞加莱

托尔研究无穷集合开始，康托尔的集合论就被成功地应用到数学的各个分支中，成为现代数学的基础。事实上，像邻域、映射、群、环、域、线性空间等一系列现代数学概念都是建立在集合概念的基础上的。因此，尽管集合论的相容性尚未被证明，但数学家普遍认为以康托尔集合论为基础可以完成数学理论的严密性工作，可以一劳永逸地让数学避免陷入危机。连希尔伯特都宣称："没有人能把我们从康托尔为我们创造的乐园中驱逐出去。"在第二届国际数学家大会上，庞加莱（图7.2.11）甚至兴奋地宣布："我们最终达到了绝对的严密吗？在数学发展前进的每一阶段，我们的前人都坚信他们达到了这一点。如果我们被蒙蔽了，我们是不是也像他们一样被蒙蔽了？如果我们不厌其烦地追求严格的话，就会发现只有三段论或归结为纯数的直觉是不可能欺骗我们的。今天，我们可以宣称完全的严格性已经达到了。"

　　然而，在大家欢欣鼓舞的同时，集合论的内在矛盾开始暴露出来。数学的一场新的危机正在悄悄降临，数学大厦又受到了数学悖论的强烈冲击，产生了更大的裂痕，甚至有人认为，整个数学大厦都有崩塌的危险。这个悖论来自英国哲学家、数学家、逻辑学家、历史学家、文学家罗素。罗素不仅在哲学、逻辑和数学上成就显著，而且在教育学、社会学、政治学和文学等许多领域都有建树。1950 年，他以《哲学问题》获诺贝尔文学奖。罗素和他的老师怀特海（A. N. Whitehead）合作撰写了《数学原理》，并于 1910 年、1912 年和 1913年分为三大卷出版，如图 7.2.12 所示。这部著作奠定了现代数理逻辑的基础，被公认为是20 世纪科学的重大成果，被誉为人类心灵的最高成就之一。

　　1902 年 6 月，罗素写信给正在致力于把算术化归于集合和逻辑的德国数学家、逻辑学家弗雷格（F. L. G. Frege），告诉他自己发现了如下这样一个有趣的悖论。集合可以按以下方法分为两类：一类集合是它本身不是自己的元素，比如自然数集绝不是一个自然数；另一类集合是它本身是自己的元素，比如一切集合组成的集合仍是一个集合，因此它本身也属于这个集合。如果把属于第一类集合的元素归在一起，那么又可以构成一个集合，不妨记作 A。现在问，集合 A 究竟应该属于上面的哪一类？

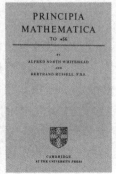

图 7.2.12　罗素与《数学原理》

　　如果 A 属于第一类，则 A 本身就是自己的元素，那么它应当属于第二类。如果 A 属于第二类，那么 A 当然不属于第一类，也就是说，A 本身不是自己的元素，而根据第一类集合的定义可知，A 又应当属于第一类。因为 A 是康托尔意义下的集合，应当二者必居其一，这样就产生了悖论。

为了使这一悖论更加通俗易懂，罗素在 1919 年将其修改为"理发师悖论"：某村有一位手艺高超的理发师，他的广告中的要求是只给村里一切不给自己刮脸的人刮脸，现在问，这位理发师给不给自己刮脸？毫无疑问，悖论又产生了：如果他不给自己刮脸，他符合他自己发出的广告的要求，那么他就应当给自己刮脸。而他只给那些不给自己刮脸的人刮脸，所以他就不应该给自己刮脸。另外，理发师悖论也可以修改为等价的机器人悖论：工厂里有很多机器人，有一个专门修理机器人的超级机器人，按规定，超级机器人只给那些不会修理自己的机器人修理，那么，这个超级机器人要不要修理自己呢？

罗素悖论以其简单明了的方式，揭示了当时作为数学基础的康托尔集合论本身所蕴含的内在矛盾，震惊了数学界。当收到罗素的信时，弗雷格正要出版《算术的基本法则》第二卷，罗素悖论让他左右为难，弗雷格只能把他为难的心情写在第二卷的末尾："对一位科学家来说，最难过的事情莫过于在他的工作即将结束时，才发现其赖以依靠的基础崩溃了。罗素先生的一封信正好把我置身于这样的境地。"在得知罗素悖论后，不动点原理发现者——布劳威尔认为自己过去的工作都是无意义的，声称要放弃不动点理论。连庞加莱也发出感慨："我们设置了栅栏，把羊群围住使得免受狼群的侵袭。但是很可能在围栅栏时，就已经有一条狼被围在其中了。"

罗素的悖论让数学再次陷入自相矛盾的危机中。危机产生后，数学家纷纷提出自己的解决方案。通过德国逻辑学家和数学家策墨罗（E. Zermelo）、冯·诺依曼、奥地利数学家和逻辑学家哥德尔（K. F. Gödel）（图 7.2.13）、美国数学家科恩（P. J. Cohen）等人的努力，公理化的集合论得以建立，即要求集合必须符合 ZFG 公理系统（策墨罗-弗兰克尔公理系统）中的 10 条公理的限制，成功地消除了集合论中出现的悖论，第三次数学危机得以解决。

图 7.2.13 策墨罗、哥德尔

数学悖论给数学大厦带来了危机，但数学悖论的发现和消除又成了数学发展的强大动力。第三次数学危机的解决给数学带来了许多新认识、新内容、新成果，在罗素悖论的影响下，逐渐形成了三个数学哲学学派。

（1）以罗素为代表的逻辑主义学派：他们认为数学即逻辑，数学是逻辑的延伸。只要不允许"集合的集合"这样的逻辑语言出现，悖论就不会发生。

（2）以布劳威尔为代表的直觉主义学派：他们认为数学理论的真伪只能用人的直觉判断。

（3）以希尔伯特为代表的形式主义学派：1904 年，希尔伯特提出了著名的希尔伯特纲领基本思想，即将古典数学表示成形式的公理系统，然后证明这一系统是相容的、完备的（系统内的任一命题都可在系统内得到判定）。公理无所谓真假，只要能证明公理系统是相容的，这一公理系统就能得到承认，就是一种真理。悖论只是公理系统不相容的一种表现。

1931 年，哥德尔在《数学物理月刊》上发表了题为《论数学原理和有关系统中的形式上不可判定命题》的论文，提出了著名的哥德尔不完备定理：在一个形式系统中总存在一个不可判定公式，而这个公式是真的。从该定理还推出这样一个结论：一个非常强的形式系统的相容性是不可证明的。作为 20 世纪数学理论最重要的成果之一，哥德尔不完备定理被誉为数学和逻辑发展史中的里程碑。哥德尔不完备定理深刻地揭示了形式系统的内在局限性，这种局限性是由形式系统的本质所决定的，是不可克服的。即使是在数学这样被认为最可靠的知识系统中，也不存在所谓的终极真理。数学无疑是真实的、有意义的，但这些无疑都与其文明和文化背景息息相关。数学不是科学王国的神，它处于永远的创造中。

在集合论的基础上，诞生了抽象代数学、拓扑学、泛函分析和测度论。同时，第三次数学危机的一个最直接的成果是数理逻辑与计算技术、电子技术结合，催生出 20 世纪最重要的一次技术革命——电子计算机的诞生。

思 考 题

1．请列举更多有趣的悖论，并分析其逻辑矛盾。

2．数学悖论在数学发展过程中的作用是什么？

3．你从三次数学危机中得到了什么启迪？相关数学家身上有什么精神和品质值得你学习？

第八章

薪火相传——中国数学

　　中华民族生生不息，创造了璀璨夺目的中华文明。中华文明是世界上唯一自古延续至今、从未中断的文明，而中国数学是中华文明的重要组成部分，为中国社会乃至世界的发展和进步做出了杰出贡献。几千年来，中国数学薪火相传，取得了一系列的世界领先成果，展现了中华民族的创新和开拓精神。在本章中，我们先回顾与梳理中国古代和近现代数学的历史发展成果，然后采用以点带面的方式介绍华罗庚、陈省身、陈景润的生平故事和学术贡献，展示中国古代和近现代数学的发展成果，分析中国古代和近现代数学的特点，揭示中国数学家追求真理、百折不挠、为中华民族争光添彩的精神品质。

8.1　中国古代和近现代数学

8.1.1　隋唐以前的中国数学

　　中国古代数学萌芽于原始社会末期。在仰韶文化时期出土的陶器上面已刻有表示数字的符号。截至原始社会末期，已开始用文字符号取代结绳记事。《易·系辞》就写道："上古结绳而治，后世圣人易之以书契。"《史记·夏本纪》记载，大禹治水时已使用了规、矩、准、绳等几何作图和数学测量工具。图 8.1.1 左边展示的是新疆吐鲁番阿斯塔那古墓群出土的唐朝时期绘制的伏羲女娲图，其中女娲持规，伏羲持矩。图 8.1.1 右边展示的是汉画石上刻画的手持规进行治水的大禹。

图 8.1.1　伏羲女娲图、大禹治水汉画石

　　结合天文观测，中国古代先人发明了由十个天干、十二个地支构成六十个干支的历法方法。《御批历代通鉴辑览》记载轩辕黄帝"作甲子，甲乙丙丁戊己庚辛壬癸谓之干，子丑寅卯辰巳午未申酉戌亥谓之枝，枝干相配以名，日而定之以纳音"。这就是说，用十个天干和十二个地支组成甲子、乙丑、丙寅、丁卯等 60 个组合，用来表示年、月、日，其特点是周而复始，可循环使用。而根据考古发现，在商朝后期帝王帝乙时的一块甲骨上，刻有完整的六十甲子，这说明在商朝时已经开始使用干支纪年了。殷商时期的甲骨文中共有 13 个数字符号，采用十进制的记数法，出现最大的数字为三万。

　　《周髀算经》记载，西周初期就已经出现用矩测量高、深、广、远的方法，并知道勾三、股四、弦五的勾股三角形例子。《礼记·内则》记载，作为"六艺"之一的"数"是西周贵族子弟从小就要学习的专门课程。春秋战国时期百家争鸣，以孔子、老子、墨子等代表的各种思想学术流派争奇斗艳，出现了"一尺之棰，日取其半，万世不竭"这样蕴含极限思想的深刻命题。作为一种计算工具，算筹在这一时期已经得到了普遍使用。1954 年，在湖南长沙左家公山的战国古墓中出土了一批竹算筹，共 40 根。

　　公元前 221 年，秦始皇嬴政灭六国，结束了春秋战国的分裂局面，设立郡县，统一文字和度量衡，创立了长达 2000 年的皇帝制度，实现了中国首次真正意义上的统一。秦汉时期是封建社会的上升时期，经济和文化得到迅速发展。最晚成书于东汉初年的《九章算术》以按类成章的形式系统总结了战国、秦汉时期的中国古代数学发展成果，包含 246 个与生产、生活实践有关的应用问题。书中的许多数学问题都是世界上记载最早的，例如，衰分章中讨论了比例分配问题，而在欧洲到 16 世纪才出现一样的算法问题，书中所展示的许多数学研究成果在当时的世界上都是领先的；又如，方田章中所提供的田亩面积的计算方法和分数的计算方法是世界上最早对分数的系统论述；再如，方程章中所提供的联立一次方程组的解法和正负数的加减法则在世界数学史上第一次出现。国外首先承认负数的是 7 世纪的印度数学家婆罗摩笈多，而欧洲直到 16 世纪才承认负数。《九章算术》的成书标志着中国古代数学体系的形成，这是一个与古希腊数学完全不同的具有鲜明特点的独立数学体系。在隋唐时期，《九章算术》曾传到朝鲜、日本，并成为这些国家当时的数学教科书。之后，还传播到了印度、阿拉伯、欧洲。

魏晋南北朝时期的刘徽提出了"割之弥细，所失弥少，割之又割以至于不可割，则与圆周合体而无所失矣"的割圆术方法，求出了圆内接3072边形的面积，将圆周率的近似值限定在 $\frac{3927}{1250} \approx 3.1416$。在《九章算术注》中，刘徽使用出入相补原理提出了重差术，运用二次、三次、四次测望法测量山高、水深等数值。他指出："凡望极高、测绝深而兼知其远者必用重差。勾股则必以重差为率，故曰重差也。""立两表于洛阳之城，令高八尺。南北各尽平地，同日度其正中之时，以景差为法，表高乘表间为实，实如法而一。所得加表高，即日去地也。以南表之景乘表间为实，实如法而一，即为从南表至南戴日下也。以南戴日下及日去地为句、股，为之求弦，即日去人也。"唐朝时，这部分内容被单独编辑成书，以第一题"今有望海岛"命名为《海岛算经》，共九问：望海岛、望松生山上、南望方邑、望深谷、登山望楼、南望波口、望清渊、登山望津、登山临邑。吴文俊称赞刘徽的这一方法"使中国测量学达到登峰造极的地步"，国外学者赞誉这一方法使中国在数学测量学方面超前西方约1000年。

在刘徽工作的基础上，祖冲之把一丈化为一亿忽，以此为圆的直径，一直算到圆的内接正24576边形，在世界上首次将圆周率精确到小数点后第七位，即在 3.1415926～3.1415927。这一计算结果比欧洲领先了1000年之久。祖冲之还写过《缀术》五卷，后被收入著名的《算经十书》中。在《缀术》中，祖冲之提出了"开差幂"和"开差立"的问题。同时，他和他的儿子祖暅还发明祖暅原理"缘幂势既同，则积不容异"。在西方，直到17世纪，意大利数学家卡瓦列里才发现相同的卡瓦列里原理。因此，祖冲之父子的这一工作比西方早约1100年。

同时，祖冲之还成功地将数学应用于天文和历法。《南齐书·文学传》记："宋元嘉中，用何承天所制历，比古十一家为密，冲之以为尚疏，乃更造新法。""新法"即《大明历》，在《大明历》中，祖冲之最早将岁差引入历法，推算出一个回归年为365.24281481日，这与今天的推算值仅相差46秒。同时，他还提出了用圭表测量正午太阳影长以确定冬至时刻的方法。祖冲之第一次提出交点月的长度为27.2123日，这与今天的推算值相差不到1秒。利用《大明历》，祖冲之准确地推算出了从公元436年到公元459年间的4次月食时间，结果与实际完全符合。

8.1.2 隋唐时期的中国数学

公元589年，隋文帝杨坚灭陈，结束了中国从西晋末年以来长达近300年的分裂局面。由于好大喜功以及频繁发动战争过度消耗了国力，而滥用民力、劳民伤财则让百姓苦不堪言、民不聊生，最终导致隋末的农民起义、军阀混战。公元618年，隋朝灭亡。虽然历史上声名比较差，但实际上隋炀帝杨广在位期间也是有一些积极作为的。隋炀帝杨广采用科举制选拔人才，还在前人建造的运河基础上修建了沟通中国南北交通的大运河。同时，隋朝还创立了国子寺（后改称国子监），它既是主管全国教育事业的机构，也是全国的最高学府，设有国子学、太学、算学、书学、律学等专门学校。其中，算学就是数学专科学校。像大运河修建、都城等的建造对数学的需要都在客观上促进了数学的发展。

公元618年，唐高祖李渊在长安称帝，建立唐朝。到公元907年后梁太祖朱温篡唐，唐朝在历史上存在了 289 年，它是中国封建历史上统一时间最长、公认国力最强盛的朝代之一。从唐太宗李世民缔造的贞观之治，到唐玄宗李隆基缔造的开元盛世，盛唐时期政治清明、社会稳定、经济繁荣、百姓安居乐业。作为当时世界上最强大的国家之一，唐朝开放包容、兼容并蓄，其科技、文化也发展到前所未有的高度。中国的造纸、纺织等技术通过丝绸之路传播到西亚、欧洲，而日本、新罗等派遣了多批遣唐使到唐朝学习。

唐朝继承了隋朝的一些积极做法，比如，唐朝也设立了国子监，并设有“算学”这一数学专门学校。算学专门学校设官阶为从九品下的博士 2 人，招收学生 30 人，学制 6～7 年。同时，还编订了世界历史上首套由国家制定的数学教科书——《算经十书》。《算经十书》包括《周髀算经》《九章算术》《海岛算经》《张丘建算经》《夏侯阳算经》《五经算术》《缀术》《五曹算经》《孙子算经》《缉古算经》，由太史令李淳风、国子监算学博士梁述（唐代）、太学助教王真儒（唐代）等人编注。

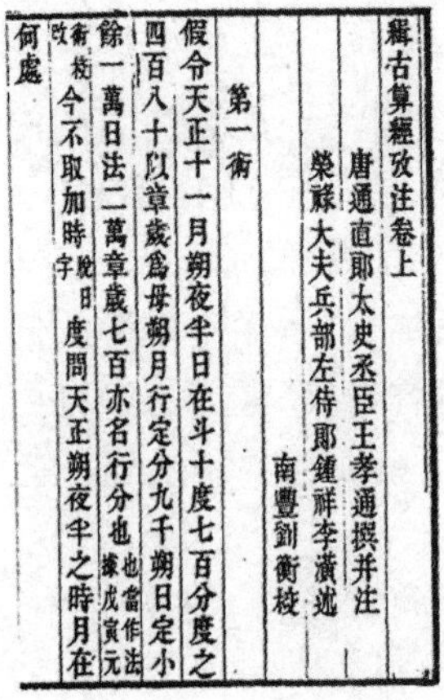
緝古算經攷注卷上
唐通直郎太史丞臣王孝通撰并注
榮祿大夫兵部左侍郎鍾祥李潢述
南豐劉衡校
第一術
假令天正十一月朔夜半日在斗十度七百分度之
四百八十以章歲爲母朔月行定分九千朔日定小
餘一萬日法二萬章歲七百亦名行分也 也當作法 據戊寅元
術校改 今不取加時字 脫日 度問天正朔夜半之時月在
何處

图 8.1.2　《缉古算经》

这十部数学著作中，除《缉古算经》外都是唐代以前的著作。《缉古算经》（图 8.1.2）的作者为唐代学者王孝通，成书于公元 625 年，该书是世界上最早系统使用三次方程的著作。该书共有二十问，涉及修建观象台、羡道、河堤、地窖、仓库等工程建设、过程分工问题。除第一问是求半夜时月亮赤道经度的天文算术题外，第二问到第十四问为工程应用有关的方程问题，第十五问到第二十问为勾股计算问题。

在《九章算术》《缀术》中相关工作的基础上，王孝通将几何问题代数化，将复杂的几何问题转化为高次方程的代数问题来加以解决，取得了非常好的效果。他用三次方程、四次方程解决第二问至第二十问的问题。其中，第二问至第十八问的问题涉及 23 个三次方程，第十九问和第二十问的问题涉及双二次方程 $x^4+px^2+q=0$。

例如，第二问是关于建造观象台和台道的广度、高度、深度计算问题：“假令太史造仰观台，上广袤少，下广袤多。上下广差二丈，上下袤差四丈，上广袤差三丈，高多上广一十一丈，甲县差一千四百一十八人，乙县差三千二百二十二人，夏程人功常积七十五尺，限五日役台毕。羡道从台南面起，上广多下广一丈二尺，少袤一百四尺，高多袤四丈。甲县一十三乡，乙县四十三乡，每乡别均赋常积六千三百尺，限一日役羡道毕。二县差到人共造仰观台，二县乡人共造羡道，皆从先给甲县，以次与乙县。台自下基给高，道自初登给袤。问：台道广、高、袤及县别给高、广、袤各几何？”

对这个问题，王孝通相当于建立了三个形为 $x^3+px^2+qx=n$ 的三次方程和一个形为 $x^3+px^2=n$ 的三次方程，进而给出了答案：“台高一十八丈，上广七丈，下广九丈，上袤一十丈，下袤一十四丈；甲县给高四丈五尺，上广八丈五尺，下广九丈，上袤一十三丈，下袤一十四丈；乙县给高一十三丈五尺，上广七丈，下广八丈五尺，上袤一十丈，下袤一十三丈；羡道高一十八丈，上广三丈六尺，下广二丈四尺，袤一十四丈；甲县乡人给高九丈，上广三丈，下广二丈四尺，袤七丈；乙县乡人给高九丈，上广三丈六尺，下广三丈，衰七丈。"

第九问是关于粮仓容量的问题："假令圆囤上小下大，斜法二尺五寸，以率径一周三。上下周差一丈二尺，高多上周一丈八尺，容粟七百五斛六斗。今已运出二百六十六石四斗。问：残粟去口、上下周、高各多少？"这个问题实际上需要解两个三次方程。

在欧洲，直到 13 世纪，意大利数学家斐波那契才有了三次方程的数值解法，这比王孝通的工作晚了 600 多年。

8.1.3　宋元时期的中国数学

公元 960 年，宋太祖赵匡胤在陈桥兵变中被拥立为帝，建立宋朝。宋朝在历史上存在了 300 多年，宋朝是中国历史上经济、文化、科技都异常繁荣的一个时期。陈寅恪指出："华夏民族之文化，历数千载之演进，造极于赵宋之世。"究其原因，离不开宋朝教育和数学的发展。宋朝重视教育，设立国子监、太学、武学、律学、四门学和广文馆。同时，在州县设立学校，教师由进士以及国子监和太学毕业的学生担任。宋朝对科举制度进行了改良、完善，通过考试选拔官吏，选贤举能，让许多贫苦的读书人得到了上升的通道。

农业、手工业、商业的空前繁荣对数学提出了更高的需求，相对稳定的社会环境为数学发展创造了良好的条件。而印刷术的发展也为数学知识的传播和数学教育的发展提供了保证。多种因素叠加，使中国古代数学在宋代取得了辉煌的成就，涌现出包括贾宪、刘益、秦九韶、沈括、杨辉、李冶等一大批杰出数学家。英国著名汉学家李约瑟称宋代是"伟大的代数学家的时代"。

北宋数学家贾宪是宋元数学高潮的主要推动者之一，他的大部分研究成果被流传并保存在杨辉于 1261 年所著的《详解九章算法》中。他最著名的工作是贾宪三角形和增乘开方法。贾宪三角形是由数字构成的一个共 7 行的三角形，在三角形的下方标有"左衺乃积数，右衺乃隅算，中藏者皆廉。以廉乘商方，命实而除之"，如图 8.1.3 所示，说明了三角形中数字的含义和增乘开方法的计算方法。

贾宪三角形和增乘开方法是贾宪对中国古代数学发展非常重要的贡献之一。在欧洲，贾宪三角形被称为帕斯卡三角形。实际上，在贾宪之后，13 世纪的欧洲数学家、科学家约丹努斯（J. Nemorarius）在他的《算术》中给出了和贾宪三角形相仿的由 11 行数字组成的数表。而直到 17 世纪，法国数学家帕斯卡才首次正式地指出了这个三角形中的数字是二项展开式的系数。与帕斯卡相比，贾宪的工作早了 500 年。

秦九韶是南宋时期的一位杰出数学家，他的主要数学贡献包括关于一次同余方程组问题的"大衍总数术"、高次方程正根的数值解法，都收录在他写的《数书九章》中，如图 8.1.4 所示。

图 8.1.3　贾宪三角形

 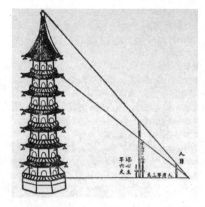

图 8.1.4 《数书九章》

在南北朝时期的数学著作《孙子算经》卷下第 26 题中，提出了"物不知数"问题：有物不知其数，三三数之剩二，五五数之剩三，七七数之剩二。问物几何？也就是说，一个整数除以三余二，除以五余三，除以七余二，问这个整数是多少。

实际上，这个问题是一元同余方程组求解问题，其一般形式用现代数学语言可以表述为：设一组两两互素的正整数 $m_1, m_2, \cdots, m_n$ 与未知数 x 满足如下关系

$$
\begin{cases}
x \equiv a_1 & (\bmod m_1) \\
x \equiv a_2 & (\bmod m_2) \\
\ \ \vdots \\
x \equiv a_n & (\bmod m_n)
\end{cases}
$$

其中，$a_1, a_2, \cdots, a_n$ 为正整数，求 x。

在《数书九章》第一卷、第二卷中，秦九韶对这一问题做出了完整系统的解答。

在《算法统宗》中，明朝数学家程大位将解法编成如下这样一个有意思的歌诀："三人同行七十希，五树梅花廿一支，七子团圆正半月，除百零五便得知。"这个歌诀给出了"物不知数"问题的秦九韶解法。

大衍总数术也被称为中国剩余定理、孙子定理，是秦九韶对世界数学发展的一个卓越贡献。1801 年，高斯系统地解决了一元不定方程组的问题，其方法和秦九韶是一样的。

同时，在贾宪和刘益对方程求根工作的基础上，秦九韶给出了一元高次方程

$$
a_n x^n + a_{n-1} x^{n-1} + \cdots + a_1 x + a_0 = 0
$$

的正根数值解法。他采用将算筹表示为图形的方式给出了被称为"正负开方术"的机械性解法，将求 n 次多项式的值转化为求 n 个一次多项式的值，实常为负，随乘随加，统一解决。利用这个算法和他给出的系数表可以大幅简化运算，而且，当所求的方根是无理数时，可用十进制小数来求出根的任意精度的近似值。

秦九韶的这一算法于 1819 年被英国数学家霍纳（W. G. Horner）再次发现并证明，并被称为霍纳算法。秦九韶算法具有机械性，可转化为计算机程序，而且，对于今天的计算机程序处理而言，加法比乘法的计算效率要高得多。因此，即使在今天，秦九韶算法仍具有极重要的意义，可缩短计算机的运算时间。

南宋数学家杨辉对中国古代数学研究、数学教育都做出了非常重要的贡献。他的著作包括 12 卷的《详解九章算法》（1261 年）、2 卷的《日用算法》（1262 年）、3 卷的《乘除通变算宝》（1274 年）、2 卷的《田亩比类乘除捷法》（1275 年）、2 卷的《续古摘奇算法》（1275 年）。现在流传下来的《杨辉算法》指的就是后三种共 7 卷。《杨辉算法》收录了很多杨辉和他之前的数学家的研究成果，涉及对任意高次幂的开方计算、二项展开式、高次方程求解、高阶等差级数、纵横图等问题，包含很多很有价值的算题和算法。

金元时期数学家李冶的文学造诣颇深，与著名文学家元好问交往甚密。1248 年，李冶写成《测圆海镜》12 卷。1259 年，又完成《益古演段》3 卷。《测圆海镜》被认为是中国现存的第一部天元术著作，如图 8.1.5 所示，共包含 170 个问题，都是关于已知直角三角形三边上的某些线段长度而求内切圆、旁切圆、圆心在某一边上而又与三角形另外两边相切的圆直径问题。

李冶创立了"天元术"，将几何问题代数方程化，列出方程进行求解几何问题。李冶列的天元式中用"天"代表一次项，用"元"代表常数项，用算筹符号表示未知数各次幂前面的系数。负系数用加斜线的方式表示，零用〇表示。在《测圆海镜》中，李冶采用列天元在上的方式，即"元"以上的数表示一元多项式方程的各正数次项的系数，而"元"以下的数表示常数项和各负数次项的系数。而在《益古演段》中，正好相反，他改为采用列天元在下的方式，即"元"以下的数表示一元多项式方程的各正数次项的系数，而"元"以上的数表示常数项和各负数次项的系数。比如，在《测圆海镜》的第十四问中，用以下天元式

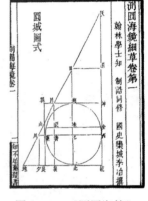

图 8.1.5　《测圆海镜》

表示 $x^2 - 680x + 96000$。而在《益古演段》中，用以下天元式

表示 $3x^2 + 210x - 20325$。

李冶发明了一套较为完整的表示一元多项式方程的方法，并发明了负号和小数表示方法。但他并没有给出运算符号，所以我们可以称之为半符号代数。尽管有所不足，但这样的符号代数在当时的世界上是领先的，欧洲在大约 300 年后才出现。李善兰称赞《测圆海镜》是"中华算书，无有胜于此者"。

元代数学家、教育家朱世杰所著的《四元玉鉴》是中国宋元数学高峰的又一个标志。该书成书于 1303 年，共三卷 24 门 288 问，书中包含 36 个二元问题、13 个三元问题、7 个四元问题，《四元玉鉴》卷首的古法七乘方图如图 8.1.6 所示。在天元术的基础上，朱世杰发展出四元高次方程表示和消元解法的"四元术"，他"按天、地、人、物立成四元"来

表示四元高次方程，即用天、地、人、物来表示我们现在所说的 x、y、z、w 这 4 个变量，然后"立天元一于下，地元一于左，人元一于右，物元一于上"。他发明了"踢而消之""互隐通分相消"等一套消未知数的四元消去法，通过方程的配合，不断消元，把四元四式最终化为一元的天元开方式，然后用增乘开方法求得正根。朱世杰的工作具有比前人更高的数学纯粹性，已经超出了当时实际问题计算需要的范围，已经在数学的抽象性和一般化方面达到了一定的高度。在书中，他甚至由一个四元方程组导出了如下这样一个次数高达 14 次的方程

$$2006x^{14} - 11112x^{13} + 22292x^{12} - 19168x^{11} + 2030x^{10} + 12637x^9 - 8795x^8 -$$

$$8799x^7 + 19112x^6 - 9008x^5 - 384x^4 + 1792x^3 - 640x^2 - 768x + 1152 = 0$$

这是中国古代数学发展的一个巅峰之作。直到法国数学家贝祖（É. Bézout）在 1779 年出版的《代数方程通论》中才提出了更一般的高次方程组解法，朱世杰的工作在世界上领先了 400 多年。

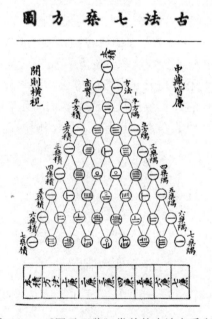

图 8.1.6　《四元玉鉴》卷首的古法七乘方图

此外，在《四元玉鉴》中，朱世杰还多次使用和发展了招差术。"如像招数"的第五问是关于招兵及支钱多少的问题，问题和解答如下。

今有官司依立方招兵，初招方面三尺，次招方面转多一尺，得数为兵，今招一十五方，每人日支钱二百五十文，问兵及支钱各几何？或问还原：依立方招兵，初招方面三尺，次招方面转多一尺，得数为兵。今招一十五日，每人日支钱二百五十文，问招兵及支钱几何？

答曰：兵二万三千四百人，钱二万三千四百六十二贯。

术曰求得上差二十七，二差三十七，三差二十四，下差六。

求兵者，今招为上积，又今招减一为菱草底子积为二积，又今招减二为三角底子积，

又今招减三为三角一积为下积。以各差乘各积，四位并之，即招兵数也。

他先求出上差（一次差）、二差（二次差）、三差（三次差）和下差（四次差），然后求出答案。实际上，用现代数学的符号来表示，相当于给出了这样的公式

$$f(n)=n\Delta+\frac{1}{2!}n(n-1)\Delta^2+\frac{1}{3!}n(n-1)(n-2)\Delta^3+\frac{1}{4!}n(n-1)(n-2)(n-3)\Delta^4$$

这是世界上最早的 4 次内插公式。在欧洲，直到 1676 年才由牛顿给出了同样的公式。

同时，他将被称为垛积术的高阶等差数列求和问题研究推向了最高峰。所谓高阶等差数列是如下定义的：记数列 $\{a_n\}$ 的相邻两项之差为 $b_n=a_{n+1}-a_n$，得到一个新数列 $\{b_n\}$，这个数列称为原数列的一阶差数列。记数列 $\{b_n\}$ 的相邻两项之差为 $c_n=b_{n+1}-b_n$，得到一个新数列 $\{a_n\}$，这个数列称为原数列的二阶差数列。以此类推，可得出原数列的 3 阶差数列、4 阶差数列等。如果数列 $\{a_n\}$ 的 k 阶差数列是等差数列，那么数列 $\{a_n\}$ 称为 k 阶等差数列。不难发现，一阶等差数列就是通常所说的等差数列。而二阶及二阶以上的等差数列就是高阶等差数列。

在《四元玉鉴》中，朱世杰研究了三角形、岚峰形、值钱形三类高阶等差数列的求和问题，包括茭草垛、三角垛、撒星形垛（或三角落一形垛）、四角垛、四角落一形垛、三角岚峰形垛、四角岚峰形垛、茭草值钱垛等一系列问题，获得了求和公式。例如，对撒星形垛问题，他获得了如下的求和公式

$$1\times2\times3+2\times3\times4+\cdots+n\times(n+1)\times(n+2)=\frac{1}{4}n(n+1)(n+2)(n+3)$$

对四角落一形垛问题，他获得了如下的求和公式

$$1\times2\times3+2\times3\times5+\cdots+n\times(n+1)\times(2n+1)=\frac{1}{2}n(n+1)^2(n+2)$$

朱世杰的工作是中国古代数学发展的一个高峰标志。曾著有巨著《科学史导论》的比利时科学史家萨顿（G. A. L. Sarton）称赞《四元玉鉴》"是中国数学著作中最重要的一部，也是中世纪的杰出数学著作之一"。朱世杰与杨辉、秦九韶、李冶一起并称"宋元数学四大家"，也被誉为"中世纪世界最伟大的数学家"。

作为中国古代数学发展的一个高峰，宋元时期的数学充分展示了中国古代数学的一些特点。

第一，中国古代数学具有很强的实用性。

宋元时期的社会经济迅猛发展使人们在生产、生活中需要应用数学解决的问题越来越多，从而刺激了具有实用性的数学研究进一步开展。比如，18 卷的《数书九章》共包括大衍、天文、土地、水利、赋役、钱谷、建筑工程、军旅、商业教育等类别的 81 题，堪称一部实用数学大全。杨辉发展的乘除捷算法就出于商业贸易的计算需求。元代天文学家、数学家、水利学家郭守敬发明了弧矢割圆术，将其应用于他和王恂等人共同编制的《授时历》中，用以解决天体赤经和赤纬的计算问题。同时，他们还使用三次插值来计算太阳、月球和行星的运行度数。

数学应用成果也促进了宋代科技和经济的发展。宋代在造船、火器制造、造纸、印刷、

纺织、制瓷等方面都取得了重大发展，在世界居于领先地位。《梦溪笔谈·补笔律》记载，沈括曾经做过关于共振现象的声学实验，这比西方同类的实验要早几百年。历法的编制是需要先进的数学和优秀的数学家支撑的，而宋代是中国历史上历法改革非常频繁的时代，一共更改了 19 次。1280 年，在继承传统历法并参考了阿拉伯历法的基础上，郭守敬、王恂与许衡等人一起成功编制了《授时历》，这与南宋的统天历相同，也与现代通用的格里高利历相同。授时历、统天历都以 365.2425 日为 1 回归年，只与地球绕太阳一周实际的周期差 26 秒，这与 1582 年罗马教皇格里高利十三世（Gregorius PP. XIII）颁行的格里高利历（我们现在所用的公历）是一致的。但在时间上，授时历、统天历比格里高利历分别要早 400年、300 年。

第二，中国古代数学具有机械性，富含算法化思想。

以欧几里得的《几何原本》为起源的西方数学具有更多的公理化、演绎化的特点，而以《九章算术》为代表的中国古代数学无疑具有更多的机械化、算法化的特点。

贾宪的增乘开方法体现了很强的机械性，不仅可以开平方、开立方，还可以推广到求任意高次方程的根。秦九韶的大衍总数术具有清晰的算法逻辑结构：列问数→求定数→求衍母→求衍数→求奇数→利用大衍求一术求乘率→求用数→求各总→求总数→求率数。其中，求定数、求衍数、利用大衍求一术求乘率、求各总可进行多次循环，而利用大衍求一术求乘率就相当于一个子程序。从列问数开始，按流程，最终可以求得率数。可以说，可以毫无困难地用现在的计算机编程语言把大衍总数术编成程序。

高德纳（D. E. Knuth）是现代计算机科学的先驱人物，开创了算法分析领域，于 1974年荣获图灵奖。在《吴文俊论数学机械化》一书中，吴文俊曾经指出：即使是利用一台现代化计算机，如果是按照高德纳《计算机程序设计艺术》中引述的欧拉函数法来求 $9253k \equiv 1 \pmod{225600}$ 的解，就要涉及 $9253^{\phi(225600)}$ 的计算，那么也很难快速地得到问题的答案。与之相比，如果使用的是秦九韶的大衍求一术，则能很快地解决问题。

第三，中国古代数学研究展现出一定的抽象性、逻辑性。

宋元之前的中国古代数学家常常把数学概念与方法建立在几个不证自明、形象直观的数学原理上，如出入相补原理、阳马术、祖暅原理等。宋元时期的中国数学发展则展现出更强的抽象性和逻辑性。比如，在李冶的《测圆海镜》中，170 个问题全部是围绕勾股容圆问题展开的。而且，它所提出的一些问题已经超出了实际需要，其研究更多出于逻辑推导的目的。再如，杨辉对幻方的研究也是在当时找不到实际应用价值的问题，是在《周易》的朴素组合数学思想的基础上延续下来的，具有很强的数学纯粹性。

8.1.4　明清时期的中国数学

11 世纪到 14 世纪出现了一大批著名的数学家，如贾宪、刘益、秦九韶、李冶、杨辉、朱世杰等，他们编撰了《黄帝九章算经细草》《议古根源》《数书九章》《测圆海镜》《益古演段》《详解九章算法》《日用算法》《杨辉算法》《算学启蒙》《四元玉鉴》等。这些数学著作所展示出的数学成果在很多方面都达到了中国古代数学发展的高峰，甚至当时世界数学发展的高峰。

中国古代数学的先进成果曾经通过丝绸之路传播到印度、阿拉伯地区，再经阿拉伯人传入欧洲。同时，中国古代数学也影响了日本、朝鲜、越南等亚洲国家的数学发展。让人遗憾的是，从元代中期开始之后的约300年间，中国古代数学的发展出现了停滞、中断的现象，其原因是多方面的，包括元明时期的战乱和社会动荡、封建统治者对专制的加强、数学教育被统治者的轻忽和削弱等。这种停滞、中断产生了严重的后果，比如，到了明代，天元术甚至到了几近失传的程度，连撰写《测圆海镜分类释术》的顾应祥都没有明白天元术的真正含义。而在16—17世纪，欧洲开始科学技术革命，数学和自然科学得到飞速发展。这样，中国数学的发展渐渐落后于世界数学发展的进程。

从16世纪末开始，以徐光启、利玛窦合译《几何原本》为标志，西方数学开始传入中国，中国数学开始了一个西学东渐、中西汇通的过程。从1607年开始，利玛窦与徐光启合作翻译了《几何原本》前六卷、《测量法义》一卷。此外，利玛窦还与李之藻合作编译了欧洲几何著作《圜容较义》、笔算著作《同文算指》，其中，《同文算指》是中国第一部系统介绍欧洲笔算的著作。徐光启、李之藻、李天经、汤若望（A. Schall）等人编译了137卷的《崇祯历书》，《崇祯历书》比较全面地介绍了当时欧洲天文学研究成果及与之相关的数学知识。1723年，清朝数学家梅文鼎之孙——数学家梅瑴成与陈厚耀、何国宗、明安图等人一起编撰完成100卷的《律历渊源》，并以康熙钦定的名义出版。其中，梅瑴成负责编译的《数理精蕴》是一部比较全面的集中西数学于一体的初等数学百科全书，包括算术、代数、平面几何、立体几何等上编五卷、下编四十卷，并附素数表、对数表和三角函数表等四种八卷。

从雍正开始，清朝开始对外闭关锁国，西方科学逐渐停止输入中国。学者转而究治古籍，以考据学为主的乾嘉学派在乾隆、嘉庆两朝时达到鼎盛，采用训诂、考订的方法，乾嘉学派辑佚、校勘、考证出许多失传、亡佚的中国古代文献典籍。在数学方面，他们辑佚出失传500年之久的《算经十书》等，这为19世纪中国数学家提供了主要的研究资源。

1840年，英国通过发动鸦片战争，用坚船利炮轰开了古老中国的大门。在一系列丧权辱国的不平等条约下，中国进入了半殖民地半封建社会。1861—1895年，曾国藩、李鸿章等清政府洋务派官员以"师夷长技以自强"的口号在全国开展了"洋务运动"，以"中学为体、西学为用"为主旨，他们组织翻译了一批重要的西方近代数学著作。

中国近代数学先驱李善兰与英国汉学家伟烈亚力合作翻译了英国数学家德·摩根的《代数学基础》，译为《代数学》。同时，他们还合作翻译了美国数学家罗密士（E. Loomis）所著的《解析几何与微积分基础》，也称《代微积拾级》（图8.1.7）。由此，西方的符号代数、解析几何和微积分传入中国。作为中国第一部微积分学译著，《代微积拾级》给出了函数、隐函数、显函数、增函数、减函数等一系列概念。在翻译过程中，李善兰还创造了许多中文数学名词：代数、常数、变数、函数、已知数、系数、指数、级数、单项式、多项式、微分、横轴、纵轴、曲线、切线、法线、渐近线等，这些数学名词沿用至今。

数学家、工程师华蘅芳与在江南制造局做翻译工作的英国人傅兰雅（J. Fryer）合作翻译了《代数学》《微积溯源》《三角数理》《代数难题》《决疑数学》《数术》，其中，《决疑数学》是中国第一部概率论译著。邹立文（清代）与美国人狄考文合作编译了《形学备旨》

《代数备旨》《笔算数学》，其中，《笔算数学》是清末流传最广的一种算学教科书，采用世界上通行的四则运算和阿拉伯数字，推动了中国传统算学与世界接轨。

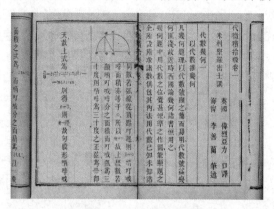

图 8.1.7　《代微积拾级》

戊戌变法以后，这些译著成为新法学校的主要教科书。例如，郭沫若在他的自传中指出，他就是通过《笔算数学》等得到与数学有关的启蒙教育的。"西学东渐"在客观上促进了中国数学与世界的接轨，为中国近代数学发展奠定了基础，也促进了中国科技的发展。例如，晚清科学家、工程师徐寿与华蘅芳在 1862 年合作制成了中国第一台蒸汽机，1865 年又研制出中国第一艘轮船"黄鹄号"，这为中国近代造船工业的发展奠定了基础。

8.1.5　新民主主义革命和新中国成立初期的中国数学

五四运动以后，中国近代数学的研究真正得以开始。一大批爱国知识分子出国留学，学习西方的数学、科学，学成后回国，成为中国近现代数学发展的星星之火。20 世纪初，出国学习数学的人员包括：冯祖荀（1903 年留日）、陈建功（1913 年留日）、苏步青（1919 年留日）、郑之蕃（1908 年留美）、胡明复（1910 年留美）、姜立夫（1911 年留美）、何鲁（1912 年留法）、熊庆来（1913 年留比，1915 年留法）等。20 世纪 30 年代前后，出国学习数学的人员包括：1927 年留学美国的江泽涵、1934 年留学德国的陈省身、1936 年留学英国的华罗庚、1936 年留学英国的许宝騄等。

回国后，他们都成为著名的数学家和数学教育家，推动了中国近现代高等教育和数学研究的发展。冯祖荀于 1912 年建立北京大学数学系。姜立夫于 1920 年在南开大学建立数学系，曾任中央研究院数学所所长。郑之蕃是清华大学数学系的创办人之一。熊庆来分别于 1921 年和 1926 年在东南大学（今南京大学）和清华大学建立数学系。1930 年，熊庆来在清华大学首创数学研究部，开始招收研究生，陈省身、吴大任成为国内最早的数学研究生。胡明复是中国第一位现代数学博士，参与创建了中国最早的综合性科学团体中国科学社和最早的综合性科学杂志《科学》。截至 1932 年，武汉大学、齐鲁大学、浙江大学、中山大学等 32 所大学都设立了数学系或数理系。1935 年，中国数学会成立，成员有胡敦复、冯祖荀、周美权、姜立夫、熊庆来、陈建功、苏步青、江泽涵、钱宝宗等 33 人。1936 年，《中国数学会学报》和《数学杂志》创刊。

他们在现代数学的相关领域取得了世界公认的研究成果，成为中国现代数学发展的开拓者和奠基人：陈建功和熊庆来是中国函数论研究的开拓者；苏步青在微分几何学的理论和应用方面做出了重要贡献，被誉为"东方第一几何学家"；江泽涵是中国拓扑学研究的开拓者；陈省身是 20 世纪最伟大的几何学家之一，在纤维丛理论和示性类理论研究方面取得了世界瞩目的研究成果，被誉为"整体微分几何之父"；华罗庚是中国解析数论、典型群、自守函数论与多元复变函数等方面研究的创始人与奠基者；许宝騄是在数理统计和概率论研究方面第一个具有国际声望的中国数学家。

　　1949 年 10 月 1 日，中国共产党领导全国各族人民推翻了压在中国人民头上的帝国主义、封建主义和官僚资本主义三座大山，结束了中国 100 多年来被侵略、被奴役的屈辱历史，取得了新民主主义革命的胜利，成立了中华人民共和国，开辟了中国历史的新纪元，而中国数学的发展也进入了更加美好的新纪元。

　　新中国成立后，数学工作者与新中国同呼吸、共命运，以饱满的热情投身中国数学教育和数学发展事业当中。1951 年 3 月、10 月，《中国数学会学报》《数学杂志》两个重要的数学刊物相继复刊，并分别于 1952 年、1953 年更名为《数学学报》《数学通报》。1951 年 8 月，中国数学会召开新中国成立后的第一次全国代表大会，理事长是华罗庚。新中国成立后，陈建功曾任杭州大学副校长，苏步青曾先后任复旦大学数学研究所所长、复旦大学校长，熊庆来曾任云南大学校长、清华大学算学系主任，何鲁曾任重庆大学校长，他们为新中国的高等教育和数学的发展做出了重要贡献。截至 1966 年，新中国数学工作者发表的各种数学论文有 2 万余篇，在数论、代数、几何、拓扑、函数论、概率论与数理统计等方面取得了新的研究成果，在微分方程、计算技术、运筹学、数理逻辑等方面也有所突破，并且许多论著都达到了世界先进水平。

　　1978 年，改革开放带来我国科技发展的春天，中国数学也进入新的发展阶段。改革开放后，中国数学工作者所涉及的数学分支和研究方向之广、取得的成果之多，已经不是轻而易举能概括清楚的。中国数学在国际上的影响力日益增强，在多个研究领域都取得了一大批重要研究和应用成果，多位数学家获邀在国际数学家大会上做报告，越来越多的中国数学家成为数学相关领域的领军人物。中国正在由数学大国向数学强国迈进。

8.2　人民数学家——华罗庚

8.2.1　归去来兮

　　被誉为"人民数学家""中国现代数学之父"的华罗庚是我国解析数论、多元复变函数论、典型群、自守函数论、矩阵几何学等研究的奠基人和开拓者。他一生共发表学术论文150 多篇，出版 10 部专著。他以杰出的学术成就和影响力当选为中国科学院院士、美国国家科学院外籍院士、第三世界科学院院士、联邦德国巴伐利亚科学院院士。

　　少年时的华罗庚就爱动脑筋，因思考问题过于专心被小伙伴起了个"罗呆子"的外号。1925 年，读完初中后，华罗庚进入上海中华职业学校就读。但因为付不起学费，他被迫中途退学回家帮助父亲料理杂货铺，这使得华罗庚一生的最高正式文凭是初中。但他并没有放弃对数学的热爱，在非常艰苦的条件下，他用 5 年时间自学了高中和大学低年级的全部

图 8.2.1　华罗庚邮票

数学课程。华罗庚邮票如图 8.2.1 所示。

1929 年，华罗庚受雇为金坛中学的庶务员。虽然不是正式的教师编制，但华罗庚非常珍惜这相对稳定的环境。同年 12 月，华罗庚在上海的《科学》杂志的第 14 卷第 14 期上发表了他的第一篇论文《Sturm 氏定理的研究》。1930 年春，华罗庚在该杂志上发表了更加引人注目的文章《苏家驹之代数的五次方程式解法不能成立之理由》，这篇文章与求一元五次方程的根式解这个历史上有名的问题有关。在 16 世纪找到用根式求解一元三次方程、一元四次方程的方法后，人们一直试图找到用根式求解一元五次方程的方法。后来，阿贝尔和伽罗瓦的工作揭示了一般的一元五次方程没有根式解。华罗庚的文章指出了苏家驹在 1926 年第 7 卷第 10 期《学艺》杂志上发表的论文《代数的五次方程式之解法》存在的问题，轰动了当时的数学界。

在了解到华罗庚的自学经历和数学才华后，时任清华大学数学系主任的熊庆来破例录用华罗庚任清华大学图书馆馆员，这为华罗庚的发展打开了一片新的天地。在清华园，他自学了英文、法文、德文和日文，并在国外期刊上发表了 3 篇论文。他先是在 1931 年破格担任助理，随后在 1933 年被破格提升为助教，1934 年又被提升为讲师。

1935 年，美国著名数学家维纳（N. Wiener）应邀到清华大学讲学。在发现华罗庚的才华后，他极力把华罗庚推荐给当时英国著名数学家哈代（G. H. Hardy），哈代在丢番图逼近、堆垒数论、黎曼 ξ 函数、三角级数、不等式、级数与积分等研究方面都做出了重要贡献。1936 年，华罗庚前往英国剑桥大学留学，当时的剑桥是世界数学中心之一，云集了一批数学大家，华罗庚非常珍惜这样难得的研究环境。

在得知华罗庚只有初中学历后，哈代极力鼓励他攻读博士学位。虽然在剑桥大学获得博士学位需要三四年甚至更长的时间，但哈代确信华罗庚能在两年之内取得博士学位。但要通过博士论文答辩，就必须交纳巨额学费，并且只能选择指定的一些课程。经过慎重的考虑，华罗庚决定以访问学者的身份进入剑桥大学。他说："我只有两年的研究时间，自然要多学点东西，多写些有意思的文章，念博士太浪费时间了。我不想读博士，我只要做一个访问学者。我来剑桥大学是为了求学问，不是为了学位。"华罗庚将博士的名誉、地位完全放在一边，冲破博士学位选课的束缚，同时选了七八门自己感兴趣的课程，潜心于数论中核心问题的研究。在这两年里，他在华林猜想、塔内问题、奇数的哥德巴赫猜想研究方面获得了很多重要的成果，先后发表了十几篇文章。同时，他还解决了高斯完整三角和估计这一历史难题，得到了最佳误差阶估计，这一结果在数论中有着广泛的应用，被称为"华氏定理"。剑桥大学的这段岁月助力华罗庚成长为世界知名的数学家，当时的英国数学界赞誉他为"剑桥的光荣"，而此时他还是一个二十六七岁的年轻人。

可以说，华罗庚完成的每篇文章都可以让他取得剑桥大学的博士学位，但他对自己当初的选择并不后悔。多年后，在回忆剑桥大学的这段留学时光时，他说："有人去英国，先补习英文，再听一门课，写一篇文章，然后得一个学位。而我听了七八门课，记了一厚叠笔记，回国后又重新整理了一遍，仔细加以消化。在剑桥时，我写了十多篇文章。"这种"只求学问，不问学位"的精神值得我们每个追求真才实学的后辈学习。

1937 年 7 月 7 日，"七七事变"（卢沟桥事变）爆发，日本帝国主义开始全面侵略中国。不久，北平沦陷，北京大学、清华大学、南开大学被迫南迁。在长沙，三校组建了临时大学。1938 年 4 月，临时大学又西迁至昆明，改成国立西南联合大学。至 1946 年三校复员北返，西南联合大学共存在了 8 年 11 个月。在民族危亡之际，这所抗战时期成立的临时大学为中华民族培养了一大批优秀人才。

身在异国的华罗庚挂念着祖国的安危，毅然放弃了苏联科学院的访问邀请，中断了在剑桥大学继续研究的计划，回国与同胞共赴国难。1938 年，华罗庚辗转到达昆明，成为西南联合大学理学院算学系的一员。算学系主任先由杨武之、后由江泽涵担任。此外，算学系还有郑之蕃、赵访熊、陈省身、姜立夫、许宝騄等学员。由于具有深厚的学术造诣，华罗庚被聘为教授。

抗战时期昆明的条件异常艰苦。1980 年，华罗庚曾这样描绘当时艰苦的条件——"当时后方的条件很差，回到昆明以后，吃不饱，饿不死。那个时候有句话叫'教授教授，越教越瘦'。记得有这么个故事：教授在前面走，要饭的在后面跟，跟了一条街，前面那个教授实在没有钱，回头说：'我是教授！'那个要饭的就走掉了。因为连他们也知道，教授身上是没有钱的。那个时候日寇封锁我们，国外的资料甚至是杂志之类的都看不到。不但封锁，而且还轰炸。在那种困境之中，许多教授不得不改行了，有的还被迫去做买卖了。我住在昆明乡下，住的房子是小楼上的厢房，下面养猪、马、牛，晚上牛在柱子上擦痒，楼板就跟着摇晃。没有电灯，就找了一个油灯使用。油灯是什么样的呢？就是一个香烟筒，放个油盏，那儿没有灯草，就摘一点棉花做灯芯。" 有一次，日军空袭的炸弹甚至将华罗庚所在防空洞的洞口炸塌，所幸华罗庚并没有受伤。

在这样异常艰苦的条件下，华罗庚仍然全身心地投入教学和科研工作。他在西南联合大学期间完成的论文有 20 多篇，他的第一部数学专著《堆垒素数论》也是在这个时期完成的。在阅读此专著后，何鲁一再对人说："此天才也！"《堆垒素数论》于 1947 年以俄文版在苏联出版，中文版于 1957 年出版，此后又出版了匈牙利文版、德文版和英文版。这本专著成为 20 世纪数论的经典著作之一。

1946 年 2 月至 5 月，华罗庚应邀赴苏联访问。同年 8 月，他抵达美国普林斯顿高等研究院做研究，同时在普林斯顿大学教授数论课。1948 年，华罗庚被美国伊利诺伊大学聘为正教授。优厚的薪酬、生活和科研环境羁绊不住华罗庚那颗炽热的爱国之心。新中国成立的消息传到美国后，已是伊利诺依大学终身教授的华罗庚毅然决定放弃在美国的优厚待遇，奔向祖国的怀抱。华罗庚还积极动员其他留学生一同回国。1950 年春，华罗庚携夫人和孩子从美国经香港辗转回到北京。

在回国途中，他写了一封情真意切的《致中国全体留美学生的公开信》，呼吁爱国知识分子应该投入祖国的怀抱，肩负起建设祖国的责任。在信中，他说："梁园虽好，非久居之乡。归去来兮！……为了抉择真理，我们应当回去；为了国家民族，我们应当回去；为了为人民服务，我们也应当回去；就是为了个人出路，也应当早日回去，建立我们的工作基础，为我们伟大祖国的建设和发展而奋斗。"1950 年 3 月 11 日，新华社向全世界播发了华罗庚这封公开信，如图 8.2.2 所示。

图 8.2.2 《致中国全体留美学生的公开信》

在公开信问世后的 35 年漫长岁月里，无论是顺境还是逆境，华罗庚都始终恪守着自己的诺言和初心，为祖国的繁荣昌盛奋斗不息，向人们展示了他"祖国中兴宏伟，死生甘愿同依"的爱国之心。

据统计，1950—1957 年，共有 3000 名左右海外科学家和留学生回国。这些心怀赤诚之心的爱国知识分子抛弃了欧美国家舒适的生活条件，回到了当时经济还很困难的祖国。许多海外科学家在回国过程中历尽艰辛，例如，著名科学家钱学森被美国软禁了 5 年之久才回到祖国的怀抱。他们不计得失，胸怀理想，为新中国的经济建设、国防和科技发展做出了卓越的贡献，他们的贡献将永远镌刻在新中国的丰碑上。

回国后，华罗庚担任了清华大学数学系主任。1950 年 6 月，由著名数学家苏步青任筹备处主任，华罗庚和周培源、江泽涵、许宝騄任筹备处副主任，开始筹建中国科学院数学研究所。1951 年 1 月，华罗庚被任命为即将成立的数学研究所所长，他为数学研究所的筹建付出了大量的心血。1952 年 7 月，数学研究所正式成立。早期有科研人员 32 人，除华罗庚外，专任研究员还有闵乃大、吴新谋、张素诚、吴文俊，研究方向包括数论、微分方程、力学、计算机研制、概率统计、代数、拓扑学等。1953 年，华罗庚作为中国科学家代表团的一员赴苏联访问。随后，他出席了在匈牙利召开的"二战"后首次世界数学家代表大会。1955 年，华罗庚被选聘为中国科学院学部委员。1956 年，他的专著《典型域上的多元复变函数论》获国家自然科学一等奖。1958 年，他担任中国科技大学副校长兼数学系主任，同年申请加入中国共产党。

需要指出的是，华罗庚也为计算数学研究所的创办、中国计算机事业的发展做出了重要贡献。1946 年，美国成功研制世界第一台电子计算机 ENIAC。"现代计算机之父"冯·诺依曼在研制过程中发挥了重要作用，他创立的冯·诺依曼体系结构一直沿用至今。冯·诺依曼对在普林斯顿高等研究院访问的华罗庚在数学上的造诣和成就非常赞赏，他让华罗庚参观了他的实验室，并和华罗庚讨论了有关学术的问题。华罗庚敏锐地察觉到计算机的远大发展前景，意识到计算技术是科学发展的新的生长点。回国后，华罗庚开始着手推动电子计算机在中国的发展。1952 年，全国高等学校院系调整，华罗庚在清华大学物色人员并成立了中国第一个计算机的科研小组，可以说，中国计算机的发展历史也就是从此刻开始的。1956 年春，在周恩来总理的领导下，我国制定了《1956—1967 年科学技术发展远景规划纲要》，计算机的发展也被纳入规划之列。华罗庚担任了计算技术规划组的组长，规划组的成员包括陈建功、苏步青、段学复、江泽涵、关肇直等。华罗庚确立了"先集中、后分散"的立足自身发展计算技术的指导原则，这个计算技术发展规划为我国计算机事业的起步确定了正确的原则和方向。随后，他又负责计算技术研究所筹备组的工作，组织了计算机训练班和计算数学训练班，选派考察团、研究生和大学生赴苏联考察、学习。在华罗庚的鼓励下，冯康由数学研究所调入计算技术研究所筹备处。后来，冯康在有限元方法、哈密顿方程与辛几何研究方面做出了杰出贡献，成为中国计算数学的主要奠基人。遗憾的是，在1957年"反右运动"中，华罗庚受到波及。从此以后，他再也没有机会过问计算技术研究所的发展。

华罗庚一直在思考如何把数学应用于实际，用科技推动中国的繁荣富强。凭着深厚的数学造诣，华罗庚发现统筹法和优选法（合称双选法）是能在工农业生产中普遍应用并可以提高效率和产出的好方法，于是，他带领小分队深入企业工厂一线去推广应用双选法。

1978年后，华罗庚和全国人民一起迎来了期盼已久的春天。他以加倍的勤奋工作来弥补之前被耽误的时间。华罗庚被任命为中国科学院副院长，他多年的著作成果相继正式出版。1979年5月，他到西欧作了7个月的访问，把自己的数学研究成果介绍给国际同行。同年6月，华罗庚被批准加入中国共产党，实现了他多年的梦想。1983年10月，应加州理工学院的邀请，他赴美国进行为期一年的讲学活动。在美期间，他还赴意大利出席了第三世界科学院（现发展中国家科学院）成立大会，并当选为院士。1984年4月，他出席了美国科学院授予他外籍院士的仪式，成为第一位获此殊荣的中国人。1985年4月，他当选为全国政协副主席。

1985年6月3日，华罗庚应日本亚洲文化交流协会邀请赴日本访问。1985年6月12日，在东京大学数理学部讲演厅，他做了题为《理论数学及其应用》的精彩演讲。演讲刚刚结束，华罗庚就突发急性心肌梗死，当天22时，这位伟大的爱国数学家的心脏永远停止了跳动。华罗庚逝世前的最后一次报告如图8.2.3所示。

图 8.2.3　华罗庚逝世前的最后一次报告

数学大师丘成桐曾这样概括与评价华罗庚的一生："先生起江南，读书清华。浮四海，从哈代，访俄师，游美国。创新求变，会意相得。堆垒素数，复变多元。雅篇艳什，迭互秀出。匹夫挽狂澜于既倒，成一家之言，卓尔出群，斯何人也，其先生乎。"

华罗庚可以称得上是一位具有传奇色彩的励志数学家。他一生的最高文凭是初中，通过自学，他成为世界级的数学家。他在解析数论、矩阵几何学、典型群、自守函数论、多复变函数论、偏微分方程、高维数值积分等数学领域都做出了卓越贡献。在数学中，有许多数学结果、方法都以他的名字命名，如华引理、华不等式、华算子、华-王方法等，这些都是华罗庚对数学发展做出贡献的印记。有一位美国数论学家说："华罗庚有抓住别人最好工作的不可思议的能力，并能准确地指出这些结果需要改进的地方、可以改进的方法。他有自己的技巧，他广泛阅读并掌握了 20 世纪数论的所有制高点，他的主要兴趣是改进整个领域，他试图推广他所遇到的每个结果。"

同时，华罗庚又是一位怀有赤诚爱国之心、践行报国之志的数学家。在听闻新中国成立后，他毅然放弃美国的优厚待遇和生活环境，回到祖国。回国后，华罗庚为中国数学、计算机和教育事业的发展做出了杰出的贡献，他培养了如陈景润、王元、陆启铿等一大批数学家，他致力于应用数学，推广优选法和统筹法，将数学应用于工业生产。1984 年 8 月 25 日，华罗庚在"述怀"中写有这样的话："学术权威似浮云，百万富翁若敝屣。为人民服务，鞠躬尽瘁而已。"在这位自学成才、以数学报国的爱国数学家的身上，有很多值得我们学习的宝贵精神和品质。

8.2.2　优选法

20 世纪 60 年代后，华罗庚一致致力于推广双选法的工作。由于他大力宣传和推广优选法，全国各行各业都将优选法运用于生产实践，从而产生了巨大的经济效益。在选择合适的生产条件、进行新产品的试制、确保达到产品质量的情况下，优选法能让我们快速选择最佳方案。有研究表明，用这种优选法做 16 次试验的精度相当于用均分法做 2500 多次试验所达到的精度，下面来具体了解优选法。

为了达到高产、低耗、高效、优质等目的，在工业生产、工程、科学实验、规划决策等问题中，我们往往需要确定有关因素的最佳点。而优选法指的就是根据实际问题中的具体情况，利用数学原理合理确定解决方案，以求用尽可能小的试验次数迅速找到最佳点、最优点的科学试验方法。

例如，炼钢时，要掺入一定数量的某种化学元素以增强钢的某种属性。假定我们可以通过技术手段测量在掺入该种化学元素后钢的该种属性值，那么掺入多少这种化学元素最合适呢？这是一个求单因素问题最佳点的问题，更准确地说，这个问题就是求一元连续函数的极值问题。设 $f(x)$ 是区间 $[a,b]$ 上的一个连续单峰函数，其中单峰函数指的是函数区间中只有一个严格局部极值（峰值）的函数，即函数在区间上的值先单调增大，达到最大值后再单调递减，或先单调递减，达到最小值后再单调递增。并且，在每一点的函数值是可以知道的，但我们不清楚函数的表达式。

假定每吨钢加入该元素的数量范围是 2000～3000 克，现要求出该元素的最佳加入量，并且精确到 1 克。

一种最低效、最浪费的方法是分别加入 2000 克、2001 克、……、3000 克，做 1001 次试验，找出最佳加入量，这意味着需要用掉 1001 吨钢。

另一种方法是对半法，即先用中点将区间[2000,3000]一分为二。在左、右两个半区间内各取中点 2250 和 2750，即各添加 2250 克、2750 克该化学元素进行试验，然后比较两次试验的效果。如果添加 2250 克后，钢的该属性值没有 2750 克的效果好，那么就去掉区间[2000,2250]。如果添加 2750 克后，钢的该属性值没有 2250 克的效果好，那么就去掉区间[2750,3000]。这样，就去掉了 1/4 区间。对剩下的区间，继续按上述方法做两次对比试验，决定删除左边还是右边的 1/4 区间。不断重复该过程。这样，每次区间就减小为上一次区间长度的 3/4。如果进行了 n 轮数的操作，那么剩下来的区间长度是原来的 $\left(\dfrac{3}{4}\right)^n$。而 $\lim\limits_{n\to\infty}\left(\dfrac{3}{4}\right)^n=0$，所以只要这样操作的轮数足够大，所剩下的区间就会足够小。注意到 $\left(\dfrac{3}{4}\right)^{24}\approx10^{-3}$，所以只要做 24 轮这样的对比试验，所剩下区间的长度就只有 1 个单位了，即精确到 1 克。这种方法显然要比第一种方法的效果好。只要做 24 轮，即 48 次对比试验，用 48 吨钢，就可以确定最佳加入量。

我们可以看到，相比第一种方法，第二种方法要高效、更节约，从 1001 次试验到 48 次试验，从 1001 吨钢到 48 吨钢。但第二种方法并不是最优方法。

在介绍第三种方法之前，我们先来介绍一下黄金分割、黄金分割点的自生性。黄金分割有着悠久的研究历史，最早被称为中末比。毕达哥拉斯学派就已涉及黄金分割比。在研究比例论的过程中，柏拉图学派的欧多克索斯对黄金分割比进行了深入的研究。欧几里得的《几何原本》中有对黄金分割比的严格叙述。天文学家开普勒称黄金分割为神圣分割，并说："勾股定理和中末比是几何中的双宝，前者好比朱玉，后者有如黄金。"黄金分割的叫法由此流传开来。

如果用点 C 将一条线段 AB 分为两端（图 8.2.4），使得其满足

$$\frac{|AC|}{|AB|}=\frac{|BC|}{|AC|}$$

那么这个分割称为黄金分割，而这个比值称为黄金分割比，点 C 称为黄金分割点。我们不难推得黄金分割比的数值。设线段 AB 长度为 1，长段 AC 的长度等于 x。那么，由 $\dfrac{x}{1}=\dfrac{1-x}{x}$，推得 $x=\dfrac{-1\pm\sqrt5}{2}$，取正根 $x=\dfrac{-1+\sqrt5}{2}=0.6180339\cdots$ 的近似值 0.618，这就是黄金分割比的数值。

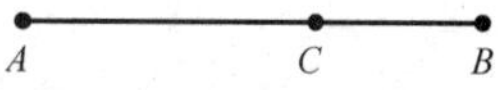

图 8.2.4 黄金分割 1

给定一条线段，利用尺规作图可以将其进行黄金分割。如图 8.2.5 所示，设已知线段 AB 的长度为 2，作 D 点，使得 $BD\perp AB$，并且 $|BD|=\dfrac{1}{2}|AB|=1$，连接 AD。以点 D 为中心，以 $|BD|$ 的长度作圆交 AD 于点 E。再以点 A 为中心，以

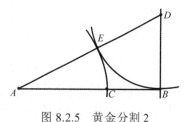

图 8.2.5 黄金分割 2

|AE| 的长度作圆交 AB 于点 C。我们不难发现

$$\frac{|AC|}{|AB|} = \frac{\sqrt{5}-1}{2}$$

因此，点 C 就是黄金分割点。

黄金分割点具有自生性：设点 F 是线段 AB 的黄金分割点 C 关于中心点的对称点，如图 8.2.6 所示，那么点 F 也是线段 AB 的黄金分割点。事实上，因为 |AF| = |BC|，所以

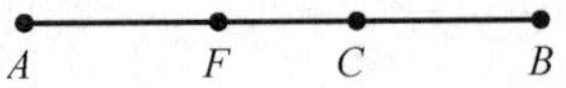

图 8.2.6　黄金分割 3

$$\frac{|AF|}{|AC|} = \frac{|BC|}{|AC|}$$

这样，我们将点 F、点 C 分别称为线段 AB 的左、右黄金分割点。如果将线段 BC 去掉，考虑线段 AC，那么点 F 就变成了线段 AC 的右黄金分割点。同时，可用刚才的办法找到线段 AC 的左黄金分割点。

基于黄金分割点的自生性，有第三种解决确定最佳加入量问题的方法：将每次操作的点设定在区间的黄金分割点。这样，可以进一步减小试验的次数，这种方法被称为 0.618 法，而且可以证明，0.618 法是解决这类单因素问题最佳点问题的最优方法。

为了让人更容易操作、掌握，华罗庚巧妙地将该方法设计成直观易学的折纸条法。在纸条上标出从 2000 到 3000 的刻度，对应 2000 克至 3000 克。那么，2618 是该纸条的右黄金分割点，将纸条对折，可以找到纸条的左黄金分割点，即 2382。分别用 2382 克和 2618 克元素做对比试验。如果 2382 克的效果差，就将 2382 左边的纸条撕去。然后，将剩下来的刻度为 2382 到 3000 的纸条对折，这样 2618 关于中点 2691 的对称点 2764 是这段纸条的右黄金分割点，而 2618 是这段纸条的左黄金分割点。这样，用 2764 克做元素添加试验，和上次做的 2618 克试验做比较，看哪个克数的效果好，决定撕去纸条的左边还是右边。比如，2764 克的效果差，那就撕掉 2764 右边的纸条，即 2764 到 3000 的这一段。注意到，刚才 2618、2764 都是 2382 到 3000 这段纸条的黄金分割点。根据黄金分割点的自生性，2618 也是从 2382 到 2764 这段纸条的右黄金分割点。我们可以继续对折纸条，找到中点 2573 的对称点 2528，这样可以继续刚才的循环过程，如图 8.2.7 所示。

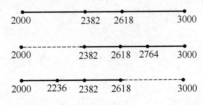

图 8.2.7　0.618 法解决最佳加入量问题

如果在进行 2382 克和 2618 克元素添加试验的时候，发现 2618 克的效果差，就把从 2618 到 3000 这段纸条去掉。再利用折纸条法，找到 2382 关于中点 2309 的对称点 2236。这样，2236 成为这段从 2000 到 2618 纸条的左黄金分割点，用 2236 元素做试验，和 2382 克的效果进行对比。如此重复该操作。

我们不难发现，每次操作完后，剩下的纸条是原纸条的 0.618 倍。如果进行了 n 轮这样的操作，剩下的纸条是从 2000 到 3000 的原纸条的 0.618^n 倍。因为

$$1000 \times (0.618)^{15} \approx 0.73 < 1$$

所以只要做 15 轮（16 次添加试验数据）试验，就可以找到最优点。

8.3　现代微分几何之父——陈省身

华裔数学大师陈省身（图 8.3.1）是 20 世纪最伟大的几何学家之一，被誉为"现代微分几何之父"。他曾长期任教于美国加州大学伯克利分校、芝加哥大学。他在整体微分几何上的卓越成就影响了整个数学的发展，被杨振宁誉为"继欧拉、高斯、黎曼、嘉当（É. J. Cartan）之后又一里程碑式的人物"。美国数学家辛格（I. M. Singer）表达了所有追随和接续陈省身工作的学生后辈的共识："陈省身就是现代微分几何。"丘成桐形象地指出："现代微分几何，嘉当是祖，陈省身是父。"

图 8.3.1　陈省身

少年时陈省身就喜爱数学，觉得数学非常有趣。他喜欢独立思考，常常"自己主动去看书，不是老师指定什么参考书才去看"。1922 年，陈省身一家从浙江嘉兴迁往天津。1923 年，他进入天津扶轮中学学习。陈省身于 1926 年进入南开大学数学系，于 1930 年从南开大学毕业。

1931 年，陈省身考入清华大学研究院，成为中国国内最早的数学研究生之一。在清华大学，陈省身曾经听过杨振宁的父亲杨武之的课，并且做过当时还是本科生的杨振宁的老师，陈省身与杨振宁也结下了终身的友谊。在孙光远的指导下，陈省身于 1932 年在《清华大学理科报告》上发表了关于射影微分几何的论文"具有一一对应的平面曲线对"。1934年夏，他毕业于清华大学研究院，获硕士学位，成为中国自己培养的第一名数学研究生。他的硕士学位论文于 1935 年发表在日本的《东北数学杂志》上。在毕业的同时，因为成绩优异，陈省身也得到了两年公费留学的机会。1934 年 9 月，陈省身赴德国汉堡大学留学，他的导师是德国著名几何学家布拉施克（W. J. E. Blaschke）。布拉施克是凸几何、仿射微分几何和积分几何领域方面的专家，1932 年，他曾到清华大学讲学，做了题为《微分几何的拓扑问题》的报告。布拉施克的讲学对陈省身产生了很大的影响，使他确定了以微分几何为以后的研究方向。他于 1935 年 10 月完成了博士学位论文"关于网的计算"和"$2n$ 维空间中 n 维流形三重网的不变理论"，并于 1936 年 2 月获得博士学位。

由于布拉施克经常外出讲学，所以陈省身更多的是跟布拉施克的助教凯勒（E. Kahler）学习。凯勒将法国数学家嘉当的理论加以发挥拓展，完成了一本名为《微分方程组理论导引》的书，其中就包含著名的嘉当-凯勒定理。凯勒组织了一个讨论班，来讲授他的这本新著。一开始包括布拉施克、阿廷（E. Artin）等在内的很多人都参加了这个讨论班。但是，由于这个理论太过复杂，凯勒又不善于讲课，因此讨论班的参加者越来越少，而陈省身则坚持到了最后，也成了这个讨论班的最大受益者。留德期间的陈省身、嘉当如图 8.3.2 所示。

凯勒组织的讨论班学习让陈省身对嘉当这位法国几何大师心生仰慕之情。嘉当是法国

科学院院士，在微分几何、李群和微分方程领域卓有建树，他的代表作包括《活动构架法，连续群论与广义空间》《黎曼空间几何学》和《李群几何学与对称空间》等。1936 年 9 月，在结束德国的留学后，陈省身转到法国巴黎，师从嘉当。嘉当每星期四下午在办公室接见学生，门口等待的学生常常排成长龙。在发现了陈省身的才华后，与对待其他学生不同的是，嘉当让陈省身每两周去他家里汇报交流一次。陈省身非常珍惜近距离接受大师指导的机会，认真研读嘉当的论文，精心准备每两周一次的报告。

图 8.3.2　留德期间的陈省身、嘉当

1936 年 9 月到 1937 年 7 月，只有短短的 10 个月，但这 10 个月让陈省身受益良多。他认真研读嘉当的论文，吸收嘉当的方法和思想的精华。陈省身后来回忆说："当时能够理解嘉当工作的人还不多，我得意的是很早就进入这一领域，熟悉了嘉当的工作。因此，后来我能沿着他的发展方向，继续做出一些贡献。"这期间，陈省身完成了 3 篇论文，陈省身和嘉当也结下了终身友谊。即使是在战火纷飞的第二次世界大战期间，他们的联系也从未中断。嘉当常给身在昆明的陈省身寄来前沿的论文资料，并曾推荐陈省身的论文在法国的期刊上发表。第二次世界大战后的一段时间内，法国的供应奇缺，当时正在美国访问的陈省身则常常给嘉当寄去食品包裹。陈省身和嘉当的这段友谊也成为数学史上的一段佳话。

还在巴黎访问时，陈省身就已被母校清华大学聘为教授。1937 年 7 月 7 日，卢沟桥枪声响起，日本帝国主义全面侵华战争开始。1937 年 7 月底，南开大学遭侵华日军轰炸而化为一片废墟。北京大学、清华大学、南开大学三校先是在长沙组成临时大学，后迁到昆明成立了著名的西南联合大学。1937 年夏天，陈省身离开法国经美国辗转到达长沙，在长沙教书一年后又随校到达昆明。这期间，虽然条件艰苦，但陈省身一直随身带着嘉当和其他数学家的论文复印本，从没有停止研究工作。嘉当一生中的论著超过 3000 页，涉及面广，不易理解。美国数学家外尔就曾说过："嘉当无疑是微分几何领域仍然健在的最伟大的人物……不得不承认的是，我发现嘉当的书和他的大多数论文一样，艰深难读……"陈省身自己估计他至少读过嘉当所有论著的百分之七八十，有一些文章他还反复研读过好多次。在对理论的苦心钻研和问题的长期思考的基础上，陈省身的研究论文相继完成并发表。这使得不满 30 岁的陈省身已在国际上广为人知，但陈省身并不骄傲自满，对自己的工作"衷心深感不满，不愿就此默默下去"，希望自己的学术水平能更上一个层次。

1943 年，应维布伦（O. Veblen）和外尔的邀请，陈省身由昆明前往美国普林斯顿高等研究院访问。因为第二次世界大战，那时的普林斯顿已是大师云集，陈省身常常见到爱因斯坦并聊天。据陈省身回忆："将爱因斯坦建立的相对论用到四维的黎曼几何，与数学的关系很密切，所以我们也常常谈到当时的物理学和数学。"对微分几何的长期学习研究、对嘉当理论的深刻理解以及对问题的深入思考，让陈省身厚积薄发。在访问期间，他发表了两篇具有划时代意义的论文：《闭黎曼流形的高斯-博内公式的一个简单内蕴证明》和《埃尔米特流形的示性类》，这两篇论文分别于 1944 年和 1946 年发表在世界著名数学刊物《数学年刊》的第 45 卷第 4 期和第 47 卷第 2 期。陈省身于 1943 年 8 月到达普林斯顿。3 个月后，他就完成了第一篇论文，在这篇论文中，他"利用外微分的方法、纤维丛的观念，把高斯-博内公式看成庞加莱-霍普夫不动点定理的度量表示，引入超度的概念，得到高斯-博内公式最自然的证明"。这篇论文只有六页，却让人耳目一新，产生了深远的影响。在第二篇论文中，他引入了陈示性类（陈类），为复流形的埃尔米特几何奠定了基础。这两篇论文对微分几何乃至数学的发展都产生了广泛而又深刻的影响，从而奠定了陈省身在微分几何学、现代数学中的地位。

1945 年夏，陈省身在美国数学会会议上做了题为《大范围微分几何若干新观点》的报告，系统阐述了整体微分几何的新思想和新方法。这篇报告随后被发表在《美国数学会通报》第 52 卷。美国拓扑学和几何学权威专家霍普夫（H. Hopf）听完报告后评论："这篇演讲表明大范围微分几何的新时代开始了，这个新时代以纤维丛的拓扑理论和嘉当外微分方法的综合为特征。"

1946 年春天，陈省身回国负责中央研究院数学研究所的筹建工作。1948 年，数学研究所正式成立，姜立夫任所长，陈省身为代理所长。1946—1949 年，陈省身实际上主持了数学研究所的工作。他从各大学选了一批最好的大学毕业生到数学研究所。他每周讲授 12 小时的拓扑学，由此培养出吴文俊、廖山涛、张素诚等一批拓扑学人才。1948 年，中央研究院选举出第一届 81 位院士，陈省身成为其中最年轻的一位院士。

1948 年，应普林斯顿高等研究院院长奥本海默（J. R. Oppenheimer）的邀请，陈省身全家赴美。1949 年夏天，陈省身被芝加哥大学聘为正教授。1950 年，第二次世界大战结束后的首次国际数学家大会在美国波士顿举行，陈省身被邀请做时长 1 小时的全会报告，这是一个数学家可以得到的最高学术评价之一。他的报告题目是《纤维丛的微分几何》，他在报告中指出："从不严格的意义上来说，大范围微分几何所研究的是微分几何对象的整体与局部性质之间的关系。"大会报告确立了陈省身在世界数学界的地位。在此之后，陈省身又分别于 1958 年和 1970 年应邀两度在国际数学家大会上做报告，其中 1970 年的报告也是时长 1 小时的全会报告。

1960 年，陈省身到加州大学伯克利分校任教，直到 1979 年退休。在他及其同事的共同努力下，伯克利成为世界几何与拓扑学的研究中心。在伯克利，他培养了 31 名博士研究生。1963—1964 年，陈省身担任了美国数学会副主席。1982 年，陈省身与辛格、摩尔（C. C. Moore）一起在加州大学伯克利分校创办了美国国家数学科学研究所（Mathematical Sciences Research Institute），这是美国的第一所纯数学研究所，陈省身出任首任所长。该研究所成为世界最重要的数学研究中心之一，每年都有包括相当数量的菲尔兹奖得主和阿贝尔奖得主在内的来自世界各地的数学家及相关科学家到访。

在陈省身的努力下，美国的微分几何学开始复兴。陈省身曾自豪地说："对于美国数学的发展，我是有贡献的。我到美国，不是去学，而是去教他们的。美国在这行里的重要人物都是我的学生，都受我的影响。"1988 年，在纪念美国数学会成立 100 周年的纪念文章《几何学在美国的复兴：1938—1988》中，在极小曲面研究中做出贡献的几何学家奥斯曼（R. Osserman）指出："我想，使几何学在美国复兴的极有决定性的因素应该是 20 世纪 40 年代后期陈省身从中国来到美国。"

陈省身是 20 世纪最重要的微分几何学家之一，他所提出的一些概念、方法与工具的影响已远远超出微分几何与拓扑学的疆界，成为现代数学的重要组成部分，在几何、拓扑、物理、相对论、量子场论等中都有非常重要的应用。例如，复流形上实超曲面的陈-莫泽理论是多复变函数论的一项重要基本工作；而陈-西蒙斯微分式是量子力学反常现象的基本工具，在规范理论、杨-米尔斯理论、物理学、几何和拓扑中有许多应用。

作为有世界影响力的华人数学家，陈省身一生获得了许多荣誉。1961 年，入选美国科学院院士。1970 年，获美国数学会的肖夫内奖。1976 年，获得美国在科学、数学、工程方面的最高奖——美国国家科学奖。1982 年，获得德国洪堡奖。1983 年，获美国数学会的斯蒂尔终生成就奖。1984 年，获得世界数学领域最高奖项之一的沃尔夫奖，成为获得沃尔夫奖的第一位华裔数学家，沃尔夫奖的颁奖公告高度赞扬了陈省身的贡献："此奖授予陈省身，因为他在整体微分几何上的卓越成就，其影响遍及整个数学。"2002 年和 2004 年，他又先后获得俄罗斯罗巴切夫斯基奖章和首届邵逸夫奖数学科学奖。他还兼任了全世界 50 多所著名大学的兼职教授、名誉教授。

已成为世界级数学家的陈省身心中一直萦绕着对故土的眷恋，时刻关注着中国的发展。1972 年 9 月，陈省身携夫人和女儿回到离别 24 年的新中国。在《回国》一诗中，他表达了自己的赤子情怀和喜悦之情："飘零纸笔过一生，世誉犹如春梦痕。喜看家国成乐土，廿一世纪国无伦。"这趟归国之旅，他见到了自己的好友华罗庚、吴大任等，受到了当时中国科学院院长郭沫若的接见。他带来了美国科学院、美国社会学会、美国医学会的信，转达希望和中国学术界建立联系、促成科学家间交流的意愿。他还在中国科学院数学研究所做了《纤维空间和示性类》的演讲，介绍了国际上微分几何研究的前沿动态，这为处于与外界隔绝状态的中国数学界、科学界打开了一扇接触外界的窗户，带来了一股清新的气息。

从 1972 年到 1982 年，陈省身共回国 7 次，尽自己所能建立中国数学与外界的联系，推动中国数学的复苏。1983 年 12 月，陈省身受聘担任南开数学研究所首任所长，任期为 1984—1992 年。

陈省身一生创办了三大数学研究所，前两个是中央研究院数学研究所、美国国家数学科学研究所，第三个就是南开数学研究所。陈省身在南开数学研究所前的照片如图 8.3.3 所示。在筹建过程中，他和时任南开大学副校长的胡国定通了 200 余封越洋信件，从邀请著名数学家来讲学，到引进人才，再到筹

图 8.3.3　陈省身在南开
数学研究所前的照片

措捐款，事无巨细，费心尽力。他把自己的 1 万余册藏书、获得沃尔夫奖的 5 万美元奖金都捐给了南开数学研究所。以南开数学研究所为基地，陈省身邀请国际知名专家来华讲学、举办学术活动年、召开"国际微分几何、微分方程会议"（简称双微会议）、培养本土人才，推动了中国数学的发展。在陈省身的邀请下，包括杨振宁、吴健雄等华裔学者在内的世界著名学者来华讲学，促进了中国数学与世界的交流。1992—2004 年，陈省身任南开数学研究所的名誉所长。1995 年，陈省身当选为首批中国科学院外籍院士。

作为一位数学教育家，陈省身培养了包括菲尔兹奖获得者丘成桐在内的一批优秀数学家。在《陈省身，我的教师》中，丘成桐这样表达对老师的感激之情："我在中学念四年级的时候，从一本通俗杂志上看到陈省身的名字，关于中国数学界的生动描写给我留下深刻印象。编辑写的一段导言明确地告诉我：陈省身是世界上领先的数学家，而且使我认识到，没有什么障碍可以阻止一个中国人成为世界级的数学家。比这更重要的是，陈省身的传记使我懂得：思考数学乃是数学家们日常生活的一部分。就此，陈省身的文章打开一个香港青年学生的眼界。一个在香港的大学三年级学生要得到伯克利研究生院的录取，陈省身教授曾为我做了非常多的努力。当陈省身看到一个年轻人具有潜力的时候，总是非常愿意给予帮助的……那时陈省身教授常常外出访问，但是他非常高兴地关注着我的进展。当我做出一些创造性工作的时候，至今我还记得挂在他脸上的笑容。对一个初学者来说，这种鼓励的正面影响怎样估计也不过分。" 陈省身始终尽自己所能提携后辈青年数学家，帮助他们出国深造。例如，1987 年由他推荐赴美国留学的陈永川，以及 1990 年由他推荐赴法国留学的张伟平，分别在组合数学、微分几何领域中取得了优异的研究成果，他们后来都成为中国科学院院士。

陈省身一直希望 21 世纪中国能成为数学大国。1991 年，在演讲"怎样把中国建成数学大国"中，他说道："愿中国的青年和未来的数学家放开眼光、展开壮志，把中国建成数学大国。"而"中国必将成为一个数学大国"也被称为"陈省身猜想"。为把中国建设成数学大国，陈省身做出了自己的贡献。陈省身题词如图 8.3.4 所示。

图 8.3.4　陈省身题词

国际数学家大会（International Congress of Mathematicians）是数学家为了数学交流，展示、研讨数学的发展而举行的国际性会议，是国际数学界的盛会，每四年举行一次。每次大会都会邀请一批杰出数学家做时长 1 小时的大会报告和时长 45 分钟的分组报告，而参会的数学家可以申请时长 10 分钟的分组报告或张贴、分发自己的论文，所涉及的内容覆盖了数学的主要领域。1986 年，中国数学家第一次参加了国际数学家大会，吴文俊应邀做了关于中国古代数学史的 45 分钟报告。

因为国际数学家大会的承办国一般都是数学实力比较强劲的国家，所以能承办大会也是对该国数学实力的一种肯定，同时，承办大会也将加强该国与国际数学界的联系。1993 年，在陈省身和丘成桐的建议与国家的支持下，中国数学会向国际数学联盟递交了申办 2002 年国际数学家大会的申请报告。为获得举办权，陈省身和丘成桐进行了多方努力。1998 年 8 月，国际数学联盟正式批准中国承办 2002 年国际数学家大会。陈省身说："2002 年的国际数学家大会在国际数学界是一件大事，能争取到在中国承办意义重大，它说明中国数学有了相当的水平。我们要通过这个会把中国近年来的数学成就介绍出去，把国际上的先进理论吸纳进来。"

2002 年，第二十四届国际数学家大会在北京举行，如图 8.3.5 所示，陈省身当选为大会名誉主席，这次会议是历史上第一次由发展中国家承办的国际数学家大会。同时，这次会议也是中国数学家和外国数学家参加人数最多的一次国际数学家大会，有来自世界各地 101 个国家的 4000 多名数学家（中国数学家 2000 多人，外国数学家 2000 人左右）参加了这次历时 8 天的会议。这次会议的成功举办表明中国数学实力已大大增强，是中国在国际数学界和科学界地位的体现，也是中国数学和世界数学接轨的重要标志。国际数学联盟主席鲍尔（J. M. Ball 指出："陈教授既是一位伟大的数学家，又是一位伟大的数学活动家。他为 2002 年北京国际数学家大会的成功举办做出了重要贡献。"

图 8.3.5　第二十四届国际数学家大会

2000 年，陈省身回到母校南开大学定居，落叶归根。此时他的腿脚已经不便，但陈省身仍坚持亲自为本科生讲课，指导研究生。他说："我这么大年纪了，思维仍然敏捷，每周还能给学生上几节课。我感到非常幸福！"他还将自己的稿费、津贴、获得的邵逸夫奖 100 万美元奖金全部捐赠给南开大学。在一次采访中，主持人问陈省身先生："您到了晚年，把自己的钱、您自己的生活全部留给了中国，留给了您的母校南开。那么，所有这一切都是为了圆一个什么梦呢？"陈省身回答道："因为我，一般中国人觉得我们不如外国人，所以我要把这个心理给改过来，某些事情可以做得跟外国人同样好，甚至更好。中国人有能力的，我要把这个心理改过来。"

2004 年，经国际天文学联合会下属的小天体命名委员会讨论通过，国际小行星中心正式将一颗小行星命名为"陈省身星"，以表彰他对全人类的贡献。小行星公报中称，陈省身"在整体微分几何等领域上的卓越贡献，影响了整个数学学科的发展"。陈省身对前来祝贺的人们说："把我的名字跟天上的星星联系在一起，我非常荣幸。我是研究数学的，数学历史上最伟大的一位数学家是高斯，他最早的工作就是小行星的研究。现在我有机会跟小行星有联系，觉得非常快乐。"

2004 年 12 月 3 日，陈省身在天津逝世，享年 93 岁。

在得知陈省身去世后，时任中国科学院院长的路甬祥指出："陈省身先生是当今国际著名的数学大师。陈先生开创并领导着整体微分几何、纤维丛微分几何、'陈省身示性类'等领域的研究；在整体微分几何上的卓越贡献，影响了整个数学的发展。陈省身先生的不幸逝世是国际和我国科技界的重大损失，也使我们失去了一位尊敬的师长。陈省身先生献身科学、追求真理的精神和在科学上的功绩将永垂青史。"时任英国皇家学会会长的阿蒂亚（M. F. Atiyah）指出："陈教授是我们这个时代主要的数学代表人物，并在他所从事的几何学科和更广的数学领域产生了巨大影响。他的贡献已被沃尔夫奖和近来颁发的邵逸夫奖所公认。"

陈省身逝世后，南开学子自发地用各种形式悼念这位坐在轮椅上给他们上过课的可敬的大师学长：南开学子在南开大学的论坛上发表了几千篇悼念文章，在校园的新开湖畔点燃了3000支蜡烛，折叠了两万多只千纸鹤。正如时任南开大学副校长的陈洪所说："这么多人，这么多青年学生为一个人产生一种共同的情绪、共同的行动，是少见的。因为这个人不是歌星、影星，是一名科学家。最打动人的，是他身上有对社会、对祖国、对人生、对事业的追求。青年学生心底有一种对美好和价值的理想主义倾向，在现今有时表现得弱化，但是在高处还是有一种让他们敬仰的东西，是对于不甘平庸的向往。陈先生就是他们身边真实存在的目标。"陈省身纪念广场如图8.3.6所示。

图 8.3.6　陈省身纪念广场

"先生之风，山高水长。"按照陈省身的遗愿，他和他太太郑士宁的墓园就建于南开大学津河北岸。在树木与草地之间，坐落着用黑白相间的石条铺成的一个呈不规则菱形的纪念广场，整个纪念广场犹如一个露天教室。广场一角竖立着一块横截面为曲边三角形的纪念碑，而在纪念碑四周则设立了23个矮凳。纪念碑的三角形象征着高斯-博内公式的最简单情形。纪念碑的正面用黑色花岗岩作为"黑板"，上面刻着陈省身当年证明高斯-博内公式的手书。正如数学家孟道骥所说："陈省身先生是真正把为学、为事、为人统一起来，是坚定的爱国主义者，更是南开人心目中实至名归的'大先生'。"

在中华民族伟大复兴的征程中，通过广大数学工作者的持续努力、薪火相传，中国必将成为一个数学大国、数学强国，实现"陈省身猜想"。

8.4　摘取数学皇冠上明珠的数学家

数论被誉为"数学的皇后"，在给法国女数学家热尔曼（M. S. Germain）的一封信中，高斯曾这样写道："人们很少对一般的抽象科学，尤其是数的奥秘产生兴趣。这一点也不奇怪，因为这门卓越的科学，只向那些有勇气深入探索的人展现它迷人的魅力。"而哥德巴赫猜想就是这样一个具有迷人魅力但只有勇敢者才能向其发起挑战的数学难题。本节将介绍哥德巴赫猜想——这个数论中至今尚未解决的著名猜想，以及摘取数学皇冠上明珠的数学家——陈景润。

8.4.1　哥德巴赫猜想

1690 年，哥德巴赫出身于普鲁士公国柯尼斯堡的一个牧师家庭。在结束大学学业后，1710—1724 年，他在欧洲各国进行了长期的游学旅行。这期间，他结识了莱布尼茨、尼古拉一世·伯努利（N. I . Bernoulli）、赫尔曼（J. Hermann）等一大批欧洲著名数学家，对数学产生了浓厚的兴趣。1725 年，他进入刚刚成立的圣彼得堡科学院，从事的研究方向是数学和历史学。1728 年，沙皇彼得二世（P. II Alekseyevich）继位，哥德巴赫成为他的家庭教师。1742 年，哥德巴赫进入外交部工作。

比哥德巴赫小得多的欧拉晚于哥德巴赫进入圣彼得堡科学院。1727 年 5 月，20 岁的欧拉到达圣彼得堡，加入数学物理所。1731 年，他获得了物理学教授的职位。1733 年，他接替丹尼尔·伯努利（D. Bernoulli）成为数学所所长。1741 年 6 月 19 日，欧拉接受了普鲁士国王腓特烈二世的邀请，前往柏林科学院任职。他在柏林生活了 25 年，写下了不少于380 篇文章。凯瑟琳大帝（Catherine II）登基后，欧拉于 1766 年接受了重返圣彼得堡科学院的邀请。从此以后，他就一直待在圣彼得堡，直到去世。

哥德巴赫与欧拉不仅是圣彼得堡科学院的同事，也是好友。在欧拉离开圣彼得堡科学院后，哥德巴赫仍与欧拉保持着长期的通信联系。在哥德巴赫和欧拉时代的欧洲，很多数学家都致力于整数拆分问题的研究，即"能否将整数拆分成某些拥有特定性质的数的和"。1742 年 6 月 7日，在给欧拉的信（图 8.4.1）中，哥德巴赫就提出了如下这样一个关于整数拆分问题的猜想：任一大于 2 的整数都可以写成三个素数之和，这就是著名的哥德巴赫猜想的原始版本。在哥德巴赫的时代，1 是被当成素数的。而现在我们已经将 1 从素数中除名，即一个大于 1 的自然数，如果无法被除 1 与其自身外的其他自然数整除，那么这个自然数就是素数，也称为质数。所以，哥德巴赫猜想的现代陈述应该是"任一大于 5 的整数都可写成三个素数之和"。

图 8.4.1　哥德巴赫写给欧拉的信

1742 年 6 月 30 日，欧拉给哥德巴赫回信。在信中，欧拉给出了这一猜想等价的版本："任一大于 2 的偶数都可写成两个素数之和。"虽然他可以举出很多例子，但他无法证明。欧拉的猜想被称为"强哥德巴赫猜想"或"关于偶数的哥德巴赫猜想"。从强哥德巴赫猜想可以推出"弱哥德巴赫猜想"（或"关于奇数的哥德巴赫猜想"）："任一大于 5 的奇数都可写成三个素数之和。"换句话说，如果强哥德巴赫猜想是对的，那么弱哥德巴赫猜想一定是对的。

高斯有一句名言："数学是科学的皇后，而数论是数学的皇后。"1742 年到 20 世纪初的这 100 多年里，人们不断地用数值对哥德巴赫猜想进行验证，发现所验证的数都满足哥德巴赫猜想，但人们一直找不到证明的有效方法。随着时间的推移，哥德巴赫猜想在数学家心目中的地位越来越高，成为数学皇冠上的明珠。1900 年，在第二届国际数学家大会上，希尔伯特将哥德巴赫猜想列入他提出的新世纪有待解决的 23 个希尔伯特问题中。1912 年，在第五届国际数学家大会上，德国数论专家朗道（E. G. H. Landau）再次指出："即使要证明每个偶数能够表示成 K 个素数的和，不管 K 是多少，都是数学家力所不及的。"

在朗道的感慨发出的几年后，挪威数学家布朗（V. Brun）、英国数学家哈代和利特尔伍德（J. E. Littlewood）找到了向哥德巴赫猜想发起挑战的主要工具：筛法（Sieve Theory）和圆法（Circle Method）。1919 年，挪威数学家布朗使用推广后的"筛法"证明了：所有充分大的偶数都能表示成两个数之和，并且这两个数的素因数个数都不超过 9 个。换句话，他证明了所有充分大的偶数都可表示为 9 个质数的乘积与 9 个质数的乘积之和。筛法历史悠久，最早出现于公元前 250 年的古希腊。古希腊数学家尼科马库斯（Nicomachus of Gerasa）所著的《算术入门》中就有关于埃拉托斯特尼筛法（Sieve of Eratosthenes）的记载。筛法的原理非常简单，即素数的倍数是合数，不再是素数。用这种方法可以找出一定范围内所有的素数，操作的方法是：给出要筛数值的范围 n，找出 n 内的素数 $p_1, p_2, \cdots, p_k$，先用 2 去筛，即把 2 留下，把 2 的倍数剔除；再用下一个素数 3 筛，把 3 留下，把 3 的倍数剔除；接下来用下一个素数 5 筛，把 5 留下，把 5 的倍数剔除……这样不断重复下去，直至无法剔除为止。这个过程就好像一遍又一遍地筛掉不需要的数字，所以称为筛法。

1920 年左右，英国数学家哈代和利特尔伍德发展了解析数论，建立了"圆法"等研究数论问题的有力工具。圆法的主要思想是考虑积分式

$$D(N) = \int_0^1 S^2(t,N) \mathrm{e}^{-2\pi iNt} \mathrm{d}t$$

其中，$S(t,N) = \sum_{2 < p \leqslant N} \mathrm{e}^{2\pi ipt}$。实际上，有

$$D(N) = \mathrm{Card}\{(p_1,p_2) \mid 2 < p_1, p_2 \leqslant N, p_1 + p_2 = N\} + \sum_{\substack{2 < p_1, p_2 \leqslant N \\ p_1 + p_2 \neq N}} \int_0^1 \mathrm{e}^{-2\pi i(p_1+p_2-N)t} \mathrm{d}t$$

上式右边的第二项等于 0，因此 $D(N)$ 等于方程 $p_1 + p_2 = N$ 的解 (p_1, p_2) 的个数。关于偶数的哥德巴赫猜想是说对于所有大于或等于 6 的偶数 N，单位圆上的环路积分式 $D(N)$ 都大于 0。同理，关于奇数的哥德巴赫猜想等价于环路积分式

$$T(N) = \int_0^1 S^3(t, N) e^{-2\pi i N t} dt$$

这样，哥德巴赫猜想的证明可以归结为研究积分式 $D(N)$ 和 $T(N)$ 中以素数为变量的三角多项式 $e^{-2\pi i N t}$。哈代和利特尔伍德猜测：当变量 t 接近分母"比较小"的既约分数时，$S(t, N)$ 的值会比较大；而当 t 接近分母比较大的既约分数时，$S(t, N)$ 的值会比较小。也就是说，积分 $D(N)$ 的主要部分其实是单位圆上分母比较小的那些既约分数附近的积分，因此，可以将整个单位圆分成两部分：一部分是单位圆上分母比较小的那些既约分数附近包括的一些区间，哈代和利特尔伍德称其为"优弧"，其余的部分则称为"劣弧"。将整个积分 $D(N)$ 分成优弧上的积分 $D_1(N)$ 与劣弧上的积分 $D_2(N)$ 这两部分之和，然后证明 $D_2(N)$ 相比 $D_1(N)$ 可以忽略，而 $D_1(N) > 0$。

1923 年，哈代和利特尔伍德使用"圆法"证明了：在假设广义黎曼猜想成立的前提下，每个充分大的奇数都能表示为三个素数的和以及几乎每个充分大的偶数都能表示成两个素数的和。

1937 年，苏联数学家维诺格拉多夫（I. M. Vinogradov）进一步证明了：在无须广义黎曼猜想的前提下，充分大的奇素数都能写成三个素数的和。这个结果被称为"哥德巴赫-维诺格拉多夫定理"或"三素数定理"。1939 年，维诺格拉多夫的学生博罗兹金（K. Borozdin）给出了一个"充分大"的下限：$3^{14348907}$，这个数字有 6846169 位。在此之后，数学家不断向弱哥德巴赫猜想发起挑战。2013 年 5 月，秘鲁数学家贺欧夫各特（H. A. Helfgott）在线发表的两篇论文宣布彻底证明了弱哥德巴赫猜想，在文章"哥德巴赫问题的劣弧"中，他给出了指数和形式的一个更优上界。在文章"哥德巴赫定理的优弧"中，他综合使用圆法、筛法、指数和等传统方法，把下界降低到 10^{30} 左右，而用计算机可以验证在此之下的所有奇数都符合猜想。这样，弱哥德巴赫猜想被彻底证明了。

如果能把 9 变成 1，即证明"1+1"，强哥德巴赫猜想就得到了证明。沿着布朗开辟的道路，数学家不断地向"数学皇冠上的明珠"——强哥德巴赫猜想发起冲刺。1924 年，拉代马海尔（H. Rademacher）将布朗的结果改进为"7+7"，随后，人们又证明了"6+6""5+5""4+4""3+3"。以上的结果中，没有能够证明偶数拆分成的两个数中一定有一个是素数的。1932 年，德国数学家埃斯特曼（T. Estermann）证明了：在假设广义黎曼猜想成立的前提下，"1+6"成立。1956 年，维诺格拉多夫证明了"1+4"成立。1965 年，苏联数学家布赫希塔布（A. Buchstab）、意大利数学家邦别里（E. Bombieri）与维诺格拉多夫先后证明了"1+3"。哥德巴赫猜想在数学家心中无疑是非常有分量的。1974 年，因为证明"1+3"以及其他工作，年仅 34 岁的邦别里获得了菲尔兹奖。

在解决哥德巴赫猜想的进程中，中国数学家做出了突出的贡献。中国最早从事哥德巴赫猜想的数学家是华罗庚。在 1936—1938 年赴英国留学期间，他开始研究哥德巴赫猜想。1938 年，他证明了弱哥德巴赫猜想的一个推广结果：对任意给定的一个整数 k，每个充分大的奇数都可以表示 $p_1 + p_2 + p_3$ 的形式。当 $k=1$ 的时候，该结果就是弱哥德巴赫猜想。1953 年，华罗庚在中国科学院数学研究所组织了数论研究讨论班，选择哥德巴赫猜想作为讨论的主题。他的想法是想让年轻人学一些代数数论知识，将解析数论中的一些结果推广到代数领域中。在参加讨论班的学生当中，王元、潘承洞和陈景润等都在哥德巴赫猜想的证明上取得了相当好的成绩。王元先在 1956 年证明了"3+4"，在 1957 年证明"3+3""$a+b$"（$a+b<6$）以及"2+3"，在 1963 年又证明了"1+4"。潘承洞于 1962 年证明了"1+5"，又于 1963 年证明了"1+4"。

8.4.2　筛法理论的光辉顶点

到目前为止，离强哥德巴赫猜想这颗数学皇冠上的明珠最近的是中国数学家陈景润。初中时，陈景润就展现出对数学的极大兴趣，数学成绩始终位列全校第一。高中时，他的成绩始终在全校名列前茅。1950 年，高中未毕业的他即以同等学力考入厦门大学数学系。1953 年从厦门大学毕业后，陈景润被分配到北京四中任教。随后，身体状况不佳的陈景润被停职回乡养病。在家养病的这段时间，他曾摆书摊以贴补家用。

1954 年，在了解到陈景润窘迫的状况后，厦门大学校长王亚南将陈景润调回厦门大学任资料员，王亚南也成为改变陈景润人生道路的一位伯乐。1955 年，陈景润改任厦门大学数学系助教。虽然生活不顺，但陈景润专注于数论、组合数学的学习与研究，还自学了英语、俄语、德语、法语等。这期间，在阅读华罗庚所著的《堆垒素数论》的过程中，陈景润发现了书中可以改进的几处地方，写成论文"塔内问题"，并将论文寄给了华罗庚。

在看了陈景润的论文后，华罗庚对陈景润大加赞赏。华罗庚以个人名义邀请陈景润作为特邀代表到北京参加"全国数学论文报告会"，并邀他在会上报告了他的论文。1957 年 10 月，在华罗庚的推荐下，陈景润调入中国科学院数学研究所，因此，华罗庚是对陈景润人生产生重大影响的另一位伯乐。进入中国科学院数学研究所后，陈景润就在球内整点问题、华林问题等上做了很好的工作。1960 年，陈景润被调入中科院大连化学物理研究所从事与数学研究无关的工作。

1962 年，在华罗庚的关心下，陈景润被重新调回中国科学院数学研究所任助理研究员，并开始研究哥德巴赫猜想。1965 年，他对筛法理论做了重大的改进，提出了一种新的加权筛法，完成了"1+2"的证明，写成论文"表达偶数为一个素数及一个不超过两个素数的乘积之和"。1966 年 5 月 15 日，在由师兄王元审查确认后，陈景润在《科学记录》（现为《科学通报》）上发表了论文简报。1973 年 3 月 15 日，在对证明过程进行优化后，他在《中国科学》英文版第 16 卷第 2 期上发表了关于证明"1+2"的详细论文，这篇论文立即在国际数学界引起了轰动，被公认为是哥德巴赫猜想研究上的一个重要里程碑，是筛法理论的一个光辉顶点。英国数学家哈伯斯坦姆（H. Halberstam）和德国数学家黎希特（H.-E. Richert）此时正在编写出版《筛法》一书，在拿到陈景润的论文后，他们立即将陈景润的工作以"陈氏定理"为标题作为《筛法》的最后一章，并写道："我们本章的目的是证明陈景润下面的惊人定理……从筛法的任何方面来说，它都是光辉的顶点。"陈景润证明手稿如图 8.4.2 所示。

1978 年，陈景润与王元、潘承洞因在哥德巴赫猜想研究方面的成果而共同获得中国自然科学奖一等奖。1977 年，陈景润被破格晋升为研究员。1981 年 3 月，陈景润当选为中国科学院学部委员。1992 年，陈景润获首届"华罗庚数学奖"。

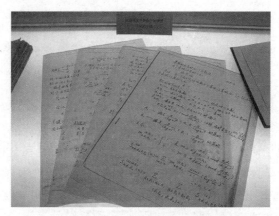

图 8.4.2　陈景润证明手稿

　　陈景润的身体状况一直不佳，他的晚年基本上是在医院中度过的。1996 年 3 月 19 日，陈景润在北京病逝。在生命的尽头，他为科学事业做出的最后一次奉献是将遗体捐赠给了医学研究。

　　在一些人的印象当中，数学家一定是不谙世事、过着离群索居的生活、在数学的征途中孤身跋涉的一群人。陈景润确实潜心钻研，执着、专注，但他并不是不谙世事的科学怪人。他有着常人一样的情感，有着对国家、数学、恩师、爱人、家人强烈的爱，从某种角度来说，他的这种爱更甚于常人。

　　20 世纪 60 年代，陈景润受过批斗、住过储藏间和锅炉房。面对别有用心的威逼利诱，陈景润都巧妙地化解和拒绝了，展现出那个年代里可贵的正义与良知。他说："就是死，我也不说昧良心的话！"在非常艰苦的环境下，他持之以恒、潜心钻研、勇于攻关，凭借着坚强的毅力和数学家的纯粹在逆境中取得了领先世界的研究成果。陈景润曾经将科研工作比喻为充满着艰难险阻的登山，唯有坚持、唯有奋斗才能到达终点，懦夫和懒汉是不可能感受到登顶后的幸福与喜悦的。1978 年 1 月，《人民文学》上刊登了徐迟撰写的报告文学"哥德巴赫猜想"，陈景润的故事激励了一大批人投身科学事业。

　　1979 年，陈景润应邀赴普林斯顿高等研究院访问。访问期间，他完成了论文"算术级数中的最小素数"，将最小素数从原有的 80 推进到 16，受到国际数学界的好评。有国外同行向陈景润建议他可以长期留美工作，陈景润谢绝了，他说："我的国家的确十分落后，正是因为这样，我才应该回去为祖国服务"。回国后，他将在美国访问时节省下来的 7500 美元全部捐给了国家。

　　陈景润一直专注于数学研究，到 44 岁时都没有考虑自己的情感问题。1978 年，在医院，45 岁的陈景润邂逅了 27 岁的女医生由昆，向她表白了自己的心意。从此，他们相知、相恋，走进婚姻殿堂。婚后，他们相伴度过了 16 年的温馨时光。陈景润珍惜和家人相伴的分分秒秒，对妻子温柔关爱，对孩子循循善诱。为了表达对妻子的爱，陈景润特别把由昆的姓放在儿子的名字里，起名陈由伟。2003 年，陈由伟到加拿大留学，在他父亲的精神感召下，他在大二时由商科转入数学系，直到硕士研究生毕业。在纪念陈景润的一篇文章中，陈由伟写道："有关父亲'生'的一切，终止在我 14 岁那年的春天。他告别，然后以另外一种方式和我们生活在一起。'天上有了陈景润星，地下也有了先生永远的墓碑'，母亲一直叫父亲为'先生'，直到现在也未曾改变。时间越长，怀念越重！"现在，陈由伟从事的是与数学无关的工作，他说："父亲对我的影响特别深。随着人越来越成熟，我渐渐体悟到，我和父亲在他的工作领域与爱好上是否有交集并不重要，我没有追寻父亲的脚步从事数学研究，但我传承的是他热爱祖国、无私奉献的赤子情怀，是不畏艰苦、勇于攀登的工作精神，是严谨细致、一丝不苟的做事态度。"

时光荏苒，陈景润已经离世多年，但他胸怀祖国、淡泊名利、潜心钻研、勇攀高峰的科学精神仍是我们的宝贵的精神财富。2018年12月，陈景润入选100位"改革先锋"，并获评"激励青年勇攀科学高峰的典范"。2019年9月，他又入选"最美奋斗者"。至今，陈景润关于"哥德巴赫猜想"的研究成果仍然保持世界领先水平。

思 考 题

1. 列举和分析中国古代、近现代数学领先世界的若干成果。

2. 你从华罗庚、陈省身、陈景润的生平故事和学术贡献中得到什么启迪？他们身上有什么可贵的精神和品质值得你学习？

3. 通过查阅资料和学习，扩展了解数论、微分几何、双选法、哥德巴赫猜想的理论、发展和应用情况。

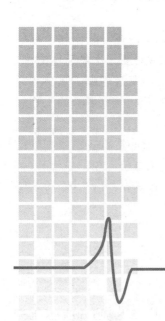

第九章

寻找隐藏的维度——分形几何

一生二，二生三，三生万物。

——老子

分形几何学（Fractal Geometry）是当今风靡全球的活跃的新学科。分形理论的数学基础是分形几何学，即由分形几何衍生出分形信息、分形设计、分形艺术等应用。分形几何的基本特点是用分数维度的视角和数学方法来描述与研究客观事物，它跳出了整数维的传统藩篱，更加趋近复杂系统的真实属性与状态，更加符合客观事物的多样性与复杂性。

在本章中，我们首先将通过魏尔斯特拉斯函数和英国海岸线有多长的问题来介绍曼德布洛特创立分形几何的过程；然后介绍分形的特征，并列举和分析康托尔三分集、科赫雪花曲线、曼德布洛特集、谢尔宾斯基地毯等分形实例；最后介绍分形在电影场景制作、集成电路设计、人体医学等方面的应用。

9.1 英国海岸线有多长——分形几何的创立

自几何学诞生的 2000 多年里，人们一直用欧氏几何来描述和认识我们生存的这个世界，如点、线、平面、空间、三角形、正方形和圆等。古希腊学者柏拉图和他的学生亚里士多德甚至认为正多面体是构成世界的基本元素，利用五种柏拉图立体就可以认识世界的万事万物。

但是，随着人类认识疆界的不断拓展，特别是进入 20 世纪，人们发现：自然界中还存在着许多不规则的、粗糙的、复杂的事物，我们很难用欧氏几何等传统数学理论来描述、刻画它们。如海岸线、山脉、树皮、云朵、星系、大脑皮层褶皱、肺部支气管分支及血液的循环管道等，这些都需要一种全新的视角、数学方法来加以解决，人们期待着一种新数学理论的诞生。

这种新数学理论就是分形几何。美国数学家、计算机专家曼德布洛特（B. B. Mandelbrot）是公认的分形几何的创立者。在他之前，有很多数学家为这种新数学理论的诞生也做出了重要贡献，下面来回顾分形几何的诞生过程。

学过高等数学的同学都知道一元函数微积分学中的一个重要结论：可导一定连续，但连续不一定可导。事实上，我们可以通过构造反例的方式说明连续不一定可导。比如，函数 $y=|x|$ 在原点处不可导，但在原点处是连续的。但是，你能进一步找到一个处处连续但处处不可导的函数吗？估计你要对这个问题打一个大大的问号。实际上，包括高斯在内的一些大数学家也都曾经假定连续函数不可导的部分是有限的或者是可数的。1872 年，魏尔斯特拉斯却利用傅里叶级数构造出一个处处连续但处处不可导的函数

$$f(x) = \sum_{n=0}^{\infty} a_n \cos(b^n \pi x)$$

其中，$0<a<1$，b 是一个奇整数，并且满足 $ab>1+\dfrac{3}{2}\pi$。函数 $f(x)$ 被称为魏尔斯特拉斯函数。

正如魏尔斯特拉斯指出的一样，在他之前，黎曼曾经引入 $\displaystyle\sum_{n=1}^{\infty} \frac{1}{n^2}\sin(n^2 x)$ 作为不可微的解析函数例子，但黎曼没有给出证明。因此，魏尔斯特拉斯函数是第一个被严谨证明的处处不可微的解析函数例子，这样，人们不得不接受处处不可导的函数存在的事实。实际上，在魏尔斯特拉斯之前和之后的很长一段时间里，人们都不知如何回答"处处不可导的函数应该长什么样"这样的问题。魏尔斯特拉斯函数这样的函数已经超出那个时代数学所能处理的范畴，因此连埃尔米特这样杰出的数学家都给其贴上了"数学怪物"标签。魏尔斯特拉斯函数如图 9.1.1 所示。

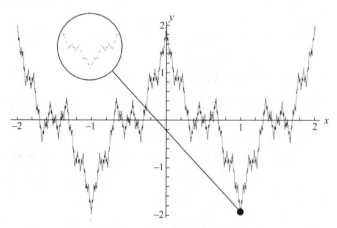

图 9.1.1　魏尔斯特拉斯函数

事实上，魏尔斯特拉斯函数的图像确实非常神奇。因为处处不可导，它对应的曲线没有光滑点，是一条粗糙的曲线，同时，这条曲线具有所谓的自相似性。在这条曲线的任意点处，取曲线的一小部分放大后，我们会惊奇地发现：放大部分的形状与原来曲线的整体

具有很强的相似性。因为太过特别，所以在很长的一段时间里，有很多数学家都避免触碰像魏尔斯特拉斯函数这样的"病态异类""数学怪物"。

而参加过魏尔斯特拉斯课程学习的康托尔、瑞典数学家科赫（H. von Koch）等一些勇敢的数学家却大胆地涉足这个数学禁区，他们又构造出康托尔三分集、科赫雪花曲线等怪异却迷人的"数学怪物"出来，其中，康托尔三分集如图9.1.2所示。

图 9.1.2　康托尔三分集

康托尔三分集首先由爱尔兰数学家史密斯（H. J. S. Smith）在1874年发现。1883年，作为无处稠密集合的一个例子，康托尔以抽象的一般方式引入了这个著名的集合。通过考虑这个集合，康托尔和其他数学家奠定了现代数学的重要分支——点集拓扑学的基础，因此，现在我们都将这个集合称为康托尔三分集或康托尔集。康托尔三分集具有丰富的拓扑和解析性质，它是一个紧致的度量空间，是不可数的，但勒贝格测度为 0。

康托尔三分集可由一个区间出发利用迭代的方式不断地去掉部分子区间获得，构造过程如下。

（1）把闭区间 [0,1] 平均分为三段，去掉中间的 $\frac{1}{3}$ 段，只剩下两个闭区间构成的部分 $\left[0,\frac{1}{3}\right]\cup\left[\frac{2}{3},1\right]$；

（2）将剩下的两个闭区间各自再平均分为三段，同样去掉中间的区间段，这时剩下四个小闭区间构成的部分：$\left[0,\frac{1}{9}\right]\cup\left[\frac{2}{9},\frac{1}{3}\right]\cup\left[\frac{2}{3},\frac{7}{9}\right]\cup\left[\frac{8}{9},1\right]$；

（3）重复刚才的操作，把每个小区间平均分为三段，删除每个小区间中间的 $\frac{1}{3}$ 段。如此不断地分割下去，最后剩下的各个小区间段就构成了康托尔三分集。

实际上，不难发现，若记 $C_0=[0,1]$，将第 1 次迭代获得的部分记为 C_1，则第 2 次迭代获得的部分可以表示为 $C_2=\frac{1}{3}C_1\cup\left(\frac{2}{3}+\frac{1}{3}C_1\right)$……第 n 次迭代获得的部分可以表示为 $C_n=\frac{1}{3}C_{n-1}\cup\left(\frac{2}{3}+\frac{1}{3}C_{n-1}\right)$……不难发现，康托尔三分集具有显然的自相似性。

1904 年，在论文《关于无切线、由基本几何形状构建的连续曲线》中，科赫提出了一种模拟雪花的曲线生成方法。在论文的开头，科赫对魏尔斯特拉斯在1872年的工作评价道："在我看来，从几何的角度来看，他（魏尔斯特拉斯）的例子并不令人满意。因为该函数是由一个解析表达式来定义的，该表达式隐藏了相应曲线的几何性质。因此，从这个角度来看，很难搞清楚为什么这条曲线没有切线。表象与魏尔斯特拉斯以纯粹分析的方式建立的事实实在相矛盾。"因此，科赫试图建立这些不可微的"数学怪物"几何和分析之间的联系。

（1）将一条长度为 1 的线段三等分，将中间部分用两段长度为 $\frac{1}{3}$ 的线段构成的凸起折线替代；

（2）再将刚才得到的每条线段进行三等分，中间部分用两段长度为 $\frac{1}{9}$ 的线段构成的凸起折线替代；

（3）不断迭代重复以上操作，无限次后，就获得了科赫雪花曲线，如图 9.1.3 所示。

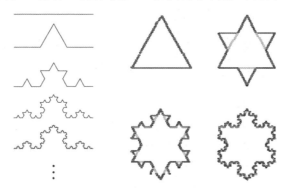

图 9.1.3 科赫雪花的生成过程

如果将其围起来，就能获得正三角形、正六边形……最终，我们就获得一片无限精细并具有对称美感的"雪花"——科赫雪花。

除上述自相似性和不可微性外，这个让人期待的新数学理论中的另一个至关重要的概念是豪斯道夫维数，这是德国数学家豪斯道夫（F. Hausdorff）在 1918 年引入的一个概念。豪斯道夫是现代拓扑学的创始人之一，在集合论、测度论、泛函分析等领域都做出了非常重要的贡献。1935 年，因为他的犹太人身份，豪斯道夫失去了波恩大学的教授职位。1938年，他曾经试图移民美国，但因为没有获得研究资助而只能作罢。1942 年，在知悉要被送往集中营后，他和他的妻子选择了服毒自尽。

通俗地说，一个集合的维数是描述这个集合中一点所需的独立参数的个数。比如，要描述一个平面里的一点，我们需要两个坐标 x 和 y，那么平面的维数便是 2，这个维数就是我们通常所说的维数，或叫拓扑维数。拓扑维度必然是一个自然数，但是拓扑维数在描述像康托尔三分集等这样的某些不规则集合时会遇到困难。

而豪斯道夫对维数的定义进行了扩展，允许集合具有一个非整数值的维数，可以很好地刻画这些"数学怪物"。豪斯道夫维数的数学严格定义为：设 X 为一个度量测度空间，$S \subset X$，对 $d \geqslant 0$，S 的 d 维豪斯道夫外测度定义为

$$\mathcal{H}^d(S) = \liminf_{r \to 0}\left\{ \sum_i r_i^d \,\middle|\, 存在半径为r_i的球构成的S的可数覆盖，其中0 < r_i < r \right\}$$

这样，X 的豪斯道夫维数定义为

$$\dim_{\text{Haus}}(X) = \inf\{d \geq 0 \,|\, H^d(X) = 0\}$$

这个严格的数学定义非常抽象，并不容易理解。通俗地说，对于规则的几何对象，比如线、长方形、长方体等的豪斯多夫维数等同于拓扑维数。例如，点的豪斯多夫维数为 0，线段的豪斯多夫维数为 1，正方形的豪斯多夫维数为 2，立方体的豪斯多夫维数为 3。但对于不规则的几何图形对应的集合，计算它的豪斯道夫维数就不是一件轻松的事情了。

首先定义开集条件：压缩映射序列 T_i（$i=1,\cdots,m$）满足开集条件，如果非空有界开集 V，使得 $\bigcup_{i=1}^{m} T_i(V) \subseteq V$，其中上式并集中的集合两两不相交。通俗地说，开集条件是为了确保 V 没有太小时，$T_i(V)$ 不要重叠太多，从而 $T_i(A)$ 不要重叠太多（$A = \bigcup_{i=1}^{m} T_i(A)$）。在此基础上，我们可以给出计算豪斯多夫维数的简便方法：设压缩映射序列 T_i（$i=1,\cdots,m$）满足开集条件，并且其缩放比例分别为 r_1，r_2，$\cdots$，$r_m \in (0,1)$，则对于唯一满足 $A = \bigcup_{i=1}^{m} T_i(A)$ 的集合 A，其豪斯多夫维数 s 满足 $\sum_{i=1}^{m} r_i^s = 1$。

利用此方法，我们就可以方便地算出一些集合的豪斯多夫维数。例如，康托尔集的豪斯多夫维数 s 满足

$$\left(\frac{1}{3}\right)^s + \left(\frac{1}{3}\right)^s = 1$$

所以有

$$s = \log_3 2 \approx 0.6309$$

英国学者理查森（L. F. Richardson）有着数学家、物理学家、气象学家、心理学家等多重身份。对气象学的研究兴趣和在气象局任职的经历使他产生了通过求解微分方程来预报天气的设想，并在 1922 年发表了《通过数理过程预测天气》，开创了用于预报天气的现代数学方法。同时，作为一个和平主义者，他还利用类似的方法研究了战争的起因和阻止战争的手段，为此，他研究了两国开战的概率和它们的国境线长度的关系。在收集资料的过程中，他有了一个有趣而意外的发现：在不同场合给出的同一条国境线的长度存在相当大的差异。

理查森对地理曲线如何依赖测量尺度进行了研究。他观察到国家边界的长度 $L(G)$ 是测量尺度 G 的函数，他猜想

$$L(G) = MG^{1-D}$$

式中，M 为一个正数；D 为一个大于或等于 1 的正数，与边界不规则程度有关。如果是直线，则 $D=1.00$；英国西海岸线是世界上最不规则的海岸线之一，$D=1.25$。

1967 年，曼德布洛特（图 9.1.4）在 *Science* 杂志发表了题为《英国的海岸线有多长？统计自相似性与分数维》的文章。在这篇只有 3 页但影响深远的论文中，他回顾了理查森

给出的测量海岸线长度的方法。他指出海岸线具有统计自相似性，即每个部分可以看作整体的缩小比例的图形。他认为：长度的概念对地理曲线是没有意义的，海岸线到底有多长依赖所使用的尺度。而且，他给出了惊人的断言：在某种意义上，任何海岸线都是无限长的。

图 9.1.4　曼德布洛特

如果用 1 千米的尺子沿着海岸线测量，那么小于 1 千米的那些弯弯曲曲的地方就会被忽略；如果用 1 米的尺子去测量，则测得的海岸线长度就会增大，但 1 米以下的那些弯弯曲曲的地方会被忽略掉；如果用 1 厘米的尺子去测量，则测得的海岸线长度又会进一步增大，但 1 厘米以下那些弯弯曲曲的地方会被忽略。因此，我们通常所说的海岸线的长度一定是在某种尺度下的结果，而且，随着测量尺度的不断缩小，长度趋向无穷大。例如，用 200 千米的标尺，测得的英国大不列颠岛的海岸线长度大约是 2300 千米；用 100 千米的标尺，测得的英国大不列颠岛的海岸线长度大约是 2800 千米；而用 50 千米的标尺，测得的英国大不列颠岛的海岸线长度大约是 3400 千米。这也是理查森发现的同一条国境线会有不同长度的原因。

因此，我们需要用长度以外的量来刻画地理曲线的不规则、复杂程度。曼德布洛特指出：当曲线具有自相似性时，它的特征是相似性指数 D。曼德布洛特分析了 1 维与 2 维的情形，记相似比例为 $r(N)$。1 维时，$r(N)=\dfrac{1}{N}$；2 维时，$r(N)=\dfrac{1}{N^{1/2}}$。一般地，D 维时，$r(N)=\dfrac{1}{N^{1/D}}$。他由此推导出计算相似性维数的公式：$D=-\dfrac{\ln N}{\ln r(N)}$。这样，如果知道一个具有自相似性图像的 N 和 $r(N)$，就可以算出相似性维数，这样，基于自相似性定义的这个维数就可以刻画自相似性图像的复杂程度。曼德布洛特还指出：对自相似性图像而言，豪斯多夫维数和相似性维数相等。

当然，不难发现，对具有自相似性的曲线而言，D 的数值是一个大于 1 的分数，这个分数可以是一个非正整数的有理数，也可以是一个非正整数的无理数，曼德布洛特将其称为分数维。

据此我们可以计算康托尔三分集、科赫雪花曲线的豪斯多夫维数。每次迭代后，康托尔三分集的每段原始线段都被替换为 $N=2$ 段，而每段都是原始线段长度的 $r(N)=\dfrac{1}{n}=\dfrac{1}{3}$ 的自相似副本。使用这个比例因子 n 和自相似对象的数量 N 可以来计算康托尔三分集的豪斯多夫维数

$$D=-\frac{\ln N}{\ln r(N)}=\frac{\ln N}{\ln n}=\frac{\ln 2}{\ln 3}\approx 0.6309$$

每次迭代后，科赫雪花曲线的每段原始线段都被替换为 4 段，而每段都是原始线段长度的 $\dfrac{1}{3}$ 的自相似副本。所以，科赫雪花曲线的豪斯多夫维数为

$$D = \frac{\ln N}{\ln n} = \frac{\ln 4}{\ln 3} \approx 1.2619$$

海岸线问题的研究成为曼德布洛特思想的转折点。曼德布洛特以此为突破口，在前人研究的基础上进行了大胆的探索，以独特的视角创立了一个全新的研究领域。1973 年，在法兰西皇家科学院讲课时，他明确提出了分数维和分形几何的思想。1975 年，在冥思苦想之后，他创造了"fractal"一词指代分形，这个词源于拉丁文形容词 fractus，对应的拉丁文动词是 frangere，是"破碎""产生无规则碎片"的意思。而且，这个词与英文的 fraction（碎片、分数）及 fragment（碎片）具有相同的词根，因此，这个词包含不规则的、破碎的、分数的等多层意思。他用这个词来描述自然界中传统欧氏几何学所不能描述的一大类复杂无规则的几何对象。1975 年，他出版了法文专著《分形：形、机遇与维数》，第一次系统地阐述了分形几何的内容、意义、方法和理论。

这样，曼德布洛特最终把一个世纪以来被传统数学视为"病态的""怪物类型"的研究对象统一到一个崭新的几何体系中。一门以不规则几何形态为研究对象的崭新几何学——分形几何诞生了。

9.2 魔鬼的聚合物——奇妙的分形

9.2.1 分形的特征

就像很难对"数学"下严格的定义一样，人们也很难对"分形"下一个明确的定义。比如，曼德布洛特最初将分形描述为"美丽、研究起来极其困难但又非常有用的图形"。1982 年，他提出了更为正式、严格的定义：分形是一种其豪斯多夫维数严格大于拓扑维数的集合。后来，他将这个定义简化并加以扩展：分形是由与整体在某些方面相似的部分构成的图形。他还将分形定义为：在膨胀或收缩的时候，即便在微观层面上，也不失去其细节或者比例的图形或形状。过了一段时间，他又决定采用如下方式来刻画分形：在研究和使用分形时，不需要迂腐的定义，可以将分形维数作为描述各种不同分形的通用术语。

事实上，分形具有众多不同于传统欧氏几何图形的特征，我们可以从多个角度来刻画分形。

（1）具有无限精细的结构，即具有任意小尺度下的细节；

（2）非常不规则，以至于无论是它的整体还是局部，都不能用传统的几何语言来描述，即它既不是满足某些条件的点的轨迹，也不是某些简单方程的解集；

（3）具有某种自相似形式，可能是近似的自相似性或者统计的自相似性；

（4）一般来说，豪斯道夫维数严格大于其相应的拓扑维数；

（5）一般来说，可由迭代递归产生。

如何理解这个看似不够简洁的定义呢？欧氏几何处理的对象是一个规则的形体，而我们生活的世界是不规则的。正像曼德布洛特在他的专著《大自然的分形几何》中所提的"云朵不是球形的，山峦不是锥形的，海岸线不是圆形的，树皮不是光滑的，闪电也不是一条直线"，自然界中大量存在的是不规则、复杂、粗糙的事物。分形几何的研究对象普遍存在于自然界中，因此分形几何又被称为"大自然的几何学"。这些事物具有无限精细的结构，比如，科赫雪花曲线的任意两点之间都具有无穷无尽的细节，曲曲折折。不管你如何放大，科赫雪花曲线的两点之间都有无限精细的结构，因此，不管这两点有多近，你都无法将这两点之间的曲线分解成接近有限段来测量长度。作为反例，虽然直线的任何部分都与整体相似，但没有任意小尺度下的更多细节。

曼德布洛特发现了这些具有无限精细结构事物的典型特征——自相似性。自相似性指的是与其自身的一部分完全或近似相似，即整体与一个或多个部分具有相同的形状。也就是说，这种相似可以是完全相似，也可以是统计意义上的相似。根据自相似性的程度，分形可以分为有规分形和无规分形。有规分形指的是具体有严格的自相似性，即可以通过简单的数学模型来描述其相似性的分形，如康托尔三分集、科赫雪花曲线等。而无规分形是指具有统计学意义上的自相似性的分形，如海岸线、云朵等在统计意义上是自相似的：它们的一部分在许多尺度上显示出相同的统计特性。

如果用欧氏几何来观察我们的世界，点是 0 维的，直线是 1 维的，平面是 2 维的。如果用微分几何来观察我们的世界，曲线是 1 维的，曲面是 2 维的，流形是 n 维的（ n 是正整数）。总之，我们已经习惯了用整数维来打量我们生活的这个世界。既然线是 1 维的，面是 2 维的，那么锯齿形的分形曲线是多少维的呢？分形维数可以告诉我们这个问题的答案。

曼德布洛特揭示了可以利用分形维数来刻画不同的分形。除了豪斯道夫维数，数学家还定义了计盒维数、顶盒维数、底盒维数等更多的分形维数来刻画分形的复杂、粗糙、破碎程度。

计盒维数也称为盒维数、闵可夫斯基维数，是测量欧氏空间的子集 $S \subset \mathbb{R}^n$ 、度量空间 (X, d) 的一种分形维数。要计算分形 S 的计盒维数，可以把这个分形放在一个均匀分割的网格上，数一数最小需要几个格子来覆盖这个分形。通过对网格的逐步加细，查看所需格子数目的变化，从而计算出计盒维数。设 $N(\delta)$ 是把 X 覆盖住的边长为 δ 的格子数目，那么计盒维数就是

$$\dim_{\text{box}}(X) = \lim_{\delta \to 0} \frac{\ln N(\delta)}{\ln(1/\delta)}$$

例如，因为有理数集 $\mathbb{Q}$ 的闭包是 $\mathbb{R}$ ，所以它的豪斯道夫维数等于 0，而它的计盒维数等于 1。

当这个极限不存在时，我们可以计算上极限和下极限，相应地，分别称为顶盒维数 $\dim_{\text{upperbox}}(X)$ 和底盒维数 $\dim_{\text{lowerbox}}(X)$ ，或称为闵可夫斯基上界维数和闵可夫斯基下界维数。

使用方形的格子覆盖分形有好处：在很多情况下，方形各自的数目 $N(\delta)$ 计算比较方便，而且盒子的数目和它的覆盖数是相等的。但是，用来覆盖分形的盒子也可以是圆形的，可以用半径为 δ 的球来覆盖分形。使用球的好处是：它的数学形式更简单，并且更容易应用到更一般的距离空间。

计盒维数、顶盒维数、底盒维数都和豪斯多夫维数有关。当计盒维数存在时，顶盒维数、底盒维数存在并且等于计盒维数。同时，豪斯多夫维数、底盒维数和顶盒维数满足

$$\dim_{\text{Haus}}(X) \leqslant \dim_{\text{lowerbox}}(X) \leqslant \dim_{\text{upperbox}}(X)$$

对满足开集条件的分形而言，这几个维数通常是一致的。例如，康托尔三分集的豪斯道夫维数、计盒维数、顶盒维数、底盒维数都等于 $\log_3 2 \approx 0.6309$。只有对一些极特殊的分形，这几个分形维数才有所区别。

分形维数揭示出分形具有传统数学没有发现的非整数维——这一隐藏的维度，即维数可以是整数，也可以是分数。例如，像科赫雪花曲线一样的一根锯齿形分形曲线的维数位于 1 和 2 之间，海岸线的维数在 1 和 1.3 之间，河流水系的维数在 1.1 和 1.85 之间，云朵的维数约为 1.35，山地表的维数在 2.1 和 2.9 之间。

分形维数的大小刻画了不同分形的不规则程度和复杂程度。维数越大，分形越复杂、越粗糙；反之亦然。例如，分形维数接近 1 的曲线看起来非常像一条普通的曲线；而分形维数接近 2 的曲线在空间中蜿蜒曲折，看起来非常像一个曲面。类似地，分形维数为 2.1 的表面填充空间，非常像普通曲面；而分形维数接近 3 的表面折叠填充空间，看起来像一个立体。

自相似性是分形的重要特性，故在数学上可以用迭代方法生成分形。比如前面介绍的康托尔三分集和科赫雪花曲线。下面我们再来介绍几个可用迭代方法生成的有趣分形。

9.2.2　德拉姆曲线

设 (X, d) 是一个非空的完备度量空间。若存在一个小于 1 的非负实数 q，使对 X 内任意的 x 和 y，映射 $T: X \to X$ 满足

$$d(T(x), T(y)) \leqslant q \cdot d(x, y)$$

则称 T 是 X 上的一个压缩映射。而迭代函数系统就是完备度量空间 (X, d) 上的压缩映射构成的有限集。也就是说，集合

$$\{T_i | T_i: X \to X, i = 1, 2, \cdots, N\}$$

是一个迭代函数系统，若每个 T_i 都是完备度量空间 (X, d) 上的压缩映射。

考虑完备度量空间 (X, d) 以及其上的压缩映射 $T_0: X \to X$ 和 $T_1: X \to X$。根据巴拿赫不动点定理（也称为压缩映射定理）可知，映射 T_0 和 T_1 在 (X, d) 内有且仅有不动点 p_0 和 p_1（$T_0(p_0) = p_0$ 和 $T_1(p_1) = p_1$）。设 $x \in [0, 1]$，有二进制展开式 $x = \sum_{k=1}^{\infty} \dfrac{b_k}{2^k}$，其中 b_k 是 0 或 1。考虑由 $c_x = T_{b_1} \circ T_{b_2} \circ \cdots \circ T_{b_k} \circ \cdots$ 定义的映射 $c_x: X \to X$，其中 $\circ$ 表示映射的复合。可以证明每个 c_x 都将 T_0 和 T_1 的吸引域映射成 X 中的一个点 p_x。由单参数 x 所确定的点 $p_x = p(x)$ 的集合称为德拉姆曲线。德拉姆曲线满足：对 $x \in \left[0, \dfrac{1}{2}\right]$，有 $p(x) = T_0(p(2x))$；而对 $x \in \left[\dfrac{1}{2}, 1\right]$，有 $p(x) = T_1(p(2x - 1))$，即德拉姆曲线具有自相似性。

以科赫和意大利数学家、逻辑学家皮亚诺（G. Peano）命名的科赫-皮亚诺曲线是一种重要的德拉姆曲线。图 9.2.1 所示为 $a = 0.6 + 0.37\mathrm{i}$ 的科赫-皮亚诺曲线。当 $a = \dfrac{1}{2} + \dfrac{\sqrt{3}}{6}\mathrm{i}$ 时，科赫-皮亚诺曲线为科赫雪花曲线；而当 $a = \dfrac{1}{2} + \dfrac{1}{2}\mathrm{i}$ 时，科赫-皮亚诺曲线为皮亚诺曲线。

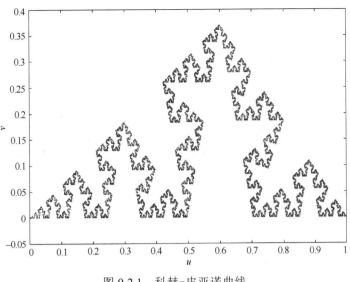

图 9.2.1 科赫-皮亚诺曲线

9.2.3 科赫雪花曲线

从科赫雪花曲线的生成过程我们不难发现:每次迭代后的边数变为迭代前的 4 倍,因此 n 次迭代后的边数为 3×4^n。每次迭代后的边长变为迭代前的 $\dfrac{1}{3}$。因此,若原来的等边三角形的边长为 1,则经过 n 次迭代后雪花各边的长度为 $\dfrac{1}{3^n}$。从而,经过 n 次迭代后,科赫雪花的周长 $l_n = 3 \times \left(\dfrac{4}{3}\right)^n$。所以,随着迭代次数的增大,边数不断增加,而科赫雪花曲线的周长趋向无穷大。科赫雪花的周长测量如图 9.2.2 所示。

再来看看它的面积。每次迭代后,都在前一次迭代图形的每一边上添加一个小三角形。因此,经过 n 次迭代后,添加了 $3 \times 4^{n-1}$ 个新三角形。若等边三角形的边长为 a,则它的面积为 $\dfrac{\sqrt{3}}{4} a^2$。所以,每次迭代后添加的新三角形的面积是上次迭代添加的三角形面积的 $\dfrac{1}{9}$。即第 n 次迭代添加的三角形的面

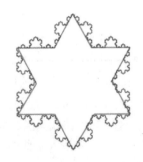

图 9.2.2 科赫雪花的周长测量

积 $a_n = \dfrac{a_0}{9^n}$,其中, a_0 为原始三角形的面积。因此,第 n 次迭代后,相比第 n 次迭代前增大的新区域面积为 $\dfrac{3}{4} \cdot \left(\dfrac{4}{9}\right)^n \cdot a_0$。这样,经过 n 次迭代后,所得图形的总面积

$S_n = \left[1 + \dfrac{3}{4} \sum_{k=1}^{n} \left(\dfrac{4}{9}\right)^n\right] a_0$。所以,科赫雪花曲线的面积为

$$\lim_{n\to\infty} S_n = \lim_{n\to\infty}\left[1 + \frac{3}{4}\sum_{k=1}^{n}\left(\frac{4}{9}\right)^n\right]a_0 = \left(1 + \frac{3}{4}\times\frac{4}{5}\right)a_0 = \frac{8}{5}a_0$$

即若原来的等边三角形的边长为 1，则科赫雪花曲线的面积为 $\frac{2\sqrt{3}}{5}$。

综上所述，可以发现这样一个非常有意思的事实：虽然科赫雪花曲线所围的区域非常有限，但它的周长是无限的。这一点正好可以帮助我们再次理解前面所说的英国海岸线测量问题。

从用不同尺度标尺测量科赫雪花曲线周长的角度来观察上述事实，我们依次用标尺长度为 1，$\frac{1}{3}$，$\cdots$，$\frac{1}{3^n}$，$\cdots$ 的标尺来测量。根据表 9.2.1，我们不难发现标尺长度 $\lim_{n\to\infty}\frac{1}{3^n}=0$，而科赫雪花曲线的周长 $\lim_{n\to\infty}3\times\left(\frac{4}{3}\right)^n=\infty$。迭代生成科赫雪花曲线的过程中的周长如表 9.2.1 所示。

表 9.2.1　迭代生成科赫雪花曲线的过程中的周长

测量编号	标尺长度	边数	测得的周长
1	1	3	3
2	$\frac{1}{3}$	$3\times4=12$	$3\times\frac{4}{3}$
3	$\frac{1}{3^2}$	$3\times4^2=48$	$3\times\left(\frac{4}{3}\right)^2$
$\vdots$	$\vdots$	$\vdots$	$\vdots$
$n+1$	$\frac{1}{3^n}$	3×4^n	$3\times\left(\frac{4}{3}\right)^n$
$\vdots$	$\vdots$	$\vdots$	$\vdots$

因为科赫雪花曲线具有无穷无尽的细节、自相似性，所以测得的周长依赖所使用测量标尺的长度。随着标尺趋近零，周长趋于无穷大。

科赫雪花曲线具有广泛的实际应用，比如，它非常适合作为地砖的拼接方案或者装饰图案，基于科赫雪花曲线的装饰图案如图 9.2.3 所示。

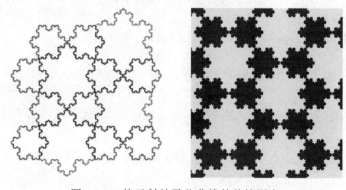

图 9.2.3　基于科赫雪花曲线的装饰图案

9.2.4　曼德布洛特集

1978 年，作为克莱因群研究的一部分，曼德布洛特集被美国数学家布鲁克斯（R. W. Brooks）等人首次定义并绘制出来，如图 9.2.4 所示。1980 年，曼德布洛特在 IBM 托马斯·沃森研究中心首次看到了该集合的可视化图形。曼德布洛特集的深入数学研究开始于法国数学家杜亚迪（A. Douady）和美国数学家哈伯德（J. H. Hubbard）在 1985 年所做的工作，他们明确了它的许多基本性质。同时，为了纪念曼德布洛特在分形几何方面有影响力的工作，他们还将其命名为曼德布洛特集。

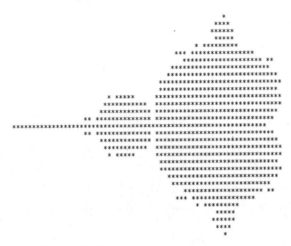

图 9.2.4　布鲁克斯等人于 1978 年绘制的曼德布洛特集图像

曼德布洛特集可以用一个简洁的复二次多项式 $z = z^2 + c$ 来定义，其中 c 是一个复数。那些使函数 $f_c(z) = z^2 + c$ 由 $z=0$ 开始迭代而不发散的复数构成曼德布洛特集。更准确地说，从 $z_0=0$ 开始对 $f_c(z)$ 进行迭代，用递推公式 $z_{n+1}=z_n^2+c$ 重复应用迭代，得到

$$z_0=0，\quad z_1=c，\quad z_2=c^2+c，\quad \cdots$$

如果对所有的正整数 n，z_n 的绝对值都是有界的，则复数 c 是曼德布洛特集中的一点。例如，对于 $c=1$，利用递推公式迭代获得的数列为 $0,1,2,5,26,\cdots$，这个数列趋于无穷大，因此 1 不属于曼德布洛特集；而对于 $c=-1$，获得的数列为 $0,-1,0,-1,0,\cdots$，这是有界的，所以 -1 不属于该集合。

将 c 的实部和虚部视为复平面上的图像坐标，我们可以画出曼德布洛特集的图像，如图 9.2.5 所示。如果 c 点属于曼德布洛特集，则为黑色，反之为白色。直观地说，曼德布洛特集的图像是由一个大的心形、一系列大小不一的带有突起"芽孢"的圆盘构成的。

由于缺乏计算机图形学的帮助，早期的研究人员只能手绘分形图形，因而无法充分领略分形之美。1985 年 8 月，美国的科普杂志《科学美国人》向广大读者介绍了计算曼德布洛特集的算法，封面上配发了一张位于 $-0.909 - 0.275i$ 上的曼德布洛特集图像。而在今天，随着计算机软硬件的发展，个人计算机和数学软件已经可以轻松地以高分辨率展示出曼德布洛特集的图像的神奇和美丽，如图 9.2.6 所示。

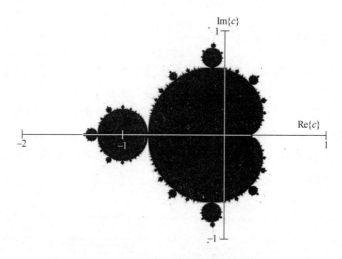

图 9.2.5　迭代生成的曼德布洛特集

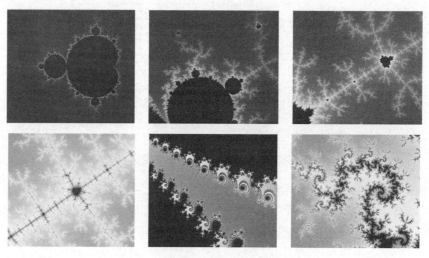

图 9.2.6　曼德布洛特集的放大图像

　　事实上，曼德布洛特集的图像被公认为是迄今为止人类发现的最奇异、最瑰丽、最复杂的几何图形之一。它的图像呈现出精细且无限复杂的细节，它的每个局部都可以演绎出不同的梦幻般如仙境的图案。随着放大倍数的增大，能够逐渐显示出越来越精细的递归细节。不管你把它的局部放大多少倍，都能显示出更加复杂与令人赏心悦目的新的局部图案，表现出无穷无尽的细节和自相似性：这些局部既与整体有所不同，又有某种自相似的地方。这种无穷无尽的细节和自相似性就像漫步在一座具有无穷层次结构的宏大宫殿，它的每个角落都具有无穷嵌套的迷宫和回廊，因此，曼德布洛特集也被称为"魔鬼的聚合物"。

　　曼德布洛特集包含很多完整的圆盘，所以它的豪斯多夫维数等于它的拓扑维数 2。令人惊讶的是，曼德布洛特集的边界的豪斯多夫维数也是 2（而拓扑维数是 1），这个结果由日本学者宾仓光广（M. Shishikura）在 1991 年证明。

　　实际上，曼德布洛特集起源于复变动态系统的研究。该领域由法国数学家法图（P. J. L. Fatou）和朱利亚（G. M. Julia）在 20 世纪初首次研究。1893 年，朱利亚出生在当时法国人统治的阿尔及利亚。在年轻时，他对数学和音乐产生了浓厚的兴趣。第一次世界大战爆发时，朱利亚的学业也随之在他 21 岁时被迫中断，他被征召入伍。在战斗中，他受了重伤并失去了鼻子。在他的余生中，朱利亚只能在鼻子周围佩戴皮罩，这也是我们照片（图9.2.7）中看到的那个皮罩的来源。但这并没有阻碍他在数学研究中的求索。战后，朱利亚的数学工作引起了人们的关注，他撰写的一篇长达 199 页的论文被刊登在由著名数学家刘维尔于 1836 年创立的著名数学期刊《纯数学与应用数学杂志》上。1918 年，他在 25岁时发表的一篇关于有理函数迭代的文章更是在数学界引起轰动，并使他后来获得法国科学院大奖。

图 9.2.7　朱利亚

　　尽管后来他声名鹊起，但在曼德布洛特在他的论著中提到之前，朱利亚的工作大多被人们遗忘。事实上，曼德布洛特集与朱利亚集有着异曲同工的密切联系。朱利亚集也是在复平面上的分形，可用函数 $f_c(z) = z^2 + c$ 进行反复迭代得到，只不过是用 z 值来生成图形。更精确地说，对于固定的复数 c，取某一 z 值：$z = z_0$，迭代可以得到数列 $z_0, f_c(z_0), f_c(f_c(z_0)), f_c(f_c(f_c(z_0))), \cdots$，这个数列可能是发散的，也可能是收敛的。那些使得数列收敛的 z_0 构成的集合就是朱利亚集，如图 9.2.8 所示。

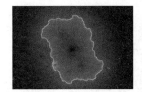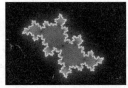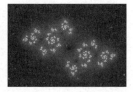

图 9.2.8　朱利亚集

　　不难发现，取不同的复数 c，就可以得到不同的朱利亚集。随着复数 c 取值的不同，朱利亚集呈现出千变万化的不同形态，有的像星系，有的像兔子，有的像海马，有的像风车……因此，如果说曼德布洛特集是一朵美丽的花，而朱利亚集则是一个鲜花盛开的花园。

9.2.5　谢尔宾斯基地毯、谢尔宾斯基三角形与门格海绵

　　谢尔宾斯基地毯（Sierpiński Carpet）是由波兰数学家谢尔宾斯基（W. F. Sierpiński）于1916 年提出的一个分形图形，如图 9.2.9 所示，它是自相似集的一种，是康托尔集在二维平面上的一种推广。

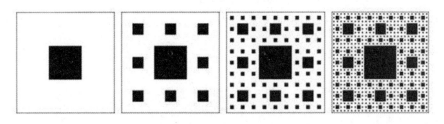

图 9.2.9　谢尔宾斯基地毯

用3×3网格将一个正方形切成 9 个全等的小正方形，并移除位于中心的那个小正方形，这样获得了 8 个小正方形。然后将相同的过程递归地应用于这 8 个小正方形，如此无限地重复操作下去，就获得了谢尔宾斯基地毯。谢尔宾斯基地毯也可以由如下计算机程序构造生成。

```
/**
Decides if a point at a specific location is filled or not.
@param x is the x coordinate of the point being checked
@param y is the y coordinate of the point being checked
@param width is the width of the Sierpinski Carpet being checked
@param height is the height of the Sierpinski Carpet being checked
@return 1 if it is to be filled or 0 if it is not
*/ int isSierpinskiCarpetPixelFilled (int x,int y,int width,int height) {
// base case
if (x<1) {
return 0;
}
// general case
{
/*
If the grid was split in 9 parts, what part (x2,y2) would x,y fit into?
*/
int x2 = x*3/width; // an integer from 0..2 inclusive
int y2 = y*3/height; // an integer from 0..2 inclusive
if (x2==1 && y2==1) // if in the centre squaure, it should be filled.
return 1;
/* offset x and y so it becomes bounded by 0..width/3 and 0..height/3
and prepares for recursive call
*/
x-=x2*width/3;
y-=y2*height/3;
}
return isSierpinskiCarpetPixelFilled (x,y,width/3,height/3);
}
```

由谢尔宾斯基地毯的构造方法可知，它的豪斯多夫维数为

$$\ln 8 / \ln 3 \approx 1.8928$$

但有趣的是谢尔宾斯基地毯的面积等于零。事实上，如果用 a_i 表示第 i 次迭代所得的面积，那么 $a_{i+1} = \dfrac{8}{9} a_i$。因此，有

$$\lim_{n\to\infty} a_n = \lim_{n\to\infty} \left(\frac{8}{9}\right)^n = 0$$

另外，利用反证法还可以推知谢尔宾斯基地毯一定是空的。

谢尔宾斯基说明了谢尔宾斯基地毯实际上是一条广义曲线，即谢尔宾斯基地毯是平面的一个勒贝格覆盖维数为 1 的紧子集，而平面的具有该特性的每个子集一定是同胚于谢尔宾斯基地毯的某个子集。

谢尔宾斯基地毯被应用于移动电话和 Wi-Fi 通信天线的设计和制造。由于谢尔宾斯基地毯具有自相似性和尺度不变性，这样制造出来的通信天线很容易适应多个频率，而且，与具有类似性能的传统天线相比，这样制造出来的天线更小。

谢尔宾斯基三角形（图 9.2.10）是与谢尔宾斯基地毯非常类似的一种分形，它们的不同之处在于谢尔宾斯基三角形采用重复去除等边三角形子集的方法进行分形构造，而谢尔宾斯基地毯采用的是重复去除正方形子集的方法进行分形构造。换句话说，通过重复去除三角形子集，我们可以从等边三角形构造谢尔宾斯基三角形。

图 9.2.10　谢尔宾斯基三角形

（1）将一个等边三角形细分为四个较小的全等等边三角形并去除中心三角形；

（2）对每个剩余的小三角形无限重复步骤（1）。

由谢尔宾斯基三角形的构造方法可知，每次迭代后剩余的面积是迭代前面积的 3/4。这样，经过无限次迭代后就导致谢尔宾斯基三角形的面积为零，其豪斯多夫维数为

$$\ln 3 / \ln 2 \approx 1.585$$

图 9.2.11　门格海绵

而门格海绵（图 9.2.11）是谢尔宾斯基地毯在三维空间中的推广。

1926 年，当时正在研究拓扑维数概念的奥地利数学家门格（K. Menger）构造出了门格海绵（Menger Sponge）。为了纪念谢尔宾斯基，它有时也被称为门格-谢尔宾斯基海绵、谢尔宾斯基立方体。

门格海绵的严格数学定义为：$M = \bigcap_{n \in N} M_n$，其中，$M_0$ 为单位立方体，有

$$M_{n+1} = \left\{ (x,y,z) \in R^3 \,\middle|\, \exists i,j,k \in \{0,1,2\}, \text{s.t.} (3x-i, 3y-j, 3z-k) \in M_n, i,j,k \text{中最多只有一个等于} 1 \right\}$$

形象地说，门格海绵的结构可以用以下方法获得。

（1）把一个大正方体的每个面平均分成 9 个小正方形。换句话说，把这个大正方体分成 27 个小正方体，这样平分后的大正方体就像一个魔方。

（2）把每面中间的正方体去掉，把最中心的正方体也去掉，这样留下 20 个正方体。

（3）对剩下的这 20 个正方体重复前两步操作。

按以上的步骤重复无穷次以后，得到的就是门格海绵。而被挖去的部分称为谢尔宾斯基-门格雪花（Sierpinski-Menger Snowflake）。这样，做第 n 次迭代操作获得的门格海绵由 20^n 个正方体构成，每个正方体的边长为 $\dfrac{1}{3^n}$。因此，此时获得的门格海绵的体积为 $\left(\dfrac{20}{27}\right)^n$，而其表面积为 $2\left(\dfrac{20}{9}\right)^n + 4\left(\dfrac{8}{9}\right)^n$。注意到

$$\lim_{n\to\infty}\left(\frac{20}{27}\right)^n = 0 , \qquad \lim_{n\to\infty}\left[2\left(\frac{20}{9}\right)^n + 4\left(\frac{8}{9}\right)^n\right] = \infty$$

所以可知门格海绵的体积趋于 0，而其表面积趋于无穷大。

非常有趣的是，在迭代过程中，任何一块选定的表面都会被破坏，最终的极限形态都是谢尔宾斯基地毯。虽然门格海绵的豪斯多夫维数为

$$\ln 20 / \ln 3 \approx 2.726833$$

但门格证明了：门格海绵的拓扑维数等于 1。换句话说，它是一条广义曲线，任何一维曲线都与门格海绵的一个子集同胚。这里的曲线是指任何勒贝格覆盖维数为 1 的紧度量空间。因此，它也被称为门格广义曲线（Menger Universal Curve）。

门格海绵还有很多有趣而奇妙的性质，同时，门格海绵与原来的大正方体的任何一条对角线的交集都是康托尔集。门格海绵是一个有界闭集，因此，根据海涅-博雷尔定理（Heine-Borel Theorem），它是紧致的，而且，门格海绵是勒贝格测度为 0 的不可数集。

9.3 分形的应用

分形几何把被人们视为"病态的""怪物类型"的数学对象和自然界对象纳入一个全新的几何体系，揭示出它们复杂、粗糙、不规则等外在形态内部隐藏的维度，展示了复杂与简单、无限和有限、混乱和规则之间有趣的内在联系。

分形是基于迭代系统的，可以用非常简单的图形生成复杂的、具有真实感的图形。因此，我们可以利用分形进行物体生成，将其用于电影、游戏场景的制作，如图 9.3.1 所示。

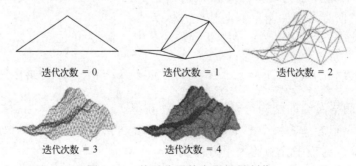

图 9.3.1　基于分形的电影场景制作

分形具有无限嵌套的结构，在很小的一块区域它可能拥有巨大的面积。因此，我们可

以利用分形图形进行集成电路设计，以达到用很小的电路板安插尽量多的元器件或者电路的目的。比如，将谢尔宾斯基地毯用于集成电路设计，如图 9.3.2 所示。

图 9.3.2　谢尔宾斯基地毯的集成电路设计

生命科学中，人们在对人体器官的研究中发现，自相似性、分形、混沌的影子几乎无处不在：人体的肺部细胞形成盘根错节、复杂的受力网络，人脑的表面、小肠结构、血管伸展、神经元分布等都有明显的分形特征。

俗话说，大脑表面的皱褶越多，人越聪明，这句话目前也许还缺乏医学实验研究的明确证据，但可以从分形几何的角度给出一点诠释。科学家对人脑表面进行了研究，发现从人脑表面皱褶的分形结构模型出发，估算出的分形维数是 2.73～2.78。从欧几里得几何的观点来看，任何平面或曲面的维数都是 2。但是从分形几何的角度来说，大脑表面皱褶越多，分形维数就越高，就越逼近我们所处的三维空间的维数，医学界认为这是进化过程中某种优化机制起作用的结果。因为分形维数越高，表明在同样有限的空间内，大脑能占有越大的表面积，就有可能具备越复杂的思考能力。

图 9.3.3　肺部的分形结构

我们肺部大约有 3 亿个肺泡，具有的表面积差不多相当于整个网球场的大小。将如此巨大的面积塞进看起来小小的肺中，这也是分形几何的功劳，肺部的分形结构如图 9.3.3 所示。人体的肺气管道是一种结构复杂、形状极不规则的导气管网，从气管尖端开始反复分叉，再分叉，形成一种典型的树形分叉结构。分形的分叉与折叠增大了分形维数，也增大了这些管道吸收空气的表面积。根据测量，肺泡的分形维数等于 2.97，非常接近 3。

与肺气管道比较，人体的血管似乎是一种更为复杂细致、遍及全身的分形网络。要做到与所有细胞直接相连，微血管必须细到只能允许单个血细胞通过，而大动脉又必须具有快速流过大量三维血流的功能。从大到小，由简而繁，这似乎是分形结构的长处。经实验测定，人体动脉的分形维数大约为 2.7，相信这个维数是在人体进化及器官生长过程中最佳选择的结果。

除了上述列举的人体器官，还有神经系统的神经元、双螺旋结构的 DNA、蛋白质分子链、泌尿系统、肝脏胆管等，它们的形态也都遵从分形规律。有人认为，生物体中每个单元的形态结构、遗传特性等在不同程度上都可看作生物整体的缩影。从分形的角度来看，这些都是在生物体中自相似性的表现。此外，心脏中输送的电流脉冲、心跳节律、脑电波等随时间变动的波形曲线也都是分形。

思 考 题

1．分形的本质特征是什么？分形几何与其他几何学的区别是什么？
2．请列举自然界中具有分形结构的事物，并分析其特点。
3．利用数学软件绘制若干分形图形，分析其特性。
4．通过查阅资料，概括分形的若干应用实例。

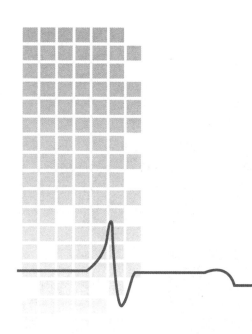

第十章

蝴蝶效应之谜——混沌

西方民间流传着这样一首民谣："丢失一个钉子，坏了一只蹄铁；坏了一只蹄铁，折了一匹战马；折了一匹战马，伤了一位骑士；伤了一位骑士，输了一场战斗；输了一场战斗，亡了一个帝国。"丢了一个钉子，最后居然能导致一个帝国的灭亡！是不是很夸张？再如，"南美洲的一只蝴蝶扇一下翅膀，就可能引起亚洲地区的一阵台风"，你觉得这个说法靠谱吗？其实，这首看似夸张的民谣和这个看似不靠谱的说法里面蕴含着深刻的数学原理。

庞加莱发现，限制性三体问题的一些解的图形表现出前所未见的复杂性和不确定性。给定初始条件，没有办法预测当时间趋于无穷大时解的轨道的最终状态，这种解的长时间行为的不确定性就是混沌。几十年后，时任天气预报分析师的洛伦兹发现了蝴蝶效应，由此导致混沌学的正式创立。

在本章中，我们将介绍庞加莱对三体问题的研究、洛伦兹发现蝴蝶效应的过程、混沌的特征与应用，帮助读者认识初始条件的微小差异（例如，由数值计算中的舍入误差引起的差异会引发这种动力系统的广泛分歧），从而导致无法对系统的长期行为进行预测。混沌现象无处不在，混沌的发现和混沌学的建立为人类观察客观世界打开了一个新的窗口。

10.1 三 体 问 题

1882 年，瑞典数学家米塔-列夫勒（M. G. Mittag-Leffler）在瑞典国王奥斯卡二世的资助下创立了著名数学期刊《数学学报》，如图 10.1.1 所示。1887 年，为了迎接国王 60 岁的生日，在米塔-列夫勒的建议下，奥斯卡二世通过这个数学期刊设立了 4 个数学难题解答的有奖征集。关于天体运行规律的 N 体问题位列 4 个问题之首，具体来说，就是相互之间存

在万有引力作用的 N 个可看作质点的天体运行轨道的问题，这个问题直接关系到太阳系的稳定性，比如说，太阳、地球、月亮的运行就构成一个三体问题。N 体问题起源于二体问题。事实上，在此次征集解答之前，通过开普勒、伯努利、牛顿等人的努力，二体问题已得到了完满解决。之后，牛顿、欧拉、拉格朗日、拉普拉斯等都曾研究过三体问题。例如，1687 年，在《自然哲学的数学原理》第一卷的第 66 号命题及其 22 个推论中，牛顿首次定义和研究了三个受相互扰动的重力吸引影响的巨大物体的运动问题。在第三卷的第 25～35号命题中，牛顿将他的 66 号命题结果用于月球在地球和太阳引力影响下的运动。达朗贝尔和克莱罗在 1747 年向法国皇家科学院提交了他们的第一批三体问题分析，"三体问题"这个名称至此开始广泛使用。但总体说来，三体问题的进展微乎其微，始终没有获得这个问题的完满答案。

图 10.1.1　米塔-列夫勒和他创办的《数学学报》

在 N 体问题公布之后，有很多人都投入这一问题的研究中，但都没有进展。机会总是留给有准备的人的，而这次机会就是给法国数学家庞加莱准备的。庞加莱（图 10.1.2）被公认是在德国数学家高斯之后对数学及其应用具有全面知识的最后一人。一位数学史家曾经如此形容庞加莱：有些人仿佛天生就是为了证明天才的存在似的，每次看到他，我就会听见这个"恼人"的声音在我耳边响起。作为 19 世纪末和 20 世纪初的杰出数学领袖，庞加莱的研究涉及数论、代数学、几何学、拓扑学、天体力学、数学物理、多复变函数论、科学哲学等许多领域。

图 10.1.2　庞加莱

即使是在牛顿提出三体问题的 200 年后，对庞加莱这样的大数学家来说，N 体问题也是太困难了。但大师就是大师，庞加莱采用了 1878 年美国数学家希尔（G. W. Hill）的方法，研究了限制性三体问题：三体中其中两体的质量极大，以至于第三体的质量完全不能对其造成任何扰动。形象地说，这是两个大天体和一颗小尘埃运行规律的问题。这样，原来由 9 个微分方程构成的方程组就简化成与 3 个变量有关、由 3 个微分方程构成的方程组，但庞加莱仍然无法获得这个弱化的数学模型的精确解。在寻求方程组精确解碰壁之后，庞加莱另辟蹊径，用几何的方法分析解的性质。由定量到定性，庞加莱为微分方程的定性理论的研究开辟了道路。庞加莱研究了小尘埃的运行规律，提交了一篇 160 页的论文给评委会。在庞加莱的论文中，他描述了如同宿点（Homoclinic Points）之类的新思想，提出了同宿轨道、异宿轨道的概念。虽然庞加莱没有解决 N 体问题，但评委会认为他的工作是一个重大突破，因而决定把奥斯卡奖颁给庞加莱。作为评委之一的魏尔斯特拉斯这样评价庞加莱的工作：这个工作不能真正视为对所求问题的完善解答，但是它的重要性使得它的出版将标志着天体力学的一个新时代的诞生。

具有戏剧性的是，在 1889 年庞加莱论文交付出版的过程中，一位负责校对的年轻编辑发现论文中有模糊不清的地方，建议庞加莱添加注释，就是这个修改建议使庞加莱成为混沌现象的第一发现者。凭借深厚的数学造诣和细致的分析，庞加莱完成了长达 270 页的修改版论文。庞加莱发现，限制性三体问题的一些解的图形表现出前所未见的复杂性和不确定性，给定初始条件，没有办法预测当时间趋于无穷大时解的轨道的最终状态，这种解的长时间行为的不确定性就是混沌。

以三体问题为背景，作家刘慈欣于 2006 年创作了一部有趣的长篇科幻小说《三体》。在小说中，三体文明所在的星系中有 3 个质量相差不大的恒星，这 3 个恒星的运动轨迹是完全不可预测的。由于受到这 3 个恒星的引力交互作用，三体人所在的行星轨道高度混沌，三体文明时刻面临毁灭的危机。该小说在 2013 年获得第 9 届全国优秀儿童文学奖科幻文学奖，在 2015 年又荣获雨果奖最佳小说奖。

10.2　蝴蝶效应——洛伦兹的意外发现

美国数学家、气象学家洛伦兹（E. N. Lorenz）是混沌理论的早期先驱，他对混沌的兴趣来自他在 1961 年的天气预测工作中的偶然发现。

1961 年冬日里的一天，当时还是麻省理工学院年轻助教的洛伦兹（图 10.2.1）正在使用计算机进行天气预测的模拟计算。他进行天气模拟的数学模型是由 12 个方程构成的方程组，使用的计算模拟工具是由 Royal McBee 公司制造的早期数字计算机 LGP-30，如图 10.2.2 所示。

图 10.2.1　洛伦兹

图 10.2.2　数字计算机 LGP-30

为了更清楚地理解洛伦兹当年的工作条件，我们来了解数字计算机 LGP-30 的有关情况。1946 年，美国研制出世界上第一台电子计算机。之后，电子计算机在美国得到迅猛发展和应用，与原子能技术、航空航天技术并列成为美国新科技革命兴起的标志，美国的经济也在"二战"后进入了高度现代化的发展阶段，LGP-30 是美国计算机发展史中有代表性的一款早期数字计算机。

1956 年，第一款 LGP-30 的零售价格是 47000 美元，相当于 2017 年的 423000 美元。LGP-30 包括光电纸带读取器、机械纸带打孔器、电传打印机等部件。主计算机重 800 磅（1 磅=0.454 千克），总占地面积 8 平方英尺（1 英尺=0.3048 米）。那么，这台价格高昂的计算机的运算速度如何呢？LGP-30 的存储器容量为 4096 个 32 位字。LGP-30 的输入和输出的数字系统之间的转换必须由程序员明确提供，它的时钟频率为 120Hz，加法和乘法的运算时间分别是 8.75 毫秒和 24 毫秒。

那么，120Hz 的时钟频率是什么概念呢？在计算机中，时钟速度（Clock Speed）也称为主频，指的是振荡器设置的处理器节拍，也就是由振荡器产生的每秒脉冲次数。时钟频率通常由兆赫 MHz（每秒百万脉冲）、千兆赫 GHz（每秒十亿脉冲）表示。计算机的主频并不等于计算机的运行速度，但是是决定运行速度的主要因素之一。今天，个人计算机的 CPU 的主频都以 GHz 计算，现在个人计算机的 CPU 主频已经高达 5GHz，这是一个什么概念呢？计算机的运算速度还依赖处理器的微指令，不同的指令需要的时钟周期的个数是不同的（对同一个指令，不同的 CPU 需要的时钟周期的个数也不同）。假设从内存读 1 个数据需要 4 个时钟周期，进行一次 8 位数的加法运算需要 16 个时钟周期，将数据写入内存需要 6 个时钟周期，那么，进行一次完整的加法运算需要读 2 个数据，8 个周期+运算 16 个周期+写入 6 个周期，总共需要 30 个时钟周期。这样，从理论上来说：如果只做加法运算，那么 1GHz 的 CPU 在 1 秒就可能运行 300多万次。但是，实际上由于 CPU 还要处理内存刷新、总线管理等其他事情，不可能将全部功能都用于计算，实际数字比这个小得多。现在，我们来对比现在个人计算机 CPU 和 LGP-30 的主频。1GHz = 1000MHz，1MHz = 1000kHz，1kHz = 1000Hz，也就是说

$$1GHz = 1000000000Hz$$

现在常见的个人计算机的 CPU 主频普遍为 3～5GHz。这样，现在个人计算机 CPU 的主频是 LGP-30 的 2500 万～4167 万倍！现在，大家应该能想象出洛伦兹当年所使用计算机的速度了。

在使用 LGP-30 完成一次计算后，洛伦兹想再次重复模拟检验一下运行结果。有了前面关于 LGP-30 的介绍，我们就不难理解洛伦兹接下来的举动了。为了节省时间，他没有从头到尾重复计算，而是从程序的中段开始，把上一次计算到中间位置输出的数据作为这次计算的初始条件。然后，为了避开 LGP-30 恼人的噪声，他出去喝了杯咖啡。

回来的时候，令他惊讶不已的事情发生了：计算机给出的天气预测结果与之前的完全不同！问题出在什么地方呢？通过仔细分析计算机的打印输出过程，洛伦兹发现：LGP-30 是以精确到小数点后 6 位的精度工作的，但打印输出的结果将变量四舍五入到小数点后 3 位。这样，值为 0.506127 的值就被打印输出为 0.506。换句话说，在他第二次模拟时，他用 0.506 替换了 0.506127。在我们的印象当中，0.000127 是多么微乎其微的一个数值，小到几乎可以忽略不计，应该不会对后续预测结果带来多大的影响。然而，洛伦兹发现这个初始条件的微小变化确实导致了天气长期预测结果的巨大变化。而随着时间的流逝，天气系统的初始条件在不断地发生着变化，因此即使是非常细致的大气模拟，也不能进行精确的长期的天气预测。

1963 年，在论文《确定性的非周期流》中，洛伦兹发展了大气对流的一种简化的数学模型，这个模型中，3 个一阶常微分方程构成方程组

$$\begin{cases} \dfrac{\mathrm{d}x}{\mathrm{d}t} = \sigma y - \sigma x \\[2mm] \dfrac{\mathrm{d}y}{\mathrm{d}t} = \rho x - xz - y \\[2mm] \dfrac{\mathrm{d}z}{\mathrm{d}t} = xy - \beta z \end{cases}$$

这个方程组被称为洛伦兹系统（Lorenz System）。天气系统涉及诸多因素，复杂到用数百万个变量来描述都不为过，但洛伦兹将其压缩成 3 个变量 x、y 和 z，所以这只是一个简化的、理想化的模型。但这个模型对洛伦兹阐述其发现又是足够用的。该系统刻画了从下方均匀加热并从上方冷却的二维流体层的性质，特别是，这些方程描述了 3 个量对时间的变化率：x 与对流速率成正比，y 与水平温度变化成正比，z 与垂直温度变化成正比。常数 σ、ρ 和 β 是与普朗特数（Prandtl Number）、瑞利数（Rayleigh Number）和层本身的某些物理维数成比例的系统参数。简单地说，该系统有 1 个自变量 t，3 个因变量 x、y 和 z，3 个参数 σ、ρ 和 β。一般假设参数 σ、ρ 和 β 是正的。在论文中，洛伦兹将这 3 个参数取为 $\rho = 28$，$\sigma = 10$，$\beta = \dfrac{8}{3}$，洛伦兹系统表现出混沌行为。

需要指出的是，除了大气对流，洛伦兹系统也出现在激光器、发电机、热虹吸管、无刷直流电动机、电路、化学反应和正向渗透等的简化模型中。洛伦兹系统具有一些明显的特征：非线性的、非周期性的、三维的和确定性的。

洛伦兹获得的最为关键的发现是：洛伦兹系统的解对初始条件具有极为敏感的依赖性。洛伦兹系统在某些参数值和初始条件下会发生混沌行为，即有混沌的解。初始条件的微小差异，比如由数值计算中的舍入误差引起的差异，会引发这种动力系统的广泛分歧。从而，导致无法对系统的行为进行长期预测。即使这些系统具有确定性，也会发生这种情况。这意味着系统的未来行为完全取决于初始条件，而不涉及任何随机因素。换句话说，这些系统的确定性本质并不能使它们具有可预测性。这种行为被称为确定性混沌（Deterministic Chaos），简称混沌。洛伦兹总结了这一理论："Chaos: When the present determines the future, but the approximate present does not approximately determine the future." 这句话的意思是："混沌：现在决定未来，但近似的现在并不能近似地决定未来。"

利用 MATLAB 编程，可以直观地看到洛伦兹系统的混沌行为。

```
function [] = testlorenz()                   % 洛伦兹系统的时间历程图
x0 = [1 1 1];                                % 初值
[T, X] = ode45(@lorenz, [0 1000], x0, []);
x0 = X(end, :);
[T, X] = ode45(@lorenz, [0 100], x0, []);
plot3(X(:, 1), X(:, 2), X(:, 3))

function ydot = lorenz(t, x)                 % 洛伦兹系统
```

```
sigma = 10;beta = 8/3;rho = 28;
ydot = zeros(3, 1);
ydot(1) = sigma*(x(2)-x(1));
ydot(2) = rho *x(1)-x(1)*x(3)-x(2);
ydot(3) = x(1)*x(2)- beta*x(3);
```

从相空间图（图 10.2.3）可以看出，随着时间的推移，洛伦兹系统的演变就会趋近一个区域，就像几根线缠绕在两个图钉周围，是不是非常像一只展翅欲飞的美丽蝴蝶呢？因此，洛伦兹形象地称其为蝴蝶效应（Butterfly Effect）。

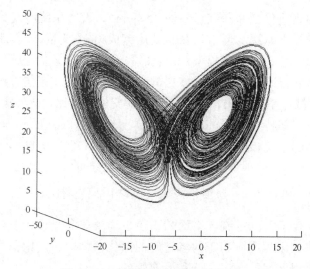

图 10.2.3 洛伦兹系统的相空间图 1

我们可以发现，几乎所有的初始点都倾向于一个不变的集合——洛伦兹吸引子（Lorenz Attractor）——一个奇怪的吸引子、一个分形。它的豪斯多夫维数估计为 2.06 ± 0.01，相关维数估计为 2.05 ± 0.01。洛伦兹吸引子很难分析，但微分方程对洛伦兹吸引子的作用是用一个相当简单的几何模型来描述的。

当 $\rho = 28$、$\sigma = 10$ 和 $\beta = \dfrac{8}{3}$ 时，x 和 z 的初始条件保持不变，而 y 的初始条件分别为 $y = 1.001$、$y = 1.0001$ 和 $y = 1.00001$，即使是初始值的最微小的差异，在很短的时间内也会引起轨道的显著变化。图 10.2.4 很好地展示了洛伦兹系统对初始条件的敏感依赖性。

1972 年，在美国科学促进会举办的一次会议上，洛伦兹提交了一篇题为《可预测性：一只巴西蝴蝶翅膀的扇动会引发得克萨斯州的一场龙卷风吗？》的论文。洛伦兹形象地描述了他的发现："一只蝴蝶在巴西轻拍翅膀，会使更多蝴蝶跟着一起轻拍翅膀。最后将有数千只蝴蝶都跟着那只蝴蝶一同振翅，其所产生的巨风可以导致一个月后在美国得克萨斯州发生一场龙卷风。"这句话里面包含空气动力学和数学原理：蝴蝶扇动翅膀的运动，导致其身边的空气系统发生变化，并产生微弱的气流，而微弱气流的产生又会引起四周空气或其他系统产生相应的变化，由此引起连锁反应，最终导致系统的极大变化。蝴蝶翅膀的扇动这一初始状态的微小变化，却引发了影响大规模现象可预测性的一系列事件。洛伦兹用蝴蝶效应形象地说明了大气系统是一个混沌系统。

如图 10.2.4 和图 10.2.5 所示，混沌现象的发生依赖系统的参数。对固定的 σ 和 β，只有取合适的 ρ，洛伦兹系统才会出现混沌现象。不妨对参数进行调整，比如当 $\sigma = 10$ 和 $\beta = \dfrac{8}{3}$ 时，取 $\rho = 15$，我们可以发现系统只有一个平衡点，不发生混沌现象。那么，为什么洛伦兹系统会在 σ、ρ 和 β 的某些取值时表现出混沌行为呢？

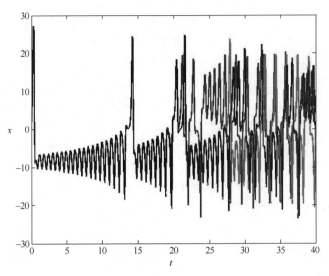

图 10.2.4 洛伦兹系统的时间历程图

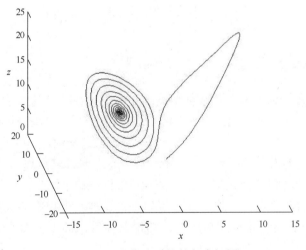

图 10.2.5 洛伦兹系统的相空间图 2

事实上，不难发现洛伦兹系统中的第二个方程有非线性项 $-xz$，第三个方程有非线性项 xy。如果用 $\boldsymbol{v}$ 表示列向量 $\boldsymbol{v} = (x, y, z)^{\mathrm{T}}$，$\boldsymbol{A} = \begin{pmatrix} -\sigma & \sigma & 0 \\ \rho & -1 & 0 \\ 0 & 0 & -\beta \end{pmatrix}$，那么可以把洛伦兹系统写成如下简洁的形式

$$\frac{\mathrm{d}v}{\mathrm{d}t} = A(\rho)v + G(v)$$

式中， $A(\rho)v$ 为线性部分， $G(v) = (0, -xz, xy)^{\mathrm{T}}$ 是非线性部分。

尽管洛伦兹系统只是天气系统的一个简化的、理想化的模型，但这个模型对刻画天气系统、混沌现象是恰到好处的。在洛伦兹之前建立的天气模型大多是线性的，没有过多考虑天气系统的各种因素之间的复杂关系，洛伦兹认为这样的模型无法描述真实多变的天气，是有缺陷和不足的。而洛伦兹系统虽然只有 3 个变量，但变量之间有着非线性的联系，能够很好地刻画天气系统的各种因素之间的相互影响。

一个线性系统的解是否稳定（是否有收敛的解），依赖其系数矩阵的特征值。如果其系数矩阵的特征值的实部全部小于零，那么这个方程是稳定的（至少局部稳定）。比如，方程 $v'(t) = -v(t)$ 的解是 $v(t) = ce^{-t}$，当 t 趋于无穷大时， $v(t)$ 收敛到 0，所以解是稳定的。只要有一个特征值的实部大于零，那么这个方程的解就是发散的。如果 A 的某个特征值的实部为零，情况就会变得非常复杂。这时，可以从方程（主要基于朗道的平均场和序参数理论）、几何（用流形手段研究哈密顿动力系统）、代数（用群表示论研究解的对称性）和拓扑（用拓扑度理论研究解的宏观结构）这四种不同的角度，利用分歧理论（Bifurcation Theory）加以研究。

事实上，除天体系统、大气系统外，现实世界中还有很多混沌系统。比如，一个双杆摆动也呈现混沌行为，若从一开始进行略微不同的摆杆，将改变这个摆动系统的初始条件，从而导致杆的摆动呈现完全不同的轨迹。

10.3　混沌的特征与应用

10.3.1　混沌的特征

古人用"混沌"这个词来表示天地未开辟时元气未分、宇宙模糊一团的状态。例如，东汉历史学家班固所著的《白虎通·天地》："混沌相连，视之不见，听之不闻，然后剖判。"《云笈七签》卷二："《太始经》：'昔二仪未分之时，号曰洪源。溟滓濛鸿，如鸡子状，名曰混沌玄黄。'"《西游记》第一回："混沌未分天地乱，茫茫渺渺无人见。"郭沫若所作的《七里山渠》："相传在昔有盘古，劈开混沌造区宇。"现在，我们一般用"混沌"这个词来表示混乱无序的状态。

作为数学专业名词，"混沌"这个词强调的是：经过一定规则的连续变动之后，物体或系统产生始料不及的后果。在混沌系统中，初始条件发生的十分微小的变化，经过不断放大，对其未来状态都会造成极其巨大的差别。

本章开头的那首民谣说明了：蹄铁上的一个钉子是否会丢失，本来是很小的一件事情，但一旦丢失，连锁反应最终居然会导致一个帝国的灭亡。这就是军事和政治领域中的混沌系统的"蝴蝶效应"。在我国古代典籍中也有类似的关于蝴蝶效应的描述，在《吕氏春秋·察微》中记载着这样一个故事：楚国有个边境城邑叫卑梁，那里的姑娘和吴国边境城邑的姑娘一起在边境上采桑叶。在相互嬉戏时，吴国的姑娘不小心弄伤了卑梁的姑娘。卑梁姑娘的亲人气不过，就跑到吴国姑娘家里讨说法。不料，吴国姑娘的家人不但不道歉，还出言不逊。吵来吵去就动起手来，卑梁姑娘的亲人把吴国姑娘的一个家人失手杀死，然后逃回了卑梁。于是，吴国姑娘的家人带了一大帮人去卑梁报复，把那个卑梁姑娘的全家都给杀了。这样，卑梁的守城将军大怒，说："吴国人怎么敢跑到我的城邑来撒野？"于是，他带领军队攻打吴国姑娘所在的城邑，并把那里的男女老幼全都杀死。吴王夷昧听到这件事后非常生气，派人领兵入侵楚国的边境城邑。这样，吴国和楚国因此发生了大规模的冲突。公元前 519 年，吴国公子光率领军队在鸡父（今河南省固始县）和楚国人交战，大败楚军，俘获了楚军的主帅。接着，又攻打郢都，抓住楚平王的夫人，这就是历史上有名的"鸡父之战"。鸡父之战后，作为春秋战国时期强国的楚国军队面对吴国军队变得消极被动。公元前 506 年，吴军在柏举之战以少胜多，攻破楚国首都。

成语"差之毫厘，失之千里"、谚语"一根稻草能压死一头骆驼"都隐含着混沌系统的蝴蝶效应。类似于洛伦兹在进行天气预报时的情况，如果在发射卫星时，将卫星发射轨道的一个数据算错了一个小数点，也可能最终导致发射失败。

那么，系统的混沌状态是不是等同于一般杂乱无章的混乱状况呢？美国数学家德瓦尼（R. L. Devaney）给出的定义较好地反映了混沌系统的主要特征。他给出的定义如下：一个动力系统如果是混沌的，它必须具有以下特性——对初始条件敏感，必须是拓扑混合的，必须有密集的周期轨道。

事实上，经过长期的完整分析之后，我们是可以发现混沌系统的内在规律、规则的。换句话说，混沌现象具有整体确定性与局部随机性。那么，混沌是如何发生的呢？下面利用马尔萨斯的人口模型来进行观察。

英国人口学家、经济学家马尔萨斯（T. R. Malthus）以人口理论闻名于世。如果用 X_n 表示第 n 代的人口数，用 $r = \dfrac{X_{n+1} - X_n}{X_n}$ 表示人口增长率，那么马尔萨斯的人口论主要基于以下递推公式

$$X_{n+1} = kX_n$$

通常，k（$k = 1 + r$）是一个大于 1 的数，所以，$X_{n+1} = X_1 k^n$。也就是说，人口数以 k 的几何级数进行增长。同时，马尔萨斯认为人类的食物等生活资源只能按算术级数（等差数列）增长，因为几何级数的增长速度快于算术级数的增长速度，生活资源不能满足人口增长的需要，所以最终必然导致饥荒、战争、瘟疫等灾难的发生，这就是著名的马尔萨斯陷阱（或马尔萨斯灾难）。

实际上，马尔萨斯的人口模型的问题在于，他没有意识到饥荒、战争、瘟疫等灾难是随着人口繁衍同时发生的，而不是事后结果。1838 年，比利时数学家维尔胡斯特（P. F. Verhulst）提出了更为科学的人口模型

$$X_{n+1} = kX_n - \frac{k}{N}X_n^2$$

式中，N 为最大人口数。在这个模型的右边增加了一个反映食物来源、疾病、战争等因素对人口数影响的非线性项。这个方程被后人称为逻辑斯谛方程（Logistic Equation）。马尔萨斯、维尔胡斯特如图 10.3.1 所示。

图 10.3.1　马尔萨斯、维尔胡斯特

不难发现，如果用 $x = \dfrac{X}{N}$ 表示相对人口数，那么逻辑斯谛方程可以写成更为简洁的形式

$$X_{n+1} = kX_n - kX_n^2 = kX_n(1 - X_n)$$

这个模型具有广泛的适用性，适用于人、动物等各种生物种群的繁衍研究。英国学者梅（R. May）将逻辑斯谛方程用来研究昆虫群体的繁殖规律。1976 年，他在英国的《自然》杂志上发表了题为《具有非常复杂动力学的简单数学模型》的论文，揭示逻辑斯谛方程中隐含的混沌效应。

因为关心的是种群个体数的最终表现，所以我们需要将逻辑斯谛方程反复迭代，让迭代次数趋于无穷大。用 $X_\infty = \lim\limits_{n \to \infty} X_n$ 表示最后的相对群体数，可用图形刻画 X_∞ 随着 k 的增大而变化的规律。图 10.3.2 的横坐标是 k，竖坐标是最后的相对群体数 $X_\infty = \lim\limits_{n \to \infty} X_n$。假设 $N = 10000$，$X_0 = 1000$，那么相对群体数的初值就是 $X_0 = 0.1$。逻辑斯谛方程如图 10.3.3 所示。

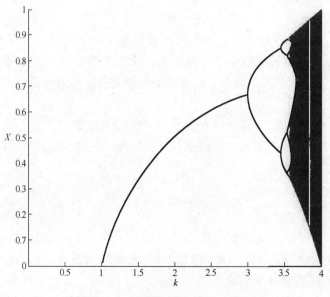

图 10.3.2　逻辑斯谛方程分岔图 1

图 10.3.2 中有几块特色鲜明的不同区域。比如取值 $k = 0.8$，经过简单计算不难发现：$X_1 = 0.072$，$X_2 = 0.051$……换句话说，群体数从10000变为720、510……最终趋于0。这也就意味着种群灭绝了。事实上，当 $k < 1$ 时都是这一情形，因此是一条 $X_\infty = 0$ 的直线段。

而当 $1 < k < 3$ 时，方程中的第一项使得群体数不断增大，而第二项则控制群体数不能增大到无穷大。比如，取 $k = 1.2$，经过计算可以发现：$X_1 = 0.108$，$X_2 = 0.1157$……可以证明，$X_\infty = 0.1666$。换句话说，种群的生死数最终达到一个平衡状态。

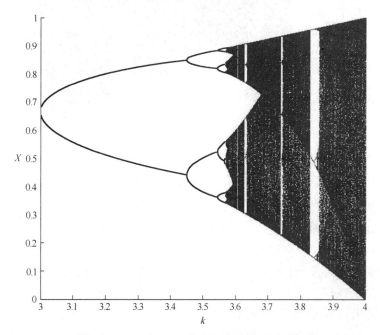

图 10.3.3　k 为 3～4 的逻辑斯谛方程分岔图

如图 10.3.3 所示，当 $k = 3.8$ 时，群体数完全处于一种看不出规律的混沌状态：1000，3420，…，6547，9120，3100，8120，…。

而在 k 为 3～3.8 的这一段，就是从有序过渡到混沌的过渡地带。我们可以看到，曲线在 $k = 3$ 附近开始分岔，分成两条曲线。分岔意味着最终的群体数将在两个数值（平衡点）之间循环。然后，在 $k = 3.45$ 附近再次分岔，两条曲线分成 4 条曲线。如此，随着 k 的增大，4 变成8，8 变成16条……而且相邻两次分岔对应 k 值的差越来越小，即分岔的速度越来越快。每迭代一次，就对应种群繁衍的一个周期，因此系统将在 2 个周期内回到原来的状态。这种分岔现象也被称为倍周期分岔现象（Bifurcation）。

倍周期分岔现象是混沌产生的先兆，是系统从有序到无序、从稳定到混沌转变的标志。事实上，如图 10.3.4 所示，在 $k = 3.75$ 附近，分岔曲线相互交织，平衡点之间也无法区分，进而导致了混沌。因此，倍周期分岔图也成为研究混沌的重要工具。放大它的图像，我们可以发现倍周期分岔图具有自相似性（或尺度不变性）：不管如何放大它的图形，它的局部和整体之间都具有相似结构。而这是分形图形的标志，换句话说，它是一个分形。

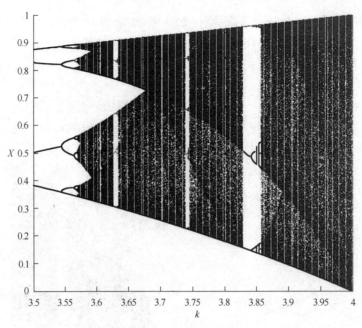

图 10.3.4　k 为 3.5～4 的逻辑斯谛方程分岔图

混沌理论涉及确定性系统，原则上可以预测其行为，混沌系统可以被有效预测一段时间然后变得随机。混沌系统行为可以被有效预测的时间取决于三个方面：预测中可以容忍多少不确定性、系统当前状态可以被准确测量的程度，以及系统动态的时间尺度，即李雅普诺夫时间（Lyapunov Time）。不同系统的李雅普诺夫时间是不一样的：混沌电路，大约 1 毫秒；天气系统，几天；太阳系，5000 万年。在混沌系统中，预测中的不确定性随着时间的推移呈指数级增长，这意味着，在实践中要想进行有意义的预测，就不能让时间间隔超过李雅普诺夫时间的 2 倍或 3 倍。当无法做出有意义的预测时，系统看起来就是随机的。

混沌现象发生于易变动的物体或系统，该物体在行动之初极为单纯，但经过一定规则的连续变动之后，会产生始料不及的后果，也就是混沌状态。但有趣的是，混沌状态不同于一般杂乱无章的混乱状况，此混沌现象经过长期及完整分析之后，可以从中理出某种规则，即混沌现象具有整体确定性与局部随机性。而混沌学就是专门用于研究对初始条件高度敏感的动力系统的规律的。

混沌系统具有三个关键要素：一是对初始条件的敏感依赖性；二是临界水平，这里是非线性事件的发生点；三是分形维，它表明有序和无序的统一。混沌系统经常是自反馈系统出来的东西会回去，经过变换再出来，循环往复，永无止境。任何初始值的微小差别都会呈指数级放大，因此导致系统内在的不可长期预测。

进一步研究表明，混沌是非线性系统的固有特性，是非线性系统普遍存在的现象。牛顿确定性理论能够充分处理多维线性系统，而线性系统大多是由非线性系统简化来的。

除和天气预报有关的洛伦兹系统外，双摆在运动时也会发生混沌现象。而且，在其他数学、物理模型中也出现了有趣而多变的混沌现象。

今天的"蝴蝶效应"或者"广义的蝴蝶效应"已不限于当初洛伦兹的蝴蝶效应仅对天气预报而言，而是一切复杂系统对初值极为敏感性的代名词或同义语，其含义是：对于一切复杂系统，在一定的"阈值条件"下，其长时期大范围的未来行为对初始条件数值的微小变动或偏差极为敏感，即初值稍有变动或偏差，将导致未来前景的巨大差异，这往往是难以预测的，或者说带有一定的随机性。

10.3.2　混沌的应用

混沌的发现和混沌学的建立为人类观察与认识现实世界打开了一个新的窗口。作为一个活跃的前沿研究领域，起源于天体运行、天气预报等问题研究的混沌，已经大大拓宽了其应用领域。从 20 世纪 80 年代开始，混沌理论已经被应用于气象学、人体医学、天文学、机器人、电路、密码学、经济学、生物学、物理学、地质学、信息理论、神经科学、心理学等多个学科领域的问题研究。

1. 气象学

正如前面所说，大气系统就是一个混沌系统。20 世纪 80 年代以来，厄尔尼诺现象直接造成太平洋及其附近地区的高温、干旱、暴雨等灾害性极端天气气候事件频发，而厄尔尼诺现象就是由赤道上的太平洋东部和中部海域发生的海水表层温度异常增高而引发的地球大气系统的蝴蝶效应。由于海水温度异常增高，海洋上空大气层的温度升高，破坏了大气环流原来正常的热量、水汽等分布的动态平衡，从而引发灾害性天气：该天晴的地方洪涝成灾，该下雨的地方却烈日炎炎。一般认为，赤道上的太平洋东部海域的海水表层温度连续 6 个月高出平均值 0.5℃以上，就是厄尔尼诺现象发生的标志。例如，1982 年 4 月至 1983 年 7 月，太平洋东部和中部海域的海水表层温度比正常高 4～5℃，如图 10.3.5 所示，引发了厄尔尼诺现象，导致不同地区的干旱、洪水、农作物欠收等，造成人员和财产损失。而近年来我国频遭台风袭扰、相关年份西南地区的旱情都与厄尔尼诺现象有关，是大气这一混沌系统的蝴蝶效应引发的。

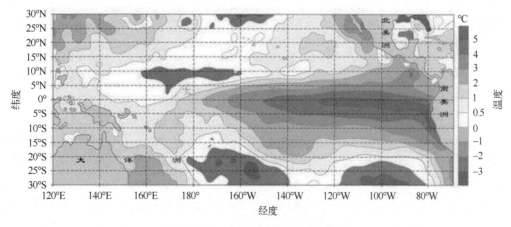

图 10.3.5　太平洋海水表层温度图

2. 人体医学

一个有趣的问题：一个健康人的心脏应该有规律地跳动，还是不规律地跳动呢？一般人一定会选择有规律地跳动，但事实让我们大跌眼镜。由于心脏跳动是由数百万根肌肉纤维的同步收缩引起的，是一个复杂的混沌系统，所以健康人的心跳间隔并不是固定不变的，也就是说，正常人的心跳是呈现混沌的，而且越混沌，说明心脏越健康。如果心脏严格地按照一定的间隔跳动，这反倒是有病的表现。有证据表明，快要衰竭的心脏可能呈现周期性活动，这是不是颠覆了我们一般人的想象呢？心电图如图 10.3.6 所示。

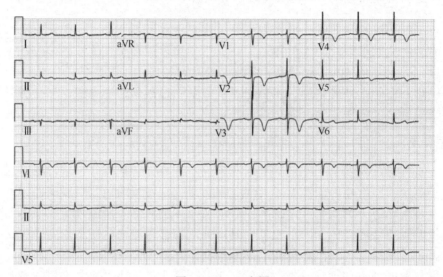

图 10.3.6　心电图

事实上，人的脑神经系统、眼球、血小板生成系统、免疫系统等生理器官都是混沌系统。当人体衰老时，这些器官运动的混沌程度会降低，心率、血压、脑电波的变化会丧失复杂性，呈现简单的规则变化。例如，匈牙利的一位医生发现癫痫患者在癫痫发作期间的脑电图有周期性特征；又如，胎儿监护是对胎儿宫内发育和安危状况评价的有效方法。有学者研究发现：通过混沌建模，我们可以获得更好的胎儿宫内缺氧预警模型。同时，利用混沌的数学理论还可以预测决定新生儿种植麻疹疫苗的最佳时间。

3. 天文学

混沌理论是天体力学研究的重要工具。1978 年 6 月 22 日，在冥王星被发现近半个世纪之后，美国天文学家克里斯蒂（J. Christy）发现了冥王星最大的卫星卡戎（Charon）。这一发现直接导致对冥王星大小估计的大幅修改，原因在于之前的计算是假设观测到的质量和系统的反射光都来源于冥王星。卡戎的发现使人们第一次得到冥王星的更为精准的质量，确立了冥王星的大行星地位，导致新的行星分类方法。2005—2012 年，天文学家利用哈勃望远镜先后又发现了冥王星的 4 颗卫星：尼克斯（Nix）、许德拉（Hydra）、科波若斯（Kerberos）和斯提克斯（Styx）。而且，天文观测已经证实，冥王星的 5 个卫星中有 4 个是混乱地旋转着的。事实上，在天体力学中，特别是在观测小行星时，应用混沌理论可以更好地预测这些天体何时接近地球和其他行星。

4．机器人

机器人技术是最近受益于混沌理论的一个新兴领域。20 世纪 80 年代，加拿大学者提出了被动动力学理论，并由此产生了机器人被动行走的概念。机器人被动式研究的目标是揭示人类行走稳定性、鲁棒性、高效率的原因，从而建立机器人被动步行模型。事实上，在分析了人类步态后发现，人类的行走轨迹像一团乱麻，是周期性的但不是重复的。经过分析发现，这并不是由噪声或者步态不均匀导致的，其本质原因在于人类步态是混沌的。混沌理论已被用于构建机器人行走预测模型，混沌动力学已经在被动式步行两足机器人的研究中发挥威力，利用被动理论制作的足式机器人的行走数据已经具有明显的混沌特征。2012 年，日本学者运用被动步行原理制作的无动力步行机器人创下了连续行走 27 小时、总距离 72 千米的世界纪录。近年来，外骨骼下肢步行康复训练机器人（又称"可穿戴机器人"）已经在我国用于瘫痪患者的治疗和康复，帮助患者重新回归正常生活。

5．电路

现代电路理论的一个重要内容就是现代非线性电路理论，而现代非线性电路的一个重要内容就是混沌电路。一个由电阻、电容、电感制作的自激电路，若要表现出混沌行为，必须包含一个或者多个非线性元件、一个或者多个本地有源电阻、三个或者更多个能量存储元件。在混沌电路的实现方面，国内外已提出了许多新的方法来设计不同类型的混沌电路。蔡氏电路（Chua's Circuit）是满足这些混沌电路标准的一种电路，这个简单却非常有代表性的非线性电子电路设计由"非线性电路分析理论之父"——蔡少棠（L. O. Chua）于1983 年提出。

如图 10.3.7 所示，蔡氏电路由两个电容 C_1 和 C_2、一个电感 L、一个有源电阻 R 和一个蔡氏二极体构成。通过应用电磁学定律，可知蔡氏电路的数学模型为

$$\begin{cases} \dfrac{\mathrm{d}x(t)}{\mathrm{d}t} = \alpha\big[y(t) - x(t) - f(x)\big] \\[2mm] \dfrac{\mathrm{d}y(t)}{\mathrm{d}t} = x(t) - y(t) + z(t) \\[2mm] \dfrac{\mathrm{d}z(t)}{\mathrm{d}t} = -\beta y(t) \end{cases}$$

式中，变量 $x(t)$、$y(t)$ 和 $z(t)$ 分别表示电容 C_1 和 C_2 上的电压，以及电感 L 中的电流强度；参数 α 和 β 是由电路元件的特定值来决定的。函数

$$f(x) = cx(t) + 0.5(d - c)\big(|x(t)+1| - |x(t)-1|\big)$$

描述了非线性电阻的电子响应，并且它的形状依赖元件的特定配置。

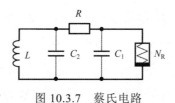

图 10.3.7　蔡氏电路

因为能够观察到极为丰富的非线性动力学行为，蔡氏电路已成为非线性电路中产生复杂动力学行为的最有效和最简单的电路之一，具有重要的研究价值。

6. 密码学

混沌理论已在密码学中使用多年，在过去的几十年中，混沌和非线性动力学已被用于设计数百个加密原语（Cryptographic Primitive），这些算法包括图像加密算法、哈希函数（Hash Function）、安全伪随机数生成器、流密码、水印和隐写术。这些算法中的大多数基于单模态混沌映射（Uni-modal Chaotic Map）。这些算法的很大一部分使用控制参数和混沌映射的初始条件作为其密钥。从更广泛的角度来看，在不失一般性的情况下，混沌映射与密码系统之间的相似性是设计基于混沌的密码算法的主要动机。例如，对称密钥依赖扩散和混淆，而扩散和混淆可由混沌理论很好地建模。又如，当与混沌理论配对时，DNA 计算提供了一种加密图像和其他信息的有效方法。

7. 经济学

经济和金融体系都是由人的相互作用产生的，本质上也是随机的混沌系统，因此，数学中纯粹的确定性模型不可能提供经济和金融活动的准确数据表示。所以，预测经济体系的健康状况以及影响其最多的因素是一项极其复杂的任务。应用混沌理论，我们可以在一定程度上改善经济模型，例如，在股票证券、外汇交易、期货等市场产生高频经济数据的经济活动中，找到了低维混沌吸引子，这意味着只需要少数几个经济变量就可以描述这类复杂的经济现象。

混沌经济学就是 20 世纪 80 年代兴起的应用非线性混沌理论解释现实经济现象的一门新兴交叉科学。目前，混沌经济学已涉及经济周期、货币、财政、股市、厂商供求、储蓄、跨代经济等几乎所有的经济领域问题。比如，人们利用混沌理论对股市行情进行预测，通过在经济建模中充分考虑经济活动的非线性相互作用，在模型的分析上充分利用非线性动力学的分叉、分形和混沌等理论与方法，分析经济系统的动态行为，混沌经济学已经产生一系列新的经济概念、思想、分析方法，获得了新的经济规律认识。

除了上述应用领域，人们在电路系统、声光系统、化学反应、生物医学工程、动物种群乃至社会经济活动等领域也发现了很多混沌现象。例如，著名的蔡氏电路就具有丰富的混沌现象，图 10.3.8 所示为蔡氏电路混沌的双涡旋吸引子。人们利用混沌理论解决了很多问题，对一些复杂的现象进行预测分析。混沌学已发展成一门影响深远的前沿交叉科学。

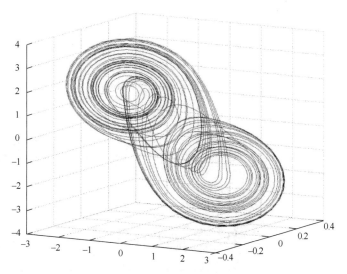

图 10.3.8　蔡氏电路混沌的双涡旋吸引子

思　考　题

1. 混沌的本质特征是什么？
2. 在自然界、生产、生活中有哪些现象包含混沌原理？
3. 结合 MATLAB，分析若干典型混沌系统的性质，阐述其应用价值。

第十一章

会下金蛋的母鸡——数学猜想

> 要想成为一个好的数学家，你必须首先是一个好的猜想家。
>
> ——波利亚

人们常常将好的数学猜想比喻成"会下金蛋的母鸡"，以此描述数学问题在数学发展过程中的推动作用。在 1900 年召开的第二届国际数学家大会上，数学大师希尔伯特提出了 23 个有待解决的数学问题，这 23 个问题成为 20 世纪数学发展的重要推动力，深刻改变了现代数学的面貌。在本章中，我们将介绍希尔伯特的 23 个问题和千禧年七大数学难题，分析费马大定理、黎曼猜想、孪生素数猜想、庞加莱猜想等众多猜想的研究过程，展现阿蒂亚、张益唐、怀尔斯、佩雷尔曼等一大批数学家的解决问题的过程和贡献，以此来了解 100 多年现代数学丰富多彩、波澜壮阔的发展情况，分析现代数学的发展规律和未来发展趋势，领略数学家对数学的热爱与执着。

11.1　希尔伯特的 23 个数学问题

古希腊哲学家亚里士多德曾说："思维从疑问和惊奇开始。"美国数学家哈尔莫斯（P. Halmos）则说："问题是数学的心脏。"古往今来，在数学历史长河中，有很多好问题吸引着数学家为之着迷、孜孜以求，孕育了新的数学理论、思想和方法，推动了数学的发展。

1900 年 8 月 6 日至 12 日，一次具有特别意义的数学会议——第二届国际数学家大会在法国巴黎召开。在这次会上，作为"最后一位通晓全部领域的大数学家"，数学大师希尔伯特发表了题为《数学问题》的著名讲演，提出了 21 世纪有待解决的 23 个数学问题。希尔伯特是 19 世纪末和 20 世纪前期最具影响力的数学家之一，希尔伯特以其深厚的学术造诣、开阔的学术眼光选出的这 23 个数学问题立即得到了当时整个数学界的重视，无数的数学家为解决这些数学问题殚精竭虑、孜孜以求。事实证明，这 23 个数学问题成为 20 世纪数学发展的重要推动力，对现代数学的研究和发展产生了深刻的影响，数学家们都以能够解决或推动解决其中的问题为数学研究生涯的至高荣誉。

图 11.1.1　发言中的希尔伯特

在发言中，希尔伯特表达了未来一个世纪数学发展的畅想："谁不想揭开遮着未来的帷幕、窥探今后百年我们这门科学前进和发展的秘密？下一代的数学主流将会追求什么样的目标？在广阔而丰富的数学思想领域，新世纪将会带来什么样的新方法和新成果？"如图 11.1.1.所示。

他认为展望数学未来的最好方法是考查那些尚未解决的数学问题："历史教导我们，科学是延续发展的。每个时代都有它自己的问题，这些问题要么得以解决，要么因为无所裨益而被抛到一边并被新的问题所取代。如果我们想要把握数学最近的发展趋势，那就必须想想有哪些尚未解决的问题，特别是要考查那些当今科学提出的并期望将来能解决的问题。我认为，新旧世纪更迭之际正是对这样的问题加以检视的最好时机。因为一个伟大时代的结束，不仅促使我们回顾过去，而且将把我们的思想引向那未知的将来。"

他分析了数学问题对数学发展的重要意义："数学问题对数学的总体进步具有深刻的意义，并且在数学家个人工作中起着重要作用，这是不容否认的事实。只要一门科学分支能够提出大量的问题，它就充满了生命力，而问题的匮乏则预示着它的衰亡和发展停滞。正如人类的每项事业追求确定的目标一样，数学研究也需要有自己的问题。正是通过解决问题，研究者得以考验他的毅力，发现新的方法和提出新的观点，从而达到更为广阔、自由的新境界。"

希尔伯特认为一个好的数学问题应该有相当的难度，从而能够吸引人们投入研究，但它又不是完全不能解决的以至于让人白白浪费精力。根据过去特别是 19 世纪数学研究的成果和发展趋势，他提出了 23 个最重要的数学问题。在大会报告中，他报告了问题 1、问题 2、问题 6、问题 7、问题 8、问题 13、问题 16、问题 19、问题 21 和问题 22，共 10 个数学问题。随后，完整的 23 个数学问题被正式出版，英文的翻译版由美国数学家纽森（M. F. W. Newson）于 1902 年发表在《美国数学会公报》上，这 23 个数学问题统称希尔伯特问题。

这些数学问题涉及当时几乎所有重要的数学领域。大致可以说，它们分别属于四大块：第 1~6 个数学问题是数学基础问题；第 7~12 个数学问题是数论问题；第 13~18 个数学问题是代数和几何问题；第 19~23 个数学问题是数学分析问题。不难看出，希尔伯特问题未能包括微分几何、拓扑学等数学的重要分支领域，而且除数学物理外也很少涉及应用数学。

这 23 个数学问题在提法的精确性方面有很大差异。有些比较明晰、确切，足以能够给出肯定或者否定的答案，比如，第一个获得解决的是数学问题 3。而希尔伯特对有些数学问题的陈述不足以指明一个特定的问题，但他提出的问题仍然具有启发性，人们往往用更现代的问题来替代、具体化。例如，根据朗兰兹纲领（Langlands Program），大多数数论专家可能会将第 9 个问题看作关于数域的绝对伽罗瓦群表示问题。

高斯曾经说过："数学中的一些美丽定理具有这样的特性：它们极易从事实中归纳出来，但证明却隐藏得极深。"一经提出，希尔伯特的 23 个数学问题就吸引了数学家们前赴后继地投身其研究和解决中。以下是这 23 个数学问题的概况和研究进展。

1. 数学问题 1：康托尔的连续统基数问题

问题概况：康托尔引入了基数的概念以比较无穷集间的大小，也证明了整数集的基数绝对小于实集的基数。关于无穷集的大小，集合论的创立者、德国数学家康托尔在 1874 年猜想：不存在一个基数绝对大于可数集而绝对小于实数集的集合；换句话说，实数集中的任何无穷子集要么与自然数集等价，要么与整个实数集等价；或者说，在可数集基数和实数集基数之间没别的基数。这就是著名的连续统假设。而连续统就是实数集的一个旧称。

研究进展：1938 年，哥德尔证明了连续统假设与策梅洛-弗兰克尔公理化集合论系统的无矛盾性。1963 年，科恩使用力迫法证明了连续统假设不可能在策梅洛-弗兰克尔公理化集合论系统（Zermelo-Fraenkel Set Theory，ZF 系统）中被证明或否定。他在某种意义下解决了连续统假设，并于 1966 年获得菲尔兹奖。

2. 数学问题 2：算术公理系统的无矛盾性

问题概况：算术公理指的是建立在集合论基础上的实数理论。系统的无矛盾性也称为系统的相容性，指的是系统中不存在两个互相矛盾的定理。欧氏几何公理系统的无矛盾性可以归结为算术公理的无矛盾性。希尔伯特曾提出用形式主义计划的证明论方法来加以证明。

研究进展：1931 年，哥德尔证明了第二不完备定理：任何一个包含自然数的公理化集合论系统不可能既是完备的又是相容的。这个定理实际上说明了无矛盾性在算术公理系统中是不能被证明的。1936 年，德国数学家、逻辑学家根岑（G. K. E. Gentzen）证明了借助超穷归纳法可以证明自然数算术公理系统的无矛盾性。值得一提的是，根岑是数学家外尔的学生。

3. 数学问题 3：能否把等底等高的两个四面体剖分成全等的有限部分？

问题概况：众所周知，等底同等的两个四面体具有相同的体积，但这个事实是通过无限分割的极限方法来获得证明的。那么，能不能用非极限的方法来证明这个事实呢？即把这两个四面体剖分成两组彼此全等的有限个小四面体。

研究进展：希尔伯特本人倾向于认为该方法行不通。在该问题提出后不久（1900 年），他的学生德恩（M. Dehn）就构造出了不能进行剖分的两个等底等高的四面体。

4. 数学问题 4：以"两点间最短线是直线"作为公理之一的几何体系的构造

问题概况：欧氏几何是由一组公理用公理化方法建立的逻辑推理体系。如果我们改变其中的公理，就能得到和欧氏几何不同的几何系统。比如，用与欧氏几何平行公设相矛盾的说法加以替换，就可以得到罗巴切夫斯基几何、黎曼几何。希尔伯特的问题是：如果把"两点之间的最短线是直线"作为公理，同时容许改变其他公理，那么我们能够得到什么样的几何系统？他认为，这个问题对几何学、数论和变分学等都有意义，它的研究有助于我们更好地理解距离、平面等几何概念。

研究进展：但从已有的前人研究来看，这个问题的提法过于一般，满足此性质的几何学有很多。该问题迄今尚未解决，因而需要加某些限制条件。德国数学家哈姆（G. K. W. Ham）给出了该问题的第一个解答。1973 年，苏联数学家波戈列洛夫（B. Pogorelov）宣布，在对称距离情况下该问题已解决。

5. 数学问题 5：连续的变换群是否一定是可微的？

问题概况：变换群是满足群运算规则的变换构成的集合。挪威数学家索菲斯·李（M. Sophus Lie）首先研究了这种群，但他假设它们是连续的和可微的，因此，后人也把可微的变换群称为李群。李群在数学、物理学中都有重要的应用。希尔伯特认为"可微性"并不是一个自然的概念，所以他提出问题：能否从变换群的连续性推出可微性？

研究进展：1952 年，美国数学家格里森（A. M. Gleason）、蒙哥马利（D. Montgomery）、齐平（L. Zippin）给出了该问题肯定的答案。1953 年，日本数学家山边英彦（H. Yamabe）给出了最终的解答。

6. 数学问题 6：物理学的公理化

问题概况：物理学与数学之间关系密切，物理学问题可用数学进行刻画研究，而数学上的一些灵感和推动力来自物理学。因此，希尔伯特设想能否像建立几何学的公理化体系一样，将物理学公理化，即利用数学概念建立物理学的公理化体系？他尤其提到了与分子运动有关的概率论、力学的公理化问题。

研究进展：1933 年，苏联数学家柯尔莫哥洛夫（A. N. Kolmogorov）（图 11.1.2）完成了概率论的公理化。由于相对论、规范场论的发明，微分几何与群论成为物理学研究的重要工具，对称性也成为物理学的基本概念。因此，很多人对物理学能否完全公理化持怀疑态度，距最终的完成也许还有很长的路要走。

图 11.1.2　柯尔莫哥洛夫

7. 数学问题 7：某些数的无理性和超越性

问题概况：如前所知，无理数指的是不能写成分数的实数，代数数指的是可以表示为某个有理代数方程根的实数，而超越数指的是不能表示为任何有理代数方程根的实数。例如，$\sqrt{2}$ 是无理数，也是代数数；而 e 和圆周率 π 都是超越数。

希尔伯特的猜想可以表述为以下两个等价叙述。

（1）在等腰三角形中，若底角和顶角的比值为无理数的代数数，则底边和侧边长度的比值是否恒为超越数？

（2）若 β 是无理数且为代数数，α 是不等于 0 和 1 的代数数，那么 α^{β} 是否恒为超越数？

研究进展：苏联数学家格尔丰德（A. Gelfond）、德国数学家施奈德（T. Schneider）分别在 1934 年、1935 年独立地证明了这个猜想的正确性，他们的定理被称为格尔丰德-施奈德定理。英国数学家贝克（A. Baker）将格尔丰德-施奈德定理推广为贝克定理。他证明了：若 $\alpha_1, \alpha_2, \cdots, \alpha_n$ 是不等于 0 和 1 的代数数，而 $\beta_1, \beta_2, \cdots, \beta_n$ 是无理代数数，使得集合 $\{1, \beta_1, \cdots, \beta_n\}$

在有理数上线性独立，则 $\alpha_1{}^{\beta_1}, \alpha_2{}^{\beta_2}, \cdots, \alpha_n{}^{\beta_n}$ 是超越数。贝克凭借这一成果获得 1970 年的菲尔兹奖。

8. 数学问题：素数分布

问题概况：素数指的是满足以下性质的大于 1 的自然数：除 1 和它自身以外，不能整除其他自然数。素数也叫质数。高斯将数论称为"数学的皇后"，而素数分布是数论中的重要课题。黎曼猜想、哥德巴赫猜想、孪生素数猜想是关于素数分布的三个重要猜想。

（1）希尔伯特指出：素数分布问题的彻底解决依赖黎曼猜想。黎曼猜想是关于一个被称为黎曼 ζ 函数的复变量函数的猜想。通俗地讲，黎曼猜想指的是黎曼 ζ 函数

$$\zeta(s) = \frac{1}{1^s} + \frac{1}{2^s} + \frac{1}{3^s} + \frac{1}{4^s} + \cdots$$

的实数部分是 $\frac{1}{2}$，即所有非平凡零点分布在复平面上一条被称为临界线的特殊直线 $\frac{1}{2} + ti$ 上。据统计，当今数学文献中有 1000 条以上的数学命题都是以黎曼猜想或其推广形式的成立为前提的，因此，这在很大程度上突出了黎曼猜想的重要性。美国数学家蒙哥马利曾形象地说道："如果有魔鬼答应让数学家们用自己的灵魂来换取一个数学命题的证明，多数数学家想要换取的将会是黎曼猜想的证明。"希尔伯特曾说，如果他在沉睡 1000 年后醒来，他要问的第一个问题就是：黎曼猜想得到证明了吗？

（2）孪生素数（Twin Prime）猜想是数论中关于素数分布的另一个著名的公开问题。孪生素数指的是相差为 2 的素数对，如 p 和 $p+2$。素数定理说明了素数在趋于无穷大时变得稀少的趋势。而与素数一样，孪生素数也有相同的趋势，并且这种趋势比素数更为明显。事实上，100 以内的孪生素数有 8 对：(3,5)，(5,7)，(11,13)，(17,19)，(29,31)，(41,43)，(59,61)，(71,73)，而 501 和 600 之间的孪生素数就只有 2 对：(521,523)，(569,571)。2016 年 9 月，通过分布式计算项目，美国学者发现了当时已知发最大的孪生素数对

$$2\,996\,863\,034\,895 \times 2^{12\,900\,000} \pm 1$$

这对孪生素数共有 388 342 位数。

根据素数对分布趋于稀少的趋势，一个自然的问题出现了：当素数大到一定程度时，会不会就找不到与它配对的孪生素数了呢？数学家很早就认为这个问题的答案是否定的。古希腊数学家欧几里得就曾猜想：存在无穷对孪生素数。1849 年，法国数学家波利尼亚克（A. de Polignac）提出了著名的波利尼亚克猜想：对所有自然数 k，存在无穷个素数对 $(p, p+2k)$。而当 $k=1$ 时就是孪生素数猜想，而当 k 等于其他自然数时就是所谓的弱孪生素数猜想。

研究进展：（1）在他 1859 年的论文《论小于给定数值的素数个数》中，黎曼提及了这个著名的黎曼猜想，但它并非该论文的中心目的，他也没有试图给出证明，用"证明从略"带过。黎曼知道黎曼 ζ 函数的不平凡零点对称地分布在直线 $s = \frac{1}{2} + ti$ 上，以及它所有的不平凡零点一定位于区域 $0 \leqslant \mathrm{Re}(s) \leqslant 1$ 中。1896 年，阿达玛和比利时数学家普桑分别独立地

证明了在直线 $\text{Re}(s)=1$ 上没有零点。黎曼也对不非凡零点证明了它的其他特性，这显示了所有不平凡零点一定处于区域 $0<\text{Re}(s)<1$ 上，这是素数定理第一个完整证明中很关键的一步。

1914 年，哈代证明了有无限个零点在直线 $\text{Re}(s)=\dfrac{1}{2}$ 上。然而仍然有可能有无限个不平凡零点位于其他地方（而且有可能是最主要的零点）。后来，哈代与李特尔伍德在 1921 年的工作、挪威数学家塞尔伯格（A. Selberg）在 1942 年的工作（临界线定理）就是计算零点在临界线 $\text{Re}(s)=\dfrac{1}{2}$ 上的平均密度。

1932 年，德国数学家西格尔（C. L. Siegel）从黎曼的手稿中发现黎曼不仅亲自计算过若干零点的数值，而且黎曼所用的独特计算方法遥遥领先于当时的数学界。这一发现让世人对黎曼那篇蕴含宝藏却又"证明从略"的精练论文再生敬意，明白世人看清楚的只是冰山的一角。通过对黎曼手稿进行研读，西格尔提出了计算黎曼 ζ 函数的非平凡零点的新方

法——黎曼-西格尔公式（Riemann-Siegel Formula），这一公式大大推进了黎曼 ζ 函数零点计算的效率。在"二战"后计算机迅猛发展的背景下，截至 1966 年，黎曼 ζ 函数的非平凡零点已经验证到了 350 万个。2004 年，这一记录达到了 8500 亿个，这些零点无一例外地都位于猜想所预言的临界线上。最新的纪录是法国团队用改进的算法验证到前 10 万亿个，仍然没有发现反例，但这种验证无法代替严格的数学证明。

图 11.1.3　阿蒂亚

2018 年，英国数学家、曾任英国皇家学会会长的阿蒂亚（图 11.1.3）声称证明了黎曼猜想，并在随后贴出了证明的预印本。让人遗憾的是，从他的演讲和预印本来看，人们更多地认为阿蒂亚实际上并没有给出黎曼猜想的证明，他的所谓证明模糊而不完全，可能做了无用功。不知道是不是数学家的第六感，还是对数学的执着与热爱，要在去世前完成自己的一个心愿，在宣布证明了黎曼猜想几个月后的 2019 年 1 月，这位伟大的数学大师溘然长逝。

阿蒂亚是数学界公认的 20 世纪最伟大的数学家之一。1959 年，阿蒂亚与德国数学家希策布鲁赫（F. E. P. Hirzebruch）一起创立了拓扑 K-理论，这是代数拓扑学中的一个重要工具，并在后来对弦理论的发展中起了关键性的作用。1963 年，他与美国数学家辛格证明了阿蒂亚-辛格指标定理：对于紧流形上的椭圆偏微分算子，其解析指标（与解空间的维度相关）等于拓扑指标（取决于流形的拓扑性状）。这一定理将拓扑学、代数学与量子力学连接在一起，在微分方程、复几何、泛函分析以及理论物理学中有广泛的应用，被公认为是 20 世纪最重要的数学成果之一。1966 年、2004 年，阿蒂亚先后获得菲尔兹奖、阿贝尔奖。他曾任英国皇家学会主席、剑桥大学三一学院院长、爱丁堡皇家学会主席。同时，他还当选了数十个国家的科学院外籍院士。

这位耄耋之年的老人声称证明了黎曼猜想让他再次居于世人舆论的风口浪尖。很多人担心阿蒂亚的声称会让他"晚节不保"。事实上，他对这样的风险了然于胸。在海德堡的第

三届国际数学家大会上宣读自己的证明过程前，89 岁的阿蒂亚说道："证明黎曼猜想能让你举世闻名。但如果你已经很有名，那你也有可能因此而声名狼藉。"但他认为，80 多岁的自己已经没有什么可以失去的了，可以为了自己脑中各种各样的想法勇往直前。他曾表示，"我已从事数学研究 70 年，已无法停下"。直到生命的尽头，他仍然没有停止对数学的执着与探索，用毕生信念追求理想、为达成理想锲而不舍的这种精神值得我们学习。

（3）2013 年 4 月，美籍华裔数学家张益唐证明：存在无穷多个差值小于 7000 万的素数对，即

$$\lim_{n \to \infty} \inf(p_{n+1} - p_n) < 7 \times 10^7$$

式中，p_n 为第 n 个素数。也就是说，对任何小于 7000 万的整数 N，存在无穷多个素数对 $(p, p+N)$。2013 年 5 月 18 日，数学领域的著名期刊《数学年刊》正式接收了该论文并予以发表。《自然》称张益唐的工作是一个重要的里程碑，如图 11.1.4 所示。事实上，尽管 7000 万这个数字看起来有点大，但这个工作是本质性的工作。在论文首次在网络上公开（5 月 14 日）的两周后，这个数字就减小到 6000 万。6 月 15 日就减小到 40 万。2014 年 10 月 9 日，素数对之差已被减小为 246。这项工作说明，孤独的数字不会一直孤独下去。

图 11.1.4 《自然》对张益唐工作的报道

在 2013 年发表关于孪生素数猜想的工作论文时，张益唐已经 60 岁。在此之前，他只发表过两篇论文。而且，因为一些原因，在博士毕业后的很长一段时间里，他曾送过外卖、端过盘子、做过收银员、也当过会计，没有相对稳定舒适的研究环境。无论是顺境还是逆境，他对数学的执着和热爱从没有改变，一直在进行自己感兴趣的数学研究，久久为功、

厚积薄发，在沉寂多年后一鸣惊人。自 2013 年以来，张益唐先后获得科尔数论奖、晨兴数学卓越成就奖、肖克数学奖、麦克阿瑟天才奖、求是杰出科学家奖。面对这些荣誉与赞美，张益唐说："我的心很平静。我不关心金钱和荣誉，我喜欢静下来做想做的事情。"对于成功的经验，他说："首先，数学研究最重要的是不要盲目崇拜权威，要敢于挑战传统，对那些别人说不可能做到的事要勇于探索；其次，不要怕失败，每次失败都是新的起点，不要因为失败而丧失信心，不要有畏惧心理。如果真正热爱数学，就不要放弃。数学是对人类智力水平的一个衡量，很多数学猜想和难题摆在那里，就像跳高运动员要征服的横杆。看看数学家们谁能跳过去，跳出新高度。"

9. 数学问题 9：一般互反律在任意代数数域中的表示及证明

问题概况： 整数域的二次互反律是关于任意两个奇素数之间"二次剩余"关系的一个重要定理。希尔伯特设想能否将其推广到一般代数数域。

研究进展： 日本数学家高木贞治和德国数学家阿廷（图 11.1.5）分别在 1921 年、1927年部分解决了该问题。阿廷发现了处理代数数域下阿贝尔扩展的阿廷互反律。德国数学家哈斯（H. Hasse）发现了更具一般性的哈塞互反律。同时，他和高木贞治的工作也带动了类域论的发展，用抽象的方式来处理希尔伯特符号。后来，数学家沙法列维奇（I. Shafarevich）找到特定情形下范式剩余的公式。

图 11.1.5 高木贞治、阿廷

10. 数学问题 10：判定具有整数系数的丢番图方程是否具有整数解

问题概况： 生活在古希腊亚历山大城的丢番图是代数学的创始人之一，他是第一位懂得使用符号代表数来研究问题的人，也是第一个研究变量为整数值方程的数学家。以其名字命名的这种丢番图方程指的是只考虑其整数解的、具有整数系数的不定方程。其中，最著名的一个方程是 $x^n + y^n = z^n$。《算术》就是丢番图的关于丢番图方程的一部名著，该书讨论了一次方程、二次方程以及个别的三次方程，还有大量的不定方程。据考证，原始的希腊语手稿《算术》应该共有 13 卷。女数学家希帕提娅曾注释过《算术》，但只注释了 6 卷。

1464 年，在威尼斯发现了包含前 6 卷的希腊文抄本。1968 年，在伊朗东北部城市马什哈德的神殿中又发现了 4 卷阿拉伯语版本的《算术》。

1621 年，法国数学家、语言学家克劳德翻译并出版了拉丁文《算术》，如图 11.1.6 所示。《算术》第 2 卷的第 8 题是关于不定方程的：将一个平方数分为两个平方数，即 $z^2 = x^2 + y^2$。1637 年左右，在研读《算术》的过程中，费马在这个命题的旁边写下了这段历史上著名的拉丁文 "Cuius rei demonstrationem mirabilem sane detexi. Hanc marginis exiguitas non caperet"，意思是："将一个立方数分成两个立方数之和，或一个四次幂分成两个四次幂之和，或者一般地将一个高于二次的幂分成两个同次幂之和，这是不可能的。关于此，我确信已发现了一种美妙的证法，可惜这里空白的地方太小，写不下。"用数学语言更清晰地表述为：当 $n > 2$ 时，方程 $x^n + y^n = z^n$ 没有正整数解，这就是著名的费马大定理。

图 11.1.6　1621 年拉丁文《算术》

求出一个整数系数方程的整数根，称为丢番图方程可解。希尔伯特希望有一种算法，能在有限步骤内判定丢番图方程是否有整数解。换句话说，对于任意多个未知数的整数系数不定方程为

$$P(x_1, \cdots, x_n) = \sum_{0 \leq i_j \leq n_j} a_{i_1 i_2 \cdots i_k} x_1^{i_1} x_2^{i_2} \cdots x_k^{i_k} = 0$$

要求给出一种可行的方法，通过有限次运算可以判定该方程有无整数解。

研究进展：在费马大定理提出之后的 200 年内，对很多不同的特定的 n，费马大定理已被证明。欧拉在 1770 年证明 $n = 3$ 时定理成立；勒让德在 1823 年证明 $x = 5$ 时定理成立；

狄利克雷在 1832 年证明 $n=14$ 时定理成立；法国数学家拉梅在 1839 年证明 $n=7$ 时定理成立；库默尔在 1850 年证明 $2<n<100$ 时除 37、59、67 三数外定理成立；1955 年，美国数学家范迪维尔（H. S. Vandivier）利用计算机计算证明了 $2<n<4002$ 时定理成立；1976 年，美国数学家瓦格斯塔夫（S. S. Wagstaff）利用计算机计算证明 $2<n<125\,000$ 时定理成立；1987 年，英国数学家格兰维尔（A. J. Granville）利用计算机计算证明了 $2<n<101\,800\,000$ 时定理成立。

1955 年，日本数学家谷山丰（T. Yutaka）和志村五郎（S. Goro）（图 11.1.7）共同提出了谷山-志村猜想，后被证实为谷山-志村定理（Taniyama-Shimura Theorem）。这一定理建立了椭圆曲线和模形式（Modular Form）之间的联系，成为证明费马大定理的突破口。1986 年，德国数学家弗雷（G. Frey）提出谷山-志村猜想（那时还是猜想）应该蕴含费马大定理，他试图通过表明费马大定理的任何反例会导致一个非模的椭圆曲线来做到这一点。1986 年，美国数学家黎贝（K. Ribet）后来证明了这一想法（黎贝定理）。

1995 年，英国数学家怀尔斯（A. J. Wiles）（图 11.1.8）和他的学生泰勒（R. Taylor）证明谷山-志村定理的半稳定椭圆曲线的情况，这个特殊情况足以证明费马大定理。有意思的是，专家在审查怀尔斯和泰勒的证明过程中，发现了一个极为严重的错误。于是，怀尔斯和泰勒用了近一年时间进行补救修改，终于在 1994 年 9 月以一种之前怀尔斯抛弃过的方法成功地给出了正确证明，他们的证明刊在 1995 年的《数学年刊》上。怀尔斯这样描述最后完成正确证明的心情："这是难以言喻的美丽，这样的简洁优美，我呆呆地看着它有二十分钟之久，然后在系里踱步一整天，时常回到我的台子，要看看它还在不在——它还在。"怀尔斯因成功证明此定理，获得包括沃尔夫奖、柯尔奖、肖克奖、邵逸夫奖等在内的数十个奖项。

图 11.1.7　谷山丰、志村五郎　　　　　　图 11.1.8　怀尔斯

值得一提的是，提出谷山-志村猜想时，只有本科学历的谷山丰和志村五郎当时只是东京大学的助教与讲师。1958 年，年轻的谷山丰在结婚前夕自杀身亡。志村五郎先后担任大阪大学、普林斯顿大学教授，在数论、自守形式及算术几何研究方面做出贡献，于 1996 年获得斯蒂尔奖。在得知怀尔斯完成了费马大定理的证明后，他说的一句话是"我告诉过你"。

费马大定理确实是魅力无穷的一个猜想。1908 年，德国沃尔夫斯凯尔（P. F. Wolfskehl）宣布以 10 万马克（到 1997 年相当于 100 万英镑）作为奖金奖给在他逝世后一百年内第一个证明费马大定理的人。而在怀尔斯给出证明之前，沃尔夫斯凯尔委员会收到数千个不正确的证明，所有纸张叠加在一起约有 3 米高。美国数学史家伊夫斯（H. W. Eves）说："费马大定理在数学里有一个特殊的现象，即在于它是错误证明最多的数学题。"

关于一般的丢番图问题，美国数学家罗宾逊（J. Robinson）、戴维斯（M. Davis）、普特南（H. Putnam）在 1950 年前后为丢番图问题的最终解决做出了贡献。1970 年，苏联数学家马蒂雅谢维奇（Y. Matiyasevich）发明了一种涉及斐波那契数列的方法，以证明丢番图方程的解呈指数增长。马蒂雅谢维奇定理（Matiyasevich's Theorem）说明：一般来说，丢番图问题都是不可解的。更精确的说法是：不可能存在一个算法能够判定任何丢番图方程是否有解。甚至，在任何相容于皮亚诺算数的系统当中，都能具体构造出一个丢番图方程，使得没有任何办法可以判断它是否有解。马蒂雅谢维奇的结果和罗宾逊、戴维斯、普特南的早期结果导致了马蒂雅谢维奇-罗宾逊-戴维斯-普特南（Matiyasevich-Robinson-Davis-Putnam）定理：每个递归可枚举集合都是丢番图的。这样，他们针对希尔伯特的数学问题 10 给出了否定的答案。

这个问题对现代数学的发展产生了很大的推动作用，代数几何中的椭圆曲线和模形式，以及伽罗瓦理论和赫克代数等都在这个问题的解决过程中产生。

11．数学问题 11：系数是代数数的二次型求解

问题概况： 二次型指的是每一项都是二次的多项式，例如，$5x^2 + 2xy - 4y^2$。希尔伯特关心这样一个有趣的问题：系数是代数数的二次型如何求解？

研究进展： 美国数学家卡普兰斯基（I. Kaplansky）指出，这一问题实际上就是在代数数这个数域上如何对二次型进行分类。这个问题就像俄国数学家闵可夫斯基（H. Minkowski）对具有分数系数的二次型所做的那样。20 世纪 20 年代，德国数学家哈斯（H. Hasse）建立哈斯原理，部分解决了这一问题。

12．数学问题 12：关于有理数域上阿贝尔扩张的克罗内克-韦伯定理推广到任意代数数域

问题概况： 克罗内克-韦伯定理以德国数学家克罗内克、韦伯（H. M. Weber）（图 11.1.9）的名字命名，这个定理指出，伽罗瓦群为阿贝尔的每个代数整数都可以表示为具有有理系数的单位的根的和。例如

$$\sqrt{5} = e^{2\pi i/5} - e^{4\pi i/5} - e^{6\pi i/5} + e^{8\pi i/5}$$

$$\sqrt{-3} = e^{2\pi i/3} - e^{4\pi i/3}$$

这个定理首先由克罗内克在 1853 年给出，但他的论证不完整。1886 年，韦伯给出了一个证明，但证明中有些漏洞和错误。1896 年，希尔伯特给出了第一个完整的证明。希尔伯特关心的问题是：把有理数域上的克罗内克-韦伯定理推广到任意的代数数域上。他认为该问题与希尔伯特的数学问题 9 密切相关。

研究进展： 1912 年，德国数学家赫克（E. Hecke）使用希尔伯特模形式研究了实二次域的情形，虚二次域的情形用复乘理论已基本解决。一般情况下的阿贝尔扩张则尚未解决。

13．数学问题 13：是否能用一些二元函数来求解一般的七次代数方程？

问题概况：希尔伯特问如果将七次方程 $x^7 + ax^3 + bx^2 + cx + 1 = 0$ 的解 x 看成 3 个变量 a、b 和 c 的函数，那么 x 是否可以表示为有限多个连续的二元函数的组合？

研究进展：希尔伯特的原始版本是关于代数函数的。后来，他也考虑过连续函数情形的问题。连续函数情形的这个问题的推广是以下问题：每个连续的三元函数是否可以表示为有限多个连续的二元函数的组合？这个一般性问题的肯定答案是由苏联数学家阿诺德（V. Arnold）（图 11.1.10）于 1957 年提出的，当时他只有 19 岁，是柯尔莫哥洛夫的学生。1956 年，柯尔莫哥洛夫证明了：任何多元函数都可以用有限个三元函数构造出来。在此基础上，阿诺德对他的老师的这项工作进行了优化，证明了实际上只需要二元函数。这样，他对连续函数情形的数学问题 13 给出了回答。

图 11.1.9　克罗内克、韦伯　　　　　　图 11.1.10　阿诺德

14．数学问题 14：作用于多项式环的代数群的不变量环是否始终是有限生成的？

问题概况：此问题源自不变量理论。这个问题探讨某些有理函数域中的子环的有限性问题。令 k 为一个域，$k \subset K \subset k(X_1, \cdots, X_n)$。假设群 G 作用于 n 维仿射空间 A_k^n，或者等价地说，作用于多项式环 $k[X_1, \cdots, X_n]$。为了研究商空间 A_k^n / G，必须考虑

$$R \triangleq k[X_1, \cdots, X_n]^G = \{f \in k[X_1, \cdots, X_n] \mid \forall g \in G, g \cdot f = f\}$$

希尔伯特猜想 R 是有限生成的 k-代数。

研究进展：起初，人们对一些特殊情形和某些类型的环得到了肯定的答案。希尔伯特本人证明了 G 是某些半单李群的情形，包括 GL_n。俄裔美国数学家扎里斯基（O. Zariski）在 1954 年证明了 $n = 1, 2$ 的情形，即对于一元和二元有理函数域是对的。但对于一般的状况，日本数学家永田雅宜（M. Nagata）在 1959 年通过考虑某些线性代数群的作用而构造了一个反例，对这个问题给出了否定的答案。1981 年，扎里斯基获得了沃尔夫数学奖。

基于美国数学家蒙福德（D. B. Mumford）提出的假设，可以推出：若 k 是代数封闭域，且 G 是定义在 k 上的可约群，则 R 是有限生成的。此假设已在 1975 年由美国数学家哈伯什（W. J. Haboush）证明，并由印度数学家瑟哈里（C. S. Seshadri）推广。

15．数学问题 15：舒伯特枚举微积分的严格理论

问题概况：这个问题是 20 世纪代数几何学的主要问题。希尔伯特要求对德国数学家舒伯特（H. Schubert）的列举算术赋予严格基础。这个问题可以分成两部分，第一部分是舒伯特微积分，第二部分是枚举几何。舒伯特微积分是舒伯特在 19 世纪引入的一个代数几何分支，引入的目的是解决射影几何（枚举几何的一部分）中的各种计算问题。舒伯特微积分是示性类等几种更加现代的数学理论的先驱。舒伯特微积分有时也用来表示线性子空间的枚举几何。

研究进展：舒伯特微积分是建立在格拉斯曼拓扑和交叉理论之上的。前者已经借由格拉斯曼簇的拓扑构造与相交理论阐明。关于问题的第二部分，后者关系到舒伯特的"数量守恒原理"，这涉及某些相交数在连续变形下的不变性。此原理出现在许多代数几何的计数问题上，在更早的发展中，枚举几何和物理学并无关联，但它目前已成为 20 世纪 60 年代发展起来的弦理论的核心工具。虽然交叉理论已有长足进展，量子上同调理论也为枚举几何带来部分启发，但是该问题所需要的相关理论还处于发展中，该问题只得到了部分解决。

16．数学问题 16：代数曲线和曲面的拓扑

问题概况：此问题旨在研究由实多项式定义出的拓扑结构。实际上，这个问题是由不同数学分支中的两个相似问题构成的。第一个问题是关于实代数曲线与曲面的拓扑结构，即 n 次实代数曲线（曲面）的分支的相对位置，这个问题属于实代数几何范畴。1876 年，德国数学家哈纳克（C. G. A. Harnack）（图 11.1.11）研究了实射影平面上的代数曲线，发现 n 次代数曲线有不超过 $\dfrac{n^2-3n+4}{2}$ 个连通分支，而且他说明了如何构造达到上界的曲线。希尔伯特研究了 6 次 M-曲线，同时，他提议完全弄清楚 M-曲线的连通分支的构造，研究这些分支之间的拓扑性质，并将哈纳克的估计推广到空间里的实代数曲面。第二个问题属于动力系统范畴，是关于极限环的拓扑结构。考虑平面上的动力系统，有

$$\begin{cases} \dfrac{\mathrm{d}x}{\mathrm{d}t} = P(x,y) \\ \dfrac{\mathrm{d}y}{\mathrm{d}t} = Q(x,y) \end{cases}$$

图 11.1.11　哈纳克

式中，$P(x,y)$ 和 $Q(x,y)$ 是 n 次实多项式。庞加莱对该系统放弃了找精确解，而对解构成的集合进行了定性研究。他发现解的极限集不一定是稳定点，而可能是周期解，这种解称为极限环。希尔伯特提议研究其极限环的最大数目及其拓扑。

研究进展：对于 $n=8$ 的情形，第一个问题仍未解决。第二个问题在 20 世纪 50 年代末由苏联科学院院士彼得洛夫斯基（I. G. Petrovsky）等人解决，但随后他们的证明被证明存在漏洞。对于 $n>1$，极限环的数量上界仍然是未知的。

17. **数学问题 17**：给定一个在实数域上只取非负值的多元多项式，能否将其表示为有理函数的平方和？

问题概况：这个问题的来源背景是有些非负多项式不能表示为其他多项式的平方和。例如

$$f(x,y,z) = z^6 + x^4y^2 + x^2y^4 - 3x^2y^2z^2$$

就是这样的多项式。假设 $f(X_1, X_2, \cdots, X_n)$ 为实系数多项式，且对每个 $(x_1, x_2, \cdots, x_n) \in \mathbb{R}^n$，都有 $f(x_1, x_2, \cdots, x_n) \geq 0$，希尔伯特提出下述问题：是否可能将 $f(X_1, X_2, \cdots, X_n)$ 表示成实系数有理函数的平方和？

研究进展：1888 年，希尔伯特证明了每个 n 元 $2d$ 次齐次多项式可以表示为其他多项式平方和，当且仅当 $n = 2$ 或 $2d = 2$ 或 $n = 2$、$2d = 4$。在一般情形下，即对实数域上或更一般的实闭域上的正半定函数，由奥地利数学家阿廷（图 11.1.12）在 1927 年给出了肯定的答案。

图 11.1.12 阿廷

18. **数学问题 18**：（a）在三维空间中是否存在只允许一种各向异性镶嵌的多面体？（b）最密堆积的情况如何？

问题概况：（a）是否存在一个能镶嵌三维欧氏空间的多面体，但它不是任何空间群的基本域？也就是说，这个镶嵌是不允许等面镶嵌的，这样的镶嵌称为各向异性镶嵌（Anisohedral Tiling）。（b）在几何中，最密堆积指的是在给定空间中用无重叠的球进行堆积。通常来说，这个问题的第二部分指的是三维欧氏空间中用半径相同的球进行堆积。更为一般地来说，这个问题指的是 n 维欧氏空间中用半径不同的球来堆积。二维指的是用圆周来堆积，而高维用的是超球来堆积。这个问题也可以推广到非欧空间（如双曲空间）。

研究进展：（a）希尔伯特的原始问题是对三维欧氏空间提出的，他认为这种镶嵌对二维空间是不存在的。但后来的研究表明，他的这个猜测是错误的。1928 年，德国数学家莱因哈特（K. Reinhardt）发现了第一个这样的三维镶嵌。1935 年，德国数学家希施（H. Heesch）发现了第一种二维镶嵌。（b）1998 年，美国数学家黑尔斯（T. C. Hales）使用计算机辅助证明证得：在三维欧氏空间中，用半径相同的球进行最密堆积，可以占据所填空间体积的 74% 左右。

19. **数学问题 19**：变方法中的正则问题的解是否总是解析的？

问题概况：希尔伯特给出的"正则变分问题"指的是欧拉-拉格朗日方程是具有解析系数的椭圆偏微分方程的变分问题。粗略地说，希尔伯特关心的是：在这类偏微分方程中，任何解函数是否继承了被求解方程的相对简单、好理解的结构？

研究进展：人们对这一问题研究的最初努力是研究方程解的正则性。1904 年，俄国数学家伯恩施坦（S. N. Bernstein）（图 11.1.13）在他的论文中对 C^3 解给出了肯定的答案，他证明了非线性的椭圆二

图 11.1.13 伯恩施坦

元方程的 C^3 解是解析的。伯恩斯坦的结果被多位数学家所改进。1939 年，有学者去掉了解的可微性要求。另外，变分法表明了具有弱可微性解的存在性。20 世纪 50 年代，意大利数学家乔吉（E. De Giorgi）、美国数学家纳什（J. F. Nash）证明了一阶可导的解是赫尔德连续的（Hölder Continuous）。由他们的结果可知：只要微分方程具有解析系数，那么方程的解就是解析的，这样，就完全解决了希尔伯特的数学问题 19。

在此之后，人们又研究了该问题的推广情形，即对更一般函数的欧拉-拉格朗日方程而言，是否有相同的结论。1968 年，瑞典数学家马扎亚（V. Mazya）、乔吉、意大利数学家朱斯蒂（E. Giusti）和米兰达（M. Miranda）各自独立构造了多个反例，说明如果不添加进一步的假设，就没有希望得到类似的正则结果。

20．**数学问题 20：具有某些边界条件的变分问题是否都是有解的？**

问题概况： 希尔伯特注意到有方法适用于求解函数边值给定的偏微分方程。他关心的是具有复杂边界条件（如涉及函数导数值）的偏微分方程、大于一维的变分问题（如极小曲面问题）的求解方法。

研究进展： 该问题已经解决，这是 20 世纪一个重要的研究课题，最终获得了非线性方程的求解方法。

21．**数学问题 21：具有给定单值群的线性微分方程的存在性**

问题概况： 这个问题被称为黎曼-希尔伯特问题，希尔伯特关心的是一类具有指定奇点、单值群的线性微分方程的存在性。

研究进展： 这个问题获得了部分解决。问题的肯定、否定、未解决的答案依赖数学问题的更精确化。

22．**数学问题 22：用自守函数将解析函数单值化**

问题概况： 这个问题涉及艰深的黎曼曲面理论，关于以自守函数一致化可解析关系。这个问题已在 1907 年由德国数学家保罗·克伯解决。黎曼曲面理论和这个问题有一定关系。

研究进展： 1907 年，德国数学家克伯（P. Koebe）给出了这个问题的部分解答，证明了一般的单值化定理（General Uniformization Theorem）——如果一个黎曼曲面与复球的开子集同胚，那么它共形等价于复球的一个开子集。但这个问题仍未解决。

23．**数学问题 23：变分学的进一步发展**

问题概况： 与希尔伯特提出的其他问题中有明确问题表述的情形不同，这个问题是关于变分法长远发展的，没有出现明确的待解或待证明的问题。

研究进展： 这个问题的提法太过模糊，是一个开放性问题，因此很难说是否解决。20 世纪，变分法有了很大发展。

从前面的介绍不难看出，到现在为止，大多数希尔伯特数学问题已经得到圆满解决，有些至今仍未得到解决。华罗庚曾说："新的数学方法和概念，常常比解决数学问题本身更重要。""不论有没有解决，希尔伯特在 20 世纪初提出的 23 个数学问题指引了数学在一个世纪中前进的方向，激发了数学家的智慧，对现代数学的发展产生了巨大的推动和影响。"

现代数学发展的丰富多彩、波澜壮阔的程度也远远超出了包括希尔伯特在内的所有人的预想。

11.2 千禧年七大数学难题

为了纪念和效仿百年前德国数学家希尔伯特在巴黎举行的第二届国际数学家大会宣布的 23 个数学问题，美国的克雷数学研究所（Clay Mathematics Institute）于 2000 年 5 月 24 日在巴黎的法兰西公学院召开了巴黎千年会议（Paris Millennium Event），邀请世界上有影响力的数学家参会，并在会上宣布了 21 世纪有待解决的七大数学难题。阿贝尔奖和沃尔夫奖获得者、美国科学院院士泰特（J. Tate）和英国数学家阿蒂亚分别介绍了这七大数学难题。这千禧年七大难题是：黎曼猜想、霍奇猜想、贝赫和斯维讷通-戴尔猜想（BSD 猜想）、P/NP 问题、庞加莱猜想、杨-米尔斯存在性与质量间隙、纳维-斯托克斯存在性与光滑性。

这七大数学难题是由科学顾问委员会在咨询其他顶尖数学家后共同选出的。科学顾问委员会里面有 5 位国际数学专家，除泰特和阿蒂亚外，还包括美国数学物理学家贾菲（A. M. Jaffe）、解决了费马大定理并获得阿贝尔奖的英国数学家怀尔斯、获得菲尔兹奖的法国数学家科纳（A. Connes）、获得菲尔兹奖的美国数学物理学家威滕（E. Witten）。

为了推动 21 世纪数学的发展，发挥重大数学难题对数学发展的引领作用，克雷数学研究所设立了 700 万美元的奖励基金，以便给予每道难题的最终解决者以 100 万美元的奖励。克雷数学研究所规定，任何解题并旨在获奖的研究者，必须先在有国际声誉的数学出版物上发表完整解答，解答需在两年内获得数学界的广泛认可。若满足以上条件，负责评奖的科学顾问委员会将成立特别小组以评定获奖资格，该小组至少有两位非委员会成员，其中至少一人会完整校验解答。特别地，对于 P/NP 问题和纳维-斯托克斯存在性与光滑性问题，证明或证否皆有获奖资格。至于其他几道难题，提出反例也可以获奖，但如果原问题在重构后可以剔除特殊情况而不伤本质，提出者可能只获得一小笔奖金。此外，如果多位数学家都对问题的解决做出了关键贡献，那么可由多人一起分享应得的奖金。

在前面，我们已经介绍了黎曼猜想的有关情况，下面重点介绍其他几道数学难题的有关情况（按英文名称的首字母排序）。

1. 贝赫和斯维讷通-戴尔猜想

在数论和代数几何中，椭圆曲线是由形如 $y^2 = x^3 + ab + b$ 的等式定义且没有奇点的曲线。椭圆曲线（Elliptic Curve）是数论研究的重要领域，怀尔斯对费马大定理的证明的关键便是椭圆曲线，而且，椭圆曲线在密码学和数据传输中也均有应用。

数学家关心对于给定的一条椭圆曲线 K，其有多少个有理解，即有多少组有理数对 (x, y) 满足椭圆曲线方程。这一问题与该曲线对应的哈瑟-韦伊 L-函数 $L(E, s)$ 密切相关。20 世纪 60 年代，使用 EDSAC-2 计算机，英国数学家斯维讷通-戴尔（H. P. F. Swinnerton-Dyer）计算了位于曲线上的素数 p 的点模 N_p。基于计算机的数值依据，斯维讷通-戴尔和英国数学家贝赫（B. J. Birch）猜想，一椭圆曲线 E 有无穷多个有理解，当且仅当 $L(E, s)$ 在 $s = 1$ 时取 0。这一猜想的数学表述如下：设 E 是数域 K 上的椭圆曲线，$E(K)$ 是 E 上的有理点的集合，若 $E(K)$ 是有限生成交换群，记 $L(E,s)$ 是 E 的 L 函数，则此猜想如下

$$\mathrm{ord}_{s=1}(L(E,s)) = \mathrm{rank}_{\mathbb{Z}}(E(K))$$

贝赫获得 2007 年德·摩根奖、2020 年西尔维斯特奖，斯维讷通-戴尔于 2006 年获得波利亚奖、西尔维斯特奖。

在 1994 年前该猜想是否有意义都不甚明确，当时的数学家并不知是否存在一个合适的 $L(E,s)$ 函数，使对所有的 s 都有一个答数。1994 年，谷山-志村定理的一个特殊形式证实了这种答数的存在。目前已经有大量数值结果表明贝赫和斯维讷通-戴尔猜想正确。图 11.2.1 所示为当 X 在头 100000 个素数中变动时，对曲线 $y^2 = x^3 - 5x$，$\prod\limits_{p \leqslant x} \dfrac{N_p}{p}$ 的情况。近年来，贝赫和斯维讷通-戴尔猜想的解决方面进展不多，特别是对椭圆曲线秩大于 1 的情况，数学家所知甚少。

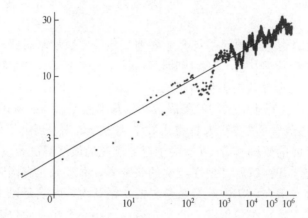

图 11.2.1　当 X 在头 100000 个素数中变动时，对曲线 $y^2 = x^3 - 5x$，$\prod\limits_{p \leqslant x} \dfrac{N_p}{p}$ 的情况

2. 霍奇猜想

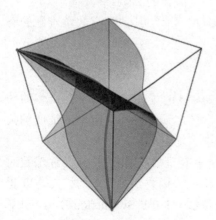

图 11.2.2　三次挠线

数学的一大分支代数几何的中心研究对象是代数簇（Algebraic Variety），是几何对象的推广。代数簇是实数域或者复数域上多项式方程组的解的集合，人们所熟知的任何几何对象（如圆）都是一个代数簇，如图 11.2.2 所示，三次挠线（Twisted Cubic）就是射影簇的一个例子。但并非所有代数簇都是几何的、可以直观描绘的。

射影复流形是可以嵌入复射影空间的复流形。因为射影空间具有凯勒度量（Kähler Metric），流形一定是凯勒流形（Kähler Manifold）。1949 年，华裔数学家周炜良证明了闭的复射影空间的解析子空间是代数子簇。

在此猜想中，代数几何学家关心的是非奇异射影代数簇。粗略而言，它是一面光滑的多维曲面，由代数方程解定义产生。霍奇猜想所说的是在这种"形状完美"的代数簇上，本可能不是几何对象的霍奇闭链（Hodge Cycle）却是由名为代数闭链的几何对象组成的。其严谨的数学表述为：在非奇异复射影代数簇 X 上，任何一条霍奇闭链都可以表示为代数闭链类的有理线性组合。

在千禧年七大数学难题中，它也被认为是对非专业人士而言最难理解的一个。然而，霍奇猜想的证明为代数几何、拓扑学和数学分析三个领域建立了一种基本的联系，因此具有重大意义。

在 1950 年英国几何学家霍奇（W. V. D. Hodge）公布猜想后不久，美国数学家斯宾塞（D. C. Spencer）和日本数学家小平邦彦（K. Kunihiko）就证明了其中一种简单情况。近年来的研究方向分为两个：美国数学家格里菲斯等人尝试将这一猜想化约为霍奇导出的多元可容正规函数（Admissible Normal Function）的奇点（Singularities）存在性问题，以及法国代数几何学家瓦赞（C. Voisin）力图在算术簇上证明霍奇猜想。霍奇、斯宾塞和小平邦彦如图 11.2.3 所示。

图 11.2.3　霍奇、斯宾塞和小平邦彦

总体而言，霍奇猜想的证明仍然难见突破，暂时也没有有力证据表明霍奇的直觉是正确的。

3. 纳维-斯托克斯存在性与光滑性

在流体力学中，纳维-斯托克斯方程最早是由法国工程师、物理学家纳维（C. L. M. H. Navier）在 1821 年发现的。他通过引入黏度的概念而推广了 17 世纪建立的欧拉方程，随后爱尔兰数学家斯托克斯（G. G. Stokes）又对其多次进行完善。具体来说，对 $i=1,2,3$ ，都有如下纳维-斯托克斯方程

$$\frac{\partial v_i}{\partial t} + \sum_{j=1}^{3} v_j \frac{\partial v_i}{\partial x_j} = -\frac{\partial p}{\partial x_i} + \mu \sum_{j=1}^{3} \frac{\partial^2 v_i}{\partial x_j^2} + f_i(x,t)$$

式中，μ 是液体的黏滞系数，$\nabla \cdot v = 0$ 。而欲解的未知数是速度向量 $v(x,t)$ 和流体压力 $p(x,t)$ 。纳维、斯托克斯如图 11.2.4 所示。

图 11.2.4　纳维、斯托克斯

数学家和物理学家都相信纳维-斯托克斯方程的解能解释与预测包括空气及水在内的流体的行为，但至今，人们对这个方程的理解非常有限。纳维-斯托克斯存在性与光滑性问题要求解答者证明该方程存在光滑的解。

在此问题上数学家已取得了部分成果。1934 年，法国数学家让·勒雷（J. Leray）证明了方程弱解的存在性，该解满足方程均值，在每一点上则不一定。另外，给定初始条件，总能找到一个正数 T，使方程在 $[0,T)$ 的时间段上可解，这个正数也称为"爆破时间"（Blowup Time），只是一般而言由于 T 实在太小，这些解未必有用。2014 年 2 月，美籍华人数学家陶哲轩发表了一项关于三维纳维-斯托克斯方程均值版本的爆破时间的新结果。

4．P/NP 问题

理论计算机科学（Theoretical Computer Science，TCS）是计算机科学的一个分支，它主要研究有关计算的相对更抽象化、逻辑化和数学化的问题，如计算理论、算法分析，以及程序设计语言的语义。而计算复杂性理论（Computational Complexity Theory）就是理论计算机科学和数学的一个交叉分支，它致力于将可计算问题根据它们本身的复杂性分类，以及将这些类别联系起来。一个可计算问题被认为是一个原则上可以用计算机解决的问题，即这个问题可以用一系列机械的数学步骤解决。计算复杂性理论最成功的成果之一是 NP 完备理论。通过该理论，我们可以理解为什么在程序设计与生产实践中遇到的很多问题至今都没有找到多项式算法，而该理论更为计算复杂性中的核心问题（P 与 NP 的关系问题）指明了方向，如图 11.2.5 所示。

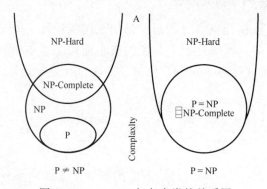

图 11.2.5　P/NP 复杂度类的关系图

所谓"多项式时间"，指的是求解算法运行时间至多是输入规模的多项式函数。NP 是指"在非确定性图灵机上有多项式时间算法的问题"的集合，而 P 是指"在确定性图灵机上有多项式时间算法的问题"的集合。这里考虑的都是判定型问题，即考虑一个语言 L，我们要判断一个字符串 x 是不是在 L 中。那么，一个等价的理解是：NP 是指对在 L 中的 x，有多项式长度的证据 w，而且对语言 (x, w) 是有多项式时间算法的；而 P 是指对 L 中的 x，有多项式时间算法判断 x 在不在 L 中。粗略地说，P 类问题是可以在计算机上快速求解的问题，而对 NP 类问题则可快速确定某个可能的解是否正确。

由于在多项式时间中可以判断 x 在不在 L 中，这蕴含着 x 本身就是其在 L 中的证据的含义，所以 $P \subset NP$，即 P 类问题一定是 NP 类问题。那么，是否所有 NP 类问题都是 P 类问题，拥有多项式时间的求解算法呢？这就是著名的 P/NP 问题。

20 世纪 70 年代，美国计算机科学家库克（S. A. Cook）、美国数学家和计算机科学家列文（L. A. Levin）证明存在这样一类问题，若能对任意一个 NP 问题找到多项式时间的求解算法，那么所有 NP 问题都是多项式时间可解的。他们将此类命题命名为 NP 完全问题。

从这个问题在 20 世纪 70 年代被正式地提出之后，NP 完备理论赋予了它在实践上的重要性，证明复杂性理论赋予了它纯数学理论上的重要性，PCP 理论和 NP 完备理论赋予了它算法理论上的重要性。这些理论或者在根本上依赖 NP 和 P 关系问题的某些假设，或者本身就是试图去理解 NP 和 P 关系问题而发展出来的，这使它成为理论计算机科学乃至数学的中心问题之一。

5. 庞加莱猜想

1904 年，法国数学家庞加莱提出了著名的庞加莱猜想：任何一个单连通的、闭的三维流形一定同胚于一个三维的球面。通俗地说，一个闭的三维流形就是一个有边界的三维空间，单连通指的是这个空间中每条封闭的曲线都可以连续地收缩成一点。因此，庞加莱猜想也可以说成：对一个封闭的三维空间，假如每条封闭的曲线都能收缩成一点，这个空间就一定是一个三维圆球。后来人们将庞加莱的猜想推广到高维情形：同伦于 n 维球面的 n 维闭流形必同胚于 n 维球面，这就是广义庞加莱猜想。

$n \geq 4$ 的情形先后被证明：1961 年，美国数学家斯梅尔（S. Smale）给出了五维及五维以上广义庞加莱猜想的证明，他在 1966 年因为这项工作获得菲尔兹奖。1983 年，在唐纳森（S. K. Donaldson）工作的基础上，美国数学家福里德曼（M. H. Freedman）证出了四维空间的庞加莱猜想，并因此获得 1986 年的菲尔兹奖。

但三维的情形迟迟得不到解决。早期，人们把解决庞加莱猜想的希望寄托在拓扑学上，但这些尝试都以失败告终。1970 年，美国数学家瑟斯顿（W. Thurston）（图 11.2.6）提出了关于三维流形分类的瑟斯顿几何化猜想：所有的三维空间都可以由三维欧氏空间、三维球面、三维双曲空间等八种基本空间合成而获得。而

图 11.2.6 瑟斯顿

庞加莱猜想只是瑟斯顿几何化猜想的一种情形，因此，只要证明了瑟斯顿几何化猜想，庞加莱猜想也就获得了最终解决。1982 年，他因为在三维流形研究方面的贡献而获得菲尔兹奖。

瑟斯顿几何化猜想的解决还有赖于几何分析中的里奇流（Ricci Flow）理论。1972 年，丘成桐和李伟光合作，发展出一套用非线性偏微分方程研究流形几何结构的理论，丘成桐利用这种方法证明了卡拉比猜想，并因此获得菲尔兹奖。由此，一个几何与分析交叉的新领域——几何分析诞生了。有别于过去利用几何、代数、拓扑来研究流形的方法，几何分析引入、强调了偏微分方程对流形研究的重要性。1982 年，美国数学家哈密顿（R. Hamilton）发表了题为"三维流形的里奇曲率"的论文，由此开创了里奇流理论。丘成桐敏锐地发现了这一工作的价值，他告诉哈密顿，里奇流有希望用来解决庞加莱猜想。以意大利微分几何学家里奇（G. Ricci-Curbastro）命名的里奇流指的是定义在黎曼流形上的关于里奇曲率的非线性方程。这个方程是热传导型的，它可以使流形的曲率如同热扩散那样随着时间的流逝而逐渐变得各处均匀。一个形象的比喻是，我们可以利用里奇流进行手术，将形状不好的流形变换成更好的流形。但里奇流在将流形变好的同时，会带来一个副作用，即因流形的曲率"塌陷"而产生奇点，如何控制这些奇点成为解决猜想的关键。

在 2002 年 11 月、2003 年 4 月和 7 月，俄罗斯数学家佩雷尔曼（G. Perelman）（图 11.2.7）在学术预印本网站 arXiv 上张贴了三篇论文预印本，这三篇论文分别是 30 页、22 页和 7 页。在第一篇论文的摘要中，他写道："我们提出了一个里奇流的单调式，在所有的维度中成立且无须曲率假设……我们还验证了与理查德·哈密顿关于瑟斯顿封闭三维流形几何化猜想证明的纲领相关的一些假设，使用先前关于局部曲率下界的塌陷结果，给出了对这一猜想的证明概要。"事实上，佩雷尔曼利用里奇流证明了曲率非塌陷

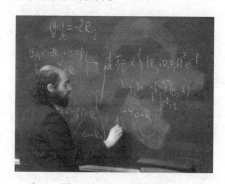

图 11.2.7　佩雷尔曼

（Non-collapsing）定理，排除了曲率塌陷的可能性，完成了瑟斯顿几何化猜想的证明。但佩雷尔曼的论文无疑是艰深的、缺少部分细节的。2003 年 4 月，他曾应邀到美国麻省理工学院、纽约州立大学石溪分校、哥伦比亚大学、普林斯顿大学等讲解他的论文。

佩雷尔曼拒绝了美国一些世界一流大学向他抛出来的橄榄枝，随后，人们就很难联系到他了。在佩雷尔曼公布他的论文之后，世界上有三组世界一流数学家组成的研究小组致力于解读佩雷尔曼的工作、补全他给出的证明中缺少的细节。这三个小组是里海大学的曹怀东和中山大学的朱熹平、哥伦比亚大学的摩根（J. Morgan）和麻省理工学院的田刚、密歇根大学的克莱恩（B. A. Kleiner）和加州大学伯克利分校的洛特（J. W. Lott），他们先后分别完成了长达 592 页、473 页和 192 页的论文。这几位世界一流数学家的详尽论文得出了相同的结论：佩雷尔曼的论文是正确的。数学界最终确认佩雷尔曼的证明解决了庞加莱猜想。

2004 年，斯捷克洛夫数学研究所推荐佩雷尔曼为俄罗斯科学院院士，但他选择了拒绝。2006 年 8 月，在第 25 届国际数学家大会上，国际数学联盟宣布授予佩雷尔曼以菲尔兹奖，对这份数学界中的至高荣誉，他也选择了拒绝。2010 年 3 月 18 日，克雷数学研究所对外公布，佩雷尔曼因为破解庞加莱猜想而荣膺千禧年大奖，这次，他再次选择拒绝领奖。同时，他认为哈密顿对这问题的贡献丝毫不逊于自己。

潜心研究、淡泊名利、深居简出、与可能打破他安静从事数学研究的纷扰刻意保持距离，

是这位天才数学家佩雷尔曼留给我们的印象。苏联哲学家、逻辑学家柯普宁（P. V. Kopnin）曾说："当数学家导出方程式和公式，如同看到雕像、美丽的风景，听到优美的曲调等一样而得到充分的快乐。"对至纯至净的数学家而言，数学就是他的全部。"山重水复疑无路，柳暗花明又一村"，对问题的探求过程就是佩雷尔曼快乐的源泉，而猜想的解决就是对他至高的奖赏。

6. 杨-米尔斯存在性与质量间隙

20 世纪初，物理学家期待量子理论和经典场论两种思想可以融合在一起。在这一方向上，最早出现的理论是量子电动力学（Quantum Electrodynamics，QED）。量子电动力学是电动力学的相对论性量子场论，从本质上讲，它描述了光与物质间的相互作用，是第一套同时符合量子力学及狭义相对论的理论。量子电动力学在数学上描述了所有由带电荷粒子经交换光子产生的相互作用所引起的现象，为物质与光的相互作用提供了完整的科学论述。它能为相关的物理量提供极其精确的预测值，例如，电子的异常磁矩及氢原子能级的兰姆位移。诺贝尔物理学奖获得者、美国理论物理学家费曼把量子电动力学誉为"物理学的瑰宝"。既然量子电动力学能极为精确地解释电磁场和电磁力，物理学家自然期待后续的理论进一步将电磁现象与弱力和强力统一起来。

卡鲁扎-克莱因理论（Kaluza-Klein Theory，KK Theory）是一个试图统一重力与电磁两大基本力的理论模型。此理论最初由德国数学家、物理学家卡鲁扎（T. F. E. Kaluza）于 1919 年告知了爱因斯坦，后于 1921 年正式发表。他用具有 15 个度量系数的五维度量张量 g 将广义相对论推广到五维时空，被认为是弦理论（String Theory）的先驱。10 个度量系数与 4 维时空度量相对应，4 个系数与电磁矢势（Electromagnetic Vector Potential）相对应，1 个系数与称为引力标量子（Graviscalar 或 Radion）的标量场相对应。相应地，卡鲁扎所得的方程可以分成好几组方程，其中一组方程等价于爱因斯坦场方程（或爱因斯坦引力场方程），另一组方程则等价于描述电磁场的麦克斯韦方程组。此外，还多出一个标量场——度量张量的分量 g_{55}，其对应的粒子称为引力标量子。

1926 年，瑞典物理学家克莱因（O. B. Klein）给卡鲁扎的五维理论一种全新的量子解释，与两位量子力学创始人——德国物理学家海森堡（W. Heisenberg）和奥地利理论物理学家薛定谔（E. R. J. A. Schrödinger）的发现相符。克莱因建议把第五维度卷曲成一个半径小到 10^{-30} 厘米的圆，所以粒子沿着这个轴移动很短的距离就会回到起始点。奥地利理论物理学家泡利（W. E. Pauli）是量子力学研究的先驱者之一，他因泡利不相容原理于 1945 年获得诺贝尔物理学奖。1953 年，在私人通信中，泡利构造了爱因斯坦场方程的六维理论，将五维的卡鲁扎-克莱因理论拓展到六维。但是，他没有推导出规范场的拉格朗日量或者将其量化，而且，他发现他的理论会导致非物质的影子粒子（Shadow Particles）出现。

1954 年，杨振宁与美国物理学家米尔斯（R. L. Mills）发表了杨-米尔斯理论，将阿贝尔群上的规范场理论（如量子电动力学）拓展到不可交换群，以解释强交互作用。更准确地说，杨-米尔斯理论是基于特殊酉群 SU(n) 或者更一般的任意紧致约化李代数的一种规范场理论。值得一提的是，剑桥大学的研究生肖（R. Shaw）于 1954 年 1 月独立完成了类似的工作，但是，因为该理论需要无质量的量子才能维持规范不变性，当时没有发现这样的粒子存在，因此肖和他的导师萨拉姆（A. Salame）选择不发表他们的工作。由于杨振宁与米尔斯的论文无法解释量子粒子的质量问题，他们的工作立刻受到了泡利的批评，因此，这个理论在当时并未受到重视。海森堡和薛定谔如图 11.2.8 所示，杨振宁与米尔斯如图 11.2.9 所示。

图 11.2.8　海森堡和薛定谔　　　　　　图 11.2.9　杨振宁与米尔斯

一直到 20 世纪 60 年代，为了给这些无质量的粒子以质量，英国理论物理学家戈德斯通（J. Goldstone）、日裔美国粒子物理学家南部阳一郎（N. Yōichirō）、意大利理论物理学家约纳-拉西尼奥（G. Jona-Lasinio）等人提出对称性破缺（Symmetry Breaking）理论，从零质量粒子的理论中得到带质量的粒子，杨-米尔斯理论的重要性才显现出来。

1967 年，美国物理学家温伯格（S. Weinberg）和格拉肖（S. L. Glashow）基于规范对称的自发破缺，把格拉肖在 1961 年提出的电弱统一理论建立在了杨-米尔斯场论的基础上，并引入了希格斯机制，提出具有 SU(2)×U(1) 规范对称性的电弱理论。结合渐近自由度的思想，1972 年，德国理论物理学家弗里奇（H. Fritzsch）和美国物理学家盖尔曼（M. Gell-Mann）（图 11.2.10）提出了具有 SU(3) 规范对称性的杨-米尔斯理论，建立了量子色动力学（Quantum Chromodynamics，QCD）。描述电磁力和弱力的电弱理论与描述强力的量子色动力学一起构成现今粒子物理的标准模型。

由于杨-米尔斯理论的重要性及杨振宁在该理论工作中的开创性贡献，在 1994 年授予杨振宁鲍尔奖的颁奖词中写道："这项工作已经排列在牛顿、麦克斯韦和爱因斯坦的工作之列，并必将对未来几代产生类似的影响。"

图 11.2.10　弗里奇和盖尔曼

经典杨-米尔斯理论的核心是一组非线性偏微分方程，杨-米尔斯存在性与质量间隙难题旨在证明杨-米尔斯方程组有唯一解，并且该解满足"质量间隙"这一特征。其表述为：对任意紧致、单的规范群，四维欧几里得空间中的量子杨-米尔斯理论存在一个正的质量间隙。质量间隙问题是量子色动力学理解强相互作用的理论关键，关乎理论物理学的数学基础，其解决将意味着一个数学上完整的量子规范场论的产生。其官方表述的撰写者之一——美国数学物理学家威滕也直言这个问题："对现在而言实在太难了。"虽然物理学家普遍相信质量间隙存在，但至今未能找到确凿的数学和物理学证明。

正如希尔伯特的 23 个数学问题对于 20 世纪数学的发展，剩下的 6 个千禧年数学难题、尚未解决的其他公开问题、未来不断涌现的其他数学问题必将对 21 世纪数学理论的发展产生巨大的推动作用，并将深刻改变现代数学的面貌。

思　考　题

1. 通过查阅资料，扩展了解希尔伯特 23 个数学问题的研究情况和 20 世纪现代数学的发展情况。

2. 你从阿蒂亚、张益唐、怀尔斯、佩雷尔曼的故事中得到了什么启发？

3. 通过查阅资料，扩展了解千禧年七大数学难题的研究情况。

4. 收集并整理本章所涉及的数学家的生平故事和学术贡献。

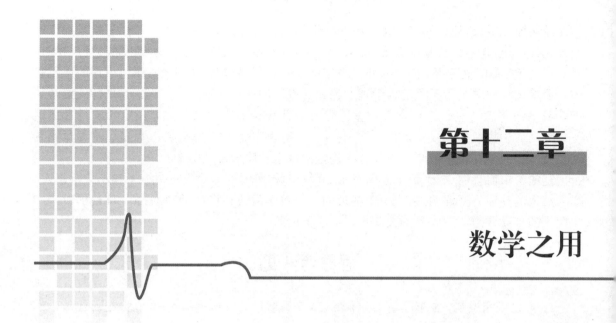

第十二章

数学之用

> 宇宙之大，粒子之微，火箭之速，化工之巧，地球之变，日用之繁，无处不用数学。
>
> ——华罗庚

1959 年，华罗庚先生在《大哉数学之为用》中精彩地概括了数学的各种应用。而今几十年过去，数学的应用疆域早已大大扩展，在各领域应用的深度更是今非昔比。在本章中，我们将选取音乐、无线电通信、人工智能三个领域展示数学的应用，涉及五音十二律、麦克斯韦方程组、电磁波、信息熵、图灵测试、阿尔法围棋、人工神经网络、深度学习、机器人、机器人三定律、数学机械化等多个有趣内容，展示数学与现实世界的联系。

12.1　数学与音乐

爱因斯坦曾经说："这个世界是由音乐的音符组成的，也是由数学公式组成的。音符加数学公式，就是真正完整的世界。"数学与音乐的联系可以说源远流长，音乐中隐藏着数学密码，数学通过音乐让人感受到了数学之美、数学之用。历史上，数学家运用数学发现乐理，音乐家运用数学创作出优美的应用，谱写出数学与音乐和谐相伴的美丽世界。在本节中，我们将对音乐背后的数学原理做初步分析，介绍数学家为音乐发展所做出的贡献和数学在音乐中应用的例子。

12.1.1　毕氏调律与五音十二律

2000 多年前，著名的古希腊数学家毕达哥拉斯就认为美妙的音乐本质上是数学美的一种表现。数学史上广为流传的一个故事是：毕达哥拉斯从铁匠用铁锤敲击铁砧时发出的声音得到启发，想到了用他所信奉的数——整数之比（有理数）刻画音乐的办法，如图 12.1.1

所示，为其是"万物皆数"的哲学理念起到了很好的支撑作用。这个故事的细节和科学性值得推敲。

图 12.1.1 毕达哥拉斯学派用数学研究音乐

在西方音乐理论中确实存在以毕达哥拉斯名字命名的毕氏音程（Pythagorean Interval），这个理论为解释音程提供了清晰的界定，其基本原则是：声高指物体振动的频率。凡是由两个不同音高的音所构成的音程，它们的频率关系必然是 $\dfrac{2^n}{3^m}$，或是 $\dfrac{3^n}{2^m}$，其中 n 和 m 都是正整数。以纯音程为例，纯八度的频率关系是 $\dfrac{2^1}{3^0}$，即 $\dfrac{2}{1}$；纯五度的频率关系是 $\dfrac{3}{2}$；纯四度的频率关系则是 $\dfrac{2^2}{3}$，即 $\dfrac{4}{3}$。借助以上的纯音程，通过特定的计算方法，便可以把一个八度包含的全部音符都找出来。而且，由任意两个音所组成的音程的频率关系仍然为 $\dfrac{2^n}{3^m}$ 或 $\dfrac{3^n}{2^m}$。基于毕氏音程的调音方法也被称为五度相生律、毕氏调律（Pythagorean Tuning），但由毕氏调律所调出来的音阶和现时常用的十二平均律音阶有一点差别。

基于"万物皆数"的理念，毕达哥拉斯甚至认为行星和恒星是按照数的某种规则在运转的，而这些数对应音符。根据古罗马新柏拉图主义哲学家波菲利的说法，毕达哥拉斯曾说过：七个缪斯是七个行星在一起唱歌。

公元前 600 年到公元 240 年，中国古人发明了定音律、音高的办法——五音十二律，中西方都运用数学原理发明了类似的音乐乐理。定五音的三分损益法相传是由春秋时期法家的代表人物管仲发明的。在《史记》中，司马迁记载了三分损益法："九九八十一以为宫。三分去一，五十四以为徵。三分益一，七十二以为商。三分去一，四十八以为羽。三分益一，六十四以为角。"这段话的意思是：取一根用来定音的竹管，长为 81 单位，定为宫音；然后将 81 乘 $\dfrac{2}{3}$，就得到 54 单位，定为徵音；将徵音的竹管长度 54 乘 $\dfrac{4}{3}$，得到 72 单位，定为商音；将商音 72 乘 $\dfrac{2}{3}$，得到 48 单位，定为羽音；将羽音 48 乘 $\dfrac{4}{3}$，得到 64 单位，定为角音。宫、徵、商、羽、角五个音高被称为五音。

中国古代先民以三分损益法来定律，再将十二个音逐个导出，获得十二律。十二律又分阴阳两类，奇数六律为阳律，叫作六律；偶数六律为阴吕，称为六吕，合称律吕。实际上，取竹管、丝弦来定音高时，它的频率与其长度是成反比的。长度越大，声音越低。当长度减为原来的一半时，频率将变为原先的2倍；长度增为原先的两倍时，频率将变成原先的一半。将这种互为2倍数的特殊比例定义为彼此互为八度音。由此，通过从基准长度出发，应用三分损益法，并计算频率比，我们可以得到一系列具有特定频率比的音，这些音构成了十二律（宫调）。清代十二律管如图12.1.2所示。

图12.1.2　清代十二律管

（1）**黄钟**：81，西方音名为C；

（2）**林钟**由黄钟三分损而来：$81 \times \dfrac{2}{3} = 54$，西方音名为G；

（3）**太簇**由林钟三分益而来：$54 \times \dfrac{4}{3} = 72$，西方音名为D；

（4）**南吕**由太簇三分损而来：$72 \times \dfrac{2}{3} = 48$，西方音名为A；

（5）**姑洗**由南吕三分益而来：$48 \times \dfrac{4}{3} = 64$，西方音名为E；

（6）**应钟**由姑洗三分损而来：$64 \times \dfrac{2}{3} = 42\dfrac{2}{3}$，西方音名为B；

（7）**蕤宾**由应钟三分益而来：$42\dfrac{2}{3} \times \dfrac{4}{3} = 56\dfrac{8}{9}$，西方音名为F#；

（8）**大吕**由蕤宾三分益而来：$56\dfrac{8}{9} \times \dfrac{4}{3} = 75\dfrac{23}{27}$，西方音名为C#；

（9）**夷则**由大吕三分损而来：$75\dfrac{23}{27} \times \dfrac{2}{3} = 50\dfrac{46}{81}$，西方音名为G#/Ab；

（10）**夹钟**由夷则三分益而来：$50\dfrac{46}{81} \times \dfrac{4}{3} = 67\dfrac{103}{243}$，西方音名为D#/Eb；

（11）**无射**由夹钟三分损而来：$67\dfrac{103}{243} \times \dfrac{2}{3} = 44\dfrac{692}{729}$，西方音名为A#/Bb；

（12）**仲吕**由无射三分益而来：$44\dfrac{692}{729} \times \dfrac{4}{3} = 59\dfrac{2039}{2187}$，西方音名为F。

同时，中国古人还将十二律和十二月联系起来，命名为十二月律。根据《礼记·月令》上的记载，十二月律和十二律之间的对应关系是：

孟春之月，律中太簇；仲春之月，律中夹钟；季春之月，律中姑洗；

孟夏之月，律中仲吕；仲夏之月，律中蕤宾；季夏之月，律中林钟；

孟秋之月，律中夷则；仲秋之月，律中南吕；季秋之月，律中无射；

孟冬之月，律中应钟；仲冬之月，律中黄钟；季冬之月，律中大吕。

数学化为和谐的音乐十二律，而音乐又与春、夏、秋、冬变换的十二月律之间建立了神奇的联系，这是多么美妙的事情。作为中国文化在音乐方面的瑰宝，五音十二律后来传入朝鲜、日本、越南等国家，产生了广泛的影响。

12.1.2 音乐背后的数学

音乐理论的发展离不开数学，这是由声音的本质和特性决定的。包括声波、电磁波等在内的所有波都有三个最本质的特性：频率/波长、振幅、相位。对于声音来说，声波的频率决定了这个声音有多高，声波的振幅决定了这个声音有多响，而人耳对于声波的相位不敏感，所以研究音乐时一般不考虑声波的相位问题。

乐器的发声来自振动，机械振动指的是物体在一定位置的附近做往复运动。如果每隔一个固定的时间 T，运动状态就重复一次，则称该振动具有周期性，而 T 称为该振动的周期。一般乐器的振动周期很短，只有 1/100 秒左右，而乐器的振动、人的声带会引起周围空气分子的振动，从而形成声波往四周传播。单位时间内振动的次数就是频率 υ，其单位为赫兹，易知 $\upsilon=\dfrac{1}{T}$。而音调的高和低就是由频率决定的，频率越高，音调越高。人耳能听到的声音的频率为 20～20000 赫兹。人耳是听不到 20 赫兹以下的次声波和 20000 赫兹以上的超声波的。

声音的高低和弦、管等发声体的长度成反比。当两条弦的长度成整数比时，它们发出的声音听起来就是和谐的。例如，中国的古琴（七弦琴）是取弦长 1，$\dfrac{7}{8}$，$\dfrac{5}{6}$，$\dfrac{4}{5}$，$\dfrac{3}{4}$，$\dfrac{2}{3}$，$\dfrac{3}{5}$，$\dfrac{1}{2}$，$\dfrac{2}{5}$，$\dfrac{1}{3}$，$\dfrac{1}{4}$，$\dfrac{1}{5}$，$\dfrac{1}{6}$，$\dfrac{1}{8}$ 得 13 个徽位，不同弦长的组合使得古琴音色深沉，余音悠远。中国的古琴已成为人类口头和非物质遗产代表作。

设一个质点沿一条直线振动，如果以其平衡位置为坐标原点，以该直线为 x 轴，则质点在时刻 t 的位移遵从如下规律

$$x = A\cos(\omega t + \varphi) \tag{12.1.1}$$

则称该振动为简谐振动。其中，正数 A 称为振幅，$\omega t + \varphi$ 称为相位（简称相）。不难发现，角频率 ω 表示 2π 秒内质点振动的次数，ω 与频率 υ 的关系为 $\omega = 2\pi\upsilon$。因为

$$\sin\left(\omega t + \varphi + \frac{\pi}{2}\right) = \cos(\omega t + \varphi) \tag{12.1.2}$$

所以也可以说简谐振动是遵循 $x = A\sin(\omega t + \varphi)$ 规律的振动。由简谐振动形成的波称为简谐波。

用 t 表示时间（以秒为单位），由 $T = \dfrac{1}{\upsilon} = \dfrac{2\pi}{\omega}$ 可知，简谐振动 $x_1 = \sin 2\pi t$，$x_2 = \sin 4\pi t$，$x_3 = \sin 6\pi t$ 的周期分别为1秒、$\dfrac{1}{2}$秒、$\dfrac{1}{3}$秒，频率分别为 1 赫兹、2 赫兹和 3 赫兹。容易发现，这 3 个简谐振动的合成

$$x = \sin 2\pi t + \sin 4\pi t + \sin 6\pi t$$

的周期为1秒，频率为1赫兹。也就是说，合成后的频率是由基音 x_1、x_2、x_3 决定的。

1584 年，在《律学新说》中，我国明代数学家朱载堉以珠算开方的办法提出了十二平均律：用发音体的长度计算音高，假定黄钟正律为 1 尺，求出低八度的音高弦长为 2 尺，然后将 2 开 12 次方，得频率的公比 1.059463094，该公比自乘 12 次即得十二律中的各律音高，且黄钟正好还原，这比德国音乐家巴赫（J. S. Bach）早了 100 多年。事实上，十二平均律就是将一个八度以内的音分成 12 个半音，每相邻两个音的频率之比都要相等。设 12 个音的频率依次为 a_0、a_1、$\cdots$、a_{12}，并且它们构成一个以 q 为公比的等比数列，那么，$a_{12} = a_0 q^{12}$，而 $a_{12} = 2a_0$，所以 $q = \sqrt[12]{2}$。

18 世纪初，英国数学家泰勒得到了弦振动频率 f 与弦长 l 成反比的计算公式

$$f = \frac{1}{2l}\sqrt{\frac{T}{\rho}}$$

式中，ρ 为弦的密度；T 为弦中的张力。

一根两端固定的弦的自由振动是一系列振型的复合。全弦振动产生的叫基音，除基音外，它的各部分也在振动，产生泛音。$\dfrac{1}{2}$ 段弦振动产生第 1 泛音，弦的中点是其不动点；$\dfrac{1}{3}$ 段弦振动产生第 2 泛音，弦的三分之一点是其不动点……$\dfrac{1}{n}$ 段弦振动产生第 $n-1$ 泛音，弦的 n 分之一点是其不动点。对一般乐器而言，第15泛音往后就几乎听不到了，通常只考虑到第 8 泛音。基音和泛音统称谐音，其中，基音称为第一谐音，第 n 泛音称为第 $n+1$ 谐音。有趣的是，泛音序列与调和级数在英文中都是用 Harmonic Series 来表示的。

1687 年，在《自然哲学的数学原理》中，牛顿把声比拟成水波，推导出声速等于压力与密度之比的平方根。欧拉和法国数学家拉普拉斯则对该问题做了进一步的研究。

爱因斯坦喜欢音乐，弦乐器——小提琴是他终生的业余爱好。音乐帮助他发展自己的理论，他在书房进行物理学问题的冥思苦想后，常常会走出来拉几下小提琴，再返回书房继续研究，如图 12.1.3 所示。音乐就像催化剂一样，激发出爱因斯坦的科学创见和思维火花。他有很多表达对音乐和小提琴喜爱的话语——"如果我不是物理学家，可能会是音乐家。我在音乐中思考，我在音乐中做我的白日梦，我在音乐中洞察人生""我人生中大部分的快乐来自小提琴"。

而欧拉和瑞士数学家丹尼尔·伯努利对包括小提琴在内的各种弦乐器、管乐器的发声原理做过研究，发现它们的波大多是二阶常微分方程，有些是涉及三四个变量的偏微分方程。

1731 年，欧拉创作了《建立在确切的谐振原理基础上的音乐理论的新颖研究》，并在 1739 年得以出版。该书运用数学来分析音乐原理，在数学和音乐两个方面都达到了极为高深的程度，被誉为"对数学来说，包含了太多的数学；对音乐家来说，包含了太多的音乐"。1732 年，丹尼尔·伯努利在对弦乐器的研究中得到了一个二阶常微分方程

图 12.1.3 爱因斯坦拉小提琴

$$a\frac{\mathrm{d}}{\mathrm{d}x}\left(x\frac{\mathrm{d}y}{\mathrm{d}x}\right)+y=0 \qquad (12.1.3)$$

该方程的解是一个零阶的贝塞尔函数。1747 年，达朗贝尔得到了一维波动方程

$$\frac{\partial^2 u}{\partial t^2}-a^2\frac{\partial^2 u}{\partial x^2}=0$$

的通解

$$u=f_1(x-at)+f_2(x+at)$$

这说明弦上的任意扰动都是以行波的形式分向两边传播出去的，波速是 a。1755 年，丹尼尔·伯努利进一步指出弦振动的解是所有谐波解的叠加。弦振动规律的揭示为弦乐器的制作、演奏提供了理论基础。弦乐器在演奏前的调音就是指调整弦的张力，而弦乐器的演奏是靠不同程度的弦按照一定的顺序发出预定声音的。提琴、二胡、琵琶等是靠手指来调节发音弦的长度的，而钢琴、扬琴、竖琴等是对已经定位的不同弦进行敲击或弹拨的。

因为弦乐器的弦很细，对弦进行弹拨或拉奏所能带动的周围空气很少，所以弦所能发出来的声音就很小。同时，弦传播出来的声音小，导致弦自己振动的能量衰减得慢，演奏节奏快的曲子时就会出现声音干扰的现象。为解决这一问题，弦乐器都设置了共鸣体，其作用就是要把弦发出的不同音高、强度、持续时间的乐音高效、均衡、不失真地传播出去。这就要求共鸣体能够产生各种谐波，其中与弦振动一致的谐波因共振而放大，而不一致的谐波则被快速衰减。

法国数学家拉格朗日，法国数学家、物理学家泊松（S. D. Poisson），德国物理学家、数学家亥姆霍兹（H.L. F. von Helmholtz）对风琴管等管乐器的发声问题研究做出了贡献。在演奏中，管乐器就是通过调整管内空气柱的长度来发出高低不同的乐音的。

法国数学家傅里叶把乐谱的分析与三角级数联系起来，他证明了：管无论是复杂的声音，还是简单的声音，都可以用数学公式进行全面的描述，美妙的音乐乐句能被表示成数学公式。他得到了这样一个定理：任何周期性的声音都可以表示成一个形如 $a\sin(bx)$ 的简单正弦函数之和。根据具体计算和几何直觉，傅里叶断言：定义在 $(-\pi,\pi)$ 上的任何函数 $f(x)$ 都可以表示为由三角函数构成的傅里叶级数

$$f(x)=\frac{a_0}{2}+\sum_{n=1}^{\infty}[a_n\cos(nx)+b_n\sin(nx)] \qquad (12.1.4)$$

式中，$a_n = \dfrac{1}{\pi}\displaystyle\int_{-\pi}^{\pi} f(x)\cos(nx)\mathrm{d}x$ ；$b_n = \dfrac{1}{\pi}\displaystyle\int_{-\pi}^{\pi} f(x)\sin(nx)\mathrm{d}x$ ，$n = 0,1,2,\cdots$ 。

1829 年，德国数学家狄利克雷进一步证明了：设函数以 $\left[-\dfrac{T}{2},\dfrac{T}{2}\right]$ 为周期，在闭区间上至多有有限个第一类间断点和极值点，$\omega = \dfrac{2\pi}{T}$ ，则 $f(x)$ 可以展开为傅里叶级数

$$f(x) = \frac{a_0}{2} + \sum_{n=1}^{\infty}\left[a_n\cos(n\omega x) + b_n\sin(n\omega x)\right] \tag{12.1.5}$$

其中

$$a_n = \frac{2}{T}\int_{-\frac{T}{2}}^{\frac{T}{2}} f(x)\cos(n\omega x)\mathrm{d}x \quad (n = 0,1,2,\cdots)$$

$$b_n = \frac{2}{T}\int_{-\frac{T}{2}}^{\frac{T}{2}} f(x)\sin(n\omega x)\mathrm{d}x \quad (n = 1,2,\cdots)$$

并且该傅里叶级数的和在连续点 x 处为 $f(x)$ ，在间断点 x 处为 $\dfrac{f(x+0)+f(x-0)}{2}$ ，在端点处为 $\dfrac{f\left(-\dfrac{T}{2}+0\right)+f\left(\dfrac{T}{2}-0\right)}{2}$ 。这说明：在一定条件下，周期函数可以展开为傅里叶级数。从物理角度来看，上述定理说明：各种复杂的振动都是由简谐振动合成的，各种复杂的波都是由简谐波合成的。

对于乐音而言，$a_0 = 0$ 。把式（12.1.4）的自变量 x 改为时间 t ，将乐音记为 $y(t)$ ，使用和差化积公式，有

$$y(t) = \sum_{n=1}^{\infty} A_n\sin(n\omega t + \varphi_n) \tag{12.1.6}$$

式中，$A_n = \sqrt{a_n^2 + b_n^2}$ ；$\varphi_n = \arctan\dfrac{a_n}{b_n}$ 。$\sin(\omega t)$ 的频率称为基频，它所产生的纯音就是基音（第 1 谐音）。而 $\sin(n\omega t)$ 的频率是基频的 n 倍，它产生的是第 $n-1$ 泛音（第 n 谐音）。

实际上，乐音一般是由几个纯音复合而成的，即式（12.1.6）只有有限多项。图 12.1.4 所示为一把小提琴拉出的一个音的图像。

忽略图形中相对次要的因素，时间 t 以秒为单位，这个音可表示为

$$y(t) = 0.06\sin(1000\pi t) + 0.02\sin(2000\pi t) + 0.01\sin(3000\pi t)$$

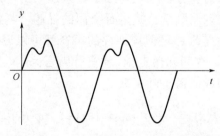

图 12.1.4　小提琴拉出的一个音的图像

也就是说，如图 12.1.5 所示，这个音是由频率为 500 赫兹的基音、1000 赫兹的第 1 泛音和 1500 赫兹的第 2 泛音复合而成的。

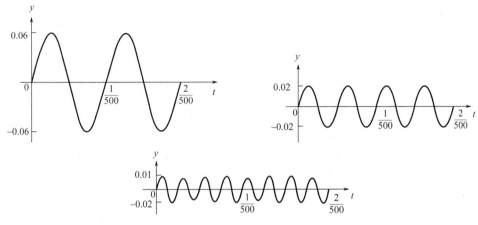

图 12.1.5　基音、第 1 泛音和第 2 泛音图像

　　弹性薄板和薄膜具有多个固有频率的特性，非常适合用作乐器的共鸣体材料。但是，鼓、锣等敲击乐器的发声问题要比弦乐器复杂得多，密度、张力和长度给定的弦的固有频率只有一个，泛音的频率是基音频率的整数倍，因此，弦发出的声音是和谐的。鼓、锣等敲击乐器是靠板、膜的振动而发声的，而板、膜的固有频率非常多。当这些频率的振动一起被引发时，它们之间是不和谐的，从而产生噪声。

　　在数学上，薄膜振动问题、弹性薄板振动问题分别归结为在一定的定解条件下求解二阶偏微分方程、四阶偏微分方程的问题，欧拉给出了薄膜的振动方程。19 世纪，泊松、法国数学家拉梅（G. Lamé）、德国数学家克勒布施（R. F. A. Clebsch）分别解决了矩形、三角形、圆形薄膜的振动问题。通过分离变量的方法，德国物理学家亥姆霍兹由电磁波的波动方程推导出著名的亥姆霍兹方程

$$\nabla^2 A + k^2 A = 0 \tag{12.1.7}$$

式中，∇^2 为拉普拉斯算子；A 为波动的振型；k 为该振型对应的频率。该方程适用于一维的弦振动、二维的薄膜振动。法国女数学家热尔曼（S. Germain）、德国物理学家基尔霍夫等对弹性薄板振动问题的研究做出了贡献。

　　实际上，除毕达哥拉斯、牛顿、泰勒、欧拉、丹尼尔·伯努利、泊松、亥姆霍兹、傅里叶、热尔曼、基尔霍夫等外，笛卡儿、莱布尼茨、拉格朗日、约翰·伯努利等也都研究过音乐。很多人不知道的是，大数学家与哲学家笛卡儿一生当中的第一部著作居然是分析音乐的《音乐概要》。1618 年，笛卡儿结识了荷兰数学家、物理学家、哲学家贝克曼（I. Beeckman），贝克曼大笛卡儿 8 岁。亦师亦友的贝克曼在数学、物理学和哲学方面都对笛卡儿进行了指导。在 1618 年年底，笛卡儿撰写了《音乐概要》，并发给贝克曼，但这部著作直到笛卡儿去世后的 1650 年才得以出版。在该著作中，笛卡儿讨论了音乐的目的，分析了辅音、音阶与不协和音等音乐原理，简单讨论了作曲和音乐模式问题。笛卡儿认为，数学比例决定了音乐作品的亲和性，因此人类能够对符合比例和变化标准的音乐做出愉快的

反应。数学的这种比例原则就是人类在听到音乐时能体验到愉悦的根源。

莱布尼茨曾经说过："音乐是隐藏的算术运算，是一种无意识的计算方法。"这一思想成为后来用数学结构分析音乐的思想先驱。

数学家为音乐的发展做出了重要的贡献；反之，音乐家把数学直接应用到音乐创作中的例子也有很多。例如，比莱布尼茨小很多岁的古典音乐家巴赫在业余时间常常阅读莱布尼茨的著作。巴赫对数学、哲学的部分认识应该就来自莱布尼茨。作为巴洛克音乐的集大成者，巴赫高明地运用了数学规则和波的原理来谱写优美的音乐旋律，被誉为"古典音乐中的欧几里得"。物理学家爱因斯坦和著名作家昆德拉（M. Kundera）都曾经说过巴赫的音乐具有数学的美感。而法国作曲家德彪西（A.C. Debussy）也钟情于运用数学来创造乐曲，在他创作的印象主义音乐作品《牧神的午后》的前奏曲中，德彪西以第 19 小节和第 28 小节作为强音。而下一个强音位于第 47（19+28）小节。也就是说，德彪西在音乐中运用了斐波那契模式。前奏曲时长总计 129 秒，从开始到第 70 小节共计 81 秒，是美妙的强音；接着转向非常轻柔的乐章。$129 \div 81 \approx 1.5926$，非常接近黄金分割率 1.618。

20 世纪出现的序列音乐是采用数学方法进行音乐创作的一个重要代表。序列主义将音乐的一些参数（一个或几个高音、力度、时值）按照一定的数学序列或编排序列的变化形式在全曲中重复，以创作音乐。序列音乐摒弃了传统音乐的主题、乐句、乐段、音乐逻辑等结构因素，使音乐创作变为相对机械的数学化过程，是 20 世纪中后期一个重要的音乐流派。20 世纪 20 年代，序列主义的创始人——奥地利作曲家勋伯格（A. Schönberg）最早在十二音音乐中将音高排列成一定的序列。1936 年，勋伯格的弟子韦伯恩将序列手法进一步发展，强化了数学序列的运用。在他创作的《变奏曲》的第二乐章中，音高在各音区的分布、音的发声与休止也是按预先确定的序列进行编排的。"二战"后西方古典音乐的主导人物之一、法国作曲家布列兹（P. L. J. Boulez）在整体序列主义的发展中发挥了重要作用。德国作曲家斯托克豪森（K. Stockhausen）使用非勋伯格十二音技法创作了一系列无主题序列主义音乐作品，包括《交叉游戏》《钢琴曲Ⅰ–Ⅳ》等。

分形音乐是分形艺术的一个重要部分，自相似性是分形的特征之一。而分形音乐是利用多重迭代进行创作的：通过建构一些带有自相似小段的合成音乐，主题在带有小调的循环中重复，再加上一些节奏方面的随机变化，这样创作出来的音乐无论在宏观上还是在微观上，都能逼真地模仿真正的音乐。有人甚至将曼德勃罗集这一著名的分形转换为音乐，取名为《倾听曼德勃罗集》。通过将扫描曼德勃罗集所得的数据转换成键盘上的音调，将曼德勃罗集的结构转换为音乐的方式表现出来，让我们通过声觉来感受奇妙无穷的曼德勃罗集。

12.2　从麦克斯韦到香农——数学与无线电通信

基于纯粹的对科学真理探索的好奇心，麦克斯韦发现了麦克斯韦方程组。麦克斯韦方程组预言了无线电波、X 射线、伽马射线、紫外线、红外线等电磁波的存在。在此基础上，通过赫兹、马可尼、香农等众多数学家、物理学家、工程师等的努力，人类开启了现代通信技术的发展之门。从麦克斯韦到香农，这段数学开启、推动通信技术发展的故事无疑是数学应用价值的最好例证之一。

12.2.1 麦克斯韦与电磁波

英国物理学家、数学家麦克斯韦（J. C. Maxwell）的电磁学理论将电学、磁学、光学统一起来，揭示了光、电、磁现象的本质统一性。这是继牛顿实现物理学的第一次大综合之后，物理学的第二次大综合。

在 1855 年的论文《论法拉第的力线》中，麦克斯韦（图 12.2.1）给出了法拉第（M. Faraday）工作的一个简化模型，展示了电和磁是如何联系的。在 1861 年的论文《论物理的力线》和 1865 年的论文《电磁场的动力学理论》中，麦克斯韦采用拉格朗日和哈密顿创立的数学方法，建立了一组描述电场、磁场与电荷密度、电流密度之间关系的偏微分方程——麦克斯韦方程组。这是由 20 个变量、20 个方程构成的微分方程组，给出了描述电场是如何由电荷生成的高斯定律、表明磁单极子不存在的高斯磁定律、解释时变磁场如何产生电场的法拉第电磁感应定律，以及说明电流和时变电场怎样产生磁场的麦克斯韦-安培定律。麦克斯韦发现波

图 12.2.1　麦克斯韦

动的传播速度正好等于光速，他由此大胆地断定光也是一种频率在一定范围内的电磁波。麦克斯韦指出："这些结果的一致性似乎表明，光与磁是同一物质的两种属性，而光是按照电磁定律在电磁场中传播的电磁扰动。"在 1873 年出版的《电磁学通论》中，麦克斯韦更为系统、详细地阐述了他的电磁学理论，麦克斯韦的方程组被认为是 19 世纪物理学最伟大的成就之一。

因为麦克斯韦方程组非常复杂，麦克斯韦曾在 1873 年尝试利用四元数加以简化，但未能成功。后来，自学成才的英国物理学家亥维赛利用向量微分成功地将麦克斯韦的原始方程组简化为 4 个方程

$$\nabla \cdot \boldsymbol{D} = \rho_{\mathrm{f}}, \qquad\qquad \nabla \cdot \boldsymbol{B} = 0,$$

$$\nabla \times \boldsymbol{E} = -\frac{\partial \boldsymbol{B}}{\partial t}, \qquad\qquad \nabla \times \boldsymbol{H} = \frac{\partial \boldsymbol{D}}{\partial t} + J_{\mathrm{f}}$$

式中，$\boldsymbol{D}$、$\boldsymbol{E}$、$\boldsymbol{B}$、$\boldsymbol{H}$ 分别为电位移、电场强度、磁通密度、磁场强度；∇ 为梯度算子。这 4 个方程分别对应高斯定律、高斯磁定律、法拉第电磁感应定律、麦克斯韦-安培定律。这是麦克斯韦方程组的微分形式，而麦克斯韦方程组的积分形式如下

$$\oiint_{\Sigma} D \cdot \mathrm{d}s = Q_{\mathrm{f}}, \qquad\qquad \oiint_{\Sigma} B \cdot \mathrm{d}s = 0,$$

$$\oint_{L} E \cdot \mathrm{d}l = -\frac{\mathrm{d}\Phi_{B}}{\mathrm{d}t}, \qquad\qquad \oint_{L} H \cdot \mathrm{d}l = \frac{\mathrm{d}\Phi_{D}}{\mathrm{d}t} + I_{\mathrm{f}}$$

式中，Q_{f} 为曲面 Σ 上的自由电荷，I_{f} 为穿过闭路径 L 所包围的曲面的自由电流，Φ_{B} 表示穿过闭路径 L 所包围的曲面的磁通量；Φ_{D} 表示穿过闭路径 L 所包围的曲面的电位移通量。

麦克斯韦方程表明存在与可见光的波长和频率不同的其他电磁波。1886—1888 年，德国物理学家赫兹（H. R. Hertz）用实验方法产生和检测到了无线电波，证实了其在驻波、折射、衍射和偏振等方面具有与光波完全相同的特性，发现了电磁场方程可以用偏微分方程表达，即波动方程。1896 年，意大利无线电工程师马可尼（G. Marconi）在英国进行了 14.4 千米的电磁波通信实验，获得成功。1897 年后，他又进行了一系列无线电通信实验，证明了其可以用于通信领域。他还在伦敦成立马可尼无线电报公司，进行无线电通信的商业开发。赫兹和马可尼的邮票如图 12.2.2 所示。

图 12.2.2　赫兹和马可尼的邮票

除了无线电，还有很多种电磁波在造福人类，是我们生产和生活中不可或缺的。X 射线就是一种波长为 0.001～10 纳米的能量很大的电磁波。1869 年，德国物理学家和化学家希托夫（J. W. Hittorf）观察到真空管中的阴极发出了某种射线。随后，德国物理学家戈尔德斯坦（E. Goldstein）将其命名为阴极射线。1895 年，为了表明这是一种新的射线，德国物理学家伦琴（W. C. Röntgen）采用表示未知数的 X 来命名，这也是 X 射线命名的由来。赫兹、德国物理学家亥姆霍兹、美国机械工程师特斯拉（N. Tesla）、美国发明家爱迪生（T. A. Edison）等人也都研究过 X 射线。X 射线的光子能量比可见光的光子能量大几万倍至几十万倍。X 射线的医学应用可以追溯到 1896 年，医学 X 光机、CT 机使用的都是 X 射线。1999 年，美国发射了名为"钱德拉 X 射线观测台"的卫星，利用光谱来观测天体的 X 射线辐射。该卫星观测到了银河系中心超大质量黑洞人马座 A 的 X 射线辐射，发现了伽马射线暴中的 X 射线发射。

另外，伽马射线是波长在 0.01 纳米以下的电磁波。基于其穿透力强、对细胞的脱氧核糖核酸具有破坏作用等特性，伽马射线被用于工业探伤、医学伽马刀等。在天文学方面，人们也使用伽马射线来研究恒星、超新星、星团、类星体等。我们生活中常说的紫外线、红外线也是电磁波，紫外线是波长为 10～400 纳米的电磁波，红外线是波长为 760 纳米至 1 毫米的电磁波。紫外线用于杀菌灯、医学美容等领域，而红外线用于遥控器、热成像仪、夜视仪等领域。

无线电波、X 射线、伽马射线、紫外线、红外线都是电磁波，它们被用于现代社会的方方面面。它们都可以用麦克斯韦方程来加以研究，因此，可以毫不为过地说，麦克斯韦的电磁学理论为人类步入电气时代奠定了基石。

12.2.2　香农与无线电通信

利用无线电波可以传输声音、文字、数据和图像等，广播、电视、手机、雷达、导航系统等使用的都是无线电通信技术。无线电通信的关键问题是通信系统的传输能力。美国物理学家奈奎斯特（H. Nyquist）和哈特利（V. R. L. Hartley）等人最早研究了通信系统的传输能力问题。奈奎斯特判定了单位时间内电报频道可承受的独立脉冲数目，以及其与带宽的关系，他将其研究结果整理在 1924 年的论文《论影响电报速度的某几种因素》和 1928 年的论文《论电报传输理论的某几个课题》中。1928 年，哈特莱研究了通信系统传输信息的能力，给出了信息度量，这些工作成为现代信息论的开端。

美国数学家、电子工程师和密码学家香农（C. E. Shannon）（图 12.2.3）是信息论的创始人，被誉为"信息论之父"。1936 年，香农在密歇根大学同时获得数学学士、电子工程学士两个学位，随后，进入麻省理工学院开始研究生阶段的学习。在这期间，他参与了美国工程师布什（V. Bush）的微分分析机的相关工作。微分分析机是第一台被用来解微分方程的专用计算装置，被认为是现代电子计算机的先驱。1938 年，他在麻省理工学院获得了电子工程硕士学位，硕士学位论文题目是《继电器与开关电路的符号分析》。在这篇论文中，基于电话交换电路与布尔代数之间的类似性，香农证明了布尔代数可以简化电话交换系统中机电继电器的设计，而基于机电继电器的电路能用于模拟和解决布尔代数问题。布尔代数的"真"与"假"、电路系统的"开"与"关"、二进制的 1 和 0 被联系起来，这些工作奠定了数字电路的理论基础，也为现代电子计算机发展奠定了重要基础。美国数学家和计算机科学家戈尔德斯坦（H.

图 12.2.3　香农

H. Goldstine）称赞香农的论文为"有史以来最重要的一篇硕士论文""把数字电路设计方式由艺术变为科学的里程碑"。

1940 年，在麻省理工学院获得数学博士学位后，他成为普林斯顿高等研究院的研究员。1941—1972 年，香农一直担任贝尔实验室数学部的数学研究员。和图灵一样，香农于 1949 年将其"二战"期间对密码学和通信的思考与研究的成果发表在题为《保密系统的通信理论》的论文中。

在 1948 年 7 月和 10 月版的《贝尔系统技术杂志》上，香农分两次发表了题为《通信的一个数学理论》的著名论文。这篇论文分两部分，前半部分是离散信号通信相关的数学理论，后半部分是连续信号通信的数学理论，这篇文章自发表后获得了数万次引用。1949 年，香农又发表了另一篇著名论文《噪声下的通信》。1949 年，香农和美国数学家韦弗（W. Weaver）合著了《通信的数学理论》（图 12.2.4），包含香农在 1948 年的论文和韦弗为非专业人士写的介绍通信理论的内容。在论文中，香农使用概率论等数学工具，将信息传输问题作为一种统计现象来考虑，对信息给予了科学的定量描述，给出了通信系统的模型，提出了信息熵（Entropy）的概念，建立了信息量化的数学表达式。同时，该论文还定义了信源、编码、信道、译码、信宿等概念，解决了信道容量、信源统计特性、信源编码、信道编码等一系列基本技术问题。这几篇论文也成为信息论和数字通信的奠基性著作。

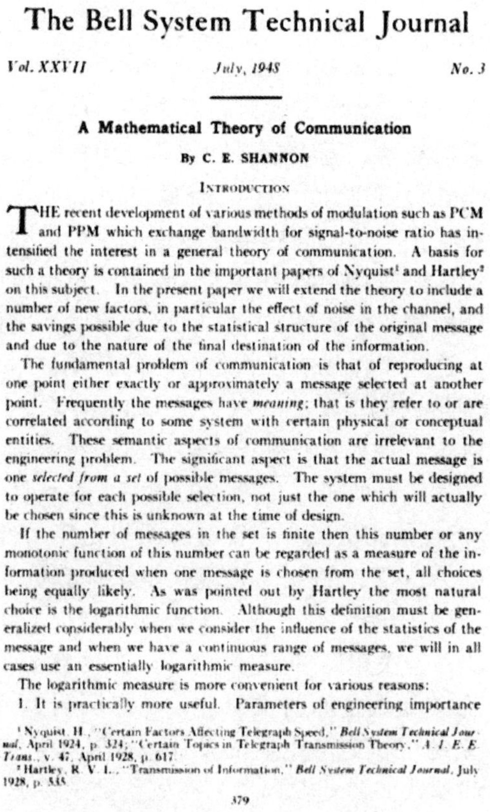

The Bell System Technical Journal

Vol. XXVII　　　　　　*July, 1948*　　　　　　No. 3

A Mathematical Theory of Communication

By C. E. SHANNON

INTRODUCTION

THE recent development of various methods of modulation such as PCM and PPM which exchange bandwidth for signal-to-noise ratio has intensified the interest in a general theory of communication. A basis for such a theory is contained in the important papers of Nyquist[1] and Hartley[2] on this subject. In the present paper we will extend the theory to include a number of new factors, in particular the effect of noise in the channel, and the savings possible due to the statistical structure of the original message and due to the nature of the final destination of the information.

The fundamental problem of communication is that of reproducing at one point either exactly or approximately a message selected at another point. Frequently the messages have *meaning*; that is they refer to or are correlated according to some system with certain physical or conceptual entities. These semantic aspects of communication are irrelevant to the engineering problem. The significant aspect is that the actual message is one *selected from a set* of possible messages. The system must be designed to operate for each possible selection, not just the one which will actually be chosen since this is unknown at the time of design.

If the number of messages in the set is finite then this number or any monotonic function of this number can be regarded as a measure of the information produced when one message is chosen from the set, all choices being equally likely. As was pointed out by Hartley the most natural choice is the logarithmic function. Although this definition must be generalized considerably when we consider the influence of the statistics of the message and when we have a continuous range of messages, we will in all cases use an essentially logarithmic measure.

The logarithmic measure is more convenient for various reasons:

1. It is practically more useful. Parameters of engineering importance

[1] Nyquist, H., "Certain Factors Affecting Telegraph Speed," *Bell System Technical Journal*, April 1924, p. 324; "Certain Topics in Telegraph Transmission Theory," *A. I. E. E. Trans.*, v. 47, April 1928, p. 617.
[2] Hartley, R. V. L., "Transmission of Information," *Bell System Technical Journal*, July 1928, p. 535.

379

图 12.2.4　《通信的数学理论》

熵的概念最早是由热力学的奠基人、德国物理学家和数学家克劳修斯（R. J. E. Clausius）于 1865 年提出的，是体系混乱程度的量化指标。1923 年，当普朗克（M. K. E. L. Planck）到中国讲学用到"Entropy"这个词时，中国近代物理学奠基人胡刚复想到用"熵"作为"Entropy"的中文翻译。

针对信息度量问题，香农对信息传输建立了数学模型，定义了信息熵的概念。通常，一个信源发送出什么符号是不确定的，可以根据其出现的概率来度量它。概率大，出现的机会多，不确定性小；反之，不确定性大。在信源中，考虑的不是某单个符号发生的不确定性，而是要考虑这个信源所有可能发生情况的平均不确定性。若信源符号有 n 种取值 $U_1,\cdots,U_i,\cdots,U_n$，对应的概率为 $P_1,\cdots,P_i,\cdots,P_n$，且各种符号的出现彼此独立，这时，信源的平均不确定性应当为单个符号不确定性 $-\log P_i$ 的统计平均值 E，这样，信息熵就定义为

$$H = -\sum_{i=1}^{n} P_i(x)\log P_i(x) \tag{12.2.1}$$

如果其中的对数 $\log$ 以 2 为底，那么计算出来的信息熵就以比特（bit）为单位，这样就有了对信息进行量化的手段和尺度。现在广泛使用的字节（Byte）、KB、MB、GB 等概念都是由比特派生而来的。

1951 年，信息论得到美国无线电工程学会的承认。此后，信息论得到迅速发展。信息

论是探寻通信和控制系统中信息传输规律的一门系统科学分支学科，信息传输和信息压缩是其主要关心的问题。狭义信息论指的是应用概率论与数理统计方法研究通信系统中信息传输和信息处理的共同规律的科学，即研究概率性语法信息的科学。广义信息论指的是应用数学和其他有关科学方法研究一切现实系统中信息传输和处理、信息识别和利用的共同规律的科学。无论是狭义的信息论还是广义的信息论，都与数学密不可分，获取、度量、变换、存储和传输信息都需要利用数学方法。

尽管噪声会干扰通信信道，但是仍有可能在信息传输速率小于信道容量的前提下，以任意低的错误概率传输数据信息。香农描述了在不同级别的噪声干扰和数据损坏情况下，错误监测和纠正可能达到的最高效率。通信信道的香农极限指的就是在指定的噪声标准下，会随机发生误码的信道进行无差错传输的最大传输速率。香农的工作为信息通信产业的发展指明了努力的方向，为通信编码技术的演进留下了挑战。

在香农等人研究成果的指引下，无线通信经历了 1G、2G、3G、4G 网络的不断更新升级，其中，G 就是"代"（generation）的意思，例如，1G 就是第一代移动通信技术。代的划分主要取决于通信的速率、信号的传输时延、支持的业务类型等。

诞生于 20 世纪 70 年代末至 80 年代的 1G 网络采用的是模拟通信技术。1983 年，世界上的第一部手机——"大哥大"在摩托罗拉实验室诞生。1987 年，广东省开通了中国首个移动通信网络，这是第一代移动通信技术在中国开始应用的标志。1G 网络的速度只有 2.4kb/s，而且，1G 网络只能通过未加密的无线电波传输语音，语音品质低，信号也不稳定，而且存在盗号、串号的现象。

兴起于 20 世纪 90 年代的 2G 网络实现了从模拟调制到数字调制的转变，速度达到了 50kb/s～1Mb/s，抗干扰能力大大增强，开启了数字通信时代。而且，2G 网络除可以打电话外，还可以发短信、低速上网。但 2G 网络存在不稳定、传输效率低等缺点。

从 3G 网络开始，国际电信联盟开始移动通信的国际标准化工作，各个国家纷纷制定自己的标准，完成第三代移动通信的国际融合和标准化工作。通过扩展频谱、使用更高阶的调制技术和编码技术，3G 网络提升了传输速率，达到 4Mb/s。因此，3G 网络也开启了智能手机时代，语音、音乐、视频电话等多样化的移动通信应用得以实现。

从 2013 年开始，传输速率更快、网络频谱更宽、通信灵活度更高、兼容性更好的 4G 网络逐渐得到普及，4G 网络的最大下行速度达到 100Mb/s。人们的通信、娱乐、购物等都越来越离不开手机。而且，移动互联网开始从消费领域进入生产领域，真正意义上的数字经济开始发展壮大。

当前，再次得益于数学的原始创新，人类已经跨入一个高速、低时延、万物互联的 5G 时代。

12.3 数学与人工智能

从 1956 年人工智能元年开始，人工智能的发展经历过春天，也度过了寒冬。随着算法、算力、数据的不断发展，人工智能变得越来越"聪明"，而这离不开数学的支撑。在本节中，我们将从图灵测试说起，分析人机博弈、人工神经网络、机器学习、机器人等人工智能发展情况，介绍图灵、香农、麦卡锡、闵斯基、司马贺、辛顿、吴文俊等人对人工智能发展的贡献。

12.3.1　人工智能之父与图灵测试

"机器能否思考"这个问题历史悠久，早在 1637 年，数学家、哲学家笛卡儿在《谈谈方法》中就对这个问题进行了论述。他指出，机器能够与人类交互，但认为这样的机器不

能做出如同人类一样的适当反应，借此可以区分机器与人类。法国启蒙思想家、唯物主义哲学家狄德罗（D. Diderot）曾说："如果他们发现一只鹦鹉可以回答一切问题，我会毫不犹豫地宣布它存在智慧。"从某种意义上说，笛卡儿、狄德罗的论述是图灵测试的先声。

英国数学家、逻辑学家、密码分析学家图灵（A. M. Turing）（图 12.3.1）对计算机、人工智能的发展有诸多贡献，被称为"计算机科学之父""人工智能之父"。

在舍本公学读中学期间，图灵就因非同凡响的数学水平和科学理解力而获得国王爱德华六世数学金盾奖章。1935 年，他

图 12.3.1　图灵

的第一篇论文《左右殆周期性的等价》发表于《伦敦数学会杂志》上。同一年，他的《论高斯误差函数》论文使他由一名大学生直接当选为国王学院的研究员，并于次年荣获英国著名的史密斯数学奖，成为国王学院声名显赫的毕业生之一。

1937 年，他在《伦敦数学会文集》上发表了题为《论数字计算在决断难题中的应用》的论文。在论文的附录里，他描述了被后人称为"图灵机"的一种可以辅助数学研究的机器。这个设想使纯数学的符号逻辑第一次和实体世界之间建立了联系，为现代计算机的逻辑工作方式奠定了基础，现代计算机、人工智能都基于这个设想。

希尔伯特在 1928 年提出了可判定性问题——是否存在这样一个算法：在输入一阶逻辑说法（可能有有限数量的超出通常的一阶逻辑的公理）之后，根据说法是否是普遍为真的，算法能够给出"是"或"否"的判定。1936 年，在论文《论可计算数及其在判定性问题中的应用》中，图灵引入图灵机来代替哥德尔的以通用算术为基础的形式语言，说明可判定性问题的一般性解决方案是不存在的。在《关于判定性问题的解释》一文中，美国数学家、逻辑学家丘奇（A. Church）采用递归函数和 λ 可定义函数来形式地描述有效可计算性，也证明了与图灵相似的论断。因此，这个论断被称为丘奇-图灵论断。

1937 年，图灵发表了题为《可计算性与 λ 可定义性》的论文，拓广了丘奇提出的"丘奇论点"，形成了"丘奇-图灵论点"，对计算理论的严格化、计算机科学的形成和发展都具有奠基性的意义。1938 年，在丘奇的指导下，图灵在普林斯顿高等研究院获得博士学位，其博士学位论文的题目为《以序数为基础的逻辑系统》，这篇论文在数理逻辑领域产生了深远的影响。

"二战"期间，图灵应召到英国外交部通信处从事密码分析破译工作，在破解德国著名的恩尼格玛（Enigma）密码机中发挥了关键作用，为盟军取得"二战"欧洲战场的胜利做出了贡献。在此期间，图灵为用于密码破译分析的巨人机（CO-LOSSUS）研制提出了概念

和思路。"二战"后，他还参与了计算机"曼彻斯特马克一号"的研制，负责软件开发工作。

1950 年，图灵在《心灵》（*Mind*）上发表了题为《计算机和智能》（图 12.3.2）的论文，提出了图灵测试。在论文的开头图灵写道——我建议考虑这样一个问题：机器能思考吗？而要回答这个问题，我们就需要先定义"机器"和"思考"这两个术语的含义。随后，他提出了我们现在称为图灵测试的模仿游戏，游戏的设定是这样的：让询问员 C 与人 A、机器 B 处于封闭环境，C 可以与 A、B 询问交流，并提出一系列问题，但 A 与 B 不能交流。如果 C 无法判断 A 与 B 中谁是机器谁是人，或者错误地判断 B 是人，那么代表机器 B 通过了图灵测试，并且具有了人的智能。简单地说，图灵测试就是：如果第三者无法辨别人类与人工智能机器回应之间的差别，那么可以说该机器具备了人工智能。

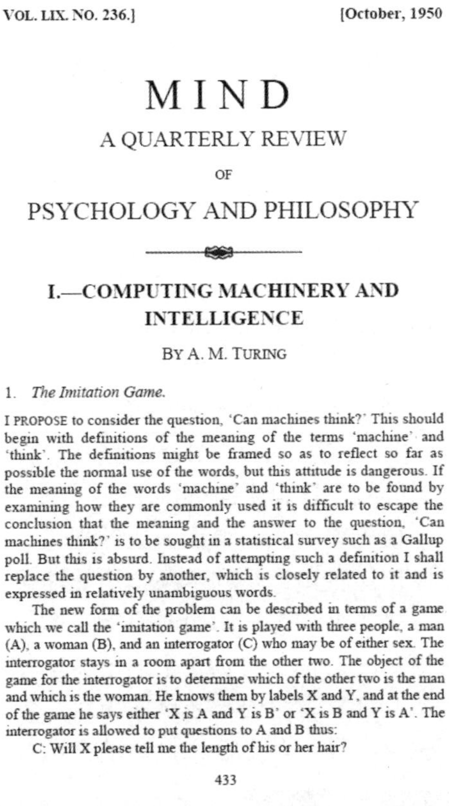

VOL. LIX. NO. 236.] [October, 1950

M I N D

A QUARTERLY REVIEW

OF

PSYCHOLOGY AND PHILOSOPHY

I.—COMPUTING MACHINERY AND INTELLIGENCE

BY A. M. TURING

1. *The Imitation Game.*

I PROPOSE to consider the question, 'Can machines think?' This should begin with definitions of the meaning of the terms 'machine' and 'think'. The definitions might be framed so as to reflect so far as possible the normal use of the words, but this attitude is dangerous. If the meaning of the words 'machine' and 'think' are to be found by examining how they are commonly used it is difficult to escape the conclusion that the meaning and the answer to the question, 'Can machines think?' is to be sought in a statistical survey such as a Gallup poll. But this is absurd. Instead of attempting such a definition I shall replace the question by another, which is closely related to it and is expressed in relatively unambiguous words.

The new form of the problem can be described in terms of a game which we call the 'imitation game'. It is played with three people, a man (A), a woman (B), and an interrogator (C) who may be of either sex. The interrogator stays in a room apart from the other two. The object of the game for the interrogator is to determine which of the other two is the man and which is the woman. He knows them by labels X and Y, and at the end of the game he says either 'X is A and Y is B' or 'X is B and Y is A'. The interrogator is allowed to put questions to A and B thus:

C: Will X please tell me the length of his or her hair?

433

图 12.3.2 图灵的论文《计算机和智能》

图灵为现代计算机科学、人工智能的形成和发展做出了卓越的贡献。为了纪念他，计算机协会（Association for Computing Machinery，ACM）这一世界性的计算机从业员专业组织将计算机科学领域的最高奖命名为"图灵奖"。自 1966 年以来，已经有多位在人工智能领域做出贡献的学者获奖。

12.3.2 达特茅斯会议

1956 年夏天，在达特茅斯学院，麦卡锡（J. McCarthy）、闵斯基（M. L. Minsky）、香

农、司马贺（H. A. Simon）、纽厄尔（A. Newell）等 11 名来自数学、计算机科学、心理学、神经学与电气工程等各种领域的学者聚在一起，召开了为期一个月的研讨会，研讨的主题是描述人类的学习和其他智能，并制造机器来模拟。这次会议史称达特茅斯会议，正式宣告了人工智能（Artificial Intelligence，AI）的诞生，1956 年也被称为人工智能元年。

这次会议的参会人员都是人工智能发展的先驱。麦卡锡是会议的最初发起者之一，时任达特茅斯学院的数学系助理教授。他于 1948 年、1951 年分别获得加州理工学院数学学士学位、普林斯顿大学数学博士学位。在聆听冯·诺依曼的题为《自动操作下的自我复制》的学术报告后，麦卡锡对冯·诺依曼提出的能够设计具有自我复制能力的机器非常感兴趣，这也成为他一生的职业方向。后来，他与闵斯基一起创建了麻省理工学院人工智能实验室，这也是世界上第一个人工智能实验室。1971 年，他因在人工智能领域的贡献而获得图灵奖。

闵斯基是达特茅斯会议的最初发起者之一，也是麻省理工学院人工智能实验室的创始人之一。他于 1950 年获得哈佛大学数学学士学位，1954 年获得普林斯顿大学数学博士学位。他设计并建构了第一部能自我学习的人工神经网络机器，奠定了人工神经网络的研究基础。1969 年，他因在人工智能领域的贡献而获得图灵奖，也是第一位获此殊荣的人工智能学者。

与其他几位参会的学者相比，香农要年长 10 岁左右，而且当时他已经是贝尔实验室的"大佬"，已经在人工智能方面开展了一系列先驱性的工作。从某种程度上说，他是被麦卡锡当成大佬以"扯虎皮拉大旗"的目的请过来的。

1943 年，香农曾在贝尔实验室与图灵在密码破译方面开展合作。在此期间，图灵曾向香农介绍其提出的"通用图灵机"的概念，香农发现这一概念和自己的很多想法不谋而合。1950 年，香农展示了他发明制造的一只聪明的机械小老鼠"忒修斯"（Theseus），如图 12.3.3 所示，忒修斯有三个轮子、一根磁铁以及由铜线做成的胡须，可以通过自我学习来走出迷宫。通过胡须，它能通过不停地随机试错找到一条合适的路线，穿过一座由金属墙组成的迷宫，到达金属"奶酪"处。事实上，这只聪明的小老鼠的脑子并不长在身上，而是长在迷宫板子下面的电路中。在电路中，香农用 125 个继电器来控制机械手臂的移动、记录小老鼠遇到的金属墙是否能走通。这只聪明的小老鼠成为第一台人工智能装置的雏形。1951 年，他发表了机器学习的先驱论文《一个走迷宫机器的介绍》。

图 12.3.3　香农演示机械老鼠"忒修斯"走迷宫

香农曾为人工智能设定了四个目标：到 2001 年，创造出能打败世界冠军的象棋程序；写出能被《纽约客》认可的诗文的诗歌程序；写出能够证明黎曼猜想的数学程序；最重要的一点——设计出收益能超过 50% 的选股软件。这 4 个目标中的前两个已经实现，而第三个、第四个目标的实现估计还有待时日，估计第四个目标的实现难度比第三个目标的实现难度还大。

司马贺对人工智能的贡献包括创立符号主义、开创决策理论、提出学习模型三个方面。司马贺和他的学生纽厄尔合作创立了人工智能的重要学派——符号派。他认为符号是知识的基本元素，可以此为基础用计算机软件和心理学方法进行宏观上的人脑功能模拟。司马贺对学习给出了定义：如果一个系统能够通过执行某种过程而改进它的性能，这就是学习。他还提出了"决策是管理"的论断，将决策类型划分为程序化决策和非程序化决策两种，利用数学定义了决策的三个阶段。他提出的逻辑分析理论为计算机模拟人的思维活动提供了具体的帮助。

除人工智能外，司马贺也是信息处理、决策制定、解决问题、注意力经济、组织行为学、复杂系统等其他许多重要学术领域的创立人之一。除因在人工智能领域的贡献获得了 1975 年的图灵奖外，他还获得了 1978 年的诺贝尔经济学奖、1986 年的美国国家科学奖章和 1993 年美国心理学会的终身成就奖。1972 年 7 月，司马贺作为美国计算机科学代表团成员首次访问中国。之后，他多次来华交流讲学、与我国学者开展合作研究，其中文名字司马贺就是在 1980 年作为美国心理学代表团成员访华时所起的。1994 年，他当选为中国科学院外籍院士。

纽厄尔是计算机科学和认知信息学领域的科学家，是信息处理语言（IPL）的发明者之一。司马贺是纽厄尔的博士生导师，纽厄尔与司马贺、肖（J. C. Shaw）合作编写了最早的两个人工智能程序。1955—1956 年，他们编写了可以自动进行推理的程序——逻辑理论家（Logic Theorist），该程序证明了在怀特黑德和罗素合作撰写的数学原理中的 52 个定理中的 38 个，而且包括既新颖又优美的证明，该程序是人类历史上首个人工智能程序。1957 年，他们又编写了旨在解决一般性问题的计算机程序——一般性问题解决器（General Problem Solver）。纽厄尔曾经说："其实我们研究的科学问题并不是由自己决定的。换句话说，是科学问题选择了我，而不是我选择了它们。在进行科学研究时，我习惯于钻研一个特定的问题，人们通常把它叫作人类思维的本质。在我的整个科学研究生涯中，我都在对这个问题进行探索，而且还将一直探索下去，直到生命的尽头。"

12.3.3　人机博弈与机器学习

国际象棋、围棋等棋类游戏一直被视为"人类智慧的试金石"，所以围绕着棋类的人机博弈是人工智能研究的重要分支。

1769 年，为取悦奥地利女皇特蕾西亚，奥地利作家及发明家肯佩伦（W. von Kempelen）制造了一个声称可以自动下国际象棋的机器——土耳其行棋傀儡，如图 12.3.4 所示。在从 1770 年首次展览到 1854 年毁于大火的 80 多年里，土耳其行棋傀儡击败了不少欧洲和美洲的挑战者，甚至包括拿破仑和美国国父富兰克林（B. Franklin）。实际上，这个"聪明"的机器是个冒牌货，它的出色棋力来自一个精于棋术在机器内部控制下棋的人类。

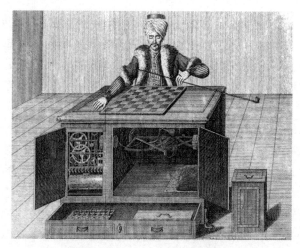

图 12.3.4　土耳其行棋傀儡

1947 年，图灵在伦敦数学学会演讲时提出了一个想法：编程下棋的机器可以自我学习并借此获得经验。1948 年，在为国家物理实验室撰写的题为《智能机械》的报告中，他提及了模仿国际象棋的形式。1948 年夏末，图灵与钱珀瑙恩（D. G. Champernowne）发明了一套计算国际象棋潜在棋步的理论规则系统。同时，他们还设计了一个名为 Turochamp 的国际象棋程序来实行遵循这些规则的演算法，Turochamp 的命名实际上是他们姓氏的组合。但是，由于程序过于复杂，Turochamp 无法在当时的任何计算机上运行。

香农是世界上首批提出"计算机与人类进行国际象棋对弈"的科学家之一。1950 年，香农在《哲学杂志》上发表了题为《编程实现计算机下棋》的论文，开启了计算机下棋的理论研究，是人工智能的一项先驱工作。他把棋盘定义为二维数组，每个棋子都有一个对应的子程序来计算棋子所有可能的走法，最后有一个评估函数（Evaluation Function）。在论文中，他运用了冯·诺依曼的博弈论和维纳的控制论。1956 年，他在美国洛斯阿拉莫斯的 MANIAC 计算机上实现了一个国际象棋的下棋程序。1965 年，香农曾与苏联国际象棋世界冠军鲍特维尼克（M. Botvinnik）一起对弈、讨论计算机编程下棋。值得一提的是，卡尔波夫（A. Y. Karpov）、卡斯帕罗夫（G. K. Kasparov）等世界级棋手都是鲍特维尼克的弟子。

司马贺、纽厄尔和肖曾经指出："如果一个人能够设计出一台成功的弈棋机，他似乎就渗入了人类智力活动的核心。"人类下棋的核心是寻找妙招，而找到妙招的关键是推算出若干步之内无论对方如何应对，都能使自己处于好的局面。而国际象棋的计算机程序编程核心包括博弈搜索和局面评估两部分。博弈搜索最简单的方法是尽可能地对后续招法所形成的博弈树进行穷尽搜索，这就是暴力搜索法。国际象棋的每个局面平均有 40 步符合规则的招法，如果你对每步的招法都考虑应招，就会遇到 $40 \times 40 = 1600$ 个局面。而 4 步之后是 250 万个，6 步之后是 41 亿个！平均一局棋大约走 40 回合，即 80 步，于是所有可能的局面就有 10^{128} 个！这个数字远大于已知宇宙世界的原子总数目（约 10^{80}）。

20 世纪 50 年代，司马贺和纽厄尔等人发展的 Alpha-Beta 剪枝搜索算法是机器博弈领域中最为重要的算法之一。这种算法可以裁剪搜索树中没有意义的不需要搜索的树枝，从而减少极小化极大算法搜索树的节点数，提高运算速度。这种算法已经和优秀人类棋手下棋时的思考过程非常接近了。

20 世纪 70 年代，曾经创造 UNIX 系统、B 语言（C 语言的前身）的美国计算机学家汤普森（K. Thompson）和他的同事康登（J. H. Condon）建造了一台性能超强的专门用来下国际象棋的机器——Belle，它每秒能搜索 18 万个局面，而当时百万美元的超级计算机只能每秒搜索 5000 个局面。1980—1983 年，它战胜了所有其他计算机，赢得了世界计算机国际象棋冠军。

通过汤普森的试验，当搜索深度达到 14 层时，就能达到当时世界冠军卡斯帕罗夫的水平。有计算机专家当时推测，必须有一台每秒能运算 10 亿次的计算机。

1997 年，"深蓝"（Deep Blue）成为历史上第一个打败国际象棋世界冠军的人工智能机器。"深蓝"是 IBM 研发的基于并行计算、专门用于国际象棋博弈的超级计算机，使用了 30 台装配了主频为 120MHz 的 Power2 CPU 和 16 个 VLSI 国际象棋的专用芯片工作站。"深蓝"的浮点运算速度为 113.8 亿次/秒，棋局理论搜索速度为 10 亿/秒，棋局实际搜索速度为 2 亿个/秒。"深蓝"在 1997 年的世界超级计算机中排第 259 位。1997 年，"深蓝"以 2 胜 1 负 3 平的总比分战胜了国际象棋冠军卡斯帕罗夫。香农设定的人工智能发展的第一个目标在截止期限前提前完成了。从此，人类在国际象棋领域最多只能获得平局或个别胜局，在总比分上再也不能取胜。人类被自己创造的机器在国际象棋领域所打败，这无疑是一个标志。

有趣的是，卡斯帕罗夫一直疑惑为什么"深蓝"在第 44 步没有下看似更好的一招棋，这个疑惑对他的思考产生了一定的压力。而他的助手经过深入分析认为，"深蓝"没下那招棋的原因大概是它看到了 20 步之后的杀招，但实际上，"深蓝"是由于程序的 bug 才走出这一招的。"深蓝"战胜人类更多的是依靠其计算能力，它的算法核心是暴力搜索，即尽可能快地在已输入的 200 多万局优秀棋局里找到最优的棋局。除了算力的提升，人工智能在人机博弈领域的后续进步更需要依靠数学理论和方法支撑下的算法突破。

围棋具有比国际象棋更高的难度和复杂程度。在变化数量上，国际象棋是 10^{123}，而围棋大约是 361!（361 的阶乘）。换句话说，围棋的变化数大约等于 1.43×10^{768}，即 1 后面有 768 个零，因此，有人将围棋比喻成人类在人机博弈方面对自己智慧信心的最后遮羞布。但在 2016 年，这块遮羞布也不复存在了，人类在围棋方面也被自己开发的人工智能超越。

2014 年，谷歌 Google 公司开发了基于深度学习（Reinforcement Learning）的人工智能程序"阿尔法狗"（AlphaGo，也称为阿尔法围棋）。最高配置的"阿尔法狗"分布式版本配备了 1920 个中央处理器（CPU）、280 个图形处理器（GPU），可同时处理 64 个并行搜索线程，其强大的计算能力是"深蓝"的 3 万倍。基于深度卷积网络、蒙特卡罗树搜索法，使用专业棋谱对系统进行训练，采用深度学习算法获得策略网络，采用局部特征和线性模型来训练快速走子。利用深度学习算法，不同版本的"阿尔法狗"可采用左右互博的方式相互对战 3000 万盘棋，优化和升级策略网络，建立估值网络，这使"阿尔法狗"的智能水平远远超越了"深蓝"。2016 年 3 月，"阿尔法狗"以 4 比 1 的比分战胜围棋世界冠军李世石。2017 年 5 月，"阿尔法狗"又以 3 比 0 的比分战胜世界排名第一的围棋世界冠军柯洁。

"阿尔法狗"强大智慧的背后是数学理论和方法支撑的机器学习技术。机器学习专门研究计算机怎样模拟或实现人类的学习行为，通过算法设计可以使计算机自动地从数据中学习规律，获取新的知识或技能，进而不断改善性能。作为人工智能的一个交叉研究领域，机器学习涉及概率论、统计学、逼近论、凸分析、计算复杂性理论，其中数学扮演着至关重要的角色。机器学习分为无监督学习、监督学习、强化学习三类。深度学习是机器学习中一种基于对数据进行表征学习的方法。

人类大脑有近 860 亿个神经元，每个神经元都有多达 10000 个突触，通过突触把神经元上的电信号传输到下一个神经元，形成了一个庞大的互联网络，构成了行为和认知的基础。人工神经网络（Artificial Neural Network，ANN）就是一种旨在模仿人脑结构及其功能的人工智能信息处理系统，它由人工神经元互联组成网络，对并行信息处理、学习、联想、模式分类、记忆等人脑功能进行模拟。1943 年，在论文《神经活动中的内在思想的逻辑演算》中，美国神经生物学家麦卡洛克（W. Maculloach）和数理逻辑学家、计算神经科学家皮茨（W. Pitts）首次将神经元的概念引入计算领域，提出了第一个人工神经元模型——麦卡洛克-皮茨神经元模型（图 12.3.5）

$$f(x,w) = \sum_{i=1}^{n} w_i x_i$$

该模型的 n 个输入信号 $x_1, x_2, \cdots, x_n$ 对应人类神经元的 n 个树突，w_i 表示神经元之间的连接强度。而每个树突连接都对应一个权重，权重的大小和正负决定了神经元之间的连接强度和影响程度。然后，计算这 n 个输入的加权和。接着，利用一个阈值函数获得 0 或 1 的输出值，可代表神经元的压抑或激活状态。

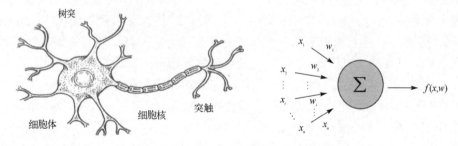

图 12.3.5　麦卡洛克-皮茨神经元模型

1951 年，闵斯基设计了第一个人工神经网络——随机神经网络模拟强化计算器（Stochastic Neural Analog Reinforcement Calculator），它用 3000 个真空管来模拟 40 个神经元的运行。在进行博士答辩时，一位答辩导师抱怨闵斯基的研究与数学关系不大。冯·诺依曼满含深意地说："就算现在看起来它和数学关系不大，但总有一天，你会发现它们之间存在着密切的联系。"

1958 年，心理学家罗森布拉特（F. Rosenblatt）提出了首个可以根据样例数据进行学习权重特征的模型——感知机模型。按照感知机的误差修正算法，可以根据样例数据进行多次迭代运算，实现运算收敛。迭代运算的过程就是对神经网络进行训练，这样可以对新的数据进行分类预测。这是人类第一次把自己所具备的学习功能用算法模型的形式表达出来，第一次赋予了机器可以从数据中学习知识的能力。1969 年，在《感知机：计算几何导论》中，闵斯基和数学家派珀特（S.A. Papert）证明了感知机模型只能解决线性可分问题，无法解决非线性可分问题。

1986 年，在《自然》杂志上发表的题为《通过反向传播算法实现表征学习》的论文中，加拿大计算机学家和心理学家辛顿（G. Hinton）等人提出反向传播算法，具有可自动调节神经元连接的权重，可以大幅缩短训练神经网络所需要的时间。同时，他所倡导的把单层神经网络拓展成多层的深层神经网络可以很好地解决一些线性不可分问题。辛顿和他的学生乐存（Y. LeCun）、本吉奥（Y. Bengio）于 2006 年提出了深度模型，提出了使用多层隐变量学习高层表示的方法，他们师徒三人被誉为"深度学习之父"，如图 12.3.6 所示。

图 12.3.6 辛顿、乐存和本吉奥

同时，除了深度学习，辛顿、乐存和本吉奥师徒三人在机器学习、计算机视觉和计算神经科学等领域也都有很多贡献，于 2018 年获得了图灵奖。深度学习已在包括字符识别、人脸识别、无人驾驶汽车、自然语言处理、语音识别等多个领域获得了成功应用。乐存也被称为"卷积网络之父"，他在 20 世纪 80 年代末提出了卷积网络技术来进行图像识别和语言识别，大幅提高了光学字符识别能力。作为一种监督学习下的深度机器学习模型，卷积神经网络使神经元网络可以自动提取对学习有意义的数据特征，极大地减小了神经网络需要训练的参数个数，非常适用于构建可扩展的深度学习网络，用于图像、语音、视频等的识别。目前可用于图像识别的典型卷积神经网络的深度可以达到 30 层，有 2400 万个节点、1.4 亿个参数、150 亿个连接。

从本质上说，人工神经网络就是一种算法数学模型，由神经元、节点与节点之间的突触构成，在计算机中模拟神经元的计算单元，使它们之间通过加权连接而互相影响。通过改变这些节点的加权值，可以改变人工神经网络的计算性能。简单地说，神经元通过响应函数来确定输出，神经元之间通过权值进行信息传输，权重的确定根据误差来进行调节，这就是机器学习的过程。由多个感知器组成的输入层、隐藏层、输出的多层网络可以映射任意复杂的数学非线性关系，具有很强的鲁棒性、记忆能力、自学能力等。深度学习又称为深度神经网络，一般指层数超过 3 层的神经网络。但深度神经网络与多层神经网络完全不是一回事。传统意义上的多层神经网络只有输入层、隐藏层、输出层，其中，隐藏层的层数根据需要而定，没有明确的理论推导来说明到底多少层合适。而深度学习中的卷积神经网络在原来多层神经网络的基础上，加入了特征学习部分，这部分是用于模仿人脑对信号处理上的分级的。

2021 年，谷歌与哈佛大学以 4 纳米的分辨率对体积约为 1 立方毫米的大脑皮层组织进行成像、重建和注释，完成了人脑神经元连接 3D 重建数据集 H01，如图 12.3.7 所示。这是第一个大规模研究人类大脑皮层的突触连接性的样本，也是迄今为止进行生物大脑皮层成像和重建的最大样本，它包含数万个重建神经元、数百万个神经元片段和 1.3 亿个带注释的突触的人脑神经元连接。虽然只占整个人类大脑容量的几百万分之一，但 H01 已经是一个 PB（拍字节）级的数据集。为了解决数据存储的问题，研究人员使用基于机器学习的去噪策略压缩至少17 倍的数据。从这一进展情况来看，人工智能的未来发展还需要数学、神经科学、认知科学等学科的交叉融合，从而取得数据集、数学基础理论、模型、算法等方面的突破。

图 12.3.7　人脑神经元连接 3D 重建数据集 H01

归根结底，人工智能的任何发展和进步都是建立在数学基础之上的。人工智能的研究与应用需要包括线性代数、概率论、数理统计、最优化理论、信息论、形式逻辑等数学基础知识。这些数学知识蕴含着处理人工智能问题的基本思想与方法，也是构建人工智能复杂算法的必备要素。例如，线性代数让研究对象可以被抽象地刻画成某些特征的数据集，并在预置规则定义的框架下以静态、动态的方式被观察。例如，线性代数提供了一种强大的工具，使得研究对象能够被抽象地表示为具有特定特征的数据集；深度学习模型以概率分布作为其基石性的建模语言；统计理论则为机器学习算法与数据挖掘结果的阐释提供了有力的支撑；人工智能要在复杂多变的环境中替代操作者做出最优的决策，则离不开最优化理论与方法。

12.3.4　机器人

机器人是人工智能的一个具体应用。人类从古至今，就一直试图用机械模仿实现人类的某些行为和能力，甚至希望赋予机器人以学习、思考的能力。1700 年，莱布尼茨曾经就如何模仿人脑的思想进程说过："如果这些理论真的符合事实，那么当我们奇迹般地缩小并进入一个正在思考的人的大脑时，会发生什么呢？我们应该可以看见交错工作着的泵、活塞、齿轮和杠杆，我们还可以用机械术语完整地描述它们的工作，也就是完整地描述大脑的思想进程。但是这样的描述和思想毫无关系，除了对泵、活塞和杠杆等的描述，绝无其他！"历史上，"机器人"（Robota）一词最早出现于捷克作家恰佩克（K. Čapek）在 1921年出版的《罗梭的万能工人》中。

1774 年，瑞士钟表匠人雅克·德罗（P. Jaquet-Droz）制作了 3 个奇妙的自动人偶：写字人（l'écrivain）、音乐家（la musicienne）、绘图师（le dessinateur）。其中，3 个自动人偶中最复杂的"写字人"由 6000 个零件组成，可以用鹅毛笔分四行排列在纸上最多写出 40 个字符的句子。而且，"写字人"的眼光会追随笔的运行而移动，并且每当要另起一行时，会将鹅毛笔放到墨盒处蘸一蘸。我国的故宫博物院收藏着一座深受清朝乾隆皇帝喜爱的铜镀金写字人钟，位于此钟底层的写字自动人偶可以用毛笔在纸上写出"八方向化、九土来王"八个字。乾隆皇帝对此钟珍爱有加，甚至在退居太上皇以后还命人把它搬到自己居住的宫殿里以便随时把玩。这个写字人偶也出自雅克·德罗之手，据说，雅克·德罗这个名字就是乾隆御赐的。雅克·德罗制作的模仿人类某种行为的自动人偶无疑是机械装置制作的巅峰之作。雅克·德罗制作的自动人偶如图 12.3.8 所示。

图 12.3.8　雅克·德罗制作的自动人偶

美国发明家德沃尔（G. Devol）被誉为"现代工业机器人之父"。1954 年，自学成才的德沃尔从科幻小说中获得灵感，提出设计能按照程序重复抓举等精细工作的机械手臂专利申请。1961 年，"可编程的用于移动物体的设备"获得美国专利。1959 年，德沃尔和美国物理学家、工程师恩格尔伯格（J. F. Engelberger）一起创办了世界上首家机器人制造公司Unimation。1961 年，数字化可编程机械臂 Unimate 被安装在通用汽车装配线上，从此，工业机器人登上人类的历史舞台。Unimate 这个庞然大物的成本为 6 万美元，但只卖 2.5 万美元。优良的使用效果使其后来被通用汽车推广到美国各地的工厂。1969 年，通用汽车又在俄亥俄州的工厂安装了 Unimate 点焊机器人。很快，通用汽车超越竞争对手，成为世界上自动化程度最高的汽车工厂。随后，更多其他汽车公司也纷纷开始大量使用机器人。

1966—1972 年，美国斯坦福研究所研制了世界上第一个人工智能的通用移动机器人Shakey。这台机器人装备了电子摄像机、三角测距仪、碰撞传感器等，其无线通信系统由两台计算机控制，能自主进行感知、环境建模、行为规划，它能寻找木箱并把它推到指定位置。但是，当时计算机的运算速度缓慢，导致 Shakey 往往需要数小时来分析环境、规划行动路径。

1973 年，日本早稻田大学的加藤一郎（I. Kato）研发出第一台以双脚走路的机器人WABOT-1。这个机器人拥有拟人化的外形，可以透过嘴巴进行简单的日语对话，并利用耳朵、眼睛测量距离和方向，再靠双脚行走前进，而两手也是有触觉的，可以搬运物体。尽管行走一步需要 45 秒，步伐为 10 厘米左右，且身形巨大显得相当笨重，但是开启了仿人机器人的大幕，因此，加藤一郎被誉为"仿人机器人之父"。1984 年，他又研发了擅长艺术表演的 WABOT-2。机器人 Shakey、WABOT-1、WABOT-2 如图 12.3.9 所示。

《机器管家》《人工智能》等很多科幻小说和影视剧都已经描绘了机器人所能达到的人

工智能水平。专家预计，未来通过人工智能、融合感知、数字孪生、结构仿生为代表的新技术交叉融合，机器人在感知、决策、执行等方面都将更加智能化。

图 12.3.9　机器人 Shakey、WABOT-1、WABOT-2

经过多年的持续积累，我国在机器人技术开发、制造、应用方面也取得了一系列进展和突破。当前，机器人已在我国工业制造、资源勘探开发、救灾排险、医疗服务、家庭娱乐和航天等领域都得到了广泛应用，我国在空间机器人、深海机器人、医疗机器人等方面实现了重要突破。例如，中国天宫空间站是建设航天强国和科技强国的标志性成果，作为重要的功能组件，天宫空间站的机械臂（图 12.3.10）模仿人类手臂运动的原理，在灵活性方面可实现 7 个自由度，质量约 0.74 吨的空间站机械臂的负重能力高达 25 吨，可以轻而易举地托起航天员开展舱外活动、完成空间站维护及空间站有效载荷运输等任务。又如，在智能电网领域，我国已经应用带电作业机器人进行高压线带电检修排险，可以替代人工巡检输电线路，检修更换绝缘子、防震锤，处理引流板发热故障，清除线路上的异物等。再如，在医疗领域，我国已经成功利用国产医疗机器人完成肿瘤切除、关节置换等手术。

图 12.3.10　中国天宫空间站的机械臂

2022 年中国工业机器人产量达到 44.3 万套，服务机器人产量突破 645.8 万套，工业机器人装机量超过了全球总量的 50%。作为衡量一个国家制造业水平的一个指数，2021 年中国制造业机器人密度达到 322 台/万人，中国制造业机器人密度在全球排名上升到第 5。而根据 2023 年召开的世界机器人大会上公布的数据，中国工业机器人应用已覆盖 65 个行业大类、206 个行业中类。

结合机器人等人工智能的发展，我国在 2017 年制定了《新一代人工智能发展规划》，明确了我国新一代人工智能发展的战略目标：到 2025 年，人工智能基础理论实现重大突破，部分技术与应用达到世界领先水平，人工智能成为带动我国产业升级和经济转型的主要动力，智能社会建设取得积极进展；到 2030 年，人工智能理论、技术与应用总体达到世界领先水平，成为世界主要人工智能创新中心。

12.3.5 机器人三定律

从 1956 年开始，人工智能已取得惊人的发展成果。从"深蓝"开始，人工智能强于人脑的"脑力"优势开始现出端倪，特别是 2023 年发布的人工智能应用 ChatGPT-4 让人类对人工智能的"超能力"感到震撼。未来，人工智能还将在强化学习、神经形态硬件、知识图谱、智能机器人、可解释性 AI、数字伦理、知识指导的自然语言处理等方面取得突破。随着计算能力的提升、机器学习算法的进步、数据的爆发式增长，能够通过自主学习不断进步的人工智能将变得越来越聪明。而且，当前人工智能已经成为第四次工业革命的核心驱动力，智能化已成为人类所追求的重要目标。人工智能与人类生产和生活的融合程度越来越高，就像机械化、电气化、信息化一样，人工智能最终可能会渗透进人类生产和生活的方方面面，无处不在。

在这样的背景下，我们不禁会对人工智能发展的未来发出一系列疑问：

- 人工智能的发展和应用最终会失去控制吗？
- 人们希望人工智能能够模拟、扩展人的智能，辅助甚至代替人们实现识别、认知、分析和决策等多种功能。理想的人工智能应该具有学习、推理与归纳能力。这种学习、推理与归纳能力最终会不会超出人类的限制？
- 当人类不断地用各种算法、算力、数据赋予机器人以更多的智慧，那么被赋予了人工智能的机器人最终会变得比人类还聪明吗？
- 机器人在感知能力、反应能力、反应速度、耐受力等各方面超越人类已成为必然。如果人工智能的智慧最终都超越了人类，人类还能剩下些什么？
- 机器人在外貌、行为、认知等各方面越来越类人化，而利用脑机接口可使人脑与计算机、机器人等外部设备间建立直接通路。那么，人类和机器人的边界在哪里？
- 被人类赋予智慧的人工智能会不会反过来做出危害人类的行为，乃至控制整个人类？

英国著名理论物理学家霍金曾三度公开提及人类要重视人工智能发展的后果。2017 年，联合国教科文组织联同世界科学知识与技术伦理委员会发布了《机器人伦理报告》，该报告深入探讨了人工智能，特别是机器人技术的快速发展所带来的社会与伦理道德问题。2023 年 5 月，350 多位人工智能业界的领袖和专家发表联合声明，提醒"人工智能可能导致人类灭绝，危险程度不亚于大规模疫情和核战争"，称应当将人工智能危机视为全球优先事项，呼吁决策者认真对待即将到来的"人工智能革命"并制定相关法规。该声明联署人中包括图灵奖得主辛顿和本吉奥。而在《机器人与帝国》《我，机器人》《西部世界》等一些小说和影视作品中，也已经对人工智能发展的潜在风险做过艺术化的刻画。

1942 年，被誉为"科幻三宗师"之一的科幻作家阿西莫夫（I. Asimov）提出了著名的"机器人三定律"：

（1）机器人不能伤害人类，或者目睹人类个体将遭受危险而袖手旁观；

（2）机器人必须执行人类的命令，除非这些命令与第一条定律相抵触；

（3）机器人在不违背第一条、第二条定律的情况下要尽可能保护自己的生存。

1985 年，在"机器人系列"的最后一部作品《机器人与帝国》这部书中，他提出了凌驾于"机器人三定律"之上的"第零定律"：机器人必须保护人类的整体利益不受伤害，其他三条定律只有在这一前提下才能成立。"机器人三定律""第零定律"虽然来自科幻小说，但无疑是人工智能伦理道德领域的先驱准则，对近几十年人工智能的发展起到了积极的引导作用。

目前，世界各国和国际组织已经纷纷开展行动，加强人工智能发展的潜在风险研判和防范，制定人工智能相关政策法规，确保人工智能安全、可靠、可控，让人工智能持续、安全地造福人类社会。2017 年，电气与电子工程师协会（IEEE）发布了《人工智能设计的伦理准则》（第 2 版），收集了全球从事人工智能、法律和伦理、哲学、政策等相关工作的专家对人工智能的问题见解与建议。2017 年，我国制定的《新一代人工智能发展规划》提出，初步建立人工智能法律法规、伦理规范和政策体系，形成人工智能安全评估和管控能力。在 2019 年、2023 年，我国又先后制定并发布了《人工智能安全标准白皮书（2019版）》《人工智能安全标准白皮书（2023 版）》，加强人工智能安全标准化工作，保障人工智能安全。

12.3.6　吴文俊的数学人生与数学机械化

首届国家最高科学技术奖获得者、数学家吴文俊（图 12.3.11）是我国人工智能科学先驱、智能科学研究的开拓者，开创了数学机械化这一全新领域，为中国人工智能的发展做出了重要贡献。

图 12.3.11　吴文俊

在开创数学机械化研究之前，吴文俊在拓扑学方面也取得了重大研究成果。他引入示性类证明了复几何中的重要问题：$4k$ 维球无近复结构，被法国数学大师嘉当誉为"吴文俊给出的计算公式简直像变戏法，像魔术一样"。他的示性类和示嵌类研究成果被国际数学界称为"吴公式""吴示性类""吴示嵌类"。1956 年，37 岁的吴文俊因在拓扑学中提出"吴示嵌类"而获得首届国家自然科学奖一等奖，一等奖的另两位获奖者是因"典型域上的多元复变函数论"而获奖的华罗庚和以"工程控制论"而获奖的钱学森。1957 年，他当选中国科学院学部委员，成为我国当时最年轻的一位院士。

1974 年，通过研读《九章算术》《周髀算经》等中国古代数学典籍，吴文俊开始对中国古代数学发展成果进行研究，这标志着吴文俊人生中科研方向的一次重大转变。1977 年，他以笔名顾今用在《数学学报》上发表了"中国古代数学对世界文化的伟大贡献"一文。在文中，他指出中国古代数学是一个与西方欧几里得体系完全不同的独立数学体系，为世界数学的发展做出了重要贡献。同时，通过研读中国古代数学典籍，吴文俊发现了中国古代数学不同于西方数学的算法性、构造性的数学机械化思想：与源自古希腊的西方数学主要利用公理化的方法来搭建理论大厦不同，中国古代数学着重于构造性、算法性的推导、证明。

1977 年，吴文俊敏锐地觉察到计算机具有极大的发展潜力，认为计算机必将大范围地介入数学研究。他认为：计算机给数学带来的冲击将是对数学未来发展具有重要影响的一个因素。在不久的将来，就像显微镜于生物学家、望远镜于天文学家，电子计算机于数学家将是不可或缺的。通过小型化，计算机将成为每个数学家的囊中之物，数学家要对这样的前景有足够的思想准备。

在继承中国古代数学算法化思想的基础上，他决定结合计算机进行定理机械化证明的研究。为此，年近花甲的吴文俊甚至开始从头学习计算机语言，亲自编制计算程序、整理并分析计算结果，他常常在机房连续不间断地工作八九小时，有时甚至工作到凌晨。

1977 年，吴文俊首次发表几何定理的机械化证明论文《初等几何判定问题与机械化证明》，提出了几何定理机械化证明的新方法。1980 年，在第一届国际微分几何与微分方程讨论会上，吴文俊做了《初等几何和微分几何的定理机械化证明》的报告。1984 年，他出版了专著《几何定理机器证明的基本原理》，阐述了几何定理机械化证明的基本原理。1985 年，吴文俊又发表了《关于代数方程组的零点》，具体讨论了多项式方程组所确定的零点集。与当时国际上流形的代数理想论不同，他明确提出了以多项式零点集为基本点的机械化方法，至此，他提出了实现几何定理机械化证明的一种全新的方法——吴方法。使用吴方法能够证明大量不平凡的几何定理，甚至一些证明难度很大的定理。同时，还能发现我们以前不知道的一些几何定理。吴方法证明的大致步骤为：

（1）把几何命题中所给出的条件和所要证明的结论都化为一些代数方程；

（2）把命题条件所对应的那些方程"整序"成一种被称为"特征列"的升列结构；

（3）求命题结论所对应方程对于特征列的余式，如果余式为零，则证明命题为真；如果余式不为零，则证明命题为假。

吴文俊为中国人工智能的发展做出了重要贡献。1990 年，他担任了中国科学院新成立的数学机械化中心的中心主任。1992 年、1996 年，他分别担任了国家科委攀登计划"机器证明及其应用"专家委员会首席科学家、国家科委攀登计划"数学机械化及其应用"专家委员会首席科学家。吴文俊把数学机器证明从数学扩展到若干高科技的更多应用领域中。

目前，吴方法、数学机械化思想已经被广泛应用于计算机图形学、计算机视觉、数控技术、机器人、图像压缩、模式识别等多个领域，用于解决曲面拼接、机器人机构位置分析、智能计算机辅助设计、信息传输中的图像压缩等问题。例如，在机器人应用中，机器人需要通过三维扫描获得物体的三维几何位置信息，从而得到最终机械手的位置和朝向。然后，通过编程反解各个关节的旋转角度和机械臂的伸缩，可以使机器人的机械手到达目标位置，从而实现抓取。这是一个逆向运动学问题，需要求解多项式方程组，而吴方法正是机械求解多项式方程组的有力武器。

吴文俊发明的数学机械化证明是自动推理领域具有标志性的先驱性突破成果。国内外学者对他的工作给予了高度评价，赞扬他为处于一片黑暗的几何定理机械化证明研究带来了光明前景。1997年，吴文俊获得国际自动推理领域的最高奖项——郝布兰自动推理杰出成就奖，颁奖词对他的工作给予了高度评价："吴文俊在自动推理界以他于1977年发明的'定理证明'方法著称，这一方法是几何定理自动推理领域的突破。几何定理自动推理首先是由格尔伦特（H. Gerlenter）于20世纪50年代开始研究的，虽然得到了一些有意义的成果，但在吴方法出现之前的20多年里，这一领域进展甚微。在不多的自动推理领域中，这种被动局面是由一个人完全扭转的，吴文俊显然就是这个人。吴文俊的工作将集合定理自动推理从一个不太成功的领域变成了最成功的领域之一。"

作为从事基础研究的数学家，吴文俊以推动中国科技创新、国家强盛为己任，在数学世界自由驰骋、开拓创新，在拓扑学、数学机械化等领域取得了创新性的标志成果。吴文俊的学生高小山研究员曾这样概括吴文俊的工作："吴先生的研究有自己的特点，一个是创新性，另一个是他能抓住事物的本质……他在1976年以后从事的机器定理证明也是这样，他极其敏锐地看出了信息时代数学的发展趋势。同时，他的研究受到了中国古代数学的启发，汲取了中国传统数学的养分。中国传统数学史的构造性、算法性，与西方的公理体系大不一样，有自己的特点。使用吴先生的方法，很多数学定理的证明，或者说几乎所有数学定理的证明，将可以由计算机来完成，大大节省人的脑力劳动，从而让人类把精力放到更加宏观的场面上去考虑数学问题。这是吴先生的创新之处。"

2001年，吴文俊因为在拓扑学和数学机械化两个领域的杰出贡献而获得首届国家最高科学技术奖，该奖授予那些在当代科学技术前沿取得重大突破或在科学技术发展中卓有建树，在科学技术创新、科学技术成果转化和高技术产业化中创造巨大经济效益或者社会效益的科学技术工作者，每年获奖人数不超过两人。此外，吴文俊还荣获了第三世界科学院数学奖、陈嘉庚数理科学奖、第三届邵逸夫数学科学奖等奖项。2011年，以吴文俊先生命名的中国人工智能领域的最高荣誉——吴文俊人工智能科学技术奖正式设立，以激励和表彰在中国人工智能科学研究、技术开发与创新、科技成果推广应用和产业化等方面做出突出贡献的单位和个人。2019年，他被追授"人民科学家"国家荣誉称号。吴文俊的题词如图12.3.12所示。

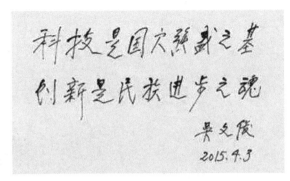

图 12.3.12　吴文俊的题词

思 考 题

1．通过若干案例分析数学在音乐、绘画、设计等中的应用。

2．列举若干案例，分析相关数学理论在通信技术、人机博弈、机器人、机器学习等中的应用。

3．分析数学在其他学科领域的应用情况。

4．你从吴文俊的人生故事和科研历程中得到什么启迪？有什么感想？

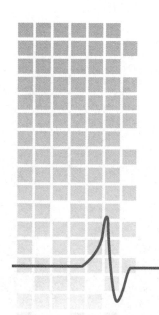

第十三章

第四次工业革命与数学的未来

谁不想揭开遮着未来的帷幕，窥探今后百年我们这门科学前进和发展的秘密？下一代的数学主流将会追求什么样的目标？在广阔而丰富的数学思想领域，新世纪将会带来什么样的新方法和新成果？

—— 希尔伯特

继蒸汽、电气和信息三次工业革命后，人类已经迈入第四次工业革命时期。面对难得的发展机遇，我国紧扣技术创新的时代脉搏，在 5G 通信、超级计算机、量子通信、大数据、人工智能、水下机器人、无人机、大飞机、高端医学影像装备等领域取得了一批引领世界的突破和成果。在本章中，我们将以"脚踏实地、仰望星空"为主线，分析第四次工业革命的时代背景，展现我国在 5G 通信、超级计算机、量子通信、航天等领域取得的成果，分析数学在其中的作用，畅想数学的未来，其中涉及工业 4.0、极化码、5G 通信、"神威·太湖之光"超级计算机、"墨子号"量子科学实验卫星、流浪地球、暗淡蓝点、光锥、引力奇点、宇宙大爆炸理论、暗物质、玉兔号月球车、"祝融号"火星车、"中国天眼"等一系列科技热词。

13.1 第四次工业革命

由新思想、新发现引发的科学革命，导致人类科学知识体系发生根本性变革，对人类认识客观世界、社会实践产生巨大的影响，推动社会生产力发展。

第一次科学革命开始的标志是 1543 年哥白尼的著作《天体运行论》的出版。哥白尼的日心说后经开普勒、伽利略、牛顿等一大批科学家的推动，改变了人类对太阳系和宇宙的认识，完成了天文学的一次革命。而牛顿于 1687 年出版的《自然哲学的数学原理》完成了自然科学理论上的第一次大综合，为了研究运动现象、自然力，牛顿创立和使用了流数法

（微积分）这一新的数学理论，该书中提出了经典力学的牛顿运动定律和万有引力定律，完成了经典力学体系的构建。法国数学家、天文学家、物理学家克莱罗称《自然哲学的数学原理》标志着一个物理学革命的新纪元……使数学的光辉照亮了笼罩在假设与猜想的黑暗中的科学"。从 17 世纪开始，在以培根为代表的思想家所倡导的科学方法论观念的影响下，基于系统化实验方法论与实践哲学的研究传统逐渐被科学界所接受。通过第一次科学革命，18 世纪，近代自然科学体系形成。

　　第二次科学革命的主要内容是被称为 19 世纪自然科学三大发现的能量守恒与转化定律、细胞学说和进化论。19 世纪 30 年代，德国植物学家许莱登（M. J. Schleiden）和动物学家施万（T. Schwann）提出了细胞是动植物结构和生命活动基本单位的细胞学说。细胞学说说明了生物在结构上的统一性和起源演化上的共同性，为辩证唯物论提供了重要的自然科学依据，恩格斯曾将细胞学说誉为"19 世纪重大的发现之一"。19 世纪 40 年代，5 个国家不同职业的 10 余位科学家从不同侧面各自发现了能量守恒定律，其中，包括德国物理学家、医生迈尔（J. R. Mayer），英国物理学家焦耳（J. P. Joule），德国物理学家、医生亥姆霍兹等。作为自然科学中最基本的定律之一，能量守恒定律科学地阐明了"能量既不会凭空产生，也不会凭空消失，它只会从一种形式转化为另一种形式，或者从一个物体转移到其他物体，而能量的总量保持不变"这一科学观点。19 世纪 50 年代，英国博物学家、生物学家达尔文（C. R. Darwin）与英国博物学家华莱士（A. R. Wallace）提出了以自然选择为基础的进化理论，对生物多样性进行了一致且合理的科学解释，成为生物学的基石。另外，在第二次科学革命中，麦克斯韦使用数学工具将电场、磁场、电荷密度、电流密度之间的关系归结为麦克斯韦方程组，揭示了光、电、磁现象的本质统一性，这一工作具有重大的意义，是开启人类社会电气化时代的基石。迈尔、焦耳、亥姆霍兹如图 13.1.1 所示。

图 13.1.1　迈尔、焦耳、亥姆霍兹

　　第三次科学革命发生于 19 世纪末到 20 世纪初，人类在认识自然界的宏观广度和微观深度两个方面都有极大的提高。20 世纪初，爱因斯坦建立的相对论改变了人类对宇宙和自然界的认识，是现代物理学的两大基本支柱之一。利用相对论，人类预测了中子星、黑洞、引力波的存在。作为现代物理学的另一个基本支柱，由德国物理学家普朗克、丹麦物理学家玻尔（N. H. D. Bohr）、德国物理学家海森堡、德国物理学家薛定谔、奥地利理论物理学家泡利、法国物理学家德布罗意（L. V. de Broglie）、德国理论物理学家玻恩（M. Born）、美国物理学家费米（E. Fermi）、英国物理学家狄拉克（P. A. M. Dirac）、爱因斯坦等一大批物理学家共同创立的量子力学改变了人们对物质的结构及其相互作用的认识。X射线、DNA双螺旋结构、电子、天然放射性等的发现，使人类对物质结构的认识由宏观进入微观。进而，有机化学、分子生物学与基因工程、生物技术、微电子与通信技术飞速发展，标志着科学发展进入了现代时期。普朗克、玻尔、费米和狄拉克如图13.1.2所示。

图 13.1.2 普朗克、玻尔、费米和狄拉克

在第三次科学革命中，数学发挥了更大的作用。事实上，第三次科学革命的两个典型的理论成果——相对论、量子力学都需要数学作为理论表达与结论推导的工具。爱因斯坦的广义相对论是使用黎曼几何、张量代数等数学理论来构建的。海森堡和玻尔建立了量子力学的第一种数学表述形式——矩阵力学。薛定谔提出了描述物质波连续时空演化的偏微分方程——薛定谔方程，给出了量子力学的另一种数学表述形式——波动力学。费曼创立了量子力学的路径积分形式——现代量子理论的主流形式。而狄拉克更是利用数学在物理学中做出了诸多开创性贡献：他整合了海森堡的矩阵力学和薛定谔的波动力学，发展出了量子力学的基本数学架构；他给出的狄拉克方程可以用来描述费米的物理行为，解释粒子的自旋，预测反粒子的存在；他将拓扑的概念引入物理学，提出了磁单极的理论；他在路径积分和二次量子化方面也做出了开创性贡献，为后来量子电动力学的发展奠定了重要基础。而且，在很多时候，物理学的发现常常是由数学分析推导出来的，而后在若干年才被实验和观测所证实。数学的这种先于实践的预见性是数学之用很好的体现。

通过科学革命，人类的自然观、世界观都发生了重大变革，人类在物理学、化学、生物学、天文学等多个学科领域取得了重大理论突破，科学水平实现了巨大飞跃。科学革命是社会生产力发展和社会进步的先声、基础，科学革命引发新发明、新思想、新观念的涌现，推动了技术的进步，为工业革命的发生、发展奠定了基础。

第一次工业革命于18世纪60年代从英国开始发起，人类社会步入蒸汽时代。英国织工哈格里夫斯（J. Hargreaves）发明的珍妮纺织机、英国机械工程师瓦特（J. Watt）制成的改良蒸汽机、英国机械工程师斯蒂芬森（G. Stephenson）发明的蒸汽机车等都是第一次工业革命的标志性产物。通过第一次工业革命，大规模的工厂机械化生产取代了手工生产，生产效率得到飞速提升。19世纪30年代到40年代，科学发展的成果被应用于工业生产，蒸汽机、纺织、钢铁等领域取得重大技术进步，人类社会生产力得到了极大提高。

第二次工业革命发生于19世纪60年代至20世纪中叶，人类社会进入电气时代。自然科学研究催生出各种新技术和新发明，电力、化学、电气、石油、钢铁、汽车等工业领域取得了巨大的创新，社会生产力得到了极大提高。第一次工业革命呈现从英国向西欧和北美蔓延的趋势，英国、德国、法国、美国等国家的工业得到飞速发展。例如，美国在 1860—1890年的 30 年里共拥有 50 万件发明，这个数量是在此之前 70 年总和的 10 倍。1900 年，美国、英国、德国、俄国、法国分别占全球工业生产总量的 24%、19%、13%、9%、7%。以电力的大规模应用为代表，发电机、内燃机、电灯、电话、无线电、汽车、飞机、电影、石油等都是第二次工业革命的标志性产物。

第三次工业革命兴起于第二次世界大战后，人类社会进入信息时代。原子能、电子计算机、空间技术、生物工程、互联网是第三次工业革命的主要成果，全球信息和资源交流变得更加迅速，实现了生产自动化、管理现代化，人类文明的发达程度也达到空前的高度。在第三次工业革命中，技术迭代升级的速度特别快。计算机、互联网、集成电路、宇宙飞船、火箭、合成材料的发展、遗传工程等都是第三次工业革命的标志性产物。以计算机为例，在几十年内计算机已经经历了电子管计算机、晶体管计算机、集成电路电子计算机、大规模集成电路电子计算机和超大规模集成电路电子计算机等几代的发展，呈现出体积变小、速度变快、能耗减少、价格降低、可靠性变强的趋势，替代了人类的部分脑力劳动。

当前，人类已经迈入以人工智能、清洁能源、虚拟现实、量子信息技术、基因工程、可控核聚变以及生物技术等为主要技术创新发展方向的第四次工业革命时期。德国从 2011年开始实施工业 4.0 计划，而我国实施了制造强国战略。很多专家学者认为，人工智能、机器人、物联网、大数据、云计算、自动驾驶汽车、3D 打印、量子计算机、纳米技术等新兴技术的应用将深刻改变每个国家几乎所有的产业，带来了人类社会整个生产和管理系统的变革。如图 13.1.3 所示，工业机器人已经被广泛应用于各个工业领域，成为制造业自动化和智能化的重要标志。很难预计第四次工业革命最终的广度和深度，但毫无疑问它必将推动人类社会生产力的巨大飞跃。

图 13.1.3　工业机器人

由于错失了前两次工业革命的机会，中国社会生产力发展长期处于停滞状态，而欧美国家借工业革命实现了社会生产力和国力的快速发展。中国国内生产总值（GDP）占世界总量的比重从 1820 年的 1/3 下降至 1950 年的不足 1/20，落后就要挨打，社会生产力的低下和国力的衰微是近代中国饱受西方列强欺凌的重要原因。20 世纪 80 年代以来，面对第三次工业革命，我国抓住全球产业分工格局重构的机遇，发挥国家的制度优势，奋起直追，在多个工业领域实现了从落后者到领先者的转变。2010 年，中国制造业增加值超过美国而成为第一制造业大国。截至 2019 年，中国成为全世界唯一拥有联合国产业分类当中全部工业门类的国家，在世界 500 多种主要工业产品中，有 220 多种工业产品的产量居全球第一位。

1997 年，党的十五大报告首次提出"两个一百年"奋斗目标：到建党一百年时，使国民经济更加发展，各项制度更加完善；到本世纪中叶建国一百年时，基本实现现代化，建成富强民主文明的社会主义国家。2017 年，党的十九大报告清晰擘画全面建成社会主义现代化强国的时间表、路线图：到 2035 年基本实现社会主义现代化，从 2035 年到本世纪中叶把我国建成富强民主文明和谐美丽的社会主义现代化强国。

为实现社会主义现代化、把我国建成富强民主文明和谐美丽的社会主义现代化强国，我国需要牢牢把握第四次工业革命的新机遇，掌握关键核心技术，通过创新驱动来实现产业转型升级，由中国制造向中国创造转变。为此，我们更应该清楚地认识和发挥数学对推动我国科技进步与技术创新的重要作用。

13.2　中国科技之光

数学是一切重大技术发展的基础，一切科技进展都与数学息息相关。面对第四次工业革命的新机遇，我国深入实施创新驱动发展战略，加强原创性、引领性科技攻关，提高我国关键核心技术的创新能力，推动我国产业升级和经济转型。《世界知识产权指标》报告显示，我国发明专利有效量已经位居世界第一。截至 2022 年年底，我国发明专利有效量达 421.2 万件，我国已经成为世界知识产权产出大国。近年来，我国在多个核心关键领域取得了一批领先世界的突破和成果，这些突破和成果无一不与数学存在紧密的联系。本节将展现 5G 通信、超级计算机、量子通信的发展概况和我国取得的成果。

13.2.1　极化码与 5G 通信

比特误码率是衡量通信编码传输效果的一个重要指标，人们一直致力于寻求降低比特误码率的通信编码方式。美国电子工程师、信息论专家加拉格（R. G. Gallager）是信息论的创始人香农的学生。1963 年，加拉格在他的博士学位论文中提出了一种更优的通信编码方式——低密度奇偶校验（Low-Density Parity-Check，LDPC）码，它是一种具有稀疏校验矩阵的线形分组码，通过一个具有稀疏矩阵性质的奇偶检验矩阵 G 将信息序列映射成发送序列（码字序列）。对于 (n,k) 的 LDPC 码而言，每 k 比特（b）资料会使用 n 比特的码字编码。下面的矩阵 G 就是一个可被 (16,8) 的 LDPC 码使用的奇偶检验矩阵

$$
G = \begin{bmatrix}
0 & 0 & 0 & 1 & 0 & 0 & 1 & 0 & 0 & 1 & 0 & 0 & 1 & 0 & 0 & 0 \\
0 & 0 & 0 & 0 & 1 & 1 & 1 & 1 & 0 & 0 & 0 & 0 & 0 & 0 & 0 & 0 \\
0 & 0 & 0 & 0 & 0 & 0 & 0 & 0 & 1 & 1 & 1 & 1 & 0 & 0 & 0 & 0 \\
0 & 0 & 0 & 0 & 0 & 0 & 0 & 0 & 0 & 0 & 0 & 0 & 1 & 1 & 1 & 1 \\
1 & 0 & 0 & 0 & 0 & 0 & 1 & 0 & 1 & 0 & 0 & 1 & 0 & 0 & 1 & 0 \\
0 & 0 & 1 & 0 & 0 & 1 & 0 & 0 & 1 & 0 & 0 & 0 & 0 & 0 & 0 & 1 \\
0 & 1 & 0 & 0 & 1 & 0 & 0 & 0 & 0 & 0 & 0 & 1 & 0 & 0 & 1 & 0 \\
1 & 1 & 1 & 1 & 0 & 0 & 0 & 0 & 0 & 0 & 0 & 0 & 0 & 0 & 0 & 0
\end{bmatrix}
$$

注意到，矩阵内元素 1 的数量远小于元素 0 的数量，所以具有稀疏矩阵的性质，这也是低密度奇偶校验码名称的由来。

LDPC 码的解码可以使用二分图来表示。图 13.2.1 所示二分图是依照上述奇偶检验矩阵 **G** 建置的，其中矩阵 **G** 的行对应校验节点（Check Node），而矩阵 **G** 的列对应位节点（Bit Node）。利用矩阵 **G** 内的元素 1 来决定校验节点和位节点之间的连线。

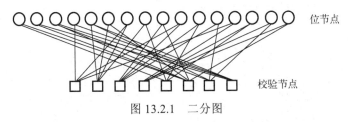

图 13.2.1　二分图

LDPC 码被证明其错误校正能力非常接近香农极限的理论最大值。但是，受制于当时的技术，该编码方案在提出后的很多年里并没有得到技术实现。1996 年，英国数学家、物理学家麦凯（D. J. C. MacKay）和加拿大计算机学家尼尔（R. M. Neal）对 LDPC 码重新进行了研究，发现其具有译码复杂度低、可并行译码、译码错误可检测等优点。在此之后，人们提出了非正则 LDPC 码，减小了随机构造 LDPC 码在编码上的运算量和存储量需求。而且，由于结构具有并行的特点，LDPC 码在硬件实现上比较容易，在大容量通信应用中更具优势。

在 2008 年召开的国际信息论年会（ISIT 会议）上，土耳其电气工程专家阿里坎（E. Arikan）首次提出了信道极化（Channel Polarization）的概念，随后，他关于信道极化的论文发表在 2008 年的 IEEE 期刊上，如图 13.2.2 所示。在这篇 23 页的论文中，他基于信道极化给出了一种全新的编码方式——极化码（Polar Code）。该论文从数学上严格证明了在二进制输入对称离散无记忆信道下，极化码可以达到香农容量，并且具有编码和译码复杂度低的优点。这是第一种能够从数学上严格证明达到信道容量的信道编码方法。

有趣的是，阿里坎的博士生导师是发明 LDPC 码的加拉格，而加拉格是香农的学生，也就是说，阿里坎是香农的徒孙。

极化码是一种前向纠错的新型通信编码方式，其原理是：在编码侧，通过信道极化处理等方法，使编码侧的各个子信道呈现出不同的可靠性。当码长持续增大时，部分信道将趋向于容量接近 1 的无误码信道，另一部分信道将趋向于容量接近 0 的纯噪声信道。信息通过容量接近 1 的信道进行传输，以逼近信道容量。在解码侧，极化后的信道可用简单的逐次干扰抵消解码的方法，以较低的复杂度获得与最大自然解码相近的性能。

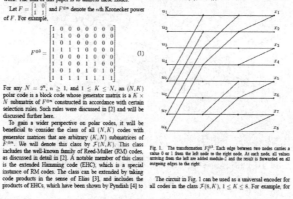

图 13.2.2　阿里坎的极化码论文

从本质上说，极化码的编码过程就是将不相关的信道合并的过程，因此，极化码进行信道极化的核心问题包括：如何合并？合并规则是什么？如何分解？在此过程中，需要基于矩阵的乘法，使用线性变换对向量进行操作。比如，要对 4 比特的 $[u_1 \quad u_2 \quad u_3 \quad u_4]$ 用极化码编码，

利用系数矩阵 $\boldsymbol{G} = \begin{bmatrix} 1 & 0 & 0 & 0 \\ 1 & 0 & 1 & 0 \\ 1 & 1 & 0 & 0 \\ 1 & 1 & 1 & 1 \end{bmatrix}$ 进行线性变换，就可以得到另外一个 4 比特的信号（码字）

$$[x_1 \quad x_2 \quad x_3 \quad x_4] = [u_1 \quad u_2 \quad u_3 \quad u_4] \begin{bmatrix} 1 & 0 & 0 & 0 \\ 1 & 0 & 1 & 0 \\ 1 & 1 & 0 & 0 \\ 1 & 1 & 1 & 1 \end{bmatrix}$$

当然，实际上极化码的理论还是非常复杂的，涉及很多其他的数学知识。

2009 年，基于极化码作为优秀信道编码的潜力，华为开启了从学术研究成果到 5G 产

业应用的技术攻关过程。5G 通信的关键技术主要包括新的空中接口技术和网络架构重构等方面。经过长期的工程技术攻关，华为在 2016 年 4 月宣布完成了我国 IMT-2020（5G 通信）推进组第一阶段的空口关键技术验证测试，而在 5G 通信信道编码方面全部使用的是极化码。

通过极化码与高频段通信相结合的测试，华为 5G 通信技术实现了 20Gb/s 以上的数据传输速率，而且极化码可有效地支持国际电信联盟所定义的三大应用场景：增强移动宽带（eMBB）、海量设备物联（mMTC）、高可靠低时延通信连接（uRLLC）。2014 年，华为在高频段无线 5G 通信空口环境下实现了高达 115Gb/s 的峰值传输速率，刷新了无线超宽带数据传输记录。相比 1G 通信的最高速度 2.4kb/s，5G 通信的速度之高让人感叹不已。

在 2016 年 11 月的国际无线标准化机构 3GPP 第 87 次会议上，我国华为主推的极化码方案被确定为 5G 通信 eMBB 场景的控制信道方案，而美国主推的 LDPC 码被确定为数据信道的编码方案。这是中国企业在世界通信核心技术话语权上零的突破，使我国掌握了信息通信技术产业的新发展主导权。我国在通信技术标准领域实现了从 1G 空白、2G 跟随、3G 参与、4G 同步到 5G 引领的华丽蜕变。

从学术发现到产业标准、工程应用，华为基于极化码的 5G 通信技术经历了近 10 年的产业转化过程。在将理论转化为工程应用成果的过程中，华为攻克了众多通信理论、工程技术难关，在核心原创技术上取得了多项突破，其中，数学发挥了巨大的作用。华为创始人任正非曾经说过，"华为 5G 通信标准是源于十多年前土耳其阿里坎教授的一篇数学论文""十年时间，我们就把土耳其教授数学论文变成技术和标准""土耳其阿里坎教授的一篇数学论文，十年后变成 5G 通信的熊熊大火"。

事实上，华为高度重视数学基础和应用研究，任正非也曾 20 余次谈及数学的重要性。任正非在谈及华为技术创新时曾说，"这 30 年，其实我们真正的突破是数学，手机、系统设备是以数学为中心的""P30 手机的照相功能依赖数学把微弱的信号还原""如今华为终端每三个月换一代，主要是数学家的贡献"。为了强化数学研究，华为在俄罗斯和法国这两个传统数学强国建立了数学研究所。据任正非所说："华为有 700 多名数学家、800 多名物理学家、120 多名化学家、六七千名基础研究的专家、6 万多名各种高级工程师、工程师，形成这种组合在前进。"2021 年，菲尔兹奖得主、法国科学院院士拉福格（L. Lafforgue）加入华为，进行数学基础研究，他是著名的数论和代数几何学家，曾获得两届奥林匹克数学竞赛的银牌，在 35 岁时获得了菲尔兹奖。这些数学研究人员从事通信物理层、网络层、分布式并行计算、数据压缩存储等基础算法的研究，为华为的技术进步和迭代升级做出了关键性贡献。

从历史和国家发展的角度来看，抓住了通信技术变革的契机，就意味着可以推进国家产业技术升级、推动国家核心竞争力和创新能力的提升。例如，在 2G 时代，芬兰的诺基亚公司抓住了移动通信从模拟信号到数字信号的契机，芬兰经济借此实现了快速发展。具有高速率、大容量、高可靠性、低时延、低功耗等特性的 5G 通信无疑为国家经济转型、创新力提升提供了新的契机和动能。

当前，我国正在以 5G 的建设和应用为重要抓手，推动我国经济产业升级转型，增强我国经济竞争力。国家知识产权局知识产权发展研究中心的报告显示，截至 2022 年 6 月，全球声明的 5G 标准必要专利共 21.7749 万件，涉及 4.6879 万项专利族，其中中国声明 1.8728

万项专利族，占比 39.9%，位居世界第一；美国声明 1.6206 万项，占比 34.6%，排名第二。在 5G 标准必要专利的全球专利申请人中，华为公司声明 6583 项专利族，占比 14%，排名第一。

从 2019 年 5G 商用牌照发放开始，我国在 5G 网络建设、融合应用、技术创新等方面取得了一系列成果。目前，我国已建成全球规模最大、技术最先进的宽带网络基础设施。截至 2023 年 5 月，我国已建成并开通 284.4 万个 5G 基站。5G 融合应用已在我国工业、医疗、教育、交通等多个行业领域发挥赋能效应。5G 应用案例累计超过 5 万个，已融入我国 97 个国民经济大类的 60 个大类中，例如，全国 50 强煤炭企业的 5G 应用占比高达 72%。利用 5G 多切片、机器视觉、边缘计算、5G 专网、载波聚合、高精度定位、超低时延等 5G 增强技术，我国一些煤矿已经实现无人采矿、远程操控、智能运输等，提升了采矿的安全性和生产效率。"5G+急诊救治"体系已在超过 70 个地级市建成并使用。

根据专家预测，未来 5G 将与人工智能、大数据、云计算等融合发展，我们将生活在一个高速、低时延、万物互联的智慧社会中。在此过程中，数学毫无疑问将发挥巨大的支撑作用。

13.2.2　超级计算机

超级计算机又称巨型计算机、高性能计算机，其在计算速度、存储容量、功能实现等方面有着普通计算机所不具备的超高性能。一般认为，超级计算机是指运算速度在每秒 5000 万次以上、存储容量超过百万字节的电子计算机。现有的超级计算机的运算速度都已超过每秒 1 万亿次。凭借其强大的数据处理、量化分析、建模分析能力，超级计算机可以在气象气候、航空航天、海洋环境、石油勘探、量子模拟、基因工程、材料科学等众多领域中发挥重要作用。

作为世界大国必争的战略高技术制高点，超级计算机是国家科技发展水平和综合国力的重要标志。1976 年，美国克雷公司率先推出了世界上首台运算速度达每秒 2.5 亿次的超级计算机，自此以后，美国一直是世界上拥有超级计算机数量最大、运行速度最快的国家。1993 年 6 月至 2010 年 11 月，全球超级计算机 500 强排行榜的第一名一直都是美国或日本。

我国是超级计算机发展的后来者，我国的第一台数字电子计算机——103 机诞生于 1958 年，该机在我国测绘、建筑、矿山等领域的科学计算问题解决中发挥了重要作用。从 20 世纪 70 年代开始，我国在气象预报、模拟风洞、航天、石油勘探等多个领域都对计算能力提出了越来越高的需求，为此，中国开始对超级计算机进行研发。

1983 年 12 月，我国成功研制了"银河一号"超级计算机，如图 13.2.3 所示，其运算速度达每秒 1 亿次，是我国自行研制的第一台每秒运算亿次以上的超级计算机。"银河一号"超级计算机填补了中国巨型计算机的空白，使中国成为继美国、日本之后第三个能独立设计和制造巨型计算机的国家。1992 年 11 月，"银河二号"巨型计算机研制成功，其运算速度达到每秒 10 亿次。1993 年，"曙光一号"并行计算机研制成功，是我国自行研制的第一台用微处理器芯片（88100 微处理器）构成的全对称紧耦合共享存储多处理机系统，峰值运算速度达到每秒 6.4 亿次。1997 年 6 月，"银河三号"并行巨型计算机研制成功，该机采用分布式共享存储结构，峰值性能达到每秒 130 亿次。

图 13.2.3 "银河一号"超级计算机

自 2019 年以来，以"天河一号"超级计算机、"天河二号"超级计算机、"神威·太湖之光"超级计算机为代表，我国在超级计算机方面取得了长足进步，多次摘得全球运算速度冠军。

2009 年 9 月，"天河一号"超级计算机一期研制成功，峰值速度达到每秒 1206 万亿次，是我国首台千万亿次超级计算机，中国也成为继美国之后世界上第二个能够研制千万亿次超级计算机的国家。2010 年 10 月，"天河一号"超级计算机二期研制成功，浮点运算持续速度达到每秒 2570 万亿次，峰值速度达到每秒 4700 万亿次。2010 年 11 月，"天河一号"超级计算机位列全球超级计算机前 500 强排行榜第一，这标志着中国第一次拥有了全球最快的超级计算机。

2013 年，"天河二号"超级计算机研制成功。2013 年 6 月，该机以峰值计算速度每秒 5.49 亿亿次、持续计算速度每秒 3.39 亿亿次双精度浮点运算的优异性能位居榜首，成为 2013 年全球最快超级计算机。也就是说，"天河二号"超级计算机的持续计算速度是 1997 年打败国际象棋冠军卡斯帕罗夫的超级计算机"深蓝"的 30 万倍。2013 年 11 月，"天河二号"超级计算机以比第二名美国的"泰坦"超级计算机快近 1 倍的速度登上全球超级计算机 500 强排行榜的榜首。在 2014 年 11 月 17 日公布的全球超级计算机 500 强排行榜中，中国"天河二号"以比第二名美国"泰坦"快近 1 倍的速度连续第四次获得冠军。2015 年 11 月，"天河二号"超级计算机再次位居世界超级计算机 500 强排行榜第一，这是该机自 2013 年 6 月问世以来，连续第 6 次位居全球超级计算机 500 强排行榜的榜首，这也是世界超算史上第一台六连冠的超级计算机。

2015 年 12 月，"神威·太湖之光"超级计算机研制完成，如图 13.2.4 所示。该超级计算机是世界上首台峰值运算性能超过每秒 10 亿亿次（125PFlops）浮点运算能力的超级计算机，其峰值性能达每秒 12.5 亿亿次、持续性能为每秒 9.3 亿亿次，它 1 分钟的计算能力相当于 72 亿人用计算器不间断计算 32 年。该超级计算机安装了 4 万余个我国自主研发的申威 26010 众核处理器，是我国首台全部采用国产处理器构建的超级计算机。

图 13.2.4　"神威·太湖之光"超级计算机

"神威·太湖之光"超级计算机多次位列全球超级计算机排行榜榜首。2016 年 6 月，在法兰克福世界超算大会上，"神威·太湖之光"超级计算机登顶全球超级计算机 500 强排行榜首位，速度比第二名"天河二号"超级计算机快出近 2 倍。2016 年 11 月，在美国盐湖城公布的新一期 500 强排行榜中，"神威·太湖之光"超级计算机再一次蝉联冠军。同时，我国科研人员依托"神威·太湖之光"超级计算机的应用成果首次荣获"戈登·贝尔"奖，实现了我国高性能计算应用成果在该奖项上零的突破。2017 年 11 月，全球超级计算机 500 强排行榜公布，"神威·太湖之光"超级计算机以每秒 9.3 亿亿次的浮点运算速度第四次夺冠，而"天河二号"超级计算机连续四次排名第二，也就是说，连续四次排名世界最强的两台超级计算机都是属于中国的。

截至 2020 年 6 月，我国入围全球超级计算机 500 强的超级计算机的数量为 226 台，位列世界第一，蝉联全球拥有巨型计算机数量最多国家的殊荣。这是自 2017 年 11 月以来，中国超级计算机上榜数量连续六次位居第一。

我国在无锡、天津、济南、深圳、长沙、广州等地设立了国家超级计算中心，面向气候气象、金融分析、信息安全、油气勘探、海洋科学、生物医药、工业设计等领域，提供计算和技术支持服务。自 2016 年以来，我国多个超级计算机创新应用获得全球高性能应用领域的最高奖"戈登·贝尔"奖。例如，"天河二号"超级计算机已应用于生物医药、新材料、工程设计与仿真分析、天气预报、智慧城市、电子商务、云计算与大数据、动漫设计、基因测序等多个领域，为经济社会转型升级提供了重要支撑。一些典型的应用案例如下：①飞机的设计和建造需要进行大量的流体力学和大气动力学分析、数学运算和优化处理，利用"天河二号"超级计算机，我国科研团队成功地进行了国产 C919 大型客机高精度外流场气动计算，在国际上首次实现了全机复杂构型高精度大规模数值模拟；②我国"宇宙中微子数值模拟"科研团队用"天河二号"超级计算机成功地进行了 3 万亿粒子数中微子和暗物质的宇宙学 N 体数值模拟，实现了世界上粒子数最大的 N 体数值模拟，揭示了宇宙大爆炸 1600 万年之后至今约 137 亿年的漫长演化进程；③我国药物研发团队利用"天河二号"超级计算机开展了 75 万个小分子化合物的结合亲和力评估，完成了 600 多个各类药物的体内外活性测试评价，为治疗恶性肿瘤、乙肝、糖尿病等疾病提供了新的途径。

随着第四次工业革命的开展，超级计算机将在大数据、人工智能、深度学习、基因工程等新兴领域展示巨大的威力。

13.2.3　量子通信

量子通信指的是基于量子力学原理，利用量子纠缠效应、量子叠加态等进行密钥或信息传输的通信方式。根据量子力学可知，有共同来源的两个微观粒子之间存在纠缠关系，对两个相互纠缠的粒子分别测量其像位置、动量、自旋、偏振等物理性质，会发现量子纠缠现象。例如，一个零自旋粒子衰变为两个以相反方向移动分离的粒子，沿着某特定方向，对于其中一个粒子测量自旋，若得到的结果为上旋，则另一个粒子的自旋必为下旋；若得到的结果为下旋，则另一个粒子的自旋必为上旋。这样，即使相隔得非常遥远，如果相互纠缠的其中一个粒子状态发生变化，那么另一个粒子状态也立即会发生相应变化，这种相互影响的速度甚至可以超越光速。形象地说，就像一对存在心灵感应的双胞胎，即使相隔万水千山，两个处于纠缠状态的粒子都能"感应"到对方的状态。量子纠缠如图 13.2.5 所示。

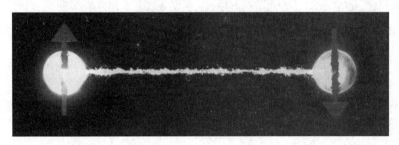

图 13.2.5　量子纠缠

爱因斯坦曾称这种跨越空间、瞬间影响对方的量子纠缠为"鬼魅似的超距作用"。因为这种超距作用违反了他提出的定域实在论，爱因斯坦、波多尔斯基（B. Y. Podolsky）和罗森（N. Rosen）于 1935 年提出了著名的爱因斯坦-波多尔斯基-罗森佯谬（EPR 佯谬），对哥本哈根诠释提出了挑战，质疑量子力学标准表述的完备性。物理学家德布罗意和美国物理学家玻姆（D. Bohm）等人提出了一种非局域的决定性的隐变量理论来解释这种超距作用，他认为微观粒子没有客观实在性，只有在人们测量时它们才具有确定的性质。1964 年，英国物理学家贝尔（J. S. Bell）给出了贝尔不等式，指出可以通过实验论证量子的非定域性。贝尔的工作说明：任何关于定域性隐变量的物理理论都无法克隆量子力学的每个预测。贝尔不等式为

$$\left| P_{xz} - P_{zy} \right| \leqslant 1 + P_{xy}$$

式中，P_{xz} 表示 A_x 为正和 B_z 为正的相关性，其中，A_x 为正表示在 x 轴上观察到 A_x 量子的自旋态为正。在贝尔的论文发表后，物理学家所做实验的结果符合量子力学的预测，不符合定域性隐变量理论的预测。值得一提的是，贝尔于 1988 年获得了国际理论物理中心颁发的

狄拉克奖。令人遗憾的是，贝尔于 1990 年因突发脑溢血去世，而在去世之前他已被提名角逐诺贝尔奖。

量子纠缠可以利用数学加以严格刻画，涉及纠缠系统、纠缠态、密度算符、冯·诺伊曼熵等概念，其严格定义如下。

设一个复合系统由两个子系统 A、B 所组成，子系统 A、B 的希尔伯特空间分别为 H_A、H_B，则复合系统的希尔伯特空间为张量积 $H_{AB} = H_A \otimes H_B$。设子系统 A、B 的量子态分别为 $|\alpha\rangle_A$、$|\beta\rangle_B$，若复合系统的量子态 $|\psi\rangle_{AB}$ 不能写为张量积 $|\alpha\rangle_A \otimes |\beta\rangle_B$，则称该复合系统为子系统 A、B 的纠缠系统，子系统 A、B 是相互纠缠的。

假设子系统 A、B 相互耦合，则复合系统的量子态 $|\psi\rangle_{AB}$ 不能用单独一项直积态表示，必须用多项直积态的量子叠加表示。量子态 $|\psi\rangle_{AB}$ 不具有可分性，是纠缠态。假设 $\{|a_i\rangle_A\}$、$\{|b_j\rangle_B\}$ 分别为希尔伯特空间 H_A、H_B 的规范正交基，在希尔伯特空间 $H_A \otimes H_B$ 中，这个复合系统的量子态 $|\psi\rangle_{AB}$ 可以表示为

$$|\psi\rangle_{AB} = \sum_{i,j} c_{ij} |a_i\rangle_A \otimes |b_j\rangle_B$$

式中，c_{ij} 为复系数。

假设 $|0\rangle_A$、$|1\rangle_A$ 是希尔伯特空间 H_A 的规范正交基 $\{|a_i\rangle_A\}$ 的基底向量，$|0\rangle_B$、$|1\rangle_B$ 是希尔伯特空间 H_B 的规范正交基 $\{|b_j\rangle_B\}$ 的基底向量，则以下形式的量子态是一个纠缠态 $|\psi\rangle_{AB}$

$$|\psi\rangle_{AB} = \frac{1}{\sqrt{2}} \left(|0\rangle_A \otimes |1\rangle_B + |1\rangle_A \otimes |0\rangle_B \right)$$

混合态是由几种纯态依照统计概率组成的量子态。假设一个量子系统处于纯态 $|\psi\rangle_1, |\psi\rangle_2, |\psi\rangle_3, \cdots$ 的概率分别为 $w_1, w_2, w_3, \cdots$，则该混合态量子系统的密度算符 ρ 定义为

$$\rho = \sum_i w_i |\psi_i\rangle \langle \psi_i|$$

冯·诺伊曼熵（Von Neumann Entropy）是经典统计力学关于熵概念的延伸。对于约化密度矩阵为 ρ_A 的纠缠态，冯·诺伊曼熵的定义为

$$S_1 = -\sum_i w_i \log_b w_i$$

式中，w_i 为约化密度矩阵 ρ_A 的第 i 个本征态的本征值；b 是对数函数的底，通常是 2、自然常数 e 或 10。量子纠缠与量子系统失序、量子信息的丧失程度密切相关。量子纠缠越大，则量子系统越失序，量子信息也就丧失得越多；反之，量子纠缠越小，量子系统越有序，量子信息也就丧失得越少。冯·诺伊曼熵是对量子系统无序现象的一种度量。纯态的冯·诺伊曼熵最小，数值为 0。而完全随机混合态的冯·诺伊曼熵最大，即对于一个 N 阶的约化密度矩阵，数值为 $\log_b N$，我们可以用冯·诺伊曼熵定量地描述量子纠缠。

根据量子力学，量子可以同时处于多个可能状态的叠加态，只有在被观测或测量时，才会随机地呈现出某种确定的状态。但是量子态非常脆弱，任何测量都会改变量子态本身，

即令量子态坍缩，因此量子态无法被任意克隆。数学上已经对这种量子态的不可克隆特性给出了严格证明，对量子的测量意味着干涉，会导致其状态的改变。这样，任何截获或测试量子密码的操作都会改变量子状态，从而使截获量子密码的人得到的是无意义的信息。而信息的合法接收者也可以从量子态的改变中知道量子密码曾被截取，进而停止密钥通信，从而保证量子通信的绝对安全性。

利用量子纠缠、量子的叠加态、量子不可克隆定理、隐形传态等特性进行密钥分发，可以极大地提升通信安全保密程度。从 20 世纪 80 年代开始，量子通信逐渐受到世界各国的高度关注，西方发达国家将量子通信研究作为国家重大战略项目，并取得了一系列进展。

1984 年，美国物理学家、IBM 研究员贝内特（C. H. Bennett）和加拿大物理学家布拉萨德（G. Brassard）提出了第一个实用型量子密钥分配（BB84）方案，标志着量子通信的诞生。但 BB84 方案传输的仍是经典信息，并使信息编码在量子比特上进行传输。1993 年，贝内特等人提出了基于 EPR 对（总动量总自旋为零的粒子对）的隐形传态协议，利用两个经典比特信道和一个缠绕比特实现了一个量子比特的传输。

由于量子不可克隆原理、光纤信道固有衰减的存在，在光纤中采用量子通信方式传输信息，存在不能放大量子通信信号的难题，因此在远距离的信息传输效率低下，这是早期量子通信在光纤传输中要解决的难题。1993 年，英国国防部在光纤中实现了相位编码量子密钥分发，光纤传输长度为 10 千米。1995 年，瑞士日内瓦大学在日内瓦湖底铺设的民用光通信光缆中进行了量子密钥分发实验，传输距离为 23 千米。同年，英国实现了 30 千米长光纤传输中的量子密钥分发。1999 年，瑞典与日本合作，在光纤中成功进行了 40 千米的量子密码通信实验。因为量子信息的携带者光子在光纤里传播 100 千米之后，大约只有 1/1000 的信号可以被接收到，所以光纤的量子通信在达到百千米量级后就很难再有突破。

后来，科学家意识到，真空里不会有光的损耗，想要实现覆盖全球的广域量子保密通信，还需要借助卫星的中转。1999 年，美国洛斯·阿拉莫斯国家实验室量子信息研究团体实现了 500 米的自由空间传输。2002 年，欧洲研究小组在德奥边境山峰用激光成功地实现了 23 千米的自由空间量子密钥分发。2004 年，美国马萨诸塞州剑桥城正式投入运行了世界上第一个量子密码通信网络，网络传输距离约为 10 千米。2006 年，美国洛斯阿拉莫斯国家实验室、慕尼黑大学-维也纳大学联合研究团队分别实现了诱骗态方案、超过 100 千米的量子保密通信实验。2007 年，由奥地利、英国、德国等多国的科学家合作，在量子通信中圆满地实现了通信距离达 144 千米的最远纪录。

近年来，我国在量子通信领域取得了一系列世界领先的研究和应用成果。中国科学院院士潘建伟是我国量子通信领域的领军人物。1997 年，潘建伟和其奥地利合作者在国际上首次成功进行了"量子态的隐形传输"试验。2001 年，为了推动我国量子通信的研究，潘建伟在中国科技大学组建了实验室和团队。2004 年，潘建伟研究团队在世界上首次实现了五光子纠缠态的制备与操纵。2007 年和 2012 年，又在世界上实现了六光子纠缠态、八光子纠缠态的制备与操纵。

利用外太空几乎真空因而光信号损耗非常小的特点，通过卫星中转辅助，可以大大提高量子通信距离，实现地面上相距数千千米甚至覆盖全球的广域量子保密通信。2003 年，潘建伟研究团队提出了利用卫星实现星地量子通信、构建覆盖全球量子保密通信网络的方案。2004 年，潘建伟研究团队在国际上首次实现了水平距离 13 千米（大于大气层垂直厚度）的自由空间双向量子纠缠分发，验证了穿过大气层进行星地量子通信的可行性。

墨家学派的创始人墨子是战国时期的思想家、教育家、科学家，在物理学尤其是光学领域取得了突出的成就。在《墨子·经下》与《墨子·经说下》中，墨子科学地解释了多种光学现象，定义了"光""影""射""像""中"等一系列抽象概念，对复杂的凸面镜、凹面镜的成像原理也做了判定。他提出了粒子论的雏形，指出"端"是物体不可再细分的最小单元。他进行了世界上最早的小孔成像实验，最先发现了光沿着直线传播这一科学原理，现代科学家将其工作归纳成"光学八条"。他的这些工作为现代光通信奠定了基础，比古希腊数学家欧几里得早了约 100 年。2016 年 8 月，以墨子名字命名的"墨子号"量子科学实验卫星（以下简称"墨子号"卫星，如图 13.2.6 所示）成功发射升空，这是全球首颗用于量子科学实验的卫星，首次在空间尺度上验证了量子非定域性的正确性。

图 13.2.6　"墨子号"卫星

2017 年 6 月，"墨子号"卫星在世界上首次实现千公里（千米）级的星地双向量子纠缠分发。"墨子号"卫星实验表明，在 1200 千米的通信距离上，星地量子密钥的传输效率比同等距离地面光纤信道高 20 个数量级。2017 年 9 月，我国建设的世界首条量子保密通信干线——"京沪干线"与"墨子号"卫星进行了天地链路通信，成功实现了世界上首次洲际距离的天地链路量子保密通信。2018 年 1 月，在中国和奥地利之间又首次实现了距离达 7600 千米的洲际量子密钥分发，并利用共享密钥实现了加密数据传输和视频通信。2020 年 6 月，"墨子号"卫星在国际上首次实现百万米级基于纠缠的量子密钥分发。在量子保密通信干线"京沪干线"与"墨子号"卫星成功对接的基础上，我国构建了世界上首个集成 700 多条地面光纤量子密钥分发链路和两个卫星对地自由空间高速量子密钥分发链路的广域量子通信网络，实现了星地一体的大范围、多用户量子密钥分发。2021 年，潘建伟、陈宇翱、彭承志、王建宇在国际顶级学术期刊《自然》杂志上发表了题为《跨越 4600 公里的天地一体化量子通信网络》的论文，证明了广域量子保密通信技术在实际应用中的条件已初步成熟。当前，我国正在通过多种举措支持量子技术发展和开展量子保密通信网络的建设，进一步保持我国在量子通信产业化发展中的领跑地位。

13.3 仰 望 星 空

我们不仅要脚踏实地，还要仰望星空。地球只是苍茫星空中的一个暗淡蓝点，璀璨夺目的人类文明也只是百亿年时间长河的一瞬。但正是一批又一批不时仰望星空、相信"我命不由天"、将好奇之心化为探索之行的人推动了人类的科技进步和社会发展，造就了璀璨夺目的人类文明，引领推动人类走向星辰大海。在本节中，我们将介绍人类对宇宙的探索和我国探月工程、火星探测、"中国天眼"等进展，分析数学在天文学理论推导、嫦娥一号卫星、天问一号火星探测器、"中国天眼"等过程中发挥的作用。

13.3.1 暗淡蓝点与宇宙

75 亿人生活在地球这颗蔚蓝色的星球上，地球就是我们绝大部分人终其一生所生活的地方。但地球所处的宇宙之大，超出了我们每个人类个体的生命长度，就像我们的门牌号一样，地球在宇宙中的具体位置是：

可观测宇宙 → 双鱼-鲸鱼座超星系团复合体 → 拉尼亚凯亚超星系团 → 室女座星系团 → 本星系群 → 银河系 → 猎户臂 → 古尔德带 → 本地泡 → 太阳系 → 地球。

双鱼-鲸鱼座超星系团复合体的尺度是 10 亿光年长，1.5 亿光年宽。拉尼亚凯亚超星系团拥有包括银河系在内的约 10 万个星系。银河系的直径为 10 万～18 万光年，拥有 1000 亿～4000 亿颗恒星。太阳系距离银河中心 24000～28000 光年，位于猎户臂的螺旋臂的内侧边缘。作为已知宇宙中 3000 万亿亿个恒星中的一个，太阳以大约 220 千米/秒的速度绕银河系中心运动，大约 2.25 亿万年可以绕银河系一圈。

什么是光年？光年是距离单位，光速为每秒 30 万千米，是自然界中的最大速度，冷静而无情。光年（Light-year）是天文学中的长度单位，是指光在真空中的一年时间内传播的距离，大约为 9.46×10^{12} 千米。常见的客机的飞行速度大约是 885 千米/时，以这样的速度飞行 1 光年则需要 122 万年。

宇宙之大，虽说是比邻，也远在天涯。在刘慈欣的科幻小说《流浪地球》中，由于太阳灾变，地球即将被吞没，全人类开启了"流浪地球"计划。计划是这样的：人类将给地球安装 12000 座行星发动机，地球的最终速度会加速到光速的 5‰，并且是在出太阳系之后再全功率加速 500 年，在滑行 1300 年后最终减速进入位于半人马座的比邻星宜居带中，成为绕行比邻星的行星。实际上，比邻星离太阳只有 4.22 光年，是离太阳最近的一颗恒星。相比于目前可观测宇宙（图 13.3.1）直径 930 亿光年、银河系直径 10 万光年、双鱼-鲸鱼座超星系团复合体的尺度 10 亿光年，4.22 光年确实只是很小的一段距离。然而，4.22 光年相当于 399233 亿千米。凭人类目前所掌握的火箭技术，这个距离仍然是可怕的天文数字。当然，就目前人类科技的水平，

图 13.3.1　可观测宇宙

"流浪地球"计划确实还只停留在科幻层面。

目前，太空中有 5 个著名的人造探测器正在远离地球，奔向浩瀚的宇宙，这 5 个人造探测器是先驱者 10 号、先驱者 11 号、旅行者 2 号、旅行者 1 号、新视野号。经过几次引力加速，旅行者 1 号的速度已经达到 16.9 千米/秒，成为现有飞行速度最快的人造飞行器。2023 年 1 月 1 日，旅行者 1 号到达了离太阳 237 亿千米距离的地方，是离地球最远的人造物体。也就是说，一缕阳光从太阳表面射向旅行者 1 号，也要等将近 22 小时，旅行者 1 号才能接收到。在约 7.3 万年后，旅行者 1 号将经过半人马座比邻星。

宇宙是如此的空旷宏大，人类生活的地球只是亿万尘埃中的一粒微小的尘埃。1990 年 2 月 14 日，旅行者 1 号经过 13 年的飞行到达距离地球 64 亿千米的冥王星轨道外侧。在太阳系外围，回望地球，最后一次调整镜头拍下了最后一张照片（图 13.3.2），此后飞行器上的摄像机将永远关闭。在这张照片上，我们的地球家园只是一个两三像素大小的暗淡蓝点。在《暗淡蓝点》中，美国天文学家卡尔·萨根（C. E. Sagan）不无感叹地写道："我们成功地拍到这张照片，细心再看，你会看见一个小点。再看看那个光点，它就在这里。那是我们的家园，我们的一切。你所爱的每一个人，你认识的每一个人，你听说过的每一个人，曾经有过的每一个人，都在它上面度过他们的一生……都住在这里——一粒悬浮在阳光中的微尘。"

在刘慈欣的《三体》中有句名言："光锥之内即命运。"这句话是什么意思呢？在狭义相对论中，爱因斯坦把时间的一个维度和三个空间维度统一起来，称为四维时空。通过赋予闵可夫斯基度量，称为所谓的闵可夫斯基时空。而光锥（Light Cone）就是闵可夫斯基时空中能够与一个单一事件通过光速存在因果联系的所有点的集合，它具有洛伦兹不变性。为了直观地绘制出光锥，用二维的平面来表示空间，用另一个维度来表示时间，那么，光锥就是上下对称的圆锥。如图 13.3.3 所示，观测者所在的位置是坐标系的坐标原点，观测者所在的平面是一个三维空间，称为现在超平面。而上、下两个半圆锥称为过去和未来发生的事件对应的点，称为过去光锥和未来光锥。

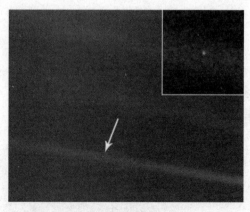

图 13.3.2　旅行者 1 号拍摄的地球

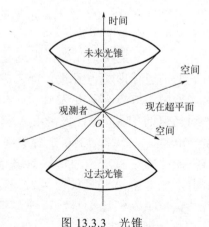

图 13.3.3　光锥

以观测者所在的坐标原点为起点，称以光锥内一点为终点的向量是类时向量，称以光锥上一点为终点的向量是类光向量，称以光锥外一点为终点的向量是类空向量。根据爱因斯坦广义相对论，真空中的光速是目前所发现的自然界物体运动的最大速度，因此，光锥

内的所有点都可以通过小于光速的速度与当前事件建立因果联系，它们与当前事件的间隔被称作类时间隔

$$s^2 = -c^2 t^2 + x^2 + y^2 + z^2 < 0$$

因为在时空中的"距离"超过了光在相同时间内所传播的距离，所以光锥外的所有点都无法与当前事件建立因果联系，它们与当前事件的间隔被称作类光间隔或零性间隔

$$s^2 = -c^2 t^2 + x^2 + y^2 + z^2 = 0$$

光锥外的所有点都无法与当前事件建立因果联系，它们与当前事件的间隔被称作类空间隔

$$s^2 = -c^2 t^2 + x^2 + y^2 + z^2 > 0$$

由于光锥本身具有洛伦兹不变性，事件之间的间隔属于类时还是类空，与观察者所在的参考系无关。其中对于类空间隔的事件，由于两者没有因果联系，因此不能认为它们具有经典力学中描述的所谓的同时性，即无法认为任何类空间隔的两个事件是同时的。通俗地说，光锥之内是已经发生的和未来将要发生的；而光锥之外，是人类的未知。

根据广义相对论，人类无法超越光速让时间倒流，人类只能随着时间的流逝走入"未知"的未来。但从宇宙的程度来看，这种"未知"是过去注定的"命运"。仰望星空，在猎户座方向我们可以看到一颗发着橙红色光、比大多数星星都亮的恒星，这颗恒星的名字是参宿四，是距离地球约 600 光年的已经演化到晚年的红超巨星，也是猎户座的第二亮星。根据天文观测，很多天文学家预计数千年后，参宿四最终会以 II 型超新星爆炸来结束它的生命。注意到，参宿四距离地球约 600 光年，宇宙中某处发生的天文事件要按照光速通过光传播到地球也是需要时间的，那么，假若参宿四在此时此刻已经以超新星爆炸的方式变成白矮星，但此时此刻身处地球的我们看到的还是它在死亡之前发出的橙红色光。不过，参宿四以超新星爆炸成为白矮星的这一"命运"已经存在于光锥内，在未来的几百年，我们人类一定可以看到参宿四的这一"命运"。你清晨见到的太阳是 8 分钟之前的太阳；你在晴朗夜空看到的比邻星，是 4 年前的比邻星……我们所见的这一切都是过去，这就是"光锥之内即命运"。但璀璨夺目的人类文明星空不是躺平在现在超平面上的个体造就的，而是由"不念过往、珍惜当下、不畏将来"的积极向上、自信坚韧的千千万万的个体绘制的。

相较于宇宙的 137 亿年，人类 600 万年的历史短如一瞬。作为生活在暗淡蓝点上的一员，人类个体的生命长度更是连蜉蝣一日都算不上。但是，作为人类进步过程中最重要、最显著的群体特点，好奇心驱动着人类不断向未知的领域发起挑战冲击，最终走向星辰大海。

霍金（图 13.3.4）是现代最伟大的物理学家之一。1963 年，21 岁的霍金患上了肌萎缩性脊髓侧索硬化症（渐冻人症），医生曾诊断身患绝症的他最多只能活两年。他的病情确实逐渐恶化，后来全身瘫痪，甚至无法发声，必须依靠语音合成器来与其他人沟通。霍金一生笼罩在死亡的阴影下，人生的大部分时间都是在病床和轮椅上度过的。但这无法阻挡他对宇宙的探索，霍金曾说过："尽管我的未来被乌云所遮掩，我吃惊地发现，那时的我比过去更享受自己的生活。我开始投入到研究中。我的目标很纯粹，那就是彻底洞察宇宙，研究宇宙的现状、成因和起源。"尽管他的躯体被束缚在轮椅上，但霍金思维的触角已经穿透了黑洞，拨动了宇宙的琴弦。

图 13.3.4　霍金

奇点也称为引力奇点（Gravitational Singularity）、时空奇点（Spacetime Singularity），是一个体积无限小、密度无限大、引力无限大、时空曲率无限大的点，两种最重要的时空奇点是曲率奇点和锥形奇点。广义相对论预言奇点存在于黑洞之内：任何恒星因引力坍缩至小于其史瓦西半径后都会形成黑洞，产生一个被事件视界包围的奇点，这种奇点就是曲率奇点。霍金和彭罗斯（R. Penrose）运用伪黎曼几何和广义相对论证明了广义相对论方程导致奇点解，间接地证明了大爆炸奇点的存在，提出了在广义相对论框架内的彭罗斯-霍金奇性定理（Penrose-Hawking Singularity Theorems）。他运用弯曲时空背景下的量子场论方法，做出了黑洞像热力学黑体一样对外辐射（霍金辐射）的理论性预测。

正因为有像霍金、彭罗斯等这样千万个不断仰望星空的人，人类对宇宙的起源和未来演化才有了越来越深入的认识。而在此过程中，数学直接或间接地支撑了宇宙学理论推导、观测数据分析、天文观测实践。

1917 年，美国天文学家斯莱弗（V. M. Slipher）率先测量了星系的径向速度，是第一位发现遥远星系红移的人，为宇宙膨胀理论的提出奠定了基础。1922 年，苏联数学家、气象学家、宇宙学家弗里德曼（A. Friedmann）发现了广义相对论引力场方程的一个重要的解，即弗里德曼-勒梅特-罗伯逊-沃尔克度规。通过在这一度规下对具有给定质量密度 ρ 和压力 p 的流体的能量-动量张量应用爱因斯坦场方程，获得了广义相对论框架下描述空间上均一且各向同性的膨胀宇宙模型——弗里德曼方程（Friedmann Equations）。1924 年，他在论文中阐述了膨胀宇宙的思想，即曲率分别为正、负、零时的三种情况，称为弗里德曼宇宙模型。弗里德曼方程要求满足宇宙论原则（Cosmological Principle）：宇宙在空间上是均匀且各向同性的。从今天的经验来看，这个假设在大于 1 亿秒差距的尺度上是合理的，这个假设要求宇宙的度规具有如下形式

$$-\mathrm{d}s^2 = a^2(t)\mathrm{d}s_3^2 - c^2\mathrm{d}t^2$$

其中，宇宙标度因子 $a(t)$ 只与时间有关，因而三维空间度规 $\mathrm{d}s_3^2$ 必须是下面三种形式之一：平直空间（曲率处处为零）、具有常数正曲率的三维球面、具有常数负曲率的三维双曲面。

1927 年，在《原始原子的假设》中，比利时数学家、天体物理学家勒梅特（G. Lemaître）提出了宇宙大爆炸理论（The Big Bang Theory），如图 13.3.5 所示，他指出宇宙学红移可通过宇

宙膨胀来解释，并估算了哈勃常数。1929 年，美国天文学家哈勃（E. P. Hubble）根据观察提出星系的红移量与星系间的距离成正比的哈勃定律，并推导出星系都在互相远离的宇宙膨胀说。2018 年，经国际天文联合会表决通过，哈勃定律更改为哈勃-勒梅特定律，以纪念勒梅特的贡献。

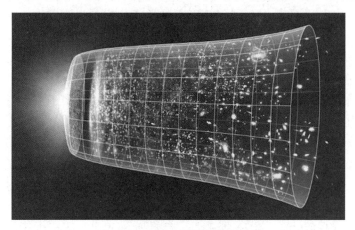

图 13.3.5　宇宙大爆炸

　　宇宙大爆炸理论认为：宇宙是由一个致密炽热的奇点于 137 亿年前的一次大爆炸后膨胀形成的。宇宙的一切都是在大爆炸的一瞬间后才存在的，空间、时间、一切的物质和能量都来自奇点。然后，在爆炸后渐渐膨胀冷却，导致 100 多亿年后分布在数百上千亿光年内的原子、恒星、星系、星系团的诞生，它们构成了我们今天所看到的可观测宇宙。

　　而对于宇宙的未来，根据天文观测和宇宙学理论加以预测，均匀且各向同性的宇宙膨胀需要满足弗里德曼方程。多年来，人们认为基于这一假设，引力会导致宇宙的膨胀不断减速，宇宙的终极命运取决于宇宙物质的多少：如果宇宙物质的密度超过临界密度，宇宙的膨胀终将会停止，并逆转为收缩，最终形成与"大爆炸"相对的 "大挤压"（Big Crunch）；如果宇宙物质的密度等于或低于临界密度，则宇宙会一直膨胀下去。同时，宇宙的几何形状也与密度有关：如果密度大于临界密度，宇宙的几何应该是封闭的；如果密度等于临界密度，宇宙的几何是平直的；如果宇宙的密度小于临界密度，宇宙的几何是开放的。这三种情况可以分别类比于平面、球面和马鞍面。

　　然而，根据近年来人类对超新星和宇宙微波背景等天文观测可知，虽然宇宙物质的密度小于临界密度，但是宇宙的几何是平直的，即宇宙总密度应该等于临界密度，并且，宇宙的膨胀正在加速，这些现象的一种合理解释是宇宙中应该存在暗能量（Dark Energy）。

　　最早推断暗物质存在的是荷兰科学家奥尔特（J. H. Oort）。1932 年，他根据银河系恒星运动提出了银河系里面有更多质量的猜想。1933 年，瑞士天文学家兹维基（F. Zwicky）使用维里定理推断后发座星系团内部有看不见的物质，但当时并未称其为暗物质，而是称为被丢失了的质量。而"暗能量"这个名词是由美国理论宇宙学家特纳（M. S. Turner）于 1998 年引入的。

　　现代天文学利用引力透镜、宇宙中大尺度结构的形成、微波背景辐射等方法和理论来探测暗物质。2003 年，美国匹兹堡大学领导的一个多国科学家小组借助威尔金森微波各向异性探测器观测宇宙微波背景辐射的微小变化，发现了暗能量存在的直接证据，这一发现入选美国《科学》杂志评出的年度十大科学成就。2006 年，在利用钱德拉 X 射线望远镜对星系团 1E 0657-558 进行观测时，美国天文学家发现了暗物质存在的直接证据。暗能量是当今对宇宙加速膨胀观测结果解释中最为流行的一种。根据 Λ -冷暗物质模型（ΛCDM 模型）以及普朗克卫星探测的数据，我们可以得知关于宇宙的以下重要信息：在整个宇宙的构成中，暗物质占 26.8%，暗能量占 68.3%（质能等价），常规物质（重子物质）仅占 4.9%。暗物质的存在可以解决宇宙大爆炸理论中的不自洽性（Inconsistency）。

不同于所说的普通物质，暗能量产生的重力不是引力而是斥力。在存在暗能量的情况下，宇宙的最终命运取决于暗能量的密度和性质。由于暗能量具有排斥作用且可能随时间变化，因此大挤压的可能性相对较低。宇宙的最终命运可能是渐缓膨胀趋于稳定，也可能是继续无限膨胀下去，或者不断加速膨胀直至连原子也被摧毁的大撕裂（Big Rip）。由于对暗能量的性质缺乏了解，因此人类对宇宙的终极命运还难以做出肯定的预言。

人类的目光正在投向越来越久远的"过去"以及更远的未来。人类在用肉眼仰望星空时，只能看到大约 6000 颗星星；利用现代天文望远镜可以观测到几十亿颗星星；而借助射电望远镜可以观测到成千上万个星系。2022 年 1 月，詹姆斯·韦伯空间望远镜成功抵达最终目的地，即距离地球约 150 万千米的日地系统拉格朗日 L2 点。相比于它的前辈哈勃望远镜，詹姆斯·韦伯空间望远镜能提供更高的红外分辨率和灵敏度，能够以哈勃望远镜 100 倍的功率探测广泛的红外光，也就是说，詹姆斯·韦伯空间望远镜能观察到比哈勃望远镜暗 100 倍的物体。詹姆斯·韦伯空间望远镜能让我们看到更古老、更遥远的星系，更深入地探索宇宙的起源和未来演化。比如，它拍摄的距地球约 3 亿光年的史蒂芬五重星系图像超过 1.5 亿像素。天文学家希望利用这些数据揭示星系之间发生的相互作用以及湍流运动在宇宙实体诞生中所起的作用。2022 年 7 月，詹姆斯·韦伯空间望远镜发现了目前人类已知宇宙中最古老的星系——莱曼断裂星系 GLASS-z12，如图 13.3.6 所示，该星系出现于宇宙诞生后的 3.5 亿年。

图 13.3.6　詹姆斯·韦伯空间望远镜拍摄的莱曼断裂星系 GLASS-z12

13.3.2　中国天问

日升月落，斗转星移。千百年来，中国人始终未停止对宇宙的追问与探索。战国时期楚国屈原创作了长篇韵文《天问》。在韵文开头，他就提了一连串关于天地离分、阴阳变化、日月星辰等自然现象的疑问：

遂古之初，谁传道之？上下未形，何由考之？
冥昭瞢暗，谁能极之？冯翼惟象，何以识之？
明明暗暗，惟时何为？阴阳三合，何本何化？
圜则九重，孰营度之？惟兹何功，孰初作之？
斡维焉系，天极焉加？八柱何当，东南何亏？
九天之际，安放安属？隅隈多有，谁知其数？
天何所沓？十二焉分？日月安属？列星安陈？

这篇气势磅礴、让现代人都连连称奇的韵文发出了对苍茫宇宙的众多疑问，提出了太阳运行的轨道、月亮的周期、天体星辰的构造规律、白昼与黑夜的周期性变化、南北极、北斗七星等一系列问题，反映了中国古代先民对天文学的探索和思考。

事实上，中国古代先民在天文学方面取得了一系列领先世界的成果。我国战国时期的《甘石星经》是世界上最早的天文学著作。元朝郭守敬编制的《授时历》推算 365.2425 天为一回归年，这与地球绕太阳公转一周的实际时间只差 26 秒，领先我们现今使用的公历 300 年。

在探索宇宙的道路上，中国人的脚步从未停歇。近年来，我国先后实施了月球探测、火星探测、"中国天眼"等标志性工程，取得了世界瞩目的成就。

2004 年，我国正式开展月球探测工程，并命名为嫦娥工程。嫦娥工程分为无人月球探测、载人登月和建立月球基地三个阶段。计划在 2030 年前实现中国人首次登陆月球。其中，无人月球探测共分绕、落、回三期进行。探月工程一期的任务是实现环绕月球探测。2007 年发射的嫦娥一号实现了中国自主研制的卫星在轨有效探测 16 个月，并成功受控撞月，获得了全月图。探月工程二期的任务是实现月面软着陆和自动巡视勘察。通过发射嫦娥二号、嫦娥三号，成功实现月面巡视勘察，获得了大量工程和科学数据。2019 年 1 月，中国第一艘月球车——玉兔号成功软着陆于月球虹湾着陆区，成为中国首个在地外天体着陆的探测器。玉兔号月球车共在月球上生存和工作了 972 天，成为在月球表面工作时间最长的人造航天器。2019 年 1 月，嫦娥四号完成世界首次在月球背面软着陆，并通过鹊桥中继星传回世界第一张近距离拍摄的月背影像图，这是人类首次实现月球背面软着陆和巡视勘察，也是人类首次月背与地球的中继通信。探月工程三期的任务是实现无人采样返回。2020 年 12 月，嫦娥五号顺利完成月球表面自动采样任务后，携带 1731 克月球样品返回地球，实现我国首次地外天体无人采样返回任务。嫦娥三号和玉兔号如图 13.3.7 所示。

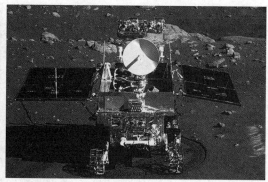

图 13.3.7　嫦娥三号和玉兔号

　　数学在"无人月球探测"中扮演了重要角色。2007 年，嫦娥一号卫星首次绕月探测的圆满成功，使中国成为世界上为数不多的具有深空探测能力的国家。地球距月球约 38 万千米，卫星从地球出发，需要通过推进器加速，进而脱离地球引力，最终被月球引力捕获。由于运载火箭发射能力存在局限，卫星不能直接由火箭按照直线送入最终运行的空间轨道，而是要经过精心设计的地月转移过程，嫦娥一号卫星的飞行轨道如图 13.3.8 所示：卫星首先要发射到一个离地面距离为 500 千米至 7 万千米的地球同步椭圆轨道；然后在地面跟踪测控网的跟踪测控下，选择合适时机向卫星上的发动机发出点火指令，通过一定的推力改变卫星的运行速度，让卫星实现变轨进入一个离地面距离为 500 千米至 12 万千米的更大的椭圆轨道；最后经过不断的变轨加速"奔向"月球，并在快要到达月球时，依靠控制火箭的反向助推减速，进入离月球表面 200 千米的绕月轨道。变轨是一项尖端的测控技术，对卫星轨道的测量、发动机点火时间的计算以及遥控技术都有很高的要求。因为探测器在地月之间的飞行涉及"三体问题"，所以必须考虑地球和月球的引力作用与影响，这些因素导致了地月转移轨道至少有几百种飞法，不同的飞法决定窗口出现的次数和天数，以及工程的成败。在人类探月活动的历史上，曾多次发生探测器未能实现月球的捕获而丢失在星际的事故。

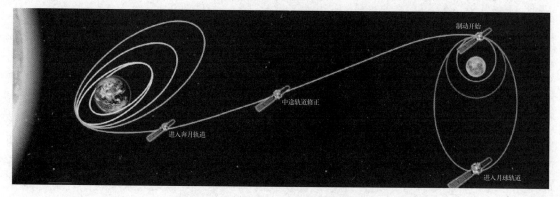

图 13.3.8　嫦娥一号卫星的飞行轨道

　　媒体报道了卫星轨道设计师杨维廉的事迹。在嫦娥一号卫星轨道设计中，杨维廉带领科技人员采用了圆锥拼接法，先假定将轨道分为地球运行段和月球运行段，然后分段逐次逼近，再经过多次反复修正，最终找到一条适合嫦娥一号卫星的唯一的地月转移轨道。值得一提的是，杨维廉于 1958 年以数学满分的成绩考入北京大学数学力学系数学专业。

除轨道设计问题外，卫星姿态控制的三矢量控制问题、远距离测控与通信问题等也都是嫦娥一号卫星的技术难点，这些问题的解决都需要数学理论和方法的支撑。由于轨道设计合理、控制精准，嫦娥一号卫星在奔月途中应有的 3 次中途修正变为 1 次，节省了大量燃料，使嫦娥一号卫星原定 1 年的使用寿命大大延长。

根据 2023 年我国公布的《关于征集载人月球探测工程月面科学载荷方案的公告》，我国载人月球探测工程登月阶段任务已经启动实施，计划先期开展无人登月飞行，并在 2030 年前实现中国人首次登陆月球。相信数学还将在载人月球探测工程中发挥重要作用，助力中华民族实现九天揽月的梦想。

早在西周时期，中国人就提出了有关火星的猜想。在两三千年后的今天，中国人发射的探测器终于降落在这个在中国古代被称为"荧惑"的赤色行星上。2021 年 5 月，经过 10 个月、约 4.5 亿千米的飞行、4 次轨道修正，天问一号火星探测器携带"祝融号"火星车成功着陆于火星乌托邦平原，如图 13.3.9 所示，中国成为第二个完全成功着陆火星的国家。随后，"祝融号"火星车开始巡视探测，到 2022 年 5 月 7 日累计行驶 1921 米，发回大量火星的科学数据。而火星环绕器仍在火星上空持续开展环火星科学探测工作。根据 2021 年全球航天探索大会的消息，我国计划分三步开展载人火星探测任务：第一步是在天问一号的基础上，开展包括采样、基地选址和原位资源利用等的机器人火星探测；第二步是初级载人探测，实现载人火星着陆和基地建设；第三步是航班化探测，建立地球-火星经济圈。

图 13.3.9　"祝融号"火星车与着陆器

作为一项重大的航天科学工程，天问一号需要数学理论方法和数学计算来实现其各项任务。在探测任务中，天问一号需要执行包括传感器数据处理、图像处理、姿态控制等多项任务的数学运算。研究人员通过优化基础数学库、信号处理算法实现了高精度的数学计算。而在导航测量方面，原有的通过构建火星的物理模型求解得到相对距离和视角的方法，存在着有限的硬件资源难以达到预期解算精度的工程实现问题。团队通过转换思路，跳出直接对火星进行椭圆拟合的既定思维，构建了火星本体边缘点与轨道参数的数学模型，提出一种"基于火星本体局部边缘点的环火段高精度自主导航算法"，有效解决了算法的工程实现问题。

2016 年，历时 5 年，我国在贵州省利用喀斯特洼地建成"中国天眼"——500 米口径球面射电望远镜（FAST），如图 13.3.10 所示，该射电望远镜是具有我国自主知识产权、世界第一大的填充口径射电望远镜。基于"中国天眼"，我国取得了一系列天文观测和研究成果。2017 年 10 月，中国科学院宣布 FAST 首次发现距离地球 1.6 万光年的一颗编号为 J1859-0131 的新脉冲星，其自转周期为 1.83 秒。2018 年，FAST 安装并调试专门用于地外文明搜索的筛选的窄带候选信号后端设备。2022 年 3 月，"中国天眼"观测到宇宙极端爆炸起源证据。2022 年，中国科研人员领导的国际团队利用 FAST 发现了 1 个尺度大约为 200 万光年的巨大原子气体系统，这是至发现时为止在宇宙中探测到的最大的原子气体系统。

在人类探索宇宙的征程中，数学发挥了巨大的作用。例如，研究宇宙中的引力现象时往往需要考虑时空的局域或全局性质，这涉及微分几何和微分拓扑。又如，高能带电粒子组成的范艾伦辐射带的形成机理、天体物理中宇宙线粒子加速的费米机制是应用绝热不变量的问题，可使用纤维丛来解释。再如，FAST 主动反射面系统是由主索网、反射面板、下拉索、促动器及支承结构等主要部件构成的一个可调节球面，主动反射面共有主索节点 2226 个、节点间连接主索 6525 根，不考虑周边支承结构连接的部分反射面板，共有反射面板 4300 块。将反射面调节为工作抛物面是主动反射面技术的关键，该过程通过下拉索与促动器配合来完成，下拉索长度固定，促动器沿基准球面径向安装，其底端固定在地面上，顶端可沿基准球面径向伸缩来完成下拉索的调节，从而调节反射面板的位置，最终形成工作抛物面。2021 年全国大学生数学建模竞赛就将反射面调节问题列为竞赛试题，要求运用数学理论，在反射面板调节约束下，确定一个理想抛物面，然后通过调节促动器的径向伸缩量，将反射面调节为工作抛物面，使得该工作抛物面尽量贴近理想抛物面，以获得天体电磁波经反射面反射后的最佳接收效果。

图 13.3.10 "中国天眼"

处于银河系边缘、猎户座大悬臂，我们人类还将继续仰望星空，用数学之翼拂过宇宙的琴弦，去聆听时间尽头的引力共鸣。

13.4 数学的未来

100 多年前，数学家希尔伯特在第二届国际数学家大会上发表了题为《数学问题》的著名演讲。在演讲中，他说："谁不想揭开遮着未来的帷幕，窥探今后百年我们这门科学前进和发展的秘密？下一代的数学主流将会追求什么样的目标？在广阔而丰富的数学思想领域，新世纪将会带来什么样的新方法和新成果？"为此，他提出了 20 世纪有待解决的 23 个数学问题，这些数学问题引领了 20 世纪现代数学理论的发展，推动了新的数学理论、思想和方法的产生。

希尔伯特是 19 世纪末至 20 世纪初公认的 3 位领袖数学家之一，被誉为"对数学理论及其应用具有全面知识的最后一人"。但即使是这样一位大师，他所提出的数学问题也存在少许遗憾，不能涵盖所有可能。正如著名数学家龚升所说："这 23 个问题中未能包括拓扑学、微分几何等在 20 世纪成为前沿学科领域中的数学问题，除数学物理外，很少涉及应用数学等，当然更不会想到 20 世纪电脑的大发展及其对数学的重大影响。"

事实证明，20 世纪现代数学发展的程度远远超出了包括希尔伯特在内的所有人的预想。根据美国数学会在 2010 年编制的《数学分类目录》，数学细分的研究方向已经超过 7000 个。而科学发展总体呈现加速的趋势，近二三百年人类科技发展成果超过了之前人类几千年的发展成果的总和。所以，虽然我们很难明晰地刻画数学的未来，但是 21 世纪的数学发展必然比 20 世纪更加丰富多彩、波澜壮阔、值得期待。

数学研究具有很强的探索性和未知性，所以任何人都不能像先知一样明晰地刻画数学的未来。但毋庸置疑的是，数学的应用疆域将进一步拓展，数学将无处不在地渗透到人类社会的方方面面，数学将更深刻地影响改变我们的世界。

两千多年前，毕达哥拉斯以"万物皆数"作为学派的信念，坚信科学、哲学、音乐、天文等统统可以置于数学的统辖之下。而今，从我们日常生活中所见的手机、计算机、电子支付、汽车导航、遥控器、微波炉，再到人工智能、核电站、机器人、量子通信、宇宙起源，人类社会处处都可以看到数学的影子，我们比以往任何时候都更接近一个"万物皆数"的世界。

事实上，现代社会的各种学科都依赖数学。在科学和工程中，为了解决各种问题，科学家、工程师使用数学来建立物理模型、计算机模拟、优化设计；在经济和金融中，经济学家、金融分析师用数学来开发统计模型、预测经济趋势、评估风险、建立金融工具；在计算机和人工智能科学中，计算机科学家使用数学来开发算法、规划数据结构、设计程序；在医学和生物学中，生物学家和医学研究人员利用数学来建立病毒传播模型、开发药物、研究基因组；在艺术和设计中，音乐家、画家和作家利用数学来进行音乐与绘画的创作、分析诗词和小说的文字运用规律与创作思维……

但是，数学不是科学王国的神，它处于永远的创造中。作为 20 世纪数学理论最重要的成果之一，哥德尔不完备定理揭示了由于形式系统的内在局限性是不可克服的，即使是在数学这样被认为最可靠的知识系统中，也不存在所谓的终极真理。人类对数学真理的追求永远在路上。

推动数学前行的动力之一是其内在逻辑。作为一门抽象学科，数学有自身发展和逻辑上完整性的要求。著名的费马大定理、黎曼猜想、庞加莱猜想都是基于数学学科自身知识体系逻辑性和发展而被提出来的。数学家在原有理论的基础上，利用类比、反证法、分析法、综合法、归纳法、演绎法、数学归纳法等思想方法，发现和提出问题，孕育新的思想方法，构建新的理论，实现数学理论的原始创新。

在某些抱有功利心的人看来，这些知识是数学家的自娱自乐，毫无实用价值。1939 年，美国著名教育家、普林斯顿高等研究所的第一任所长弗莱克斯纳（A. Flexner）发表了题为《无用知识的有用性》的文章，论述了数学的应用价值。他指出：在数学、物理、医学等众多领域，大量看似"无用"的知识是由不在乎它们是否有用的纯粹科学探索积累起来的，而这些知识最终将为人类带来巨大的实用价值。

数学是一切科学技术的基础，人类的每一次重大进步都是数学在背后提供强有力的支撑，就像带动机器高速运转的关键齿轮一样，数学的原始创新激发了技术进步，引发了科学革命，推动了人类社会的进步。最典型的例子就是麦克斯韦方程组，最初由 20 个变量、20 个方程构成的微分方程组居然预见了无线电波、X 射线、伽马射线、紫外线、红外线等电磁波的存在，为人类步入电气时代奠定了基石。更多的例子不胜枚举：利用微积分推导出来的牛顿经典力学将人类带入机械化时代，建立在黎曼几何和张量代数之上的爱因斯坦相对论让人类走上了开发利用核能之路，香农的论文《通信的一个数学理论》开启了现代信息通信产业的发展之路，矩阵力学、偏微分方程、狄拉克方程奠定了量子通信的理论基石，阿里坎的一篇数学论文引发了 5G 通信技术的发展……

事实证明，不以实用为目的的基础研究恰恰是人类重点科技创新的源头。正像英国数学家、哲学家怀特海所说："纯粹数学的现代发展可以说是人类精神最原始的创新。"

数学不是独行侠，与现实世界有着密切联系。推动数学前行的另一个动力就是现实世界。认识自身、改造自然、探索宇宙是人类文明亘古不变的三大主题，它们无疑将继续扩展数学的应用疆域，催生新的数学分支，孕育新的重大理论突破和原始创新。现实世界的各种问题将为数学理论发展和创新提供源源不绝的课题。事实上，统计学、控制论、密码学、运筹学、最优化等数学理论都来自实际问题的研究需要。

在认识自身、改造自然、探索宇宙的过程中，数学的应用价值和意义是不言而喻的。不管未来科技如何发展，问题的定性、定量刻画和解决永远是我们与现实世界打交道的目标：如何更抽象、更简洁地描述问题？如何建立更恰当、更全面的数学模型？如何更高效、更精准地求解？……

在 1900 年的著名演讲中，希尔伯特表达了他提出的 23 个数学问题最终都可以得到解决的信念，说："在我们中间，常常听到这样的呼声：这里有一个数学问题，去找出它的答案！你能通过纯思维找到它。"1930 年，希尔伯特再次满怀信心地宣称："我们必须知道，我们必将知道。"时光流逝，但希尔伯特的话仍在我们耳边回响，对今天的我们仍然是一种巨大的鼓舞和激励。为了人类心智的荣耀，广大数学工作者一定会以问题探求过程为快乐源泉、以问题解决为至高奖赏，乘数学之翼，共赴人类光辉、灿烂、美好的未来！

当下，新一轮科技革命和产业变革正在蓬勃兴起，数学与高新技术的发展之间的深度结合将是激发数学发展的重要动力之源。未来的数学发展所要考虑的一个重要因素是第四次工业革命。在前三次工业革命中，数学发挥了巨大的先导和支撑作用。而今，人类已经迈入第四次工业革命时期，人工智能、清洁能源、虚拟现实、量子信息技术、基因工程、可控核聚变以及生物技术等是第四次工业革命的主要技术创新发展方向，这些技术创新需要包括数学在内的多学科的协同攻关，而数学应该是重中之重。未来，数学必然从第四次工业革命的技术创新和产业发展需求中获得源源不断的发展动力，通过理论、方法和思想的原始创新推动科学技术的进步，进而推动第四次工业革命的进程。

当代科学技术发展的一个显著特点是在高度分化基础之上的高度综合。学科门类越来越多，学科分支越来越细，学科分支之间、不同学科之间的交叉联系却日益紧密。现代科学技术问题越来越复杂、综合性越来越强，往往是复杂的综合问题，通常不是一门学科所能解决的，往往需要综合多学科的理论、思想和方法来进行跨领域、跨学科的协同攻关。因此，在第四次工业革命中，数学的发展必然呈现出强烈的学科交叉融合趋势：数学各分支之间不断交叉融合，数学与其他学科之间也在加速渗透交叉。

树高叶茂，系于根深。历史经验表明，数学实力往往影响着国家实力，世界强国必然是数学强国。当前，我国正处于实现社会主义现代化、中华民族伟大复兴的关键时期。我国科技领域仍然存在一些亟待解决的突出问题，在底层基础技术、基础工艺能力不足，工业母机、高端芯片、基础软硬件、开发平台、基本算法、基础元器件、基础材料等瓶颈仍然突出。为把我国建设成为富强民主文明和谐美丽的社会主义现代化强国，我国需要牢牢把握第四次工业革命的新机遇，掌握关键核心技术，通过创新驱动来实现产业转型升级，由中国制造向中国创造转变。

2023年，为夯实建设创新型国家和世界科技强国的基础，国务院发布了《国务院关于全面加强基础科学研究的若干意见》（以下简称《若干意见》）。《若干意见》强调了数学的重要性，指出"强大的基础科学研究是建设世界科技强国的基石""与建设世界科技强国的要求相比，我国基础科学研究短板依然突出，数学等基础学科仍是最薄弱的环节，重大原创性成果缺乏"。

同时，《若干意见》还提出了进一步加强基础科学研究、提升原始创新能力的相关建议举措："潜心加强基础科学研究，对数学、物理等重点基础学科给予更多倾斜。完善学科布局，推动基础学科与应用学科均衡协调发展，鼓励开展跨学科研究，促进自然科学、人文社会科学等不同学科之间的交叉融合。加强基础前沿科学研究，围绕宇宙演化、物质结构、生命起源、脑与认知等开展探索，加强对量子科学、脑科学、合成生物学、空间科学、深海科学等重大科学问题的超前部署。加强应用基础研究，围绕经济社会发展和国家安全的重大需求，突出关键共性技术、前沿引领技术、现代工程技术、颠覆性技术创新，在农业、材料、能源、网络信息、制造与工程等领域和行业集中力量攻克一批重大科学问题。围绕改善民生和促进可持续发展的迫切需求，进一步加强资源环境、人口健康、新型城镇化、公共安全等领域基础科学研究。"从《若干意见》中，我们既可以体会到数学的重要性，也可以发现数学未来可以发力的方向和领域，数学的更多原创研究成果将是我国建设创新型国家和世界科技强国的重要保障和基础。

陈省身生前曾多次表达希望中国在21世纪能成为数学大国、数学强国。他说："21世纪的数学的发展是很难预测的，它一定会超越20世纪，开辟出一片崭新的天地，希望中国未来的数学家能够成为开辟这片新天地的先锋。"正如他所言，尽管我们无法精准地预见 21 世纪数学发展的全貌，但我们有理由坚信，它定将超越 20 世纪的辉煌，开创出一片既广阔又新颖的数学新纪元。

脚踏实地，仰望星空。追逐光，成为光，散发光。随着中华民族伟大复兴的壮阔征程，中国成为数学强国的宏伟蓝图必将一步步变为现实。

思 考 题

1．数学在第四次工业革命中发挥什么样的作用？

2．概述我国在大数据、人工智能、大飞机制造等若干领域所取得的成果，分析数学在其中发挥的作用。

3．举例分析数学在天文学和航天中发挥的作用。

4．谈谈你对数学未来发展图景的畅想。

参 考 文 献

[1] EDWARD N L. Deterministic nonperiodic flow[J]. Journal of the Atmospheric Sciences, 1963, 20(2): 130-141.

[2] KAZUO M. Babylonian number theory and trigonometric functions：trigonometric table and pythagorean triples in the mathematical tablet plimpton 322[J]. Seki, Founder of Modern Mathematics in Japan, 2013: 31-47.

[3] 牛顿. 自然哲学的数学原理[M]. 任海洋，译. 重庆：重庆出版社，2015.

[4] 蔡天新. 数学与人类文明[M]. 北京：商务印书馆，2012.

[5] 邓东皋，孙小礼，张祖贵. 数学与文化[M]. 北京：北京大学出版社，1990.

[6] 欧谢. 庞加莱猜想[M]. 孙伟昆，译. 长沙：湖南科学技术出版社，2010.

[7] 胡炳生，陈克胜. 数学文化概论[M]. 合肥：安徽人民出版社，2006.

[8] 黄秦安. 数学哲学与数学文化[M]. 西安：陕西师范大学出版社，1999.

[9] 萨根. 暗淡蓝点[M]. 叶式辉，黄一勤，译. 北京：人民邮电出版社，2014.

[10] 克莱因. 古今数学思想[M]. 张理京，等译. 上海：上海科学技术出版社，1981.

[11] 克莱因. 西方文化中的数学[M]. 张祖贵，译. 上海：复旦大学出版社，2004.

[12] 李文林. 数学史概论[M]. 4 版. 北京：高等教育出版社，2021.

[13] 梁宗巨. 世界数学史简编[M]. 沈阳：辽宁人民出版社，1981.

[14] 博登. 人工智能的本质与未来[M]. 孙诗惠，译. 北京：中国人民大学出版社，2017.

[15] 齐民友. 数学与文化[M]. 大连：大连理工大学出版社，2008.

[16] 孙和军，陈大广. 流形及其附加结构[J]. 大学数学，2010，26（5）:152-155.

[17] 孙和军，王海侠. 以学科交叉融合为导向的大学数学教学改革研究和实践[J]. 大学教育，2016（12）：120-121.

[18] 孙和军，王海侠. 基于理工科创新型人才培养的数学文化教学[J]. 大学教育，2013（12）：64-65.

[19] 孙和军，王海侠. 科学素养与人文精神的融通：大学数学课程思政教学改革探析[J]. 高等理科教育，2020，154（6）：22-27.

[20] 孙和军，赵培标. 现代微分几何[M]. 北京：电子工业出版社，2015.

[21] 索托伊. 悠扬的素数：二百年数学绝唱黎曼假设[M]. 柏华元，译. 北京：人民邮电出版社，2019.

[22] 王庚. 数学文化与数学教育：数学文化报告集[M]. 北京：科学出版社，2000.

[23] 王树禾. 数学思想史[M]. 北京：国防工业出版社，2003.

[24] 尾木藏人. 工业 4.0：第四次工业革命全图景[M]. 王喜文，译. 北京：人民邮电出版社，2017.

[25] 吴文俊. 世界著名数学家传记[M]. 北京：科学出版社，1997.

[26] 夏基松，郑毓信. 西方数学哲学[M]. 北京：人民出版社，1986.

[27] 项立刚. 5G 时代：什么是 5G，它将如何改变世界[M]. 北京：中国人民大学出版社，2019.

[28] 薛有才. 数学文化[M]. 北京：机械工业出版社，2010.

[29] 亚历山大洛夫. 数学：它的内容、方法和意义[M]. 王元，等译. 北京：科学出版社，2001.

[30] 张楚廷. 数学与文化[M]. 大连：大连理工大学出版社，2017.

[31] 张奠宙，王善平. 陈省身传：修订版[M]. 天津：南开大学出版社，2011.

[32] 张恭庆. 数学与国家实力：上[J]. 紫光阁，2014（8）：76-78.

[33] 张景中. 数学与哲学[M]. 大连：大连理工大学出版社，2008.

[34] 张顺燕. 数学的思想、方法与应用[M]. 北京：北京大学出版社，1997.

[35] 张知学. 数学文化[M]. 石家庄：河北教育出版社，2010.

[36] 郑毓信，王宪昌，蔡仲. 数学文化学[M]. 成都：四川教育出版社，2000.

[37] 周明儒. 数学与音乐[M]. 北京：高等教育出版社，2015.

反侵权盗版声明

电子工业出版社依法对本作品享有专有出版权。任何未经权利人书面许可，复制、销售或通过信息网络传播本作品的行为；歪曲、篡改、剽窃本作品的行为，均违反《中华人民共和国著作权法》，其行为人应承担相应的民事责任和行政责任，构成犯罪的，将被依法追究刑事责任。

为了维护市场秩序，保护权利人的合法权益，我社将依法查处和打击侵权盗版的单位和个人。欢迎社会各界人士积极举报侵权盗版行为，本社将奖励举报有功人员，并保证举报人的信息不被泄露。

举报电话：（010）88254396；（010）88258888

传　　真：（010）88254397

E-mail：　dbqq@phei.com.cn

通信地址：北京市海淀区万寿路 173 信箱
　　　　　电子工业出版社总编办公室

邮　　编：100036